建筑信息模型BIM丛书
Vico Office官方系列

5D BIM 探索：Vico Office 应用指南

主编 张金月 副主编 张新中 张忠达 孙宏彧

同济大学出版社
TONGJI UNIVERSITY PRESS

图书在版编目(CIP)数据

5D BIM探索：Vico Office应用指南 / 张金月主编
.—上海：同济大学出版社，2019.1
ISBN 978-7-5608-8426-4

Ⅰ.①5…　Ⅱ.①张…　Ⅲ.①建筑设计—计算机辅助
设计—应用软件—指南　Ⅳ.①TU201.4-62

中国版本图书馆CIP数据核字(2019)第009852号

5D BIM探索：Vico Office应用指南

主编　张金月　　**副主编**　张新中　张忠达　孙宏彧

责任编辑　翁　晗　　**责任校对**　徐春莲　　**封面设计**　陈益平

出版发行　同济大学出版社　　www.tongjipress.com.cn
(地址：上海市四平路1239号　邮编：200092　电话：021-65985622)
经　　销　全国各地新华书店
排　　版　南京新翰博图文制作有限公司
印　　刷　上海安枫印务有限公司
开　　本　787 mm×1 092 mm　1/16
印　　张　20
字　　数　499 000
版　　次　2019年1月第1版　　2019年1月第1次印刷
书　　号　ISBN 978-7-5608-8426-4

定　　价　98.00元

序

作为 Vico Software 公司的创始人之一，我要感谢张金月博士对 5D 虚拟建造科学长期深入的研究，感谢他出版这本书。Vico Software 成立于 2007 年 4 月，但 5D 虚拟建造开始的时间要稍早一些。在 2004 年，总部位于匈牙利的软件公司 Graphisoft 开启了成为 5D 虚拟建造商业化软件供应商的旅程。它的第一个软件产品叫作 Constructor，该产品是在设计软件 ArchiCAD 上运行的，具有为施工计划服务的一系列功能。Graphisoft 是第一家使用"5D 虚拟建造"术语的商业公司，在此期间，张博士开始了其关于 5D 的研究。在 Graphisoft 公司创立 Constructor 产品的团队后来掌握了 5D 虚拟建造这项技术，并成为 Vico Software 的创始团队。2012 年 11 月，Trimble 公司收购了 Vico Software。Vico 这一与我们有 14 年紧密关系的 5D 技术和产品（从 2004 年至今）在 Trimble 继续被推广和发展，与此同时我们与张博士的研究合作也持续加深。

回到 2004 年，我们中的大多数人看到了 3D 设计工具在建筑设计和工程领域越来越受欢迎。在 Graphisoft 当时的首席执行官 Dominic Gallello 的领导下，我们的团队首次探索了在建筑项目上集成 5D 应用给承包商以及建筑项目施工过程带来的益处。当时有一些用于 4D 模拟的商业软件应用程序，也有一些从 3D 模型中提取工程量用以生成成本估算的商业软件应用程序。我们的策略是将进度（第四个"D"）和成本（第五个"D"）与 3D 模型相关联，从而有了 Constructor 产品及后续的 Vico Office。

这种集成的 5D 方法之所以如此强大是因为它能够将时间和成本与项目的 3D 模型联系起来，可以很快地看到改变 3D 模型对进度和成本的影响。这可以类比机械设计和生产制造行业，设计工程师改变了汽车发动机零件的几何形状（3D 模型），制造工程师可以自动接收新的 CNC 程序用于加工该零件。CNC 刀具轨迹与 3D 模型相关联，模型中的任何变化都会自动更新到刀具轨迹上，从 SolidWorks 到 Inventor 到 Catia，所有现代机械设计软件都是这样工作的。这就是 5D 虚拟建造在建筑环境中的工作方式，它的好处是使设计迭代更加明智，让人们更好地管理设计和施工过程中的变更，使项目团队各方之间的信息沟通更加准确。

非常感谢张博士和他的同事们在这本书上倾注的时间和专业知识。我代表 Vico Software 联合创始人，希望你能够发现 5D 方法的魅力所在，同时也希望此书对你的项目和你的公司提供帮助并产生效益。

Mark Sawyer

Vico Software 公司联合创始人，前 CEO 兼总裁

Trimble 公司建筑业战略总监

Preface

As one of the founders of Vico Software, Inc. , I would like to acknowledge Dr. Jinyue Zhang for his deep and long association with the science of 5D virtual construction and thank him for his work in publishing this book. Vico Software was founded in April 2007, but the story of 5D virtual construction begins slightly ahead of that time. The Hungary-based software company, Graphisoft, began the journey that would become commercialized software for 5D virtual construction in 2004. Its first software product was named Constructor, and it was a set of features for construction planning running on top of their ArchiCAD design software. Graphisoft was the first commercial company to use the term "5D Virtual Construction". It was during this time that Dr. Zhang's research in 5D began. The team that started Constructor in Graphisoft later acquired the technology and became the founding team of Vico Software. In November 2012 Vico Software was acquired by Trimble, Inc. , The technology and products associated with our fourteen-year history in 5D-from 2004 to present day 2018-continue within Trimble, and our association with Dr. Zhang has also continued throughout.

Back in 2004, many of us could see the growing popularity of 3D design tools in building design and engineering. It was our team, under the leadership of Graphisoft's then-CEO, Dominic Gallello, that first explored the benefits of integrated 5D software applied to contractors and the construction phase of a building project. There were a few commercial software applications for 4D simulation at the time, and there were a few commercial software applications for taking quantities off of 3D models to generate cost estimates. Our strategy was to associate both the schedule(4th "D") and the cost(5th "D") to the 3D model, and thus began Constructor and its successor, Vico Office.

What makes this integrated 5D approach so powerful is its ability to associate time and cost to a 3D model of the project. Change the 3D model, and one can quickly see the impact on schedule and cost. A useful analogy comes from the mechanical design and manufacturing segment where a design engineer can change the geometry(3D model) of an automotive engine part, and the manufacturing engineer automatically receives a new CNC program to machine that part. The CNC toolpath is associated with the 3D model, and any change in the model automatically updates the toolpath. Every modern mechanical design software-from Solidworks to Inventor to Catia-works this way. And this is how 5D Virtual Construction works for the built environment. The benefits are more informed design iterations, better management of change during the design and construction process, and more accurate information leading to better communications across all parties on the project team.

Many thanks to Dr. Zhang and his colleagues for investing their time and expertise in this book. On behalf of my co-founders of Vico Software, we hope you find the 5D methodology to be exciting and profoundly beneficial to your projects and your company.

Mark Sawyer

co-Founder and former CEO & President of Vico Software, Inc.

Director, Construction Industry Strategy at Trimble, Inc.

前　言

这本 Vico Office 使用指南，从 2015 年开始计划，到现在正式出版，历经了 4 年时间，让众多对本书一直期待的读者苦苦等待，在此首先表示深深的歉意。

我和 Vico Office 5D BIM 软件结缘，起源于十多年前。2007 年，也就是我在多伦多大学读博士的第三年，开始和我博士导师 Tamer El-Diraby 教授一起讲授本科四年级的工程管理课程，我负责虚拟建造部分，当时采用的是图软公司的 Virtual Construction Solution 软件，也就是 Vico Office 的前身。我第一次接触这种 5D BIM 的概念，就被它独特的 Flowline 进度优化思维和 5D 信息整合的理念深深吸引了。所以，从某种意义上说，Vico Office 也是指引我走向建筑工程信息技术研究的开端。

后来，图软公司将其虚拟建造部门拆分，成立了 Vico Software 公司，并将原来的 Virtual Construction Solution 软件升级为 Vico Office，去掉了建模模块 Constructor，更专注于施工过程的进度和成本管理，我也一直在跟进学习和应用其最新的产品。再后来，Vico Software 被美国 Trimble 公司收购，并将其带入中国市场。这个时候我也正好离开多伦多大学，到天津大学工作，并和 Trimble 公司共同成立了天津大学-天宝联合 BIM 实验室（TTJL），得以有更多的精力研究 Vico Office 的应用。

在中国推进 Vico Office 应用的过程中，我发现其英文界面很难被中国用户理解。Vico Office 结合了 Flowline 技术的 5D 项目管理方法，很多专业理念不同于传统的工程管理，因此中国的工程实践者单靠读英文的操作手册很难将这个优秀的 5D BIM 工具发挥出最大优势，这才有了出一本中文使用指南的想法。由于各种原因，本书从计划到出版周期较长，期间软件版本也变化了几次，因此有些插图和界面可能与最新软件版本并不完全一样，但总体思路和具体操作没有太大变化。因此带来的不便，还请各位读者谅解。

本书的成功出版得到了众多方面的支持和帮助。我特别感谢天宝中国公司的尹飞涛先生、汤雪峰先生、何健栋先生，没有他们和 Trimble 公司总部的积极协调，就没有本书的出版。同时，麦格天宝公司的关书安先生、马春华先生、朴琳女士也都为本书提供了宝贵的修改意见。本书写作过程中，南通建工集团有限公司、天津三品天工建筑科技有限公司、天津市三品机电工程有限公司提供了多个 Vico Office 应用案例以丰富和验证本书的内容，参与工作的有孙宏彧先生、吴畏先生、马洪生先生、崔志明先生、鲁丹女士、惠福庆先生、刘月先生、巩烁烁先生、高春艳女士、陈瑶女士、胡群先生。TTJL 的老师和同学们也为本书的出版做了大量的工作，他们是李静老师和鲁丹、付冉冉、刘轶、李晨楠、常鑫、林红、胡培宁、陈琰、向云超、吕思泉、龙雅婷、景浩盟、刘锐、陈冰、高斌、周思杨等同学。最后，天津大学研究生院研究生创新人才培养项目也提供了部分资金支持本书的出版。我在此对所有关心和支持本书的单位和个人表示衷心的感谢！

张金月

2018 年底于天津大学

目　录

定　　义

• Activity(活动)——在一个位置上发生的任务。活动可以手动或自动定义,作为存在于一个位置上并驱动任务工期的基于模型的工程量的结果。

• Add-On(附加)——包括未列入行项目的间接成本和利润率,或未列入行项目的利润。例如,“GC compensation, 项目总成本的5%”。

• Assembly(组件)——是包含成本Component的成本项总和,用来计算项目特殊项的成本。所含Component的成本总和在Assembly级计算并显示。通过为现有Component添加子Component并随后变成一个Assembly,成本估算的详细度得到提高,因而估算的准确性也得到提高。

• Component(构件)——是成本明细项(对项目文档中未能详细充分定义的部分进行定价和定量补贴的施工项目)的一部分。Component总是包含在Assembly里。Component有属性特征,定义为标签。

• Constructability Issue(可施工性问题)——由自动的碰撞检查或手动输入问题相关的缺失或不完整的设计信息而产生的项目设计问题。

• Formula(公式)——在Cost Planner视图中工程量单元格的输入值;公式引用Takeoff Manager定义的Takeoff Items和Takeoff Quantities。

• Markup(利润)——利润是为单个行项目定义的利润率。通常,默认的利润率都基于成本类型。

• Model(模型)——模型是从一个文件发布到Vico Office项目中的建筑信息模型。一个项目可包含多个模型。

• Model Version(模型版本)——每当发布同一个模型文件到Vico Office时,都会创建一个模型版本。每次只能激活一个模型的版本。

• Painting(笔选)——是分配构件至Takeoff Items的过程的名称。此过程中,光标将会变成画笔刷。

• Tag(标签)——标签是Component的一种属性,可用于分类和过滤估算内容,也可用于存储附加的属性。标签并不专属于任何确定的视图,而是用来发现电子表格视图中最典型的应用。每个标签都有一个可能值和默认值的列表。

• Takeoff Item(TOI,算量项)——Takeoff Item是一组工程量提取信息,可以手动创建,或基于从CAD模型中提取的构件属性。

• Takeoff Quantity(TOQ,估算量)——每个Takeoff Item都包含一个或多个Takeoff Quantities,可通过手动定义或软件自动提取。包含在Takeoff Item中的Takeoff Quantities集合以分配至Takeoff Item中的构件类型为基础(“墙”的Takeoff Quantities不同于“板”)。

• Task(任务)——为完成建筑物的一部分所需要执行的工作的定义。一项任务包含项目中每个位置发生的活动。

• View（视图）——是在 Office 用户界面中提供特定功能集合的窗口。视图能够被组成 Viewset，为显示的信息提供相关内容。

• Viewset（视图集）——视图能够通过同时显示多个框架进行组合。标准的视图集可通过工作流程项（例如 Takeoff Model）获得，也能够通过添加新的视图集选项卡来按期望定义。

• Workflow Group（工作流程组）——代表 Vico Office 工作流中一个阶段的一组任务。Workflow Group 包含一个或多个工作流程项。

• Workflow Item（工作流程项）——Workflow Group 中的一个项目，代表 Vico Office 工作流中的一个任务。每个 Workflow Item 都有一个专用的视图集。

第 1 章　Vico Office 简介

Vico Office 是一个集成的虚拟建造平台，其套件包含一个核心模块和一系列多专业应用模块，如图 1-1 所示。Vico Office 的每个应用模块都可以访问相同的、集成的项目数据库，从而确保每个变更都可以反映到其他模块中。

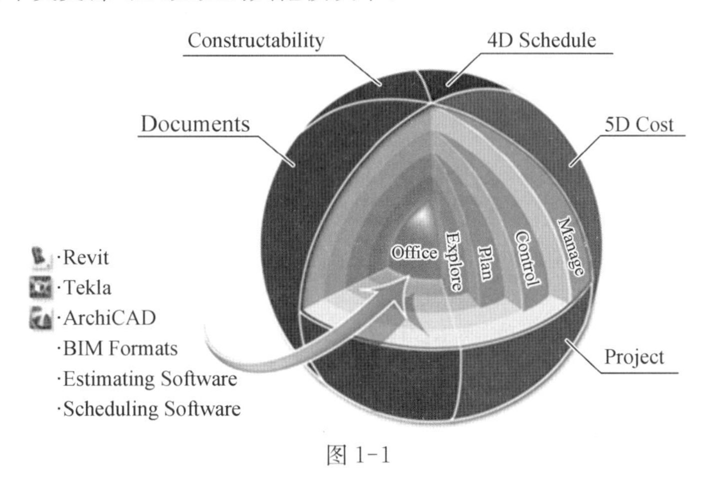

图 1-1

Vico Office 各模块的用户界面是一致的、可预测的和高度可视化的。用户可以快速学习和使用该系统，即使长时间不使用也仍然记得这些知识。Vico Office 的工作环境支持复杂的建筑工程项目规划和管理中所涉及的各个专业，并且根据用户、项目阶段和当前任务的不同，支持各个专业在探索、计划、控制和管理之间的相互关联。因此无论用户是一个方案设计阶段的预算人员，还是一个在施工过程中重新预测进度安排的项目工程师，Vico Office 工作环境都能在适当的时间、合适的环境下提供恰当的工具。

Vico Office 套件由应用程序或者模块组成，可满足项目团队所需的特定的专业或感兴趣领域的需求。

以 Vico Office 客户端为平台，Vico Office R4 包含了 Takeoff Manager（算量管理器）、Cost Planner（成本计划）、Cost Explorer（成本浏览器）、Constructability Manager（可施工性管理器）、Layout Manager（放样管理器）、LBS Manager（位置系统管理器）、Schedule Planner（进度计划）和 4D Manager（4D 管理器）模块。

- Vico Office 客户端是模型和模型信息的中心访问点。用户可以从这里创建一个项目，管理已发布的不同版本的模型，生成报告以及进行查看、导航和其他的过滤/选择。Vico Office 客户端还包括为 Cost Planner 和 Constructability Manager 模块提供的只读视图。
- Takeoff Manager 模块可从模型中自动完成工程量提取。用户可通过创建 Takeoff Item（算量项），直观验证工料中的模型构件，并手动减去或加上工料计算中的模型构件。
- Cost Planner 提供了在 Vico Office 环境下的综合成本计算功能。用户可手动添加或者基于模型得出工程量提取项，并作为工程量输入到多层级的成本计算表中。
- Cost Explorer 可用于分析成本计划不同版本之间的变化，这种分析生动地展示了成本分解结构，并用颜色来标记各组成本的状态。

• Constructability Manager 可以检查已发布模型的可施工性问题。该模块提供了碰撞检查、施工流程和标记的功能。项目施工性审查工作的现状可以通过生成施工性报告来发布，报告包含了报告主编记录的所有施工问题。

• Layout Manager（放样管理器）可以用来标出墙裙、平台、墙壁、支架、支撑及管道的关键点，以确保现场安装的顺利进行。项目工程师和负责人可以进行现场抽查、验证替代工作以及差异检查。点和摄像技术将 BIM 带入这一领域。

• LBS Manager 使得用户可以在他们的 Vico Office 项目中自定义一个位置结构，该位置结构可以是楼层和分区的任意组合。此处定义的位置结构与 BIM 应用程序定义的位置没有关系，这使得为所有发布到 Vico Office 项目里的项目信息定义和维持一个统一的位置结构成为可能。

• Schedule Planner 在 Vico Office 中将整合的、基于位置的工程量和成本与进度联系起来。运用 Schedule Planner，用户可以将 Takeoff Manager 中基于模型提取的工程量信息、Cost Planner 中的资源数量和 LBS Manager 中的项目位置整合起来。Schedule Planner 创建的进度是基于工程量和位置的，并运用流线图技术优化连续流线和使风险最小化。

• 4D Manager 使得用户可以使用 Takeoff Manager，Cost Planner，Schedule Planner 创建的进度、成本和模型信息定义 4D 模拟。

1.1 Vico Office 工作流程

基本的 Vico Office R4 工作流程包括 15 个步骤，从项目创建开始，到生成项目报告结束，见表 1-1。

表 1-1

1	创建项目	在 My Dashboard（我的仪表盘）视图下创建一个项目
2	项目设置	在 Project Setting（项目设置）中为项目定义设置，包括计量单位（Units of Measurement）
3	发布到 Vico 或导入 Vico	在 Revit®、ArchiCAD 或 Tekla 中打开一个或多个模型，并发布到 Vico Office 项目中，或者将文件导到 Vico Office 中
4	激活模型版本	在 Model Manager（模型管理器）中激活所发布模型的一个版本，指定 Takeoff Item 创建规则，并让 Office 计算构件工程量
5	分析可施工性	在 Constructability Manager（可施工性管理器）中检测和处理冲突以及可施工性问题
6	算量模型	在 Takeoff Model 视图集中分析每个 Takeoff Item 的工程量，创建新的 Takeoff Item 并（重新）分配模型构件
7	算量管理	在 Manage Takeoff（算量管理）视图中检查和输入每个模型位置的工程量
8	成本计划	在 Cost Plan（成本计划）视图集中将 Takeoff Item 作为工程量输入，并作为标准内容参照，计算项目的资源量和成本
9	编辑标签	在项目中出于分类和过滤的目的，为成本估算内容定义标签
10	成本浏览	在 Explore Cost（成本浏览）视图中分析成本状态，并与项目预算作比较
11	定义位置	使用 LBS Manager（基于位置管理器）为各专业定义楼层、分区，优化位置分解结构
12	进度计划	使用 Schedule Planner（进度计划模块）定义任务和进度逻辑，分配班组并优化进度
13	对比和更新	使用 Compare & Update（对比和更新）将项目版本与之前的版本或其他项目进行比较
14	Excel 导入	在 Excel Import（Excel 导入）中使用 Excel 电子表格从项目数据源中导入数据，数据源有 Cost Plan、Quantity Takeoff 和 Target 等
15	创建和查看报告	在 Report Editor（报告编辑器）中使用提取的工程量、创建的成本计划和检测到的可施工性问题，为项目或按位置为项目生成报告

1.2　Vico Office 用户界面

Vico Office 用户界面一般分为四个主要部分：Ribbon（功能区）、Workflow Panel（工作流程面板）、View or Viewset（视图或视图集）和 Palettes（面板），如图 1-2 所示。用户可以通过 Workflow Panel 查看 View 或 Viewset，并执行相应的工作。每个 View 或 Viewset 都有自己的 Ribbon 菜单或选定的 Palettes，这样可以为用户提供专用的工具来完成当下的任务。

1.2.1　用户界面的组成

用户界面的组成如图 1-2 所示。

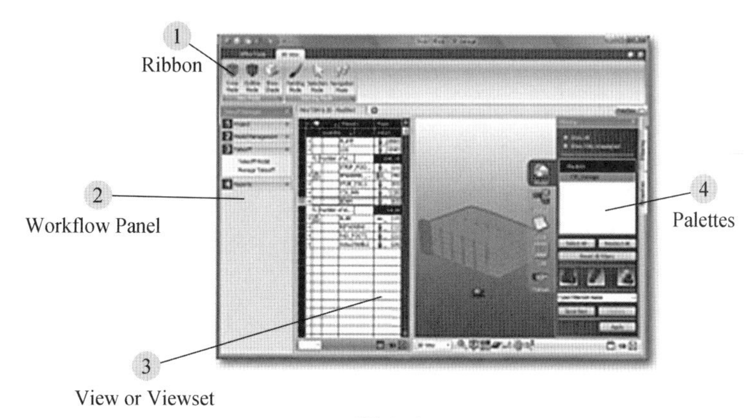

图 1-2

① Ribbon

所有的 Workflow Item（工作流程项）都有对应视图集里面每个活动视图的功能区菜单。活动视图提供一系列用于执行所选任务的工具和选项，如图 1-3 所示。

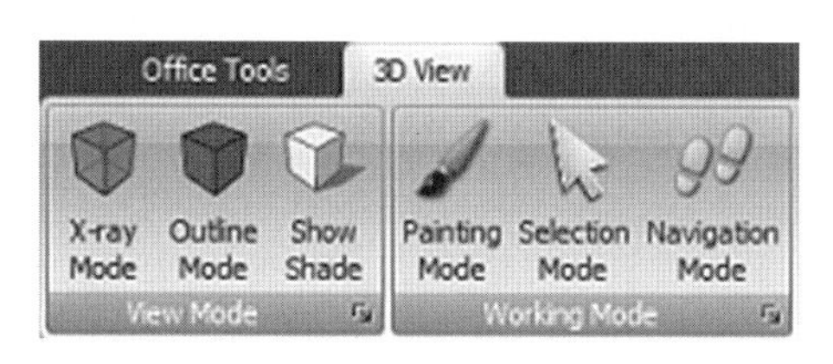

图 1-3

② Workflow Panel

Workflow Panel 预先定义了 Vico Office 推荐的工作顺序，这些工作可以使用集成在 Vico Office 中的一系列建筑信息来执行。这样设计的目的是按用户应采取的步骤给予指导，从定义新项目开始，到创建报告结束。每个 Vico Office 模块可以为工作面板添加一系列特定的功能，如图 1-4 所示。

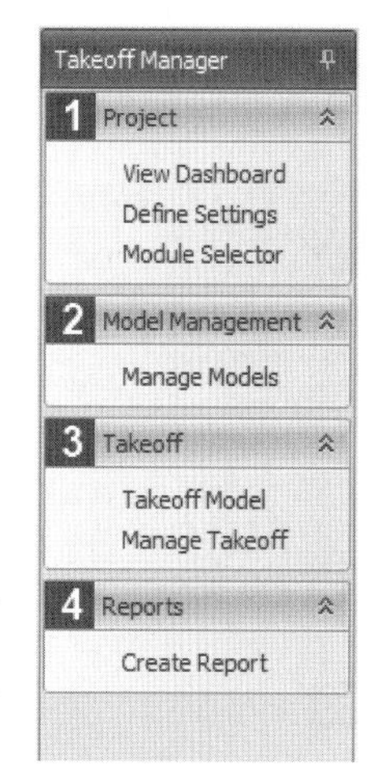

图 1-4

③ View or Viewset

当用户选择一个 Workflow Item 时，就会激活其专有的 View 或分屏组合的 Viewset。用户可以在默认视图中工作，也可以选择自定义多任务视图集，即用户可以自己调整尺寸、调整结构，并查看可用视图的任意组合，如图 1-5 所示。

④ Palettes

视图或视图集中可能已经指定了可用的 Palettes,它帮助用户通过过滤器组织项目信息,查看所选构件的属性。Filtering Palette(过滤器面板)包含了基于 BIM 的构件属性来过滤 3D View(3D 视图)的工具。Properties Palette(属性面板)显示所选构件的属性,使它们可以被分析或编辑,如图 1-6 所示。

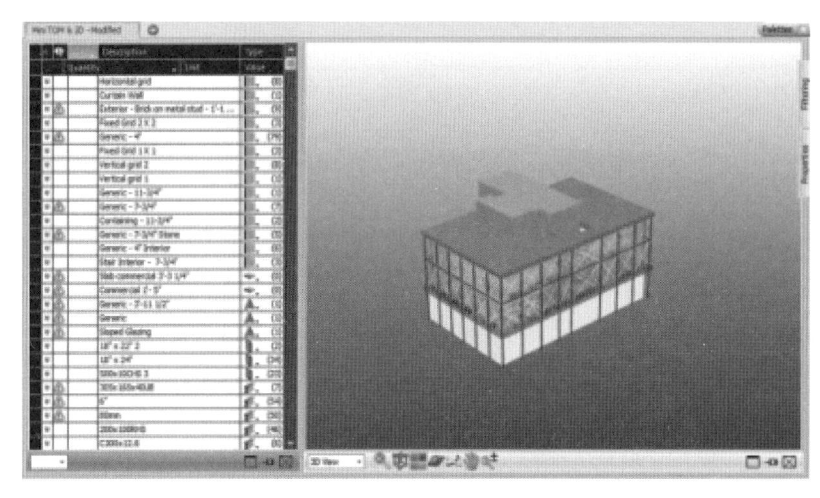

图 1-5

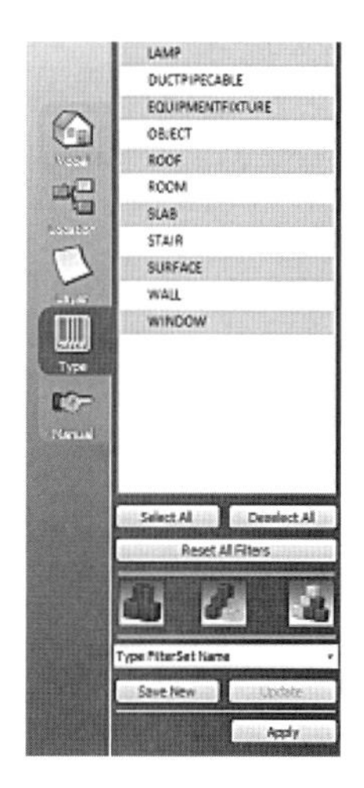

图 1-6

1.2.2 工作流程面板

Workflow Panel 预先定义了集成的 Vico Office 环境中需要的工作步骤。Workflow Panel 是按照类似的以任务为导向的各部分进行组织的,即 Workflow Group(工作流程组)。每个 Workflow Group 都包含了可以打开专用 View 或 Viewset 的 Workflow Item。

每个 Vico Office 模块都提供一系列专用的 Action 或 Workflow Item,目的是帮助完成从成本和工程量分析到进度控制的用户项目目标。

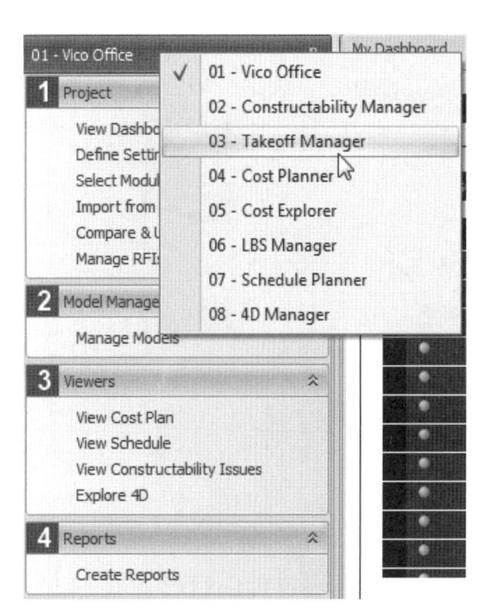

图 1-7

当所需的许可证在用户系统中可用的时候,用户可以右击 Workflow Panel 标题行,选择和用户当下工作最相配的 Workflow Panel 布局,如图 1-7 所示。

• Vico Office Client Workflow Panel(客户端工作流程面板)被激活的前提条件是 Vico Office 客户端模块被选中。它包含了所有必须的活动选项:定义项目、组合 BIM 模型、管理模型版本和创建报告。

• Constructability Manager Workflow Panel(可施工性管理器工作流程面板)包含工作流程组和工作流程项,用于激活的项目模型的可施工性分析。

• Takeoff Manager Workflow Panel(算量管理器工作流程面板)在 Takeoff Manager 模块被激活后变为可用,并且除了客户端工作流程面板之外,还包含基于模型的估算项和估算量的可视化和分析的工作流程项。

- Cost Planner Workflow Panel(成本计划工作流程面板)包含了用于工程量提取、成本浏览和成本计算的工作流程项。
- Cost Explorer Workflow Panel(成本浏览器工作流程面板)位于Vico Office客户端工作流程项的顶端,包括了用于目标成本和成本比较的视图。
- 使用LBS Manager Workflow Panel(位置系统管理器工作流程面板),会出现用于定义位置和位置系统的工作流程项。
- Schedule Planner Workflow Panel(进度计划工作流程面板)包含了用于创造和管理任务、规划项目进度的工作流程项。
- 4D Manager Workflow Panel(4D管理器工作流程面板)在4D Manager模块被选中时被激活,它包含了用于创建和播放4D模拟的工作流程项。

第2章 我的仪表盘

Dashboard(仪表盘)视图允许用户管理自己的项目,打包和解包项目,并且可以预览项目信息。用户可以将Dashboard作为项目控制中心,通过Workflow Panel轻松切换用户项目和项目专有信息。在所有的Workflow Item中,视图中可用的信息都依赖于Dashboard中当前打开的项目,如图2-1所示。

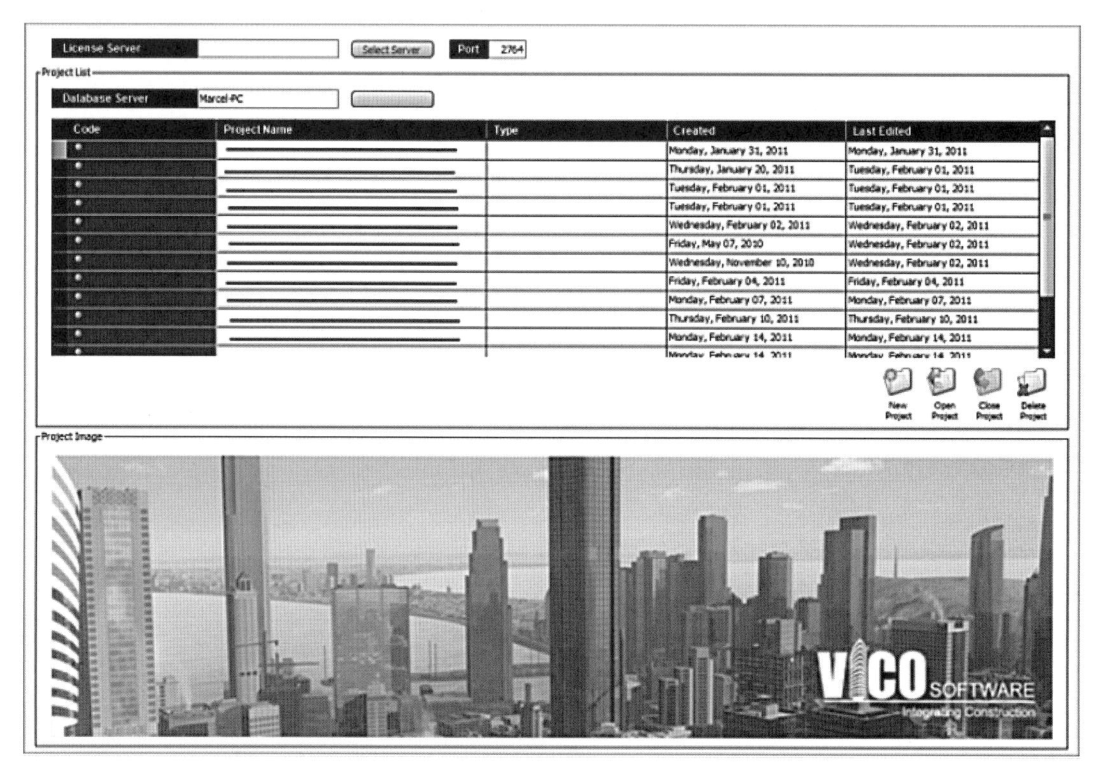

图2-1

2.1 仪表盘用户界面

Dashboard用户界面如图2-2所示。

① New Project

选择New Project(新建项目)按钮为Vico Office数据库创建并添加一个新的项目。当用户创建了新项目后,可以立即将这一项目与连接到同一数据库的项目团队成员分享。在创建阶段,该项目可以从外部BIM应用系统Tekla、ArchiCAD和Revit®中获得。

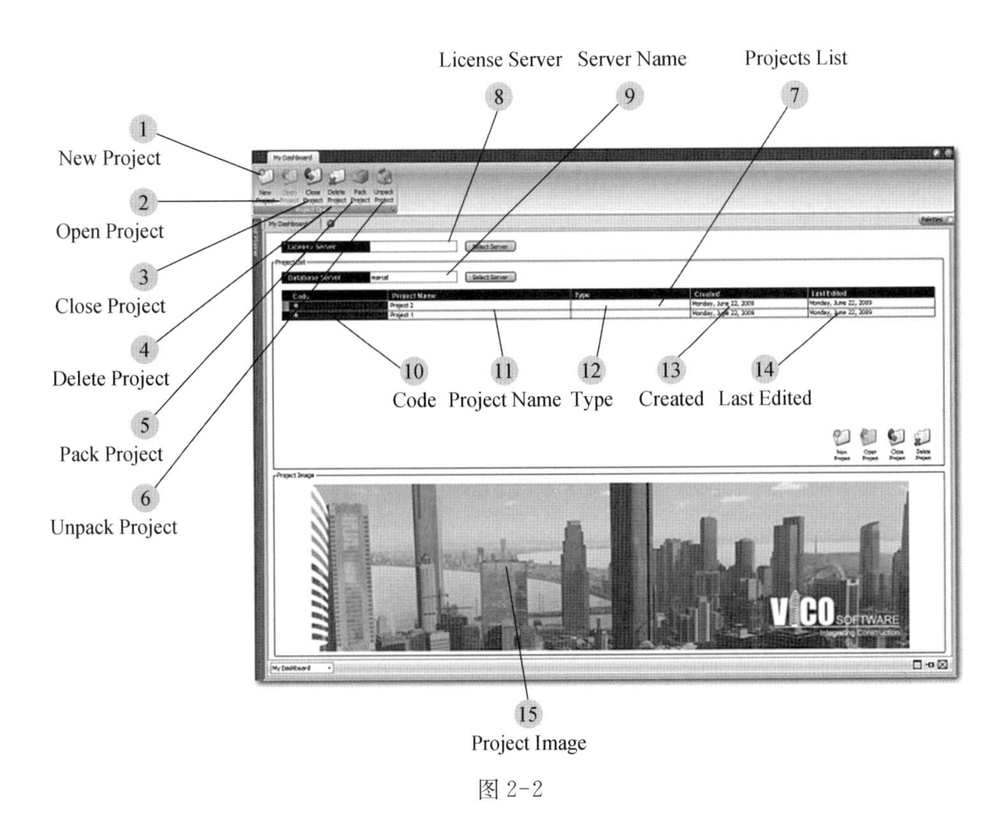

图 2-2

② Open Project

用户在 Project Dashboard（项目仪表盘）中选择 Open Project（打开项目）按钮之后，用户就能够通过工作流程项访问所选的项目信息。打开项目之后，可用模型就能被激活，并可以在 Model Manager 视图中进行查看。在 Takeoff Manager 视图中，可以查看所激活模型的详细的 Takeoff 数据。

③ Close Project

选择 Close Project（关闭项目）按钮关闭 Project Dashboard 中当前打开的项目。用户必须先关闭已打开的项目，才能打开另一个项目。

④ Delete Project

选择 Delete Project（删除项目）按钮将丢弃 Project Dashboard 中全部的现有项目。请注意此操作无法撤销，所有存储的项目信息都将从数据库中被永久删除。

⑤ Pack Project

使用 Pack Project（打包项目）功能，Vico Office 将把当前选定的项目和激活的数据库组件一起打包并存储成一个压缩的便携式文件。用户可以使用这种方法来创建一个可以保存到移动硬盘或可以电子传送的文件，传送给其他的团队成员或是网络之外的用户。

⑥ Unpack Project

用户可以通过选择 Unpack Project（解压项目）功能来打开一个已打包项目。该功能可以将打包的项目添加到 Project Dashboard 的项目集合中，这将允许用户在有备份的情况下,打开并查看项目信息。使用打包和解包功能,用户能够查看 Vico Office 中存储的项目数据,用于共享、参照或备份。

⑦ Projects List

所有的项目都列出并存储在 Project List(项目列表),当前打开的项目会显示一个绿点。

⑧ License Server

License Server | Select Server

License Server(许可证服务器)字段显示哪台电脑当前正为使用的 Vico Office 模块提供许可。默认情况下,License Server 设置为用户自己的电脑。假如用户没有本地许可,可以点击 Select Server(选择服务器),在网络中选择一台支持任何模块的浮动许可的电脑。

⑨ Server Name

Database Server | marcel | Select Server

在 Database Server(数据服务器)字段中,用户可以使用默认的本地服务器(用户的计算机名称),或是浏览并选择一台网络中的电脑,同时 Vico Office 数据库将存储在这台电脑中。默认情况下,服务器名称设置为用户的计算机名称,因为这是数据库所在的地方以及 Vico Office 安装后连接到的地方。

⑩ Code

Code(编号)字段允许用户将代码分配给项目。点击字段标题行,可以将项目按照此列中的值进行排序。

⑪ Project Name

Project Name(项目名称)字段允许用户为所选的项目定义一个名字。点击字段标题行,将用户的项目按照字母顺序排序。

⑫ Type

Type(类型)字段允许用户为项目输入和分配项目"类型",之后帮助用户排序并查找类似的项目。点击字段标题行可将项目按照这一字段进行排序。

⑬ Created

当用户创建一个新项目的时候,时间和日期标识会自动生成并显示在 Created(已创建)字段中,作为项目的历史记录。如果需要的话,用户可以通过点击标题行,在 Dashboard 中按照这一属性对项目进行排序。

⑭ Last Edited

每次项目被更新或修改时,时间和日期标识都会在 Last Edited(最后编辑)字段中自动生成。

⑮ Project Image

Project Image(项目图片)区域会显示上传到 Project Settings 视图中的项目图像。

2.2 创建新项目

创建一个新项目的步骤如下。

(1) 在 Ribbon 或是 Dashboard 视图中选择 New Project 按钮,便可以打开新项目。

(2) 在 Project List 区域，会增加一个新的项目行。用户首先会被提示键入所需的 Project Name。键入项目名称之后，Vico Office 会在 Created 和 Last Edited 字段中产生一个时间标识。

(3) 如有需要，用户可以键入项目 Code 和 Type。Code 字段允许用户将项目按照数字进行分类，而 Type 字段允许用户对类似的项目进行排序。

(4) 在 Dashboard 中创建项目之后，用户就可以继续在 Define Settings(定义设置)工作流程项中定义项目设置。

2.3 打包和解包

1) 打包一个项目的步骤如下。

(1) 打包项目时，首先要在 Dashboard 的项目列表中选择想要打包的项目。

(2) 点击 Dashboard 功能区菜单中的 Pack Project 图标 

。

(3) Vico Office 提供一个标准的浏览器窗口，用户可以定义文件名，同时也可以为项目选择打包和保存的文件夹的位置，如图 2-3 所示。

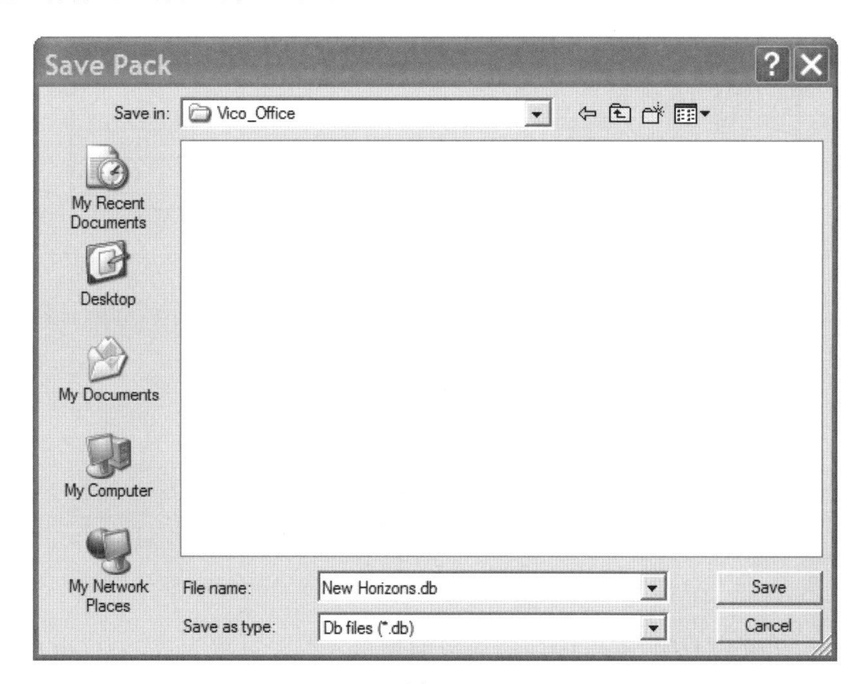

图 2-3

(4) 点击 Save 之后，打包过程就开始了，“Please wait while Vico Office is Packing the Project Data”的信息就会出现，当项目被成功打包之后该信息消失，如图 2-4 所示。

2) 解包一个项目的步骤如下。

(1) 从 Dashboard 功能区菜单中选择 Unpack Project 图标 

。

(2) 浏览并选择需要解包的文件，点击 Open，如图 2-5 所示。

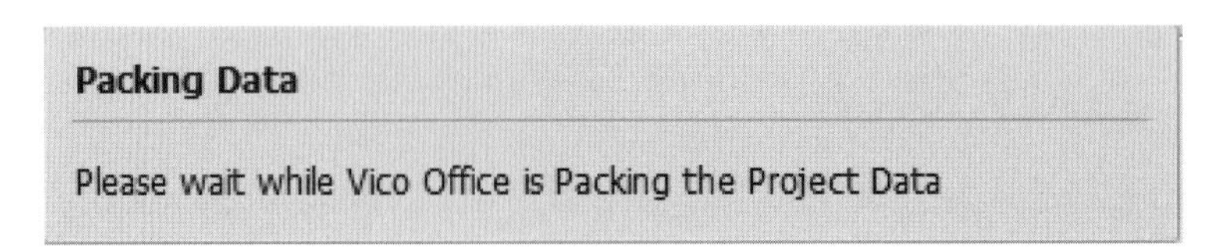

图 2-4

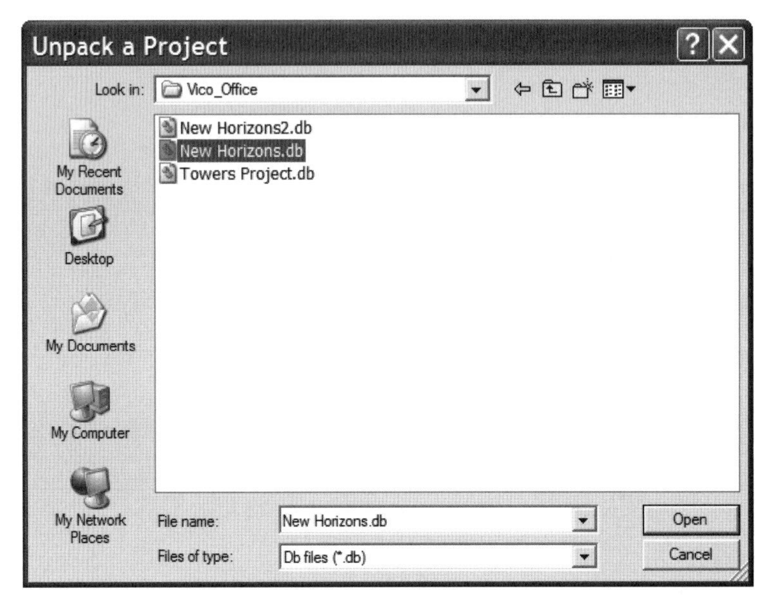

图 2-5

(3) “Please wait while Vico Office is Unpacking the Project Data”的信息就会出现，当项目被成功解包后该信息消失，如图 2-6 所示。

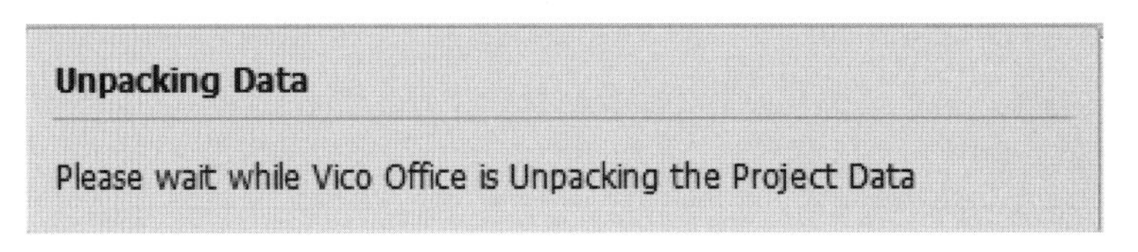

图 2-6

(4) Vico Office 会在数据库中存储解包的项目。解包过程完成之后，用户可以点击 Open 打开 Dashboard 视图中的项目，访问所有存储的项目数据。

2.4 选择数据库服务器

选择数据库服务器的步骤如下。

(1) 在 My Dashboard 视图中，选择 Server Name(服务器名称)按钮，开始转换项目数据库，从用户计算机中创建的默认数据库转换到网络中的计算机中。

(2) 在 Select Host(选择主机)对话框中，选择 Network Host 前的单选按钮，从而将数据库从本地切换到网络主机中。选中包含用户想要连接到的数据库的电脑，如图 2-7 所示。

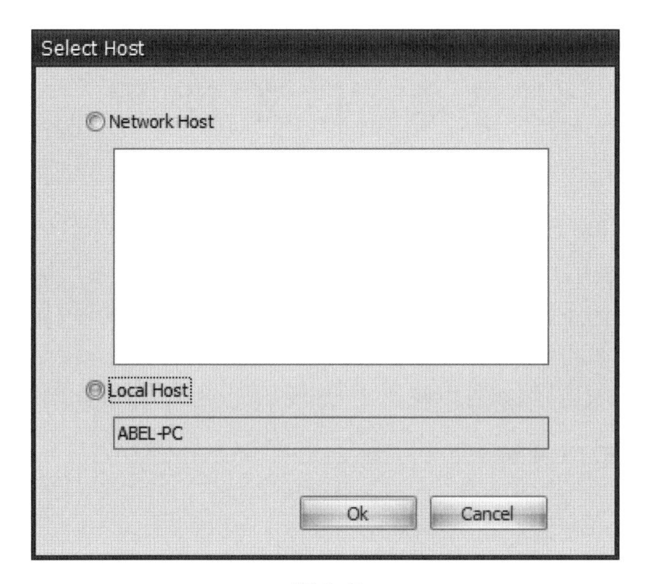

图 2-7

（3）用户和用户的项目团队现在可以在同一个指定的网络位置下工作，这个位置存储着最新的项目数据库和信息。

2.5　选择许可证服务器

选择许可证服务器的步骤如下。

（1）在 My Dashboard 视图中，点击 Select Server 按钮。

（2）Vico Office 会打开 Select Host 对话框，在对话框中选择使用 Network Host（网络主机）来提供许可证。

（3）从出现的可选择计算机的列表中，选择提供许可证服务器的电脑，点击 OK，如图 2-8 所示。

（4）Vico Office 会检查 License Server，看它是否为用户在 Module Selector（模块选择器）中激活的模块或者其他模块提供可用的许可证。

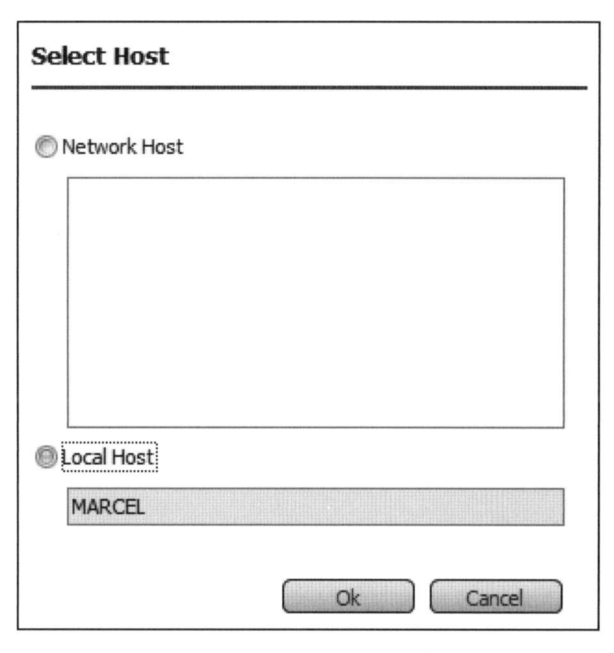

图 2-8　Select Host 对话框

第3章 定 义 设 置

当用户选择 Define Settings(定义设置)工作流程项时,Vico Office 会打开 Project Settings 视图。这个视图允许用户输入和自定义项目信息,例如客户信息、计量单位等。当模型被激活并且 Takeoff Item 产生时,计量单位的设置会被应用到 Takeoff Quantity 中。视图中选中的单位将被自动分配到新的 Takeoff Quantity 中。Project Settings 视图中输入的所有信息都可用于报告,例如可以在用户的报告中包含公司标志。

3.1 定义设置的用户界面

定义设置的用户界面如图 3-1 所示。

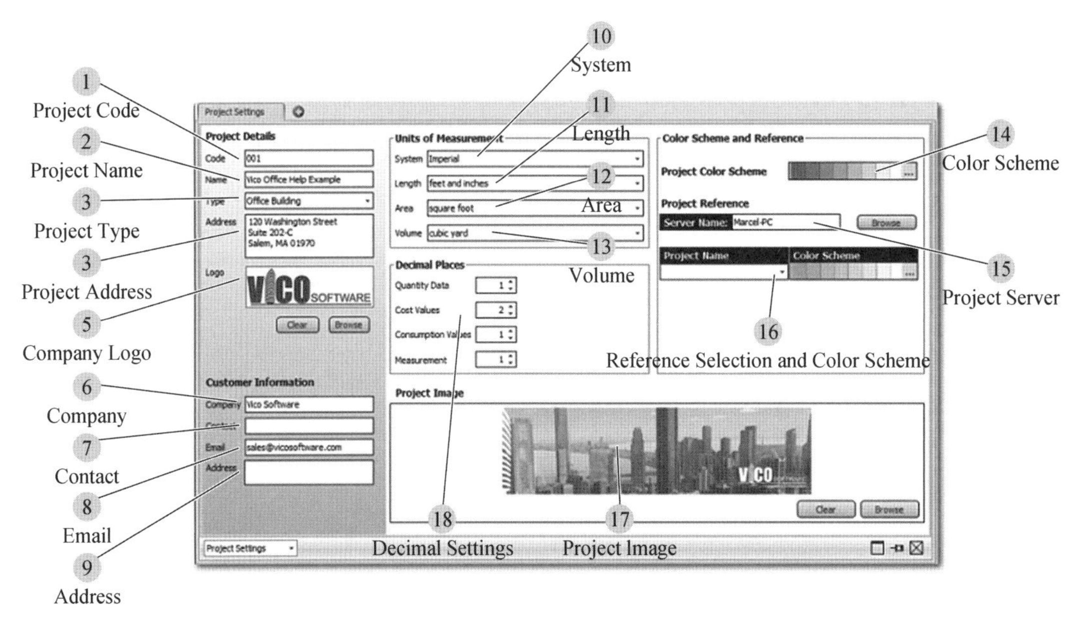

图 3-1

① Project Code

Project Code(项目编号)字段允许用户指定或编辑项目代码。字段数据和 My Dashboard 视图中的 Code 字段相同。

② Project Name

Project Name(项目名称)字段允许用户指定或编辑项目名称。字段数据与 My Dashboard 视图中的 Project Name 字段相同。

③ Project Type

Project Type(项目类型)字段允许用户用无限制的数字或字符来指定或是编辑项目 Code。指定项目类型能够帮助用户在 My Dashboard 视图中,按照这一属性,通过排序快速找到类似项目。

④ Project Address

Project Address(项目地址)字段允许用户在给定的文本框中输入地址信息,并且可以用于之后的报告。

⑤ Company Logo

用户可以浏览并选择与该项目相关的 Company Logo(公司标志),并将图标插入报告中。

⑥ Company

在 Company(公司)文本框中,用户可以键入客户公司的名称。

⑦ Contact

在给定的 Contact(联系人)文本框中,用户可以键入主要联系人的姓名。

⑧ Email

在给定的文本框中,用户可以键入主要联系人的 Email(邮箱)地址。

⑨ Address

在给定的文本框中,用户可以键入主要联系人的邮寄 Address(地址)。

⑩ System

System [Imperial ▾] 在 System(系统)下拉菜单中,选择首选的计量单位,这一单位是用户计划用于所有的 Takeoff Quantity 中的单位。用户可以在英制或公制系统之间进行选择。长度、面积和体积的可用选项将会根据所选系统进行调整。Takeoff Manager 视图将根据所选单位调整所有的工程量单位。如果未选择任何单位,将默认应用英制单位。

⑪ Length

Length [fractional foot and inch ▾] 在 Length(长度)单位下拉菜单中,用户选择首选的长度单位,这一单位是用户计划用于所有提取的工程量的单位。Takeoff Manager 视图将根据所选单位调整所有的长度工程量。如果未选择任何单位,将默认应用英制长度单位(英尺和英寸)。

⑫ Area

Area [square foot ▾] 在 Area(面积)单位下拉菜单中,选择首选的面积单位,这一单位是用户计划用于所有提取的工程量的单位。Takeoff Manager 视图将根据所选单位调整所有的面积工程量。如果未选择任何单位,将默认应用平方英尺。

⑬ Volume

Volume [cubic yard ▾] 在 Volume(体积)单位下拉菜单中,选择首选的体积单位,这一单位是用户计划用于所有的提取的工程量的单位。Takeoff Manager 视图将根据所选单位调整所有的体积工程量。如果未选择任何单位,默认体积单位(立方码)将被应用到所有的几何模型和计算中。

⑭ Color Scheme

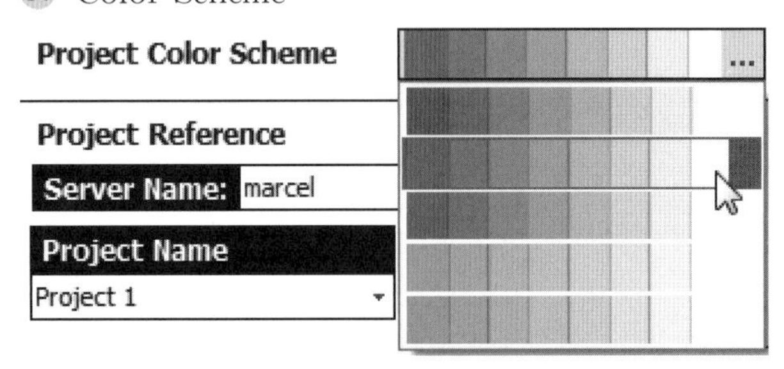

Color Schemes(配色方案)用于快速识别用户界面中的项目和参考信息。可从下拉列表中选择项目的配色方案。

⑮ Project Server

Server Name: marcel　Browse

项目的默认参考值可以从任意的 Vico Office 数据库中选择。在这里指定一台电脑(服务器),此电脑的数据库包含用户想要使用的参考信息。默认情况下,服务器设置为本地计算机。

⑯ Reference Selection and Color Scheme

Project Name　Color Scheme
Project 1

默认的 Reference(参考)是用户第一次打开 Reference 浏览器或 Project and Reference Viewset(项目和参考视图集)时打开的项目或标准数据的设置。Reference 可以是任何已经完成的项目或是包含了公司标准成本信息的项目(通常被称为“库”)。选择已选定的数据库服务器中的任意的项目并指定一个颜色方案,就能在用户界面中轻易地识别出 Reference 数据。

⑰ Project Image

上传一张与激活的项目相关联的 Project Image(项目图片)。当用户在项目列表中选择项目之后, My Dashboard 视图中就会显示被选中的图像。

⑱ Decimal Settings

Decimal Settings(小数设置)允许用户自定义小数点位数。用户可以为工程量数据、成本值、消耗值和测量值指定小数点位数。可参阅“3.4　定义小数位数”。

3.2　定义计量单位

在 Project Settings 视图中定义计量单位是非常重要的一步,应该在 Vico Office 的第一个项目模型激活之前完成。具体步骤如下。

(1) 从项目工作流程组中选择 Define Settings 工作流程项。

(2) 在 Units of Measurement(计量单位)设置下用户可以找到 4 个下拉菜单。计量系统的选择决定 Length、Area 和 Volume 所显示的单位。选择“英制”或“公制”。

(3) 在对应的下拉菜单中选择 Length、Area 和 Volume 所需的单位。三个维度的选择决定了 Takeoff Item 中的 Takeoff Quantity 使用的单位,以及 Takeoff Manager 视图中显示的单位,如图 3-2 所示。

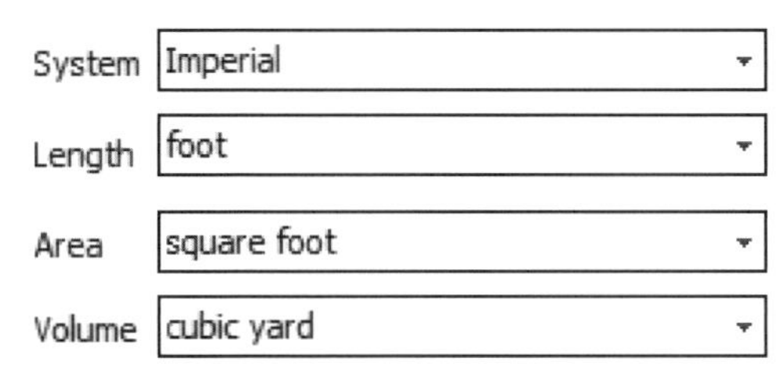

图 3-2

(4) 定义了首选的 Units of Measurement 之后，用户可以开始发布和激活模型。注意每个构件类型可使用的 Takeoff Quantity 是特定的。要查看可用 TOQ 的每个构件类型，请参阅 Quantities and Units(数量和单位)部分。

【注】 计量单位只能在该项目的第一个模型被激活之前进行定义，第一个模型激活之后的任何更改不会影响项目的任何内容。

3.3 选择默认参照

无论是重复使用一个早期项目的信息还是从标准数据集中复制成本 Assembly(组件)和 Component(构件)，使用参照都是一个功能强大的方法。用户可以在 Project Settings 视图下的 Project Reference(项目参考)区域中指定数据库中的项目或是标准数据设置。具体步骤如下。

(1) 从项目的工作流程组中选择 Define Settings 工作流程项。

(2) 选择服务器，该服务器包含的数据库带有用户所需的成本数据。默认情况下，此选项设置为用户自己的电脑；点击 Browse(浏览)按钮可指定网络中的某个位置。

(3) 从 Project Name 组合框中，选择一个存在于选定数据库中的项目。

(4) 指定一个 Color Scheme，这将帮助用户在用户界面中识别参照数据。颜色方案将在 Reference Browser(参考浏览器)和 Project Reference(项目参考)视图集里使用，如图 3-3 所示。

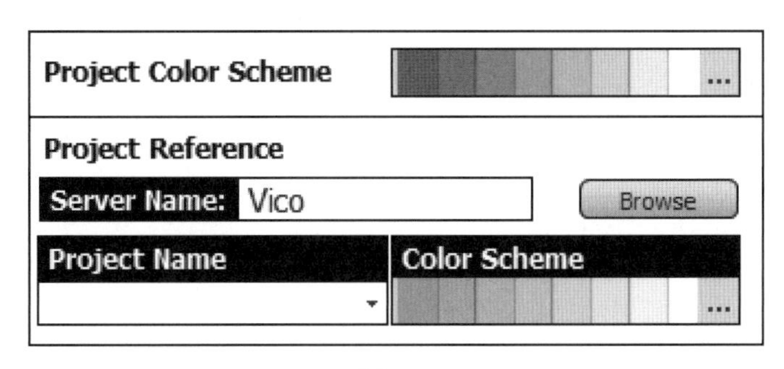

图 3-3

【注】 指定默认参照之后，在项目运行过程中，用户可以随时选择其他任何数据库的任何项目，将它们的数据复制到当前的项目中。

3.4 定义小数位数

使用如下设置，可以定义 Vico Office 中的各种类型的数值的表示。

从项目的工作流程组中选择 Define Settings 工作流程项。激活的视图中有一个小数位数区域，从中可以定义每种数值类型的小数点后的位数，如图 3-4 所示。通过单击上箭头或下箭头来指定每种类型的数值的小数点位数。当切换到包含成本和工程量信息的视图时，会使用新的设置。

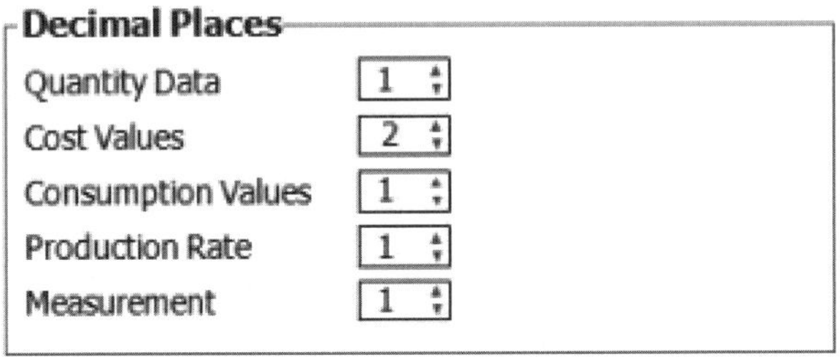

Decimal Places

Quantity Data 1

Cost Values 2

Consumption Values 1

Production Rate 1

Measurement 1

图 3-4

第4章 编辑标签

Tag(标签)是成本 Item(Component 和 Assembly)的属性,并且可以用于分类和过滤估算内容,以及存储除标准可用的数据字段之外所需的属性。标签不针对任何特定的视图,但其最典型的应用是在电子表格中,因为在表格中可以根据需要将标签显示在专门的列中。

每个标签都有可能值列表和一个默认值,这些值可以在 Tag Editor(标签编辑器)中被定义。Tag Editor 包含一些不能被编辑或移动的标签和标签值,这是 Vico Office 的功能要求的。以“CostType”(成本类型)标签为例——它用于确定 Component 默认的利润百分比,是 System Tag Category(系统标签类别)的一部分,如图 4-1 所示。

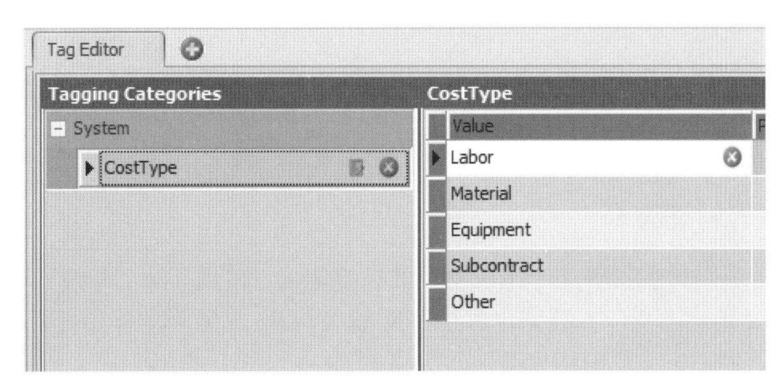

图 4-1

4.1 编辑标签用户界面

Edit Tags(编辑标签)用户界面如图 4-2 所示。Edit Tags 视图可用于编辑现有(系统)标签,定义新的标签和标签值。标签和标签值可以在 Plan Cost 视图集中指定给 Assembly 和 Component。

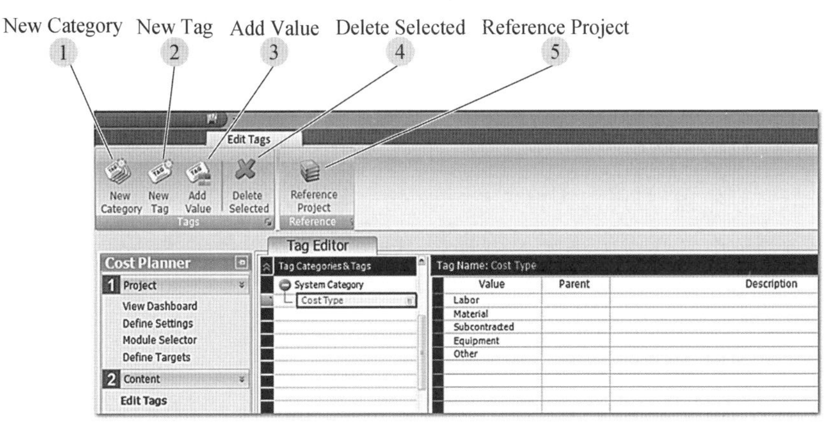

图 4-2

① New Category

New Category(新类别)按钮可以为项目增加新的标签类别。默认情况下,类别是包含在 Vico Office 的 System Category(系统类别)里的。这个类别包含了 Vico Office 功能使用的且不能被删除的所有标签。

② New Tag

使用 New Tag(新建标签)按钮,可以为项目增加新的标签。标签可以分配给成本估算内容(Assembly 和 Component),并且在 Plan Cost 视图中作为一列显示。

③ Add Value

Value(值)是可以被 Assembly 和 Component 选择的预定义条目。使用 Add Value(添加值)按钮,新的值可以被添加到标签系统中。

④ Delete Selected

Delete Selected(删除选定)按钮可以删除选定的类别、标签或标签值,系统类别、标签或标签值除外。

⑤ Reference Project

通过选择 Reference Project(参考项目)按钮,可以从另一个 Vico Office 项目中复制标签和标签值。

4.2 定义新的标签类别

Tag Category(标签类别)用于组织项目的标签集合。使用 Tag Editor 可以随时创建或编辑新的标签类别。系统标签类别包含了不能被编辑和/或删除的标签,因为它们是 Vico Office 功能需要的。定义新的标签类别的步骤如下。

(1) 从主工作流程组中选择 Edit Tags 工作流程项目。

(2) 点击 Add Category(添加类别)按钮 为项目增加一个新的标签类别。

(3) Vico Office 添加新的类别并给它分配一个临时的名称。点击类别更改它的名称,如图 4-3 所示。

(4) 用户现在已经创建了一个新的、空的标签类别。使用 Add Tag(添加标签)功能即可为新的类别添加新的标签和标签值。

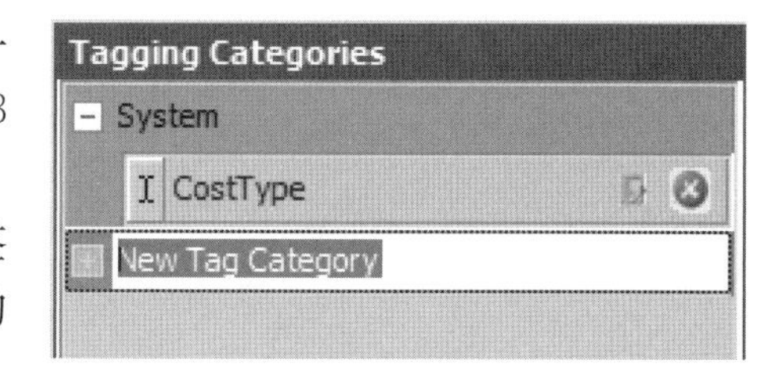

图 4-3

4.3 定义带有标签值的新标签

Tag Value(标签值)是可以为标签预定义的变量,它是存在于 Vico Office 中的信息属性。一个标签可以有无限多个预定义的标签值,还可以通过在 Plan Cost 视图中输入自定义值而动态扩展。添加一个新标签并为它定义新的标签值的步骤如下。

(1) 从主工作流程组中打开 Edit Tags 视图。

(2) 选择想添加新标签的类别,如图 4-4 所示。

(3) 点击 Add Tag 按钮 ,所选类别会添加一个新标签,并为它分配一个默认的名字。

(4) 点击新标签来更改它的名称，如图 4-5 所示。

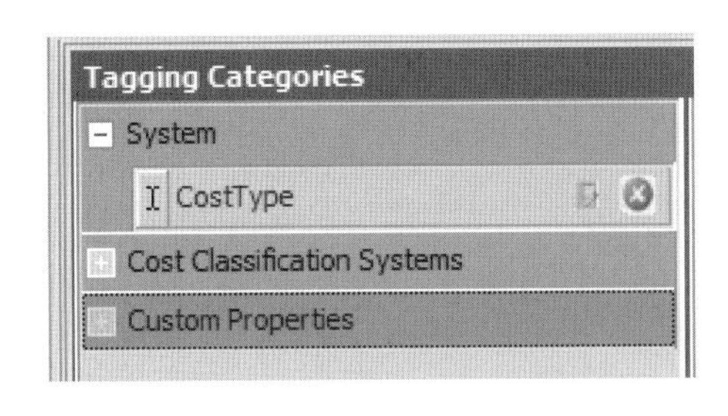

图 4-4

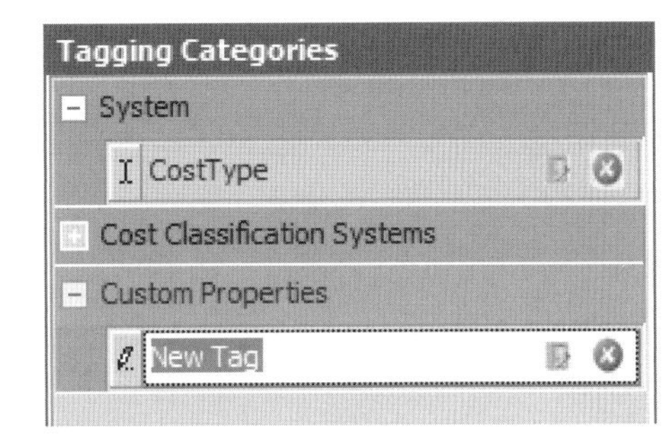

图 4-5

(5) 添加默认的设置值，这些值是项目中定义标签属性时，用户想要选择的可用值。

(6) 单击右键，从 Tag Editor 右键菜单中选择 Insert New Value(插入新的值)，如图4-6 所示。

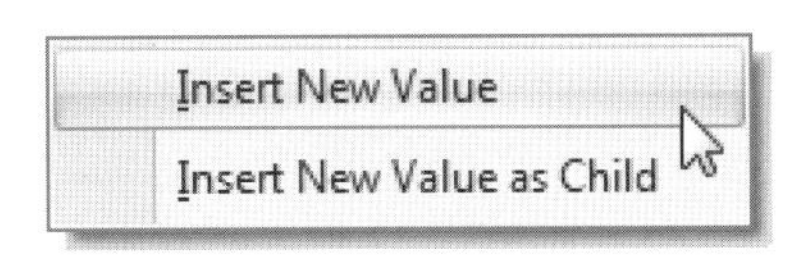

图 4-6

(7) Vico Office 为选定的标签添加一个新的值到预定义的标签值列表中。点击 Value 单元格为新标签值指定名称。必要时，用户还需要为新标签值输入 Description(描述)，如图 4-7 所示。

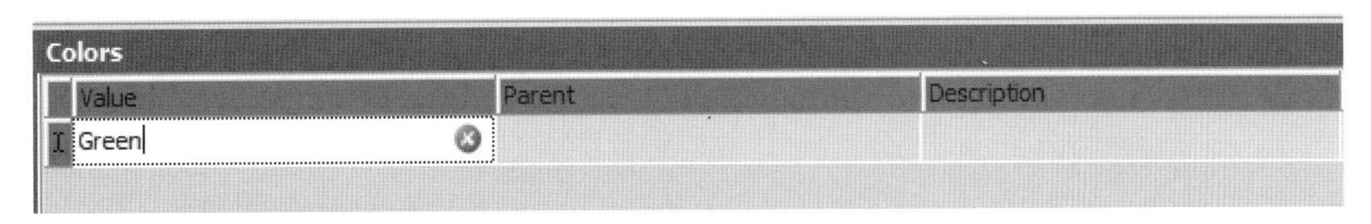

图 4-7

(8) 重复这些步骤，直到标签包含了用户在给 Vico Office 内容分配属性时想要选择的所有典型值。

4.4 定义分级标签结构

Hierarchical Tag structure(分级标签结构)对于定义多级分类的标签的标签值有很大帮助，比如 Uniformat II 或 CSI Masterformat 成本分类系统。Vico Office 通过建立标签值之间的父子关系来支持这些标签值的定义，其中父值位于较高层级，而子值位于较低层级。

(1) 从主工作流程组中打开 Edit Tags 视图。

(2) 选择想添加新标签的类别，如图 4-8 所示。

图 4-8

(3) 通过点击 Add Tag Value 按钮或单击鼠标右键，在右键菜单中选择 Insert New Value，从而为用户的标签结构的 1 级添加新的标签值。标签值中还包括了对定义的分类编码的名称的描述，如图 4-9 所示。

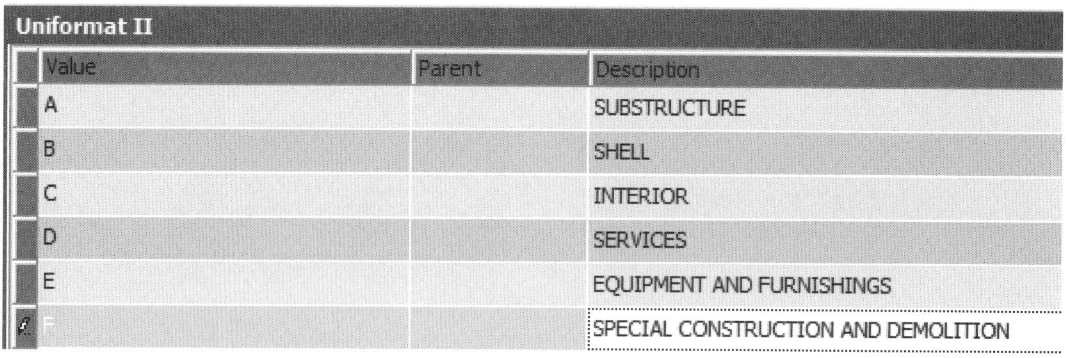

Uniformat II

Value	Parent	Description
A		SUBSTRUCTURE
B		SHELL
C		INTERIOR
D		SERVICES
E		EQUIPMENT AND FURNISHINGS
F		SPECIAL CONSTRUCTION AND DEMOLITION

图 4-9

（4）右击每个值，从右键菜单中选择 Insert New Value as Child（将新值作为子项插入），如图 4-10 所示。

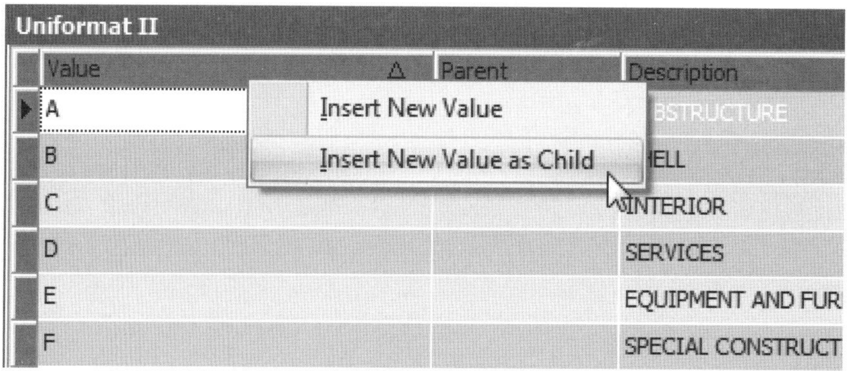

Uniformat II

Insert New Value
Insert New Value as Child

Value	Parent	Description
A		BSTRUCTURE
B		ELL
C		INTERIOR
D		SERVICES
E		EQUIPMENT AND FUR
F		SPECIAL CONSTRUCT

图 4-10

（5）Vico Office 在选中的标签值里面插入一个新的标签值。点击新的值更改它的名称，如图 4-11 所示。

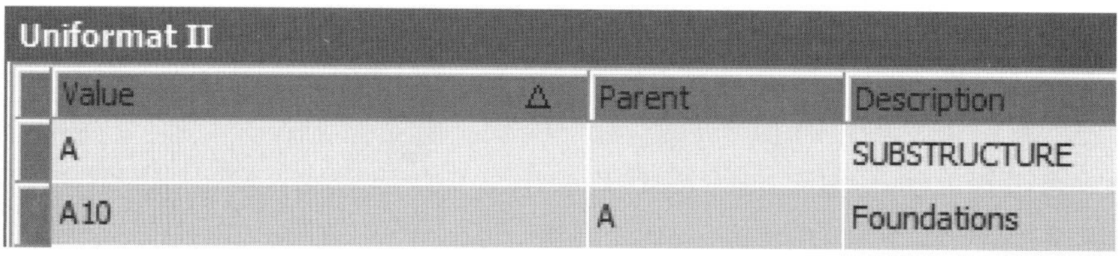

Uniformat II

Value	Parent	Description
A		SUBSTRUCTURE
A10	A	Foundations

图 4-11

（6）或者，点击 Add Tag Value 按钮，在 Parent（父项）单元格中输入用户想要作为子值的标签值的代码。点击 Select Parent 按钮 ⋯（选择父项按钮）可打开已经定义过的标签值的列表，如图 4-12 所示。

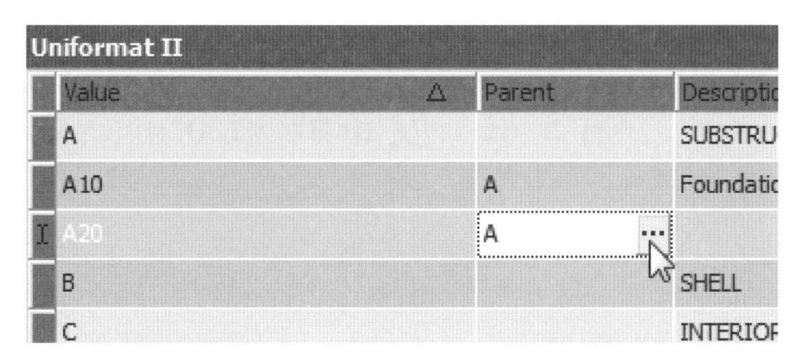

图 4-12

(7) 逐级进行，用父子关系嵌套分类值，可以定义用户的分级分类结构，之后它可用于排序、过滤和比较。

4.5 指定标签的用途

对于一个定义的标签，Vico Office 允许用户指定哪些类型的内容是可用的，以避免在项目的选择界面中看到所有的标签。具体步骤如下 。

(1) 在 Edit Tags 视图中，选择想要定义用途的标签。

(2) Vico Office 在标签定义旁边显示一个弹出属性按钮，如图 4-13 所示。

(3) 点击属性按钮，Vico Office 会显示 Edit Tag 对话框，如图 4-14 所示。

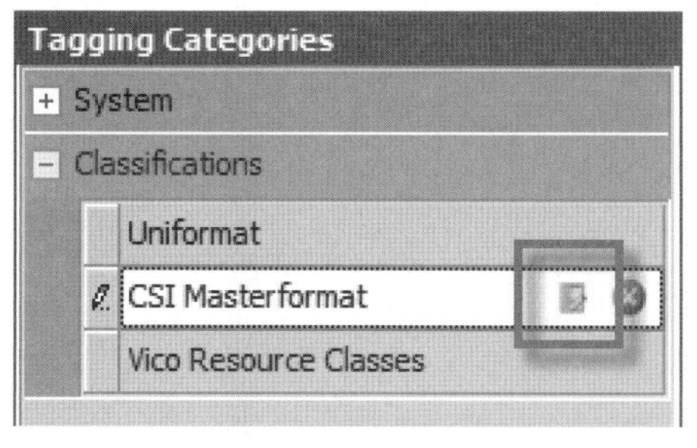

图 4-13

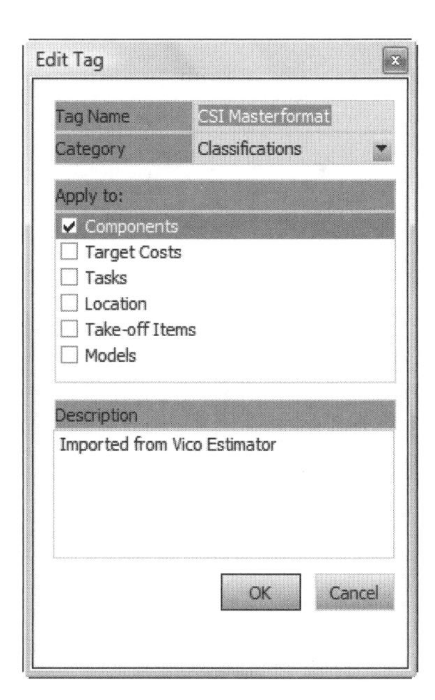

图 4-14

(4) 在“Apply to:”(适用于:)部分，选择所选中标签可用的内容。选择 Components 将会使标签作为 Plan Cost 电子表格视图中可用的一列。

【注】 Target Costs(目标成本)、Tasks(任务)、Locations(位置)、Takeoff Items 和 Models 此时还不能启用标签。

第 5 章　发布到 Vico

Publish to Vico(发布到 Vico)过程是 Vico Office 工作流程中的重要部分。将 BIM 模型发布到 Vico Office 的第一步是在支持 CAD 的应用程序中打开一个建筑信息模型：

- Autodesk® Revit® 2010 和 2011(Architecture、MEP 和 Structure)；
- Tekla Structures 15 和 16；
- ArchiCAD 13 和 14；
- Vico Constructor 2008。

对于每一个 BIM 应用程序，Vico Office 都会安装一个附加组件。这个附加组件会将 Publish to Vico 条目添加到程序的用户界面。选中组件后，出现 Select Vico Office Project (选择 Vico Office 项目)对话框，用户可以选择项目和指定的模型位置。选择项目和指定的模型位置之后，会显示 Publish to Vico Office 进度条。

该 Vico 附加程序会提取所有模型构件的几何数据，并将它存储在 Vico Office 数据库中。发布过程完成后，用户可以在 Model Manager 视图集中选择 Activate the Model(激活模型)。模型在激活的过程中，根据发布时存储在项目中的模型构件的几何尺寸和属性，系统会生成初始的 Takeoff Item 和 Takeoff Quantity。

5.1　发布到 Vico 用户界面

Publish to Vico 用户界面如图 5-1 所示。

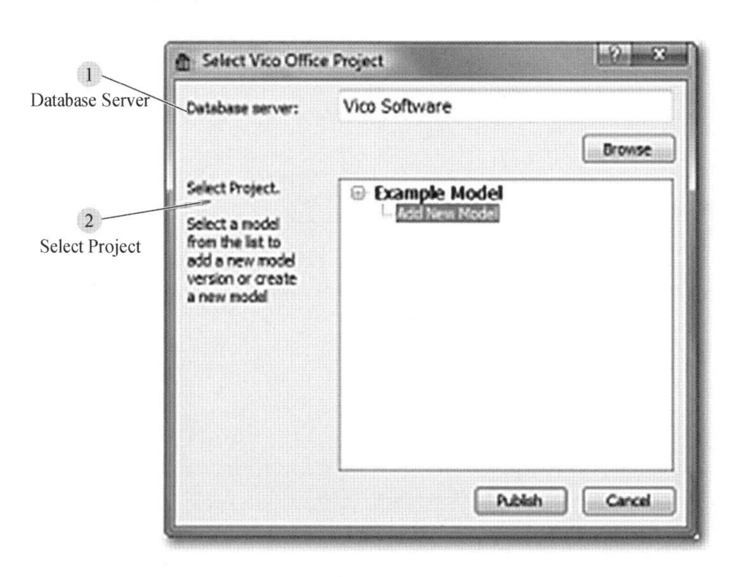

图 5-1

① Database Server

Database Server(数据服务器)如图 5-2 所示。

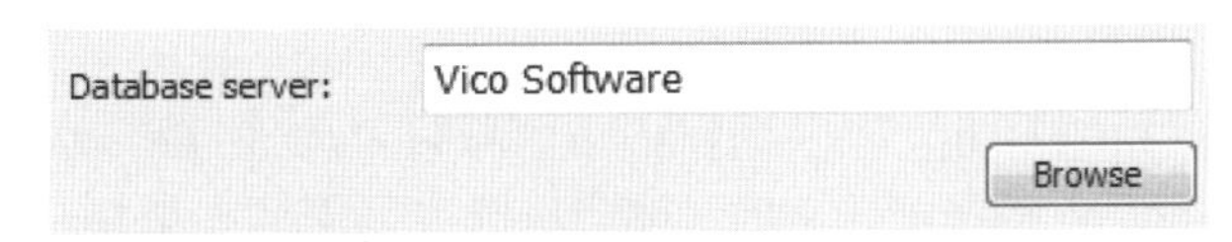

图 5-2

Database Server 的默认设置是运行在用户计算机上的 Vico Office 数据库。然而，有一个选项可以发布到网络中的其他电脑存储的项目数据库中。单击浏览按钮来指定此台电脑的名称。

② Select Project

导出项目选择如图 5-3 所示。

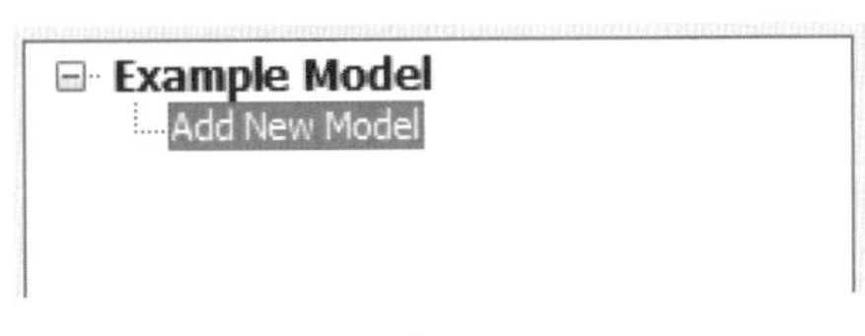

图 5-3

Select Project（选择项目）的树状列表按照先项目后现有模型排列。如果指定的项目中不存在以前的模型，用户可以选择 Add New Model（添加新模型）选项。当用户想为一个较早发布的模型发布更新版本时，首先要在选项树中找到并选择项目和模型。当用户选择更新一个已有模型而不是发布新模型时，一个版本号将被分配给选中模型。发布完成后，以前的模型版本不会被替换，但是 Model Manager 会出现带有分配号码的新模型版本。

5.2　发布模型

将模型发布到 Vico Office 的条件是 Vico Office 中至少已经创建了一个项目。如果还没有，请参阅"2.2　创建新项目"。

发布模型的具体步骤如下。

(1) 在选定的 CAD 应用程序中，从 Vico Office 附加菜单中选择 Publish to Vico，如图 5-4 所示。

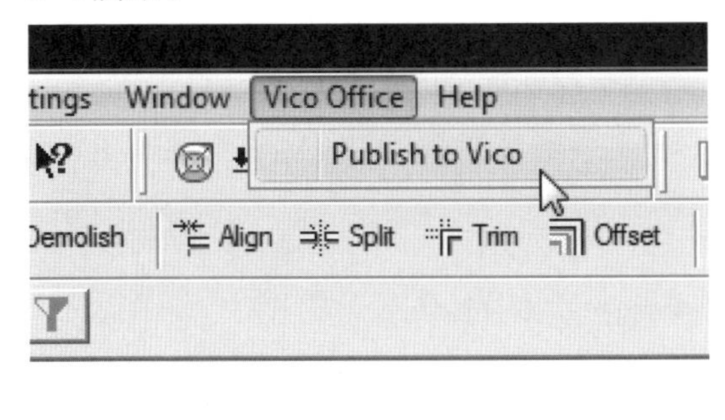

图 5-4

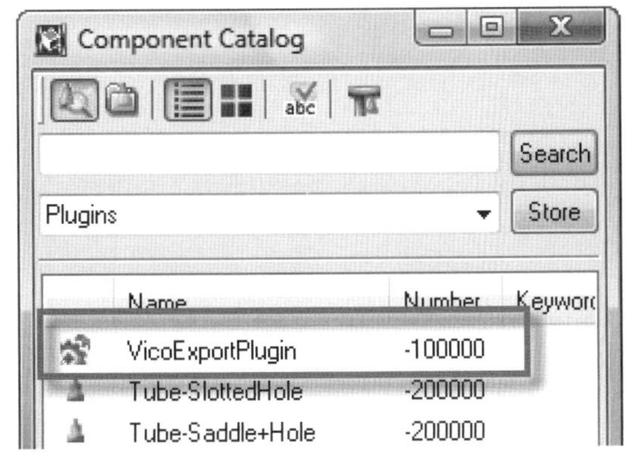

图 5-5

【注】 在 Tekla Structures 中，Publish to Vico 功能可以通过组合快捷键 Ctrl+F 打开 Component Catalog（构件目录）。在 Component Catalog 对话框中，选定 Plugins（插件）类别，选择出现在列表中的 VicoExportPlugin，如图 5-5 所示。

(2) 选择 VicoExportPlugin 之后，Select Vico Office Project 对话框就会出现。如果需要，浏览并选择网络中的 Database Server 来发布项目信息。在 Select Project 列表中，展开

Vico Office 节点寻找项目,如图 5-6 所示。

【注】 迄今为止,Vico Office 中只创建了一个项目。此外,第一次将模型发布到 Vico Office 时,只有 Create a New Model(创建新模型)选项可用。如果用户想为早期发布过的模型发布新版本,选择同一个模型。当选择 Create a New Model 时,它就会高亮显示,点击 Publish 按钮开始模型发布过程。Vico Office 将通过提取构件的几何尺寸和属性来处理和存储模型信息。

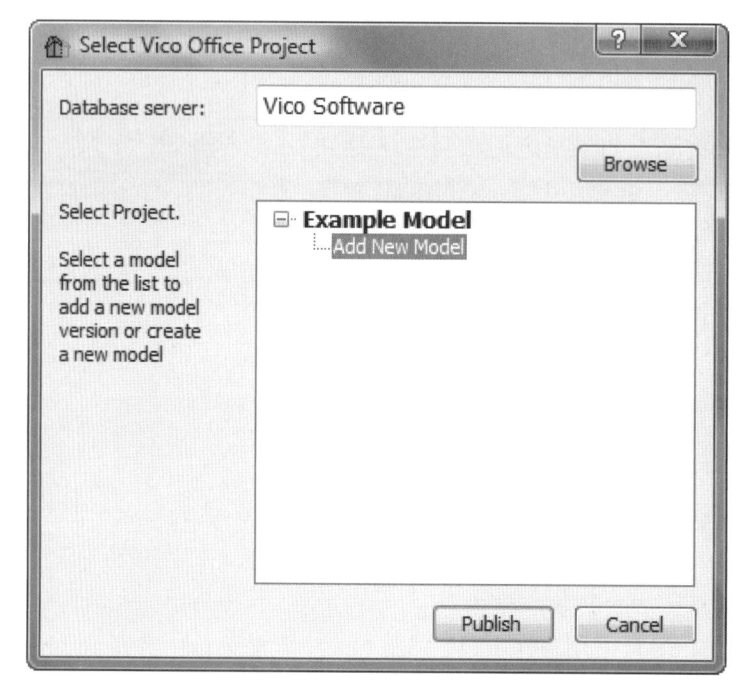

图 5-6

(3) 导出模型信息的进度条会提示发布状态,发布成功后进度条会消失。

(4) 在接下来的步骤中,用户可以在 Vico Office 中继续工作,并在 Model Manager 视图集中激活已发布模型,如图 5-7 所示。

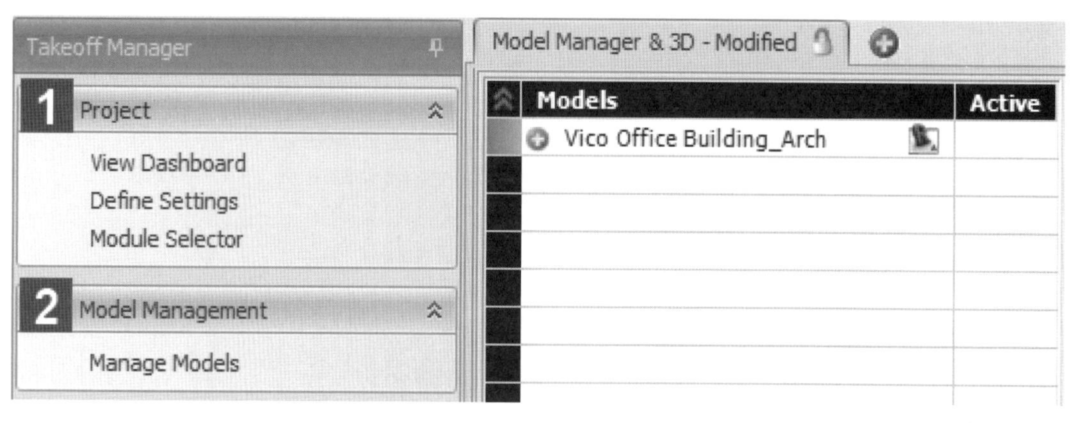

图 5-7

5.3 发布更新的模型版本

用户可以通过发布 Vico Office 中早期模型的新版本来更新基于模型的项目信息。当用户选择发布一个早期模型的新版本时，通过为其他 Takeoff Item 重新分配构件和手动定义工程量，用户之前对模型执行的工作可以得到保留。具体步骤如下。

(1) 在选择的 CAD 应用程序中，在 Vico Office 附加菜单中重复 Publish to Vico 操作。在 Select Vico Office Project 对话框中，找到并选择用户想要发布更新版本的项目。点击项目节点，显示指定项目下所有已发布的现有模型。

(2) 选择用户想要更新工程量和几何信息的模型，开始一个新的模型版本的发布操作。这包括在处理变化时检查没改变的模型几何信息，并存储到数据库中。

(3) 发布过程完成后，用户就可以打开 Model Manager 视图集来激活和更新模型版本。此时界面会显示一个感叹号图标，这表示一个新的模型版本的存在。默认情况下，只有当最新版本没有被激活时，New Model Version(新模型版本)标志才会出现。注意新的模型版本会根据原来的发布顺序进行排序，从最早到最新。

第6章　文档控制

Vico Office Document Controller(文档控制器)可以在协作环境中帮助项目团队管理项目文件,并有效地识别、解释和应对图纸变更。Document Register(文档注册)视图集中放置着所有的项目模型和图纸版本,并提供一个简单而强大的方式来审查项目的文档状态,以及与项目团队交流文档集中的变更。Document Manager(文档管理器)强大的对比工具通过快速扫描和映射成千上万张图纸中的变更,生成基于文档的RFI,并提供易于使用的可视化对比工具,帮助降低项目风险,提高生产率。

6.1　文档控制器用户界面

文档控制器用户界面如图6-1所示。

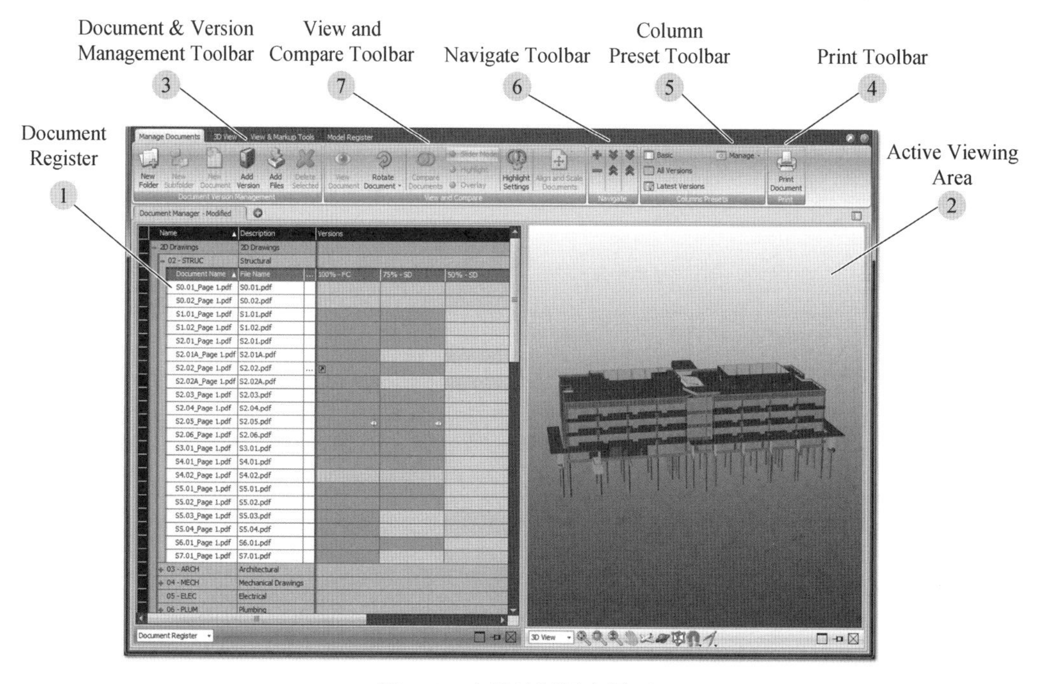

图6-1　文档控制用户界面

Document Controller 提供统一的存储库,以保持和跟踪所有的项目投入,包括2D的PDF图纸、3D的BIM模型、照片、电子表格和其他的项目报告。该程序支持文件夹和版本结构的使用,并根据来源于项目的设计版本对用户数据进行归类分组。在默认屏幕的左侧是用户的Document Register,而激活的视图集可以从屏幕右方查看。用于视图过滤、参考平面和构件属性的面板停靠在屏幕的右侧,并可经常使用。

① Document Register

Document Register(文档注册)窗口如图6-2所示。

Name	Description		Versions		
− 2D Drawings	2D Drawings				
− 02 - STRUC	Structural				
Document Name ▲	File Name	…	100% - FC	75% - SD	50% - SD
S0.01_Page 1.pdf	S0.01.pdf				
S0.02_Page 1.pdf	S0.02.pdf				
S1.01_Page 1.pdf	S1.01.pdf				
S1.02_Page 1.pdf	S1.02.pdf				
S2.01_Page 1.pdf	S2.01.pdf				
S2.01A_Page 1.pdf	S2.01A.pdf				
S2.02_Page 1.pdf	S2.02.pdf	…			
S2.02A_Page 1.pdf	S2.02A.pdf				
S2.03_Page 1.pdf	S2.03.pdf				
S2.04_Page 1.pdf	S2.04.pdf				
S2.05_Page 1.pdf	S2.05.pdf				
S2.06_Page 1.pdf	S2.06.pdf				
S3.01_Page 1.pdf	S3.01.pdf				
S4.01_Page 1.pdf	S4.01.pdf				
S4.02_Page 1.pdf	S4.02.pdf				
S5.01_Page 1.pdf	S5.01.pdf				
S5.02_Page 1.pdf	S5.02.pdf				
S5.03_Page 1.pdf	S5.03.pdf				
S5.04_Page 1.pdf	S5.04.pdf				
S6.01_Page 1.pdf	S6.01.pdf				
S7.01_Page 1.pdf	S7.01.pdf				
+ 03 - ARCH	Architectural				
+ 04 - MECH	Mechanical Drawings				
05 - ELEC	Electrical				

图 6-2

该窗口会显示所有已加载到用户的Vico Office文件中的文档。当模型被发布到Vico Office时,会默认创建3D模型的文件夹。然后,用户可以使用Document & Version Management Toolbar(文档版本管理工具栏)定义任何文件夹结构。用户界面的这部分用来显示多个图形或模型的变化、放置到图纸上的云图以及激活的模型(在模型版本上用圆圈表示)。

② Active Viewing Area

视图窗口如图6-3所示。Active Viewing area(激活视图区)是显示3D模型或2D绘图的区域。

图 6-3

③ Document & Version Management Toolbar

Document & Version Management Toolbar（文档和版本管理工具栏）如图 6-4 所示。

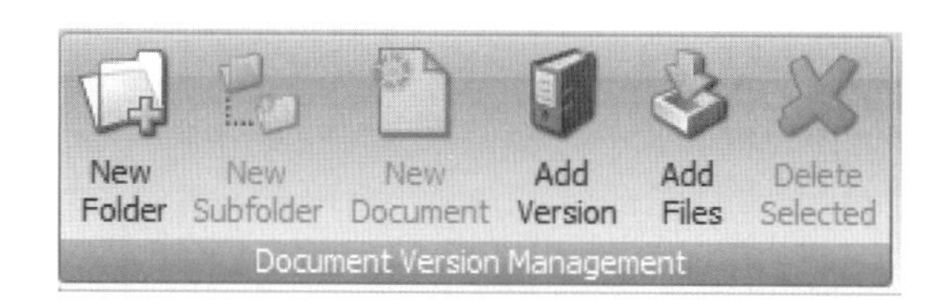

图 6-4

在 Document Register 中，Document & Version Management Toolbar 用于组织内容、文件夹和子文件夹的创建，以及版本和文档占位符。注意，附加版本的对话框会提示用户添加选择的文档或文档的文件夹。必要时，在这里也可以删除文档。

④ Print Toolbar

打印按钮如图 6-5 所示。允许用户打印在活动的视图窗口中显示的内容。

图 6-5

⑤ Column Preset Toolbar

Column Preset Toolbar（列预设工具栏）如图 6-6 所示。Column Preset Toolbar 是用于控制 Document Register 里显示的文档的视图设置。默认设置将打开显示图纸列表的基本视图。点击所有版本将显示已发布到 Document Register 中的多个版本。选择最新的版本仅会显示存在于 Register 列表中的每个文档的最新版本。

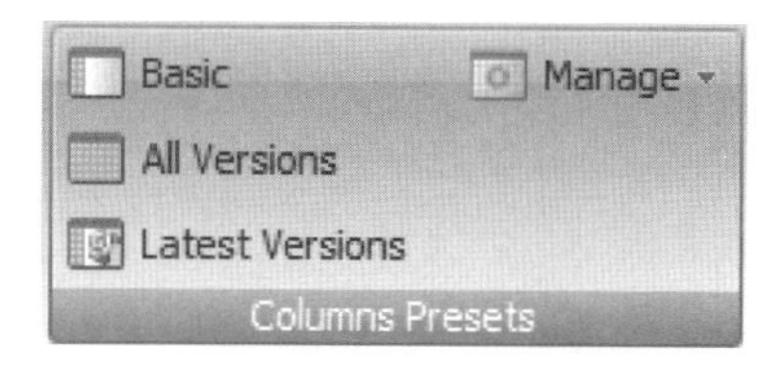

图 6-6

⑥ Navigate Toolbar

Navigate Toolbar（导航工具栏）如图 6-7 所示。Navigate Toolbar 用来快速收放 Document Register 和相关的文件夹结构。

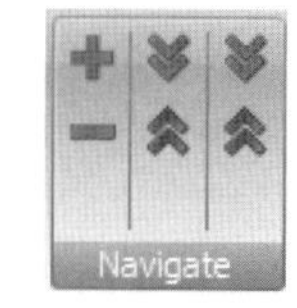

图 6-7

⑦ View and Compare Toolbar

View and Compare Toolbar（查看和对比工具栏）如图 6-8 所示。

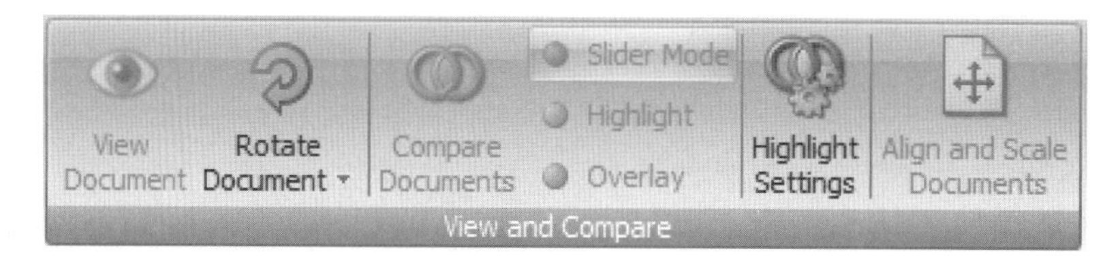

图 6-8

View and Compare Toolbar 提供用于分析内容的基本功能。在这里，可以查看和移动文档，并选择对比设置。

6.2 组织文档

组织文档界面如图 6-9 所示。

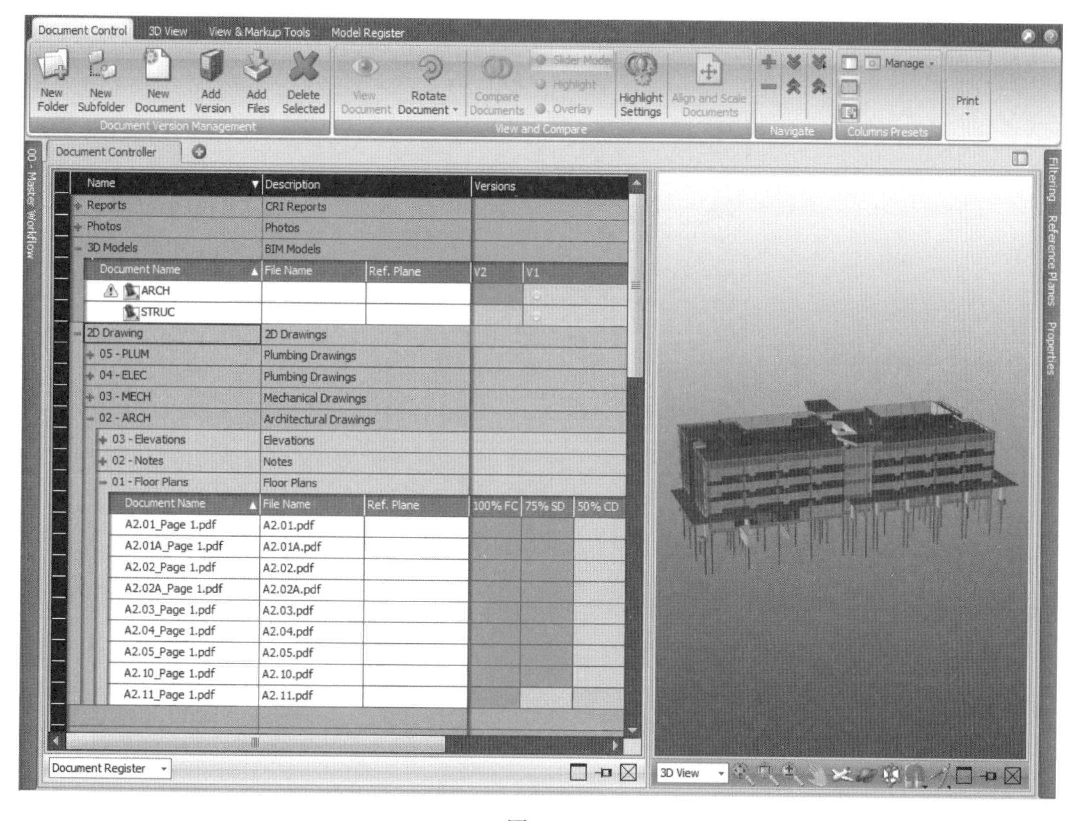

图 6-9

Document Controller(DC)是中央存储库,可以在单一的地方存储并编录所有的项目信息。DC 允许用户创建像工程图纸一样尽可能详细的文件夹结构,包括占位平面图、立面图、剖面图、详图、注释等占位符。DC 可以为每个文件夹创建版本,以整理所有设计发布的图纸,让用户知道哪些文件是用最新版本进行更新或更改的。

组织数据界面如图 6-10 所示。

在 Document Register 中有很多方法可以组织数据。用户可以通过访问功能区按钮或右键菜单来创建文件夹和版本结构,以匹配用户项目的输入结构。

① New Folder

New Folder

New Folder(新建文件夹)是在父层级添加一个文件夹。

② New Subfolder

New Subfolder

New Subfolder(新建子文件夹)是在父层级下嵌入一个文件夹。Vico 支持多层级的文件夹结构,使用户能够按照自己的意愿创建文件夹。

③ New Document

New Document

New Document(新建文档)为新的文档增加一个位置。在根据用户最初的计划组织数据结构时,这是一个实用的工具。当用户首先选择添加文件时,则不需要使用 New Document 按钮来创建占位符。

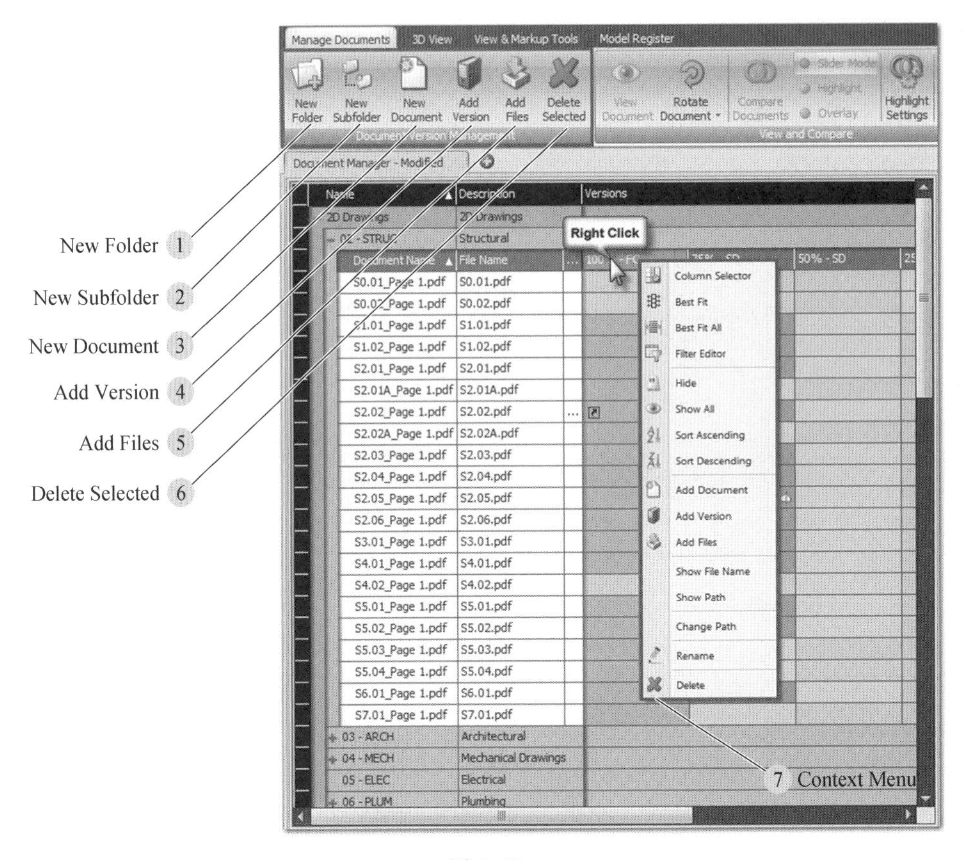

图 6-10

④ Add Version

Add Version(添加版本)用于创建设计发布的版本。系统会提示用户提供一个版本名称并添加注释，如发布日期相关的信息。选择此按钮会提示添加单个文件或整个图纸文件夹的时间。使用此功能，用户可以导航到已存储图纸的任何地方，并开始导入过程。导入文档之前，如果用户想建立自己的整个组织架构，可以选择创建空白版本。

⑤ Add Files

Add Files(添加文件)使用项目文档填充进程版本。只有当某个版本被创建时，Add Files 才能启用。选择 Add Files 将提示用户选择需要数据存储的图纸文件夹，以及需要填充的版本。当使用 Add Files 时，用户可以选择完整的图纸文件夹或单个的工作表。

⑥ Delete Selected

Delete Selected 将移除所有被选中的条目，无论是文件夹、子文件夹、文档、行(一系列文档)还是列(一个版本的文档)。删除选定的条目将从 Vico Office 项目中永久删除并且不能撤销。

- Ctrl 键＋单击单元格会同时删除多个文档。
- Shift 键＋单击单元格不会同时删除多个文档，因为 Vico Office 的表格比传统的电子表格更为复杂。
- 在父层级选择文件夹行同时删除行及其所有内容。

- 选择版本标头将移除整个版本及其子文件中的文档。
- 选择行一次性全部删除单一文档的多个版本。

⑦ Context Menu

Context Menu(上下文菜单)如图6-11所示。

上下文菜单是一个访问常用命令的快捷方式,可以通过在Document Register上右击不同的区域得到。

图6-11

- Column Selector(列选择器):允许用户选择哪些列会显示在Document Register中。
- Best Fit(均分所选列):将在Document Register中均匀分配可见列的列宽。
- Best Fit All(均分所有列):将在Document Register中均匀分配所有列的列宽。
- Filter Editor(过滤编辑器):将应用视图标准从而允许用户简化显示在屏幕上的到可用Item的列表。这可以被用来在可用的项目输入的冗长列表中迅速识别出特定的Item。
- Hide(隐藏):用于隐藏用户不希望在Document Register中看到的版本。选择Column Selector重新显示已被隐藏的版本。
- Show All(显示全部):将在Document Register中显示所有可能的版本。
- Sort Ascending/Descending(按升序/降序排序):将在Document Register中根据选中的列标题按字母顺序重新排序。
- Show File Name(显示文件名称):会在每个绿色或红色文档单元格中显示实际的文件名称。
- Show Path(显示路径):将显示每个存储在绿色或红色文档单元格内的文档的文件夹路径。
- Change Path(修改路径):允许用户修改存储文档的文件夹路径——拥有正确的文件夹路径对于选择在单元格中显示文档或者使用“在外部应用程序中查看”文档的功能都非常的重要。
- Rename(重命名):允许用户有机会修改给定文档的名称。
- Delete(删除):允许用户删除指定文档。

1. 添加文件夹和子文件夹

在文档管理功能中添加文件夹和子文件夹的方式如图6-12所示。

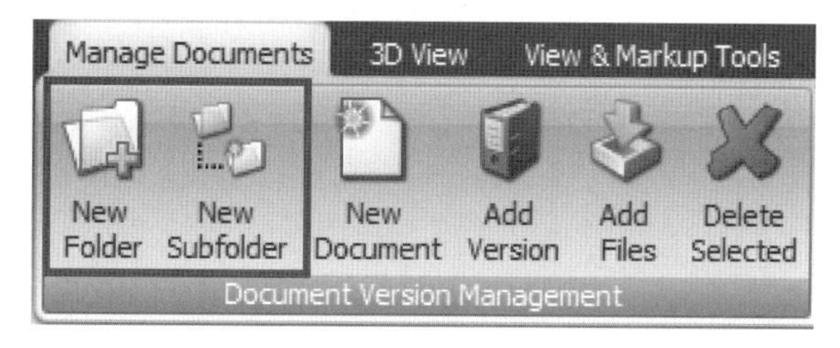

图6-12

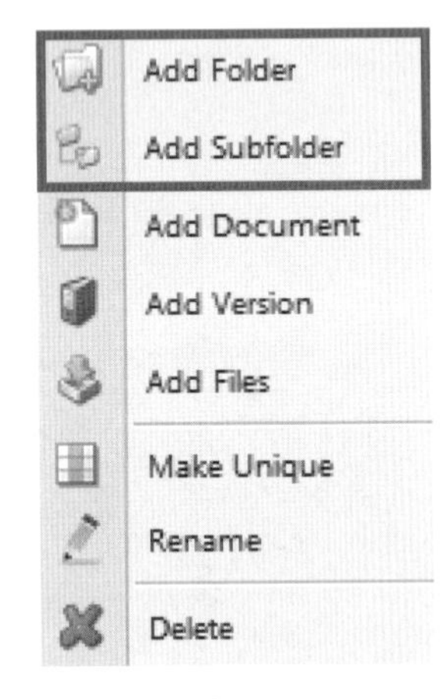

图 6-13

添加文件夹和子文件夹的方式除上述工具条的命令外，还可通过右键添加，如图 6-13 所示。

在 Document Register 中，使用文档版本管理工具或快捷菜单，创建文件夹和子文件夹。默认情况下，“项目”是第一层级，新的文件夹创建在第二层级中。选中 New Subfolder 时，子文件夹将被创建到选定的文件夹中。Vico 支持多层级的文件夹结构，允许用户按照自己的意愿创建文件夹，如图 6-14 所示。

Name	Description	
− 01 - Drawing	2D Drawings	
− 01 - STRUC	Structural Drawings	
− Floor Plans	Floor Plans	
Document Name	File Name	Ref. Plane
S2.01_Page 1.pdf	S2.01.pdf	First Floor Plan;
S2.02_Page 1.pdf	S2.02.pdf	Level 2;
S2.03_Page 1.pdf	S2.03.pdf	Level 3;
S2.04_Page 1.pdf	S2.04.pdf	Level 4;
− 02 - ARCH	Architectural Drawings	
+ 01 - Floor Plans	Floor Plans	
+ 02 - Notes	Notes	
+ 03 - Elevations	Elevations	
− 03 - MECH	Mechanical Drawings	
+ 01 - Floor Plans	Floor Plans	
+ 02 - Notes	Elevations	
03 - Elevations	Elevations	
+ 04 - ELEC	Plumbing Drawings	
+ 05 - PLUM	Plumbing Drawings	
+ AV DWG	Audio / Video Drawings	
+ 02 - Models	BIM Models	
− 03 - Photos	Jobsite Photos	
+ General	General Photos	
+ Plumbing	Sanitary	
+ 04 - Reports	CRI Reports	
+ 05 - Change Orders	CCDs and Change Orders	

图 6-14

2. 添加版本和文件

在文件夹或子文件夹下新建文档，添加版本和文件时，可以通过工具面板中的添加版本和文件功能实现，如图 6-15 所示。

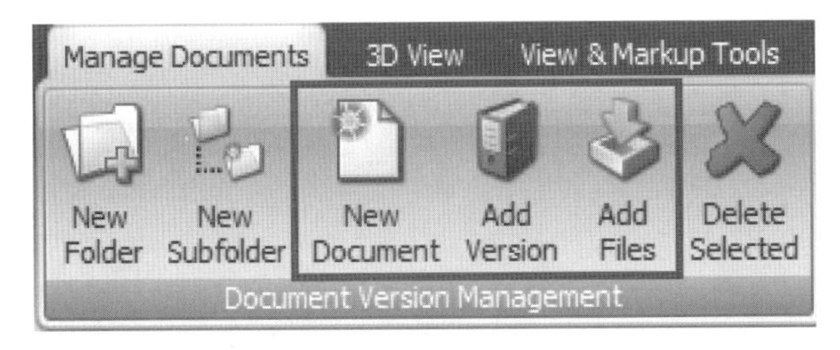

图 6-15

新建文件，添加版本和文件的方式除使用工具条的命令外，还可通过右键新建文档实现，如图 6-16 所示。

版本可被添加到 Document Controller，以便对发布的图纸或其他文件进行分组。

在 Document Register 中，使用文档版本管理工具或快捷菜单，可以创建设计发布的版本，并用文档填充它们。

可以为项目一次性创建所有版本，而不使用图纸进行填充。也可以逐个创建版本，并自行使用图纸进行填充。出现一个对话框，如果用户希望一次性只创建版本结构，该对话框允许用户创建空白的版本；用户在创建版本期间，也可以选择添加哪些文件或文件夹，如图 6-17 所示。

Add Folder
Add Subfolder
Add Document
Add Version
Add Files
Make Unique
Rename
Delete

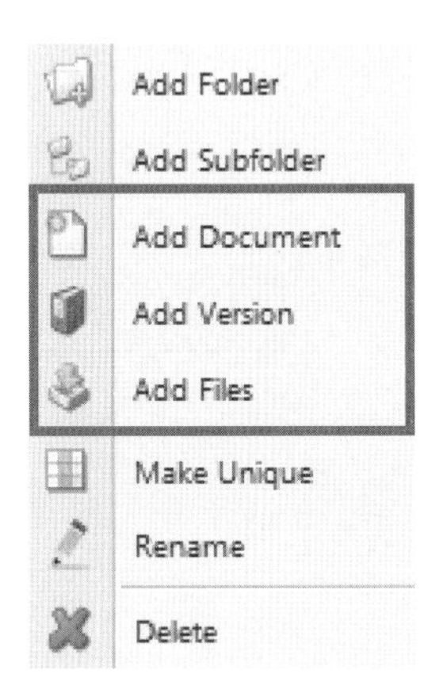

图 6-16

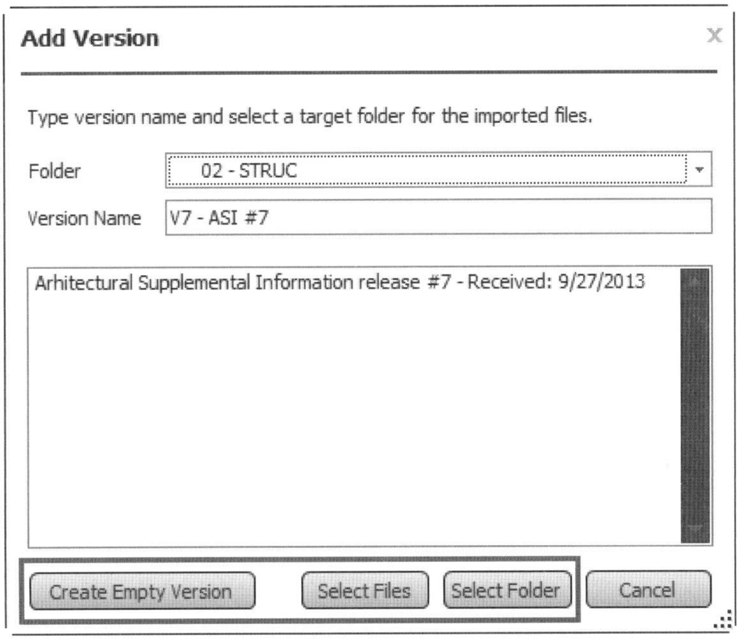

Add Version
Type version name and select a target folder for the imported files.
Folder
02 - STRUC
Version Name
V7 - ASI #7
Arhitectural Supplemental Information release #7 - Received: 9/27/2013
Create Empty Version
Select Files
Select Folder
Cancel

图 6-17

添加图纸到 Document Controller，可以将图纸内容完全导入 Vico Office。在源图纸文件夹中更改或更新内容，将不会更新 Vico Office 中的内容。如果用户想更新，图纸必须重新导入。

3. 操作 Document Register

Document Register 用户界面如图 6-18 所示。

View Document
Rotate Document
Compare Documents
Slider Mode
Highlight
Overlay
Highlight Settings
Align and Scale Documents
View and Compare
Navigate
Basic
Manage
All Versions
Latest Versions
Columns Presets

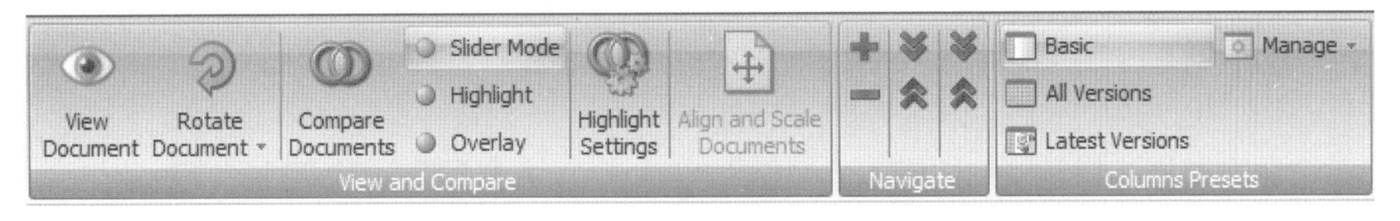

图 6-18

各工具快捷菜单如图 6-19 所示。

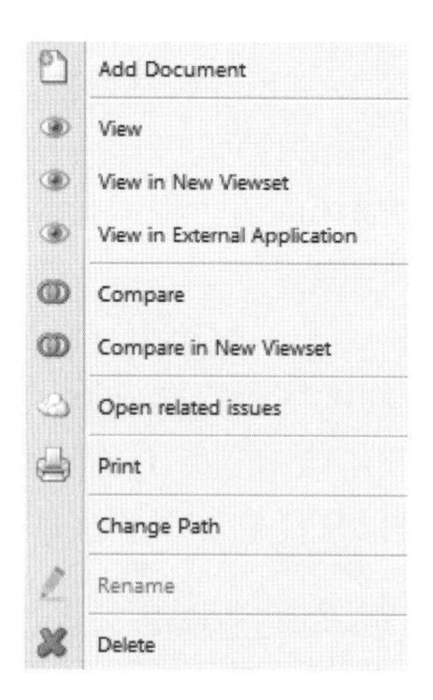

图 6-19

当处于 Document Control 工作流程项时，可以通过使用上方功能区中的 View 和 Compare、Navigate 和 Column Presets 等工具对 Document Register 进行快速操作。此外，可以通过右键单击用户界面的各个部分得到快捷菜单。

请参阅本书“6.3.1　查看图纸”和“6.4.1　查看 3D 模型”部分，了解有关如何使用每种工具栏命令的详细说明。

4. 编辑和删除内容

通过工具面板删除内容如图 6-20 所示。

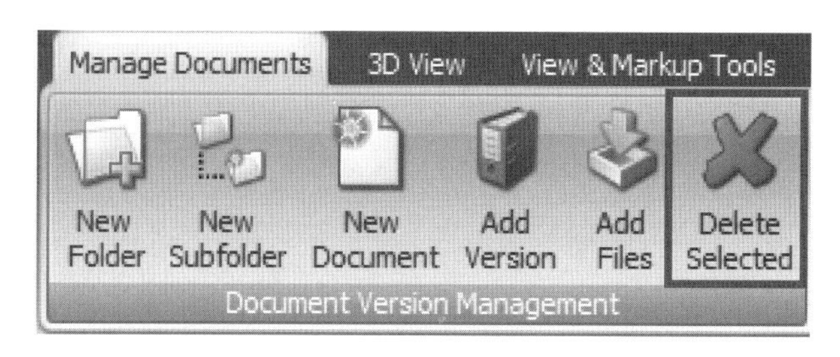

图 6-20

右键选择删除内容如图 6-21 所示。

文件夹、子文件夹和图纸的内容，可以在任何时间从 Document Register 中删除。从 Document Register 中删除内容将永久删除数据并且不能撤销。

选择一个文件夹，会删除该文件夹中的所有文档，如图 6-22 所示；选择一个行标题，会删除与该版本相关的所有页面，如图6-23 所示；选择一行，会删除与该文档相关的所有版本，如图 6-24 所示。

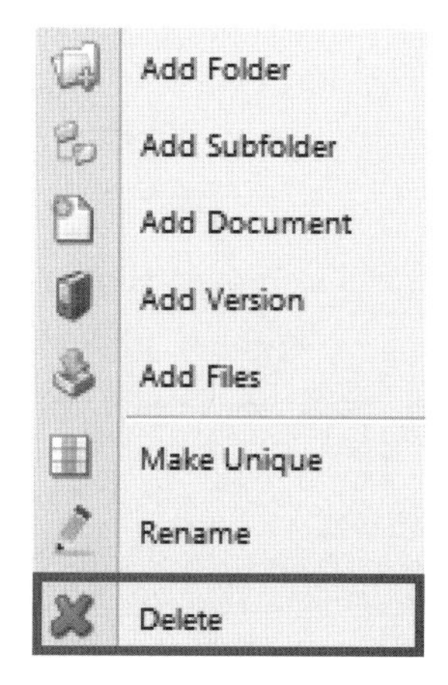

图 6-21

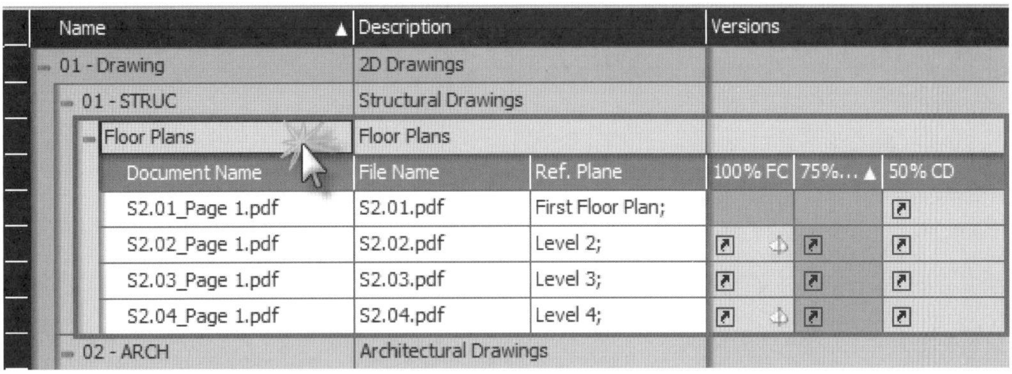

Name	Description		Versions		
01 - Drawing	2D Drawings				
01 - STRUC	Structural Drawings				
Floor Plans	Floor Plans				
Document Name	File Name	Ref. Plane	100% FC	75%...	50% CD
S2.01_Page 1.pdf	S2.01.pdf	First Floor Plan;			
S2.02_Page 1.pdf	S2.02.pdf	Level 2;			
S2.03_Page 1.pdf	S2.03.pdf	Level 3;			
S2.04_Page 1.pdf	S2.04.pdf	Level 4;			
02 - ARCH	Architectural Drawings				

图 6-22

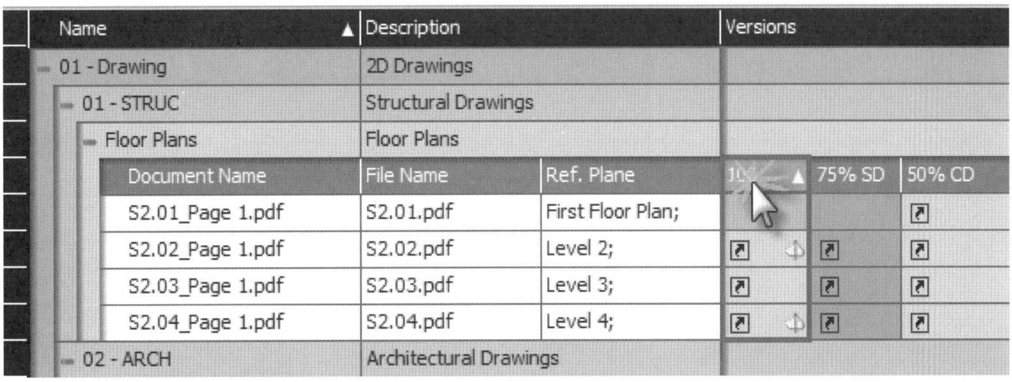

Name	Description		Versions		
01 - Drawing	2D Drawings				
01 - STRUC	Structural Drawings				
Floor Plans	Floor Plans				
Document Name	File Name	Ref. Plane	10	75% SD	50% CD
S2.01_Page 1.pdf	S2.01.pdf	First Floor Plan;			
S2.02_Page 1.pdf	S2.02.pdf	Level 2;			
S2.03_Page 1.pdf	S2.03.pdf	Level 3;			
S2.04_Page 1.pdf	S2.04.pdf	Level 4;			
02 - ARCH	Architectural Drawings				

图 6-23

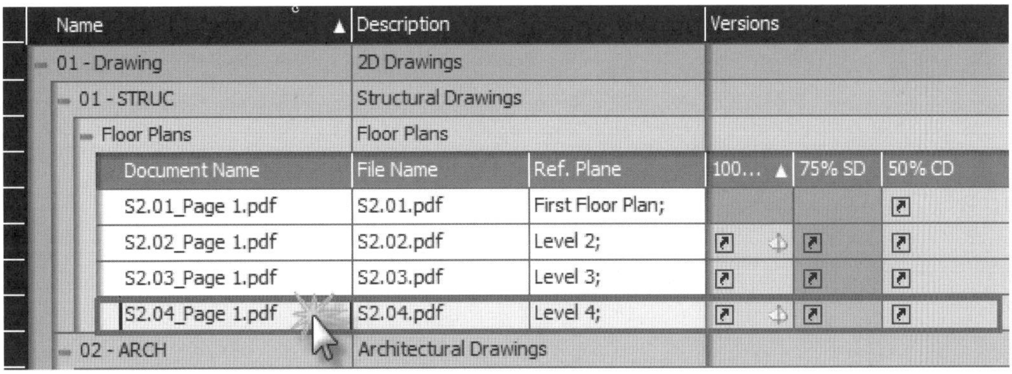

Name	Description		Versions		
01 - Drawing	2D Drawings				
01 - STRUC	Structural Drawings				
Floor Plans	Floor Plans				
Document Name	File Name	Ref. Plane	100...	75% SD	50% CD
S2.01_Page 1.pdf	S2.01.pdf	First Floor Plan;			
S2.02_Page 1.pdf	S2.02.pdf	Level 2;			
S2.03_Page 1.pdf	S2.03.pdf	Level 3;			
S2.04_Page 1.pdf	S2.04.pdf	Level 4;			
02 - ARCH	Architectural Drawings				

图 6-24

6.3 分析 2D 图纸

Document Controller(文件控制器)界面如图 6-25 所示。

Document Controller(DC)提供了一个快速简便的方法,来存储并查看每版发布的 2D 的 PDF 图纸。被添加到 DC 中的每个版本将快速识别哪些工作表已经被添加、删除、更改或保持不变。之后,使用 Slider Mode(滚动模式)、Highlight(高亮)和 Overlay(覆盖)模式,逐个工作表或者工作表组对比这些版本。

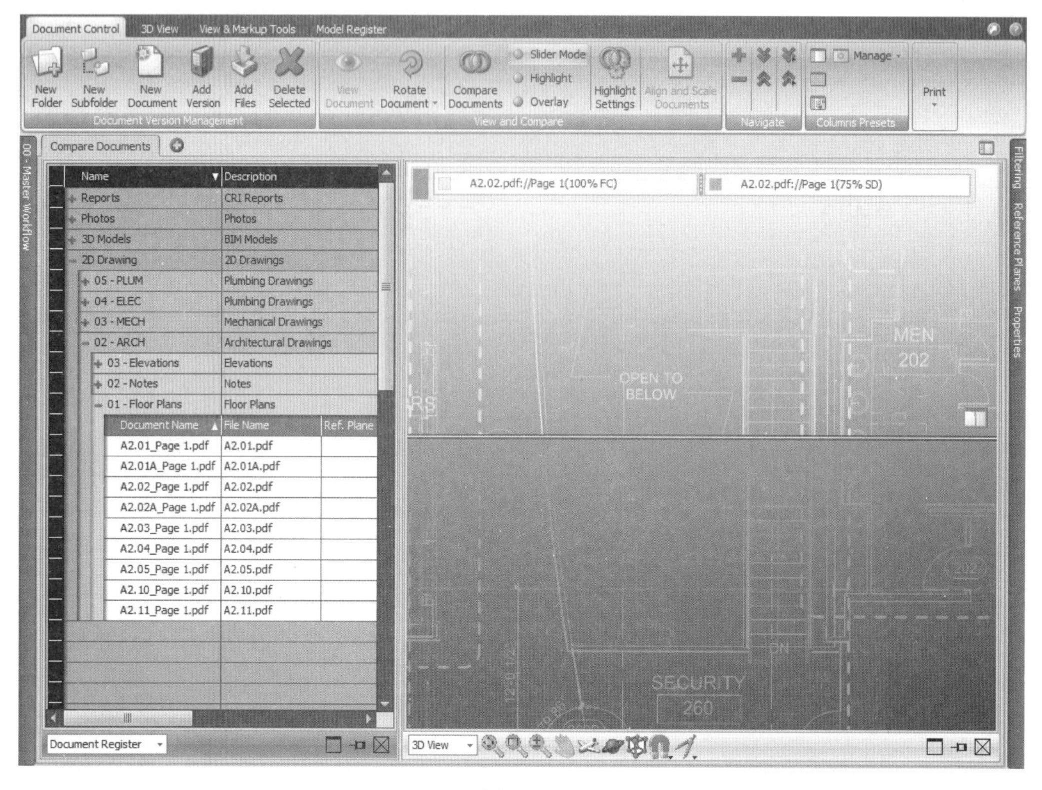

图 6-25

Document Controller 可用于查看、存储和对比项目的 2D 图纸,用户界面如图 6-26 所示。

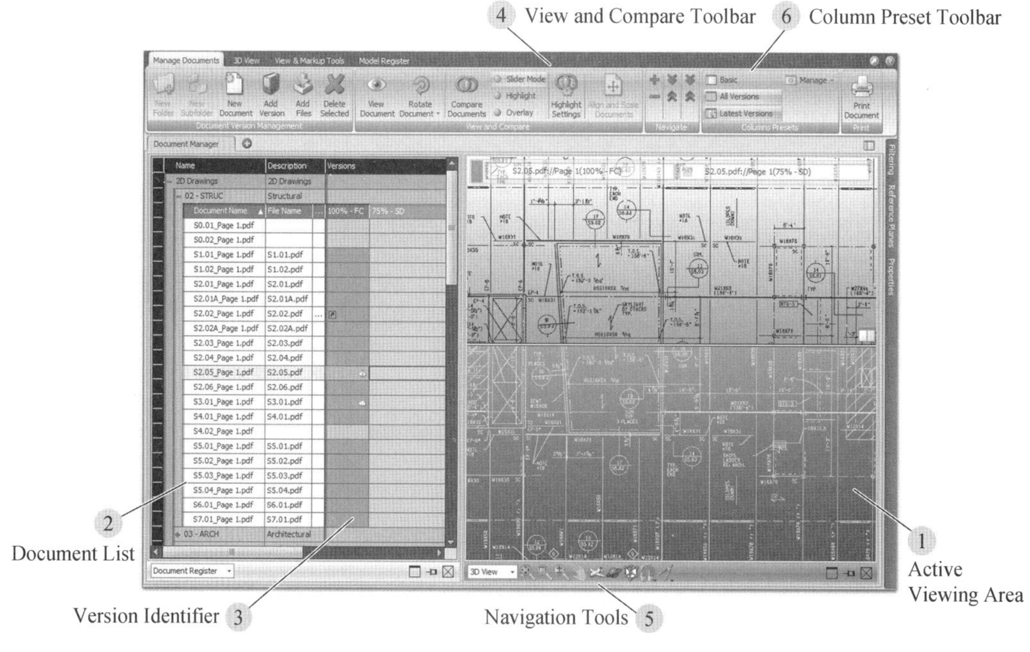

图 6-26

1 Active Viewing Area

Active Viewing Area(激活视图区域)显示 2D 图纸,如图 6-27 所示。

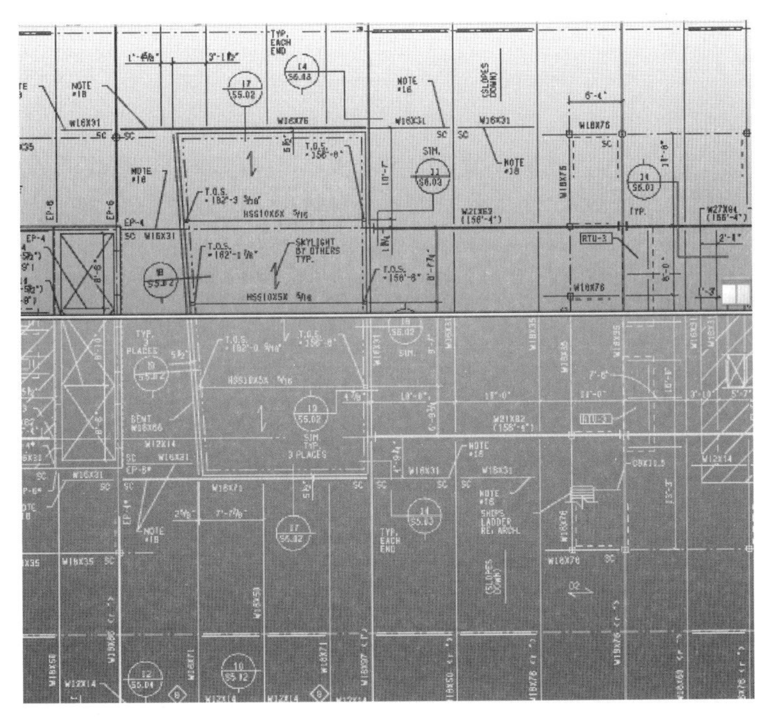

图 6-27

2 Document List

Document List(文件列表)如图 6-28 所示。

Document Name ▲	File Name
S0.01_Page 1.pdf	
S0.02_Page 1.pdf	
S1.01_Page 1.pdf	S1.01.pdf
S1.02_Page 1.pdf	S1.02.pdf
S2.01_Page 1.pdf	S2.01.pdf
S2.01A_Page 1.pdf	S2.01A.pdf
S2.02_Page 1.pdf	S2.02.pdf
S2.02A_Page 1.pdf	S2.02A.pdf
S2.03_Page 1.pdf	S2.03.pdf
S2.04_Page 1.pdf	S2.04.pdf
S2.05_Page 1.pdf	S2.05.pdf
S2.06_Page 1.pdf	S2.06.pdf
S3.01_Page 1.pdf	S3.01.pdf
S4.01_Page 1.pdf	S4.01.pdf

图 6-28

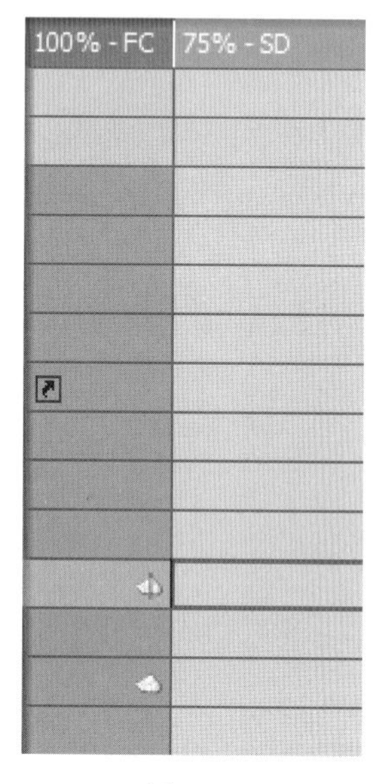

图 6-29

文件列表向用户说明所有的输入已经被添加到 Vico Office 项目中。

③ Version Identifier

Version Identifier(版本标识符)如图 6-29 所示。

版本标识列表显示一个文档的所有版本。它还显示版本之间的差异,以及有云的文档和与之相关的问题。

- 灰色单元格表示文档不是版本的一部分。
- 绿色单元格表示文档作为版本的一部分,是新的或不变的。
- 红色单元格表示文档作为版本的一部分,已经被变更。

④ View and Compare Toolbar

View and Compare Toolbar(查看和比较工具栏)如图 6-30 所示,提供进行查看和分析用户 2D 文档的快捷命令。

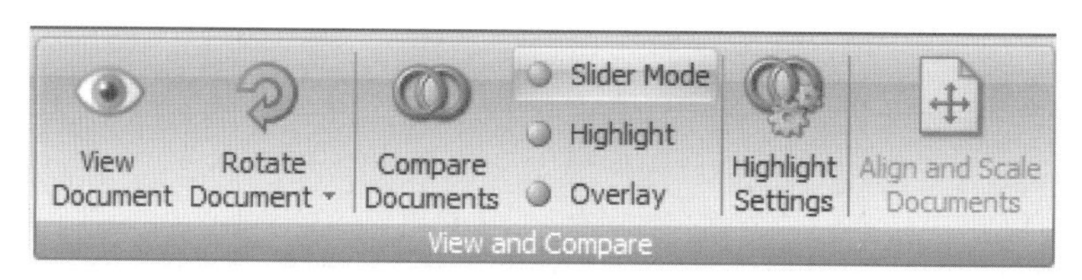

图 6-30

⑤ Navigation Tools

Navigation Tools(导航工具栏)如图 6-31 所示,用于在活动的视图区域内移动和旋转 2D 文档。

⑥ Column Preset Toolbar

Column Preset Toolbar(列预设工具栏)如图 6-32 所示。

图 6-31

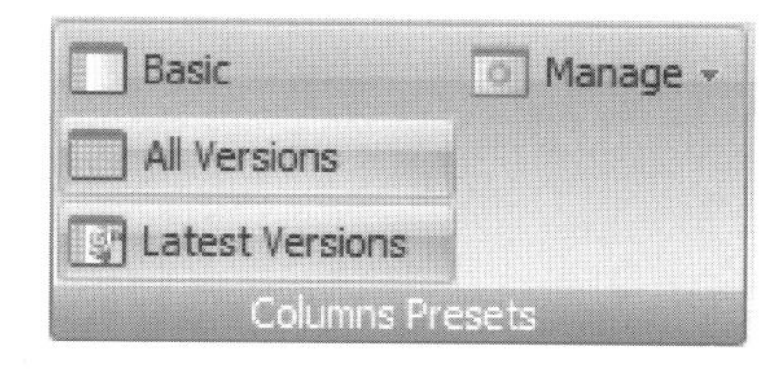

图 6-32

Column Preset Toolbar 用于控制显示在 Document Register 中的文档的视图设置。默认设置是打开基本视图仅显示图纸列表。点击所有版本将显示已发布到 Document Register 中的多个版本。选择最新的版本将仅显示每个文档在注册列表中最近发布的版本。

6.3.1 查看图纸

Document Controller 查看图纸的界面如图 6-33 所示。

除了集成在 Document Controller 里的变更管理和 4D/5D 功能,Document Controller 也可以作为基本的文档查看器使用。

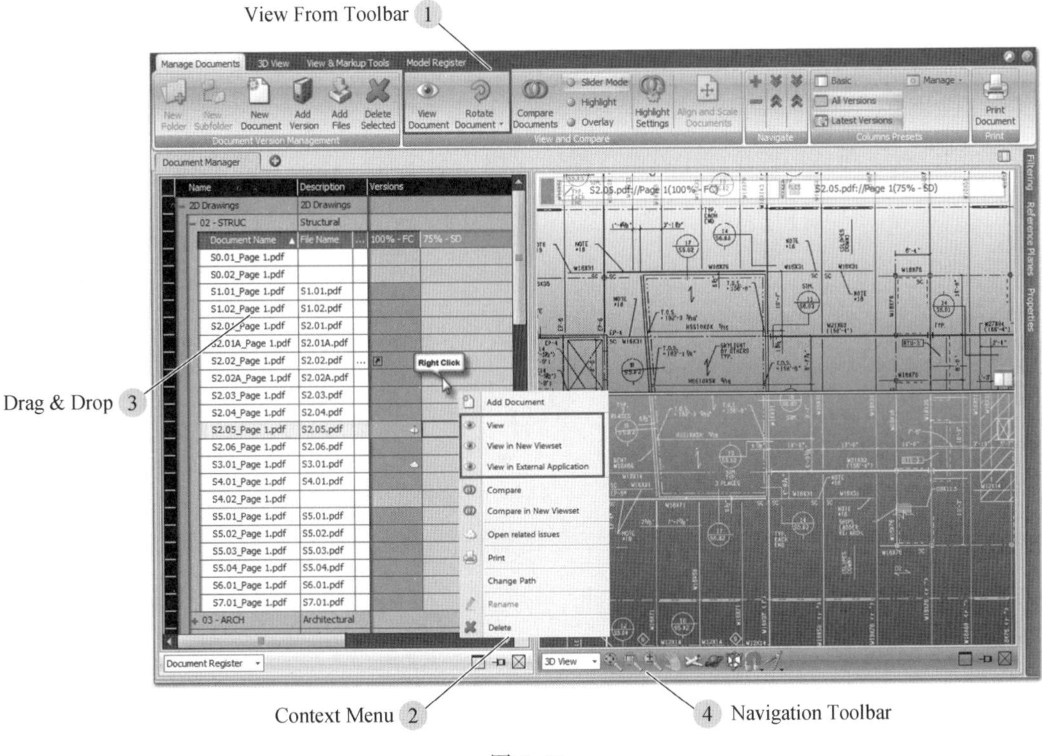

图 6-33

① View From Toolbar

View From Toolbar 如图 6-34 所示。

通过在 Document Register 中选择文档，并从工具栏中选择 View Document，可以查看图纸。此外，在工具栏中，文档可以被顺时针或逆时针旋转。

图 6-34

② Context Menu

Context Menu 如图 6-35 所示。

选中文档后，任何时间都可以通过单击右键访问快捷菜单。这里用户有三种查看文档的方式。

- 选择 View(查看)，将在活动的视图集里面显示文档。
- 选择 View in New Viewset(在新视图中查看)，将在新建的视图集里面显示文档，同时保持现有的视图集以便返回使用。
- 选择 View in External Application(在外部应用程序中查看)，将使用用户电脑中设置的打开此种文档类型的本地视图工具来打开文档。

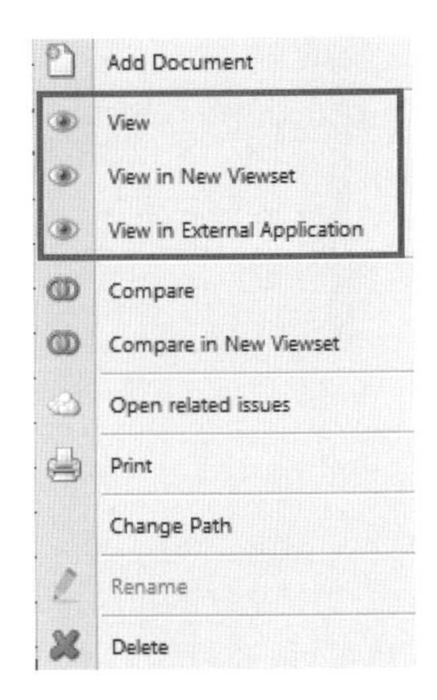

图 6-35

③ Drag & Drop

Drag & Drop(拖放)如图 6-36 所示。

S1.01_Page 1.pdf	S1.01.pdf			
S1.02_Page 1.pdf	S1.02.pdf			

图 6-36

在活动视图集里面使用简单的拖放操作可以查看文件。拖动行到活动视图集,将显示最新的文档版本。如果用户希望使用拖放功能来查看较旧的版本,选择并拖动特定的单元格。

④ Navigation Toolbar

Navigation Toolbar(导航工具栏)如图 6-37 所示。

在活动视图集内,使用底部的导航工具栏,可以平移和缩放文档(在右上角找到一个有箭头穿过的绿色圆圈,可以找到快速执行这些命令的快捷键,而无需访问工具栏中间的命令)。

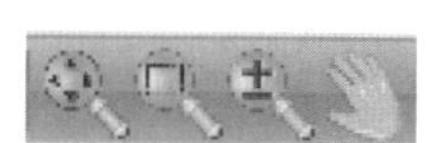

图 6-37

6.3.2 对比图纸

Document Register 对比图纸的界面如图 6-38 所示。

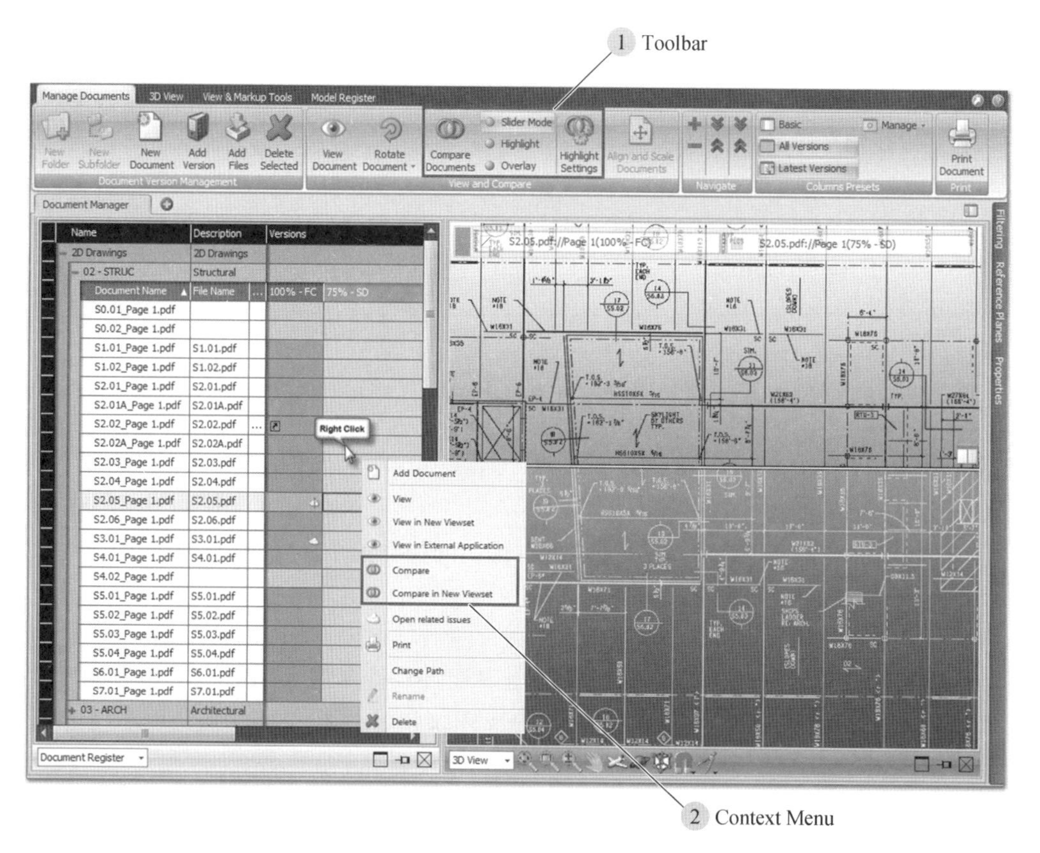

图 6-38

通过比较不同的版本,可以完成图纸的变更分析。图纸对比可以在 Slider Mode、Highlight 和 Overlay 模式下完成,默认设置是 Slider Mode。在 Document Register 中右击期望的图纸,并从工具栏或快捷菜单中选择对比,可以模仿图纸对比。

① Toolbar

Toolbar(工具栏)如图 6-39 所示。

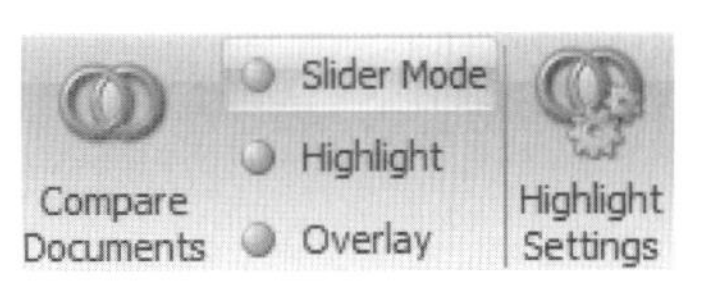

图 6-39

按住 Ctrl 键并单击想要对比的版本,并从工具栏中选择对比文档。所有的对比默认在 Slider Mode 下打开。选择 Highlight 或 Overlay 模式来改变对比模式。Highlight 设置可以在亮显模式下选择对比期间特定的颜色、显示内容和异常情况。

② Context Menu

Context Menu 如图 6-40 所示。

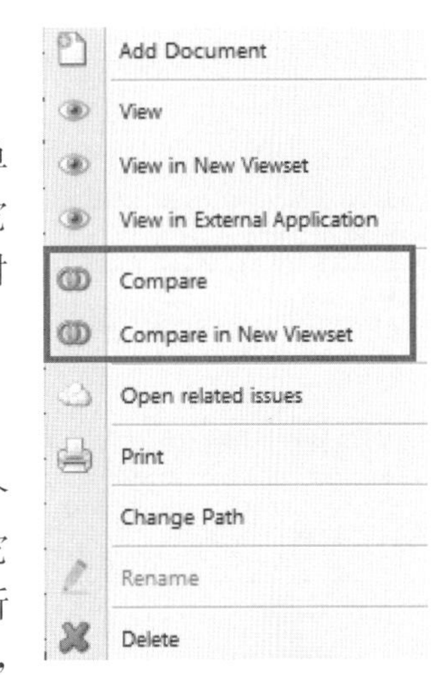

图 6-40

按住 Ctrl 键并单击想要对比的版本,然后右击,从快捷菜单的对比选项中任选其一。只需选择在活动窗口中对比并查看它们,如果选择在新视图集中对比,将创建一个新的视图集,同时保持最终返回现有的视图集。

1. 2D Slider 模式

2D Slider 模式如图 6-41 所示。

Slider 模式是图纸对比的默认选项。在这种模式下,一个"Slider 条"将在两个图纸集间过渡,展示可应用的内容,因为它可以来回移动。Slider 条默认是垂直的,可以左右移动以分析变更。点击切换按钮右侧小方框,可使 Slider 条变为水平方向,并上下移动以分析变更。

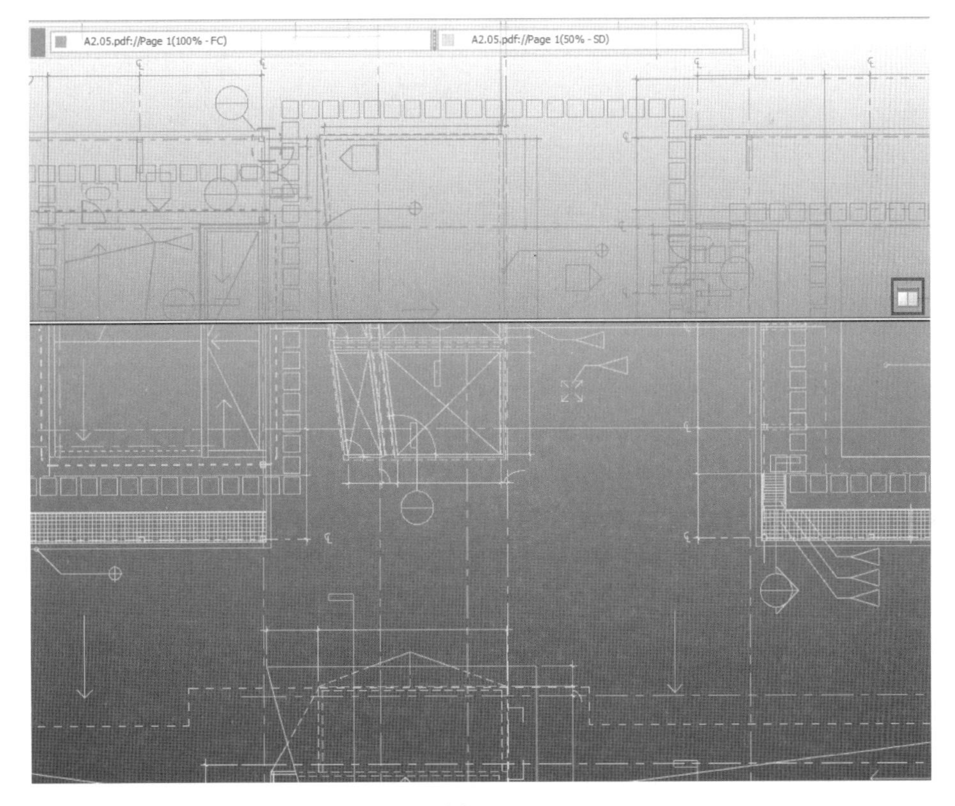

图 6-41

活动的视图窗上方出现一个方框,阐明正在进行对比的图纸和版本。如果想覆盖默认的着色,在方框内点击左侧的正方形,访问颜色替换的对话框。

2. 2D Highlight 模式

2D Highlight(2D 高亮)模式如图 6-42 所示。

图 6-42 (见彩图一)

使用 Highlight 模式可以快速识别已更改的构件。Highlight 模式将选定的图纸放置在其他图纸上方,并且可以使用颜色和透明度设置表示新的、删除的、修改的或改变的条目。

Highlight 模式的默认设置用红色表示被删除的构件,绿色表示新建的构件。在工具栏中选择 Highlight 设置来更改默认设置。用户从中可以选择哪种颜色代表哪个条件,以及应用到每个条件的透明度。复选框还提供了从视图区域内完全隐藏期望条件的能力。Tolerance(公差指标)允许选择基于几何位置的分析精确度。

在 Highlight 设置对话框中选择属性选项卡,还允许选择是否按照颜色、类型或厚度来分析线,类似的选择还存在于按颜色、字号或字体来分析文本。从复选框中移除任何选中的标记将忽略变更分析的这些变化部分。

选择忽略文本选项卡允许用户输入希望从变更分析中忽略的特定的文本字符串。

3. 2D Overlay 模式

2D Overlay 模式如图 6-43 所示。

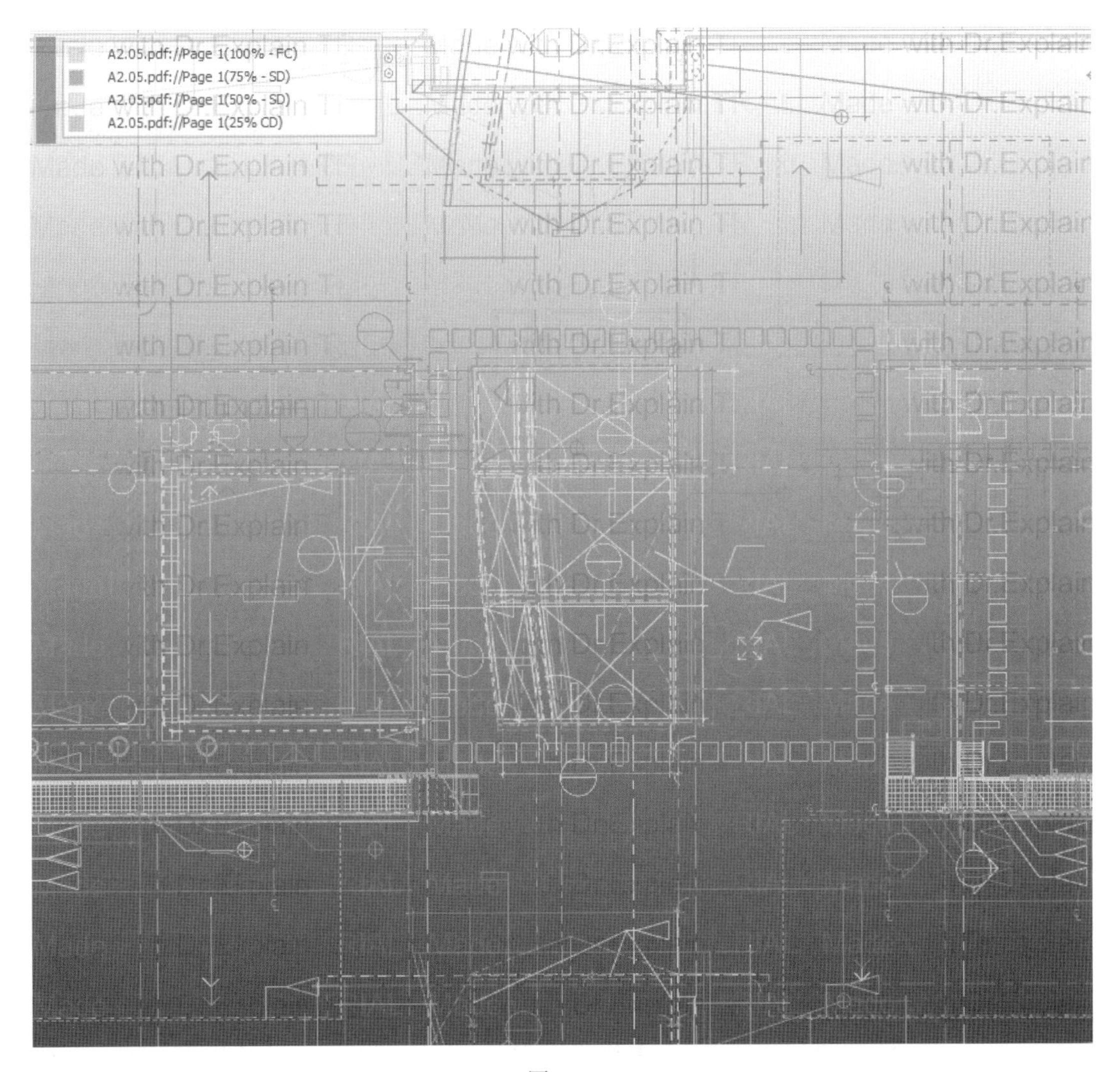

图 6-43

Overlay 模式是审阅图纸的第三个选项，并允许文档的所有版本放置在其他图纸的上方。图纸的每次迭代可以被立刻查看，并调整颜色使得版本唯一。屏幕上方将出现一个对话框，允许覆盖原颜色，并提供文字说明哪个版本由哪种颜色表示。

Overlay 模式有三种访问方式，前提是顶部的工具栏菜单被设置为 Overlay。首先，在 Document Register 中按住 Ctrl 键并单击多个版本，并在工具栏中选择 Compare Drawings（图纸对比）按钮，在活动的视图集中显示这几个版本的对比。按住 Ctrl 键并单击期望的文档，接着右击（在 Document Register 中）也将显示对比选项。最后，在 Document Register 中按住 Ctrl 键并单击期望的文档，拖动到激活的视图集，它们也会出现在其他图纸上方。

如果需要的话,使用右上角的部分透明对话框将改变图纸的颜色,并从 Overlay 中删除它们。在对话框中右击,访问用来添加颜色、更改颜色、重置颜色以及从 Overlay 模式中删除文档的选项。

6.4 分析 3D 模型

分析 3D 模型界面如图 6-44 所示。

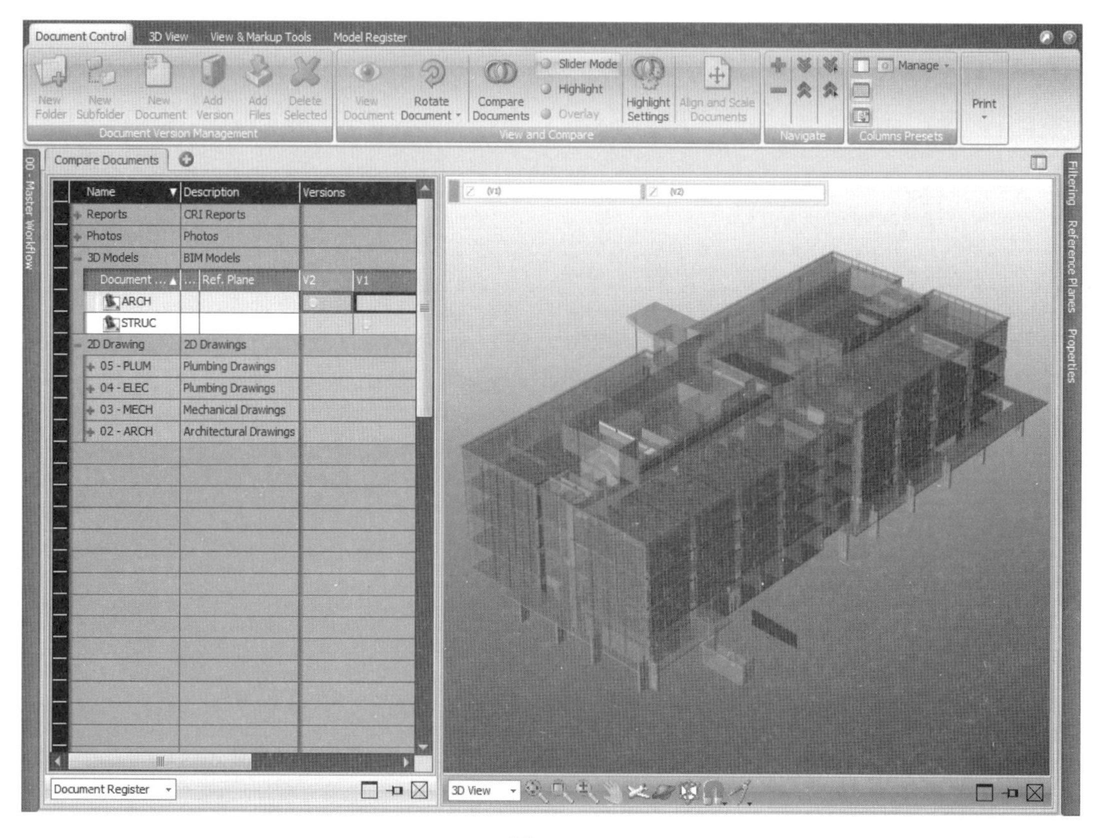

图 6-44

Document Controller 提供一种快速分析 3D 模型的变更的手段,以查看设计方案是如何由一个版本演变为另一版本的。使用高亮模式,修改、附加、删除和未修改的内容可以通过颜色的标注,快速展示模型的更新。或者,Slide 模式可以用来移动几何面,同时在 Slider 的两侧显示新旧内容。

3D 模型的查看用户界面如图 6-45 所示。

Document Controller 可以用来查看、存储以及对比从 ArchiCAD、Revit®、SketchUp、Tekla 等应用程序中创建的 3D 模型。它也能从许多不同的应用程序中导入 DWG 和 IFC 格式的文件。该工具可被用作模型的独立查看器,而且还提供变更分析的功能。

① Active Viewing Area

Active Viewing Area(激活视图区域)如图 6-46 所示。激活的视图区域显示 3D 文档。

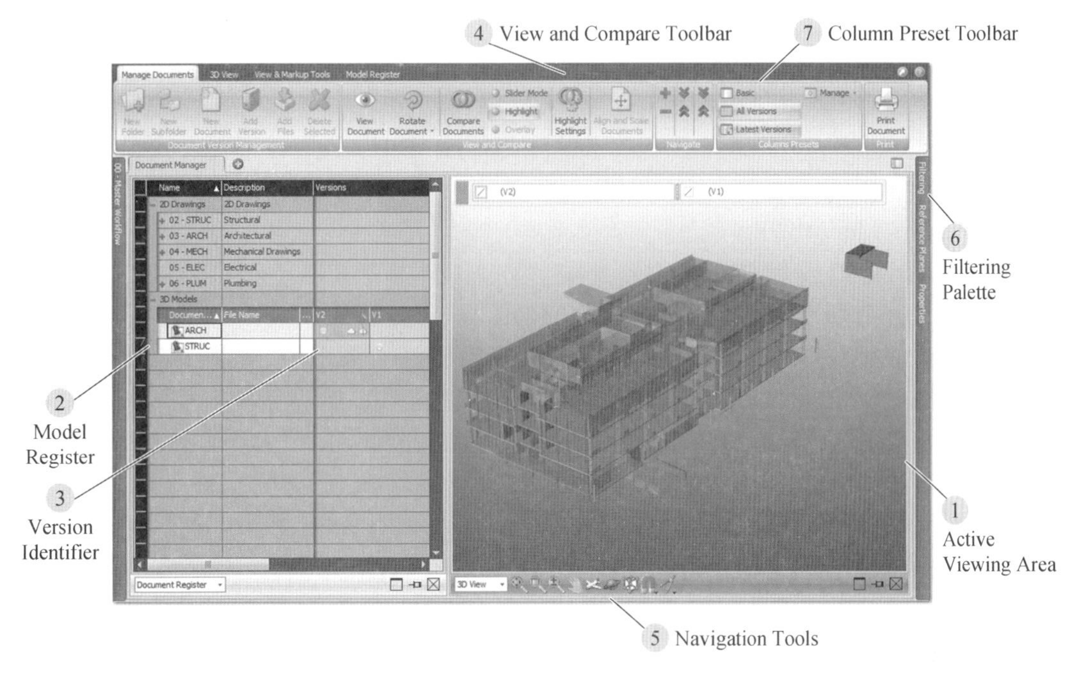

图 6-45

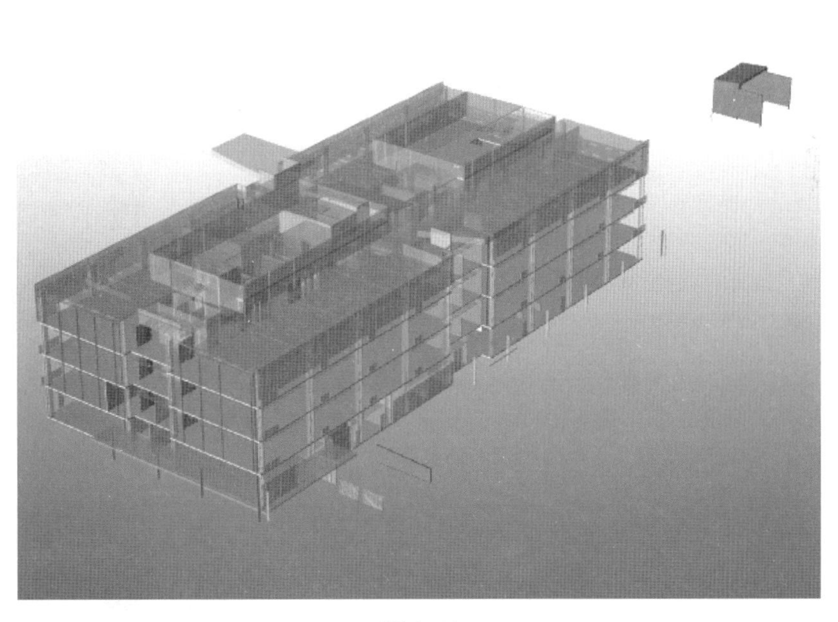

图 6-46

② Model Register

Model Register(模型注册)如图 6-47 所示。Model Register 向用户说明所有的输入已经被添加到 Vico Office 项目中。

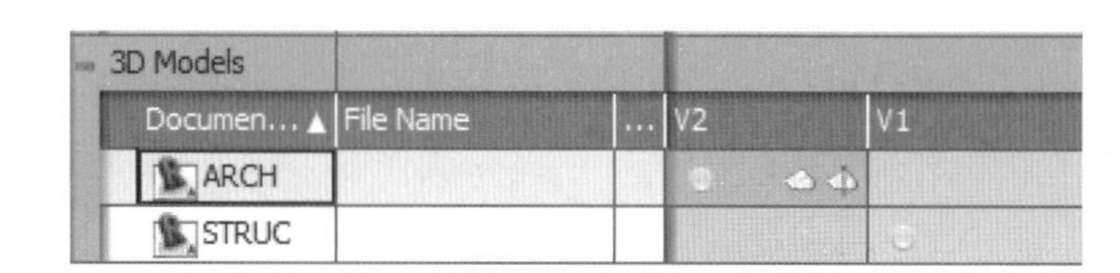

图 6-47

③ Version Identifier

Version Identifier(版本识别)如图 6-48 所示。版本标识列表显示文档的所有版本。它还显示版本之间的差异，有云的文档和与之相关的问题，以及提供项目工程量的激活模型。

图 6-48

- 小圆圈表示提供项目工程量的激活模型。
- 云表示模型含有标记为云图和问题的视点。
- 灰色单元格表示文档不是版本的一部分。
- 绿色单元格表示文档作为版本的一部分，是新的或不变的。
- 红色单元格表示文档作为版本的一部分，已经被变更。

④ View and Compare Toolbar

View and Compare Toolbar(查看和对比工具栏)如图 6-49 所示。View and Compare 工具栏提供进行查看和分析用户 3D 文档的快捷命令。

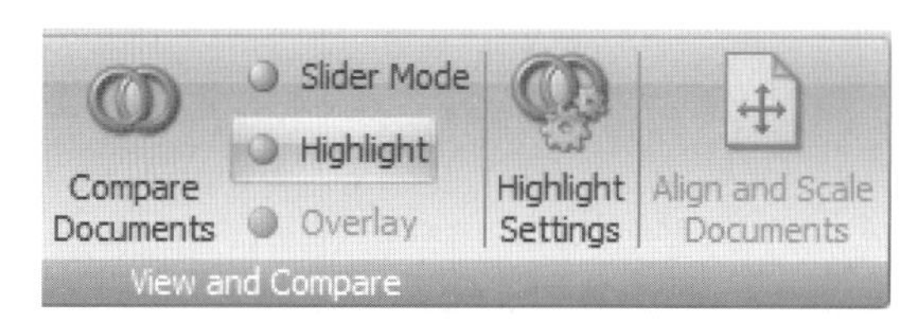

图 6-49

⑤ Navigation Tools

Navigation Tools(导航工具栏)如图 6-50 所示。Navigation 工具栏用于在活动的视图区域内移动和旋转 3D 模型。

图 6-50

⑥ Filtering Palette

Filtering Palette(过滤器面板)如图 6-51 所示。

Filtering Palette 从侧边栏扩展，允许用户精确地控制在活动的视图区要显示哪些模型、模型构件、图层、位置和条目。从中用户可以隔离、隐藏或为任何选定的条目设置透明度。

图 6-51

⑦ Column Preset Toolbar

Column Preset Toolbar(列和预设工具栏)如图 6-52 所示。

Column Preset 工具栏用于控制显示在 Document Register 中

图 6-52

的模型的视图设置。默认设置是打开基本视图，它仅显示图纸列表。点击所有版本将显示已发布到 Document Register 中的多个版本。选择最新的版本将仅显示每个文档在注册列表中最近发布的版本。

6.4.1 查看 3D 模型

查看 3D 模型用户界面如图 6-53 所示。

图 6-53

除了集成在 Document Controller 里的变更管理和 4D/5D 功能，Document Controller 也可以作为基本的文档查看器使用。Document Controller 支持由 ArchiCAD、Revit® 和 Tekla 等应用程序创建的本地发布的模型。此外，CAD 导管、DWG、IFC 和 SketchUp 文件可以使用 Model Register 功能区选项卡导入程序中。Document Controller 支持多个模型版本，评估设计方案的演变。模型可以同时或分组查看，以显示所有的项目内容。

① View Toolbar

View Document 通过在 Document Register 中选择文档，并从工具栏中选择 View Document(查看文档)，可以查看模型。

② Active Viewing Area

Active Viewing Area 如图 6-54 所示。

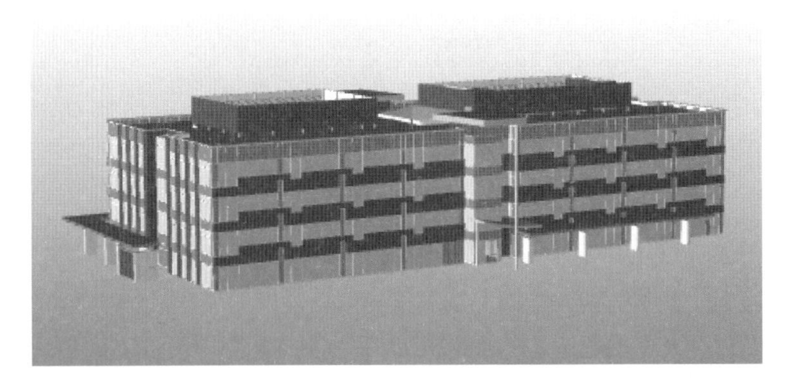

图 6-54

激活的视图区域显示 3D 模型。

③ Context Menu

Context Menu 如图 6-55 所示。

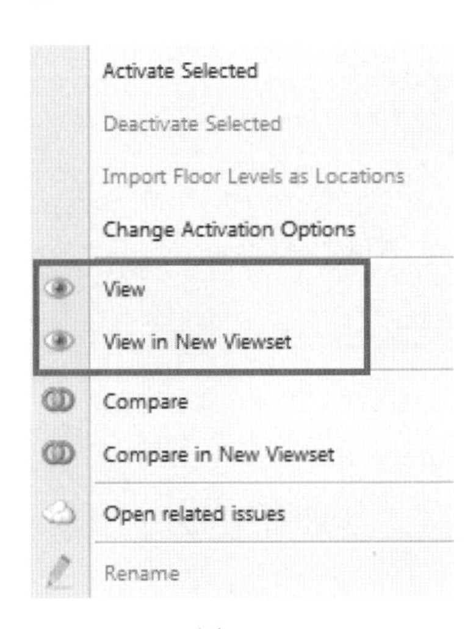

图 6-55

选中文档后，任何时间都可以通过右键单击访问快捷菜单。用户有两种查看文档的选择方式。

- 选择 View，在活动的视图集里面显示文档。
- 选择 View in New Viewset，在新建的视图集里面显示文档，同时保持现有的视图集以便返回使用。

④ Drag & Drop

Drag & Drop 如图 6-56 所示。

在活动视图集里面使用简单的拖放操作，可以查看模型。拖动行到活动视图集，将显示最新的文档版本。如果用户希望使用拖放功能来查看较旧的版本，选择并拖动特定的单元格即可实现。按住 Ctrl 键并单击选择要拖动到活动视图集的多个模型。

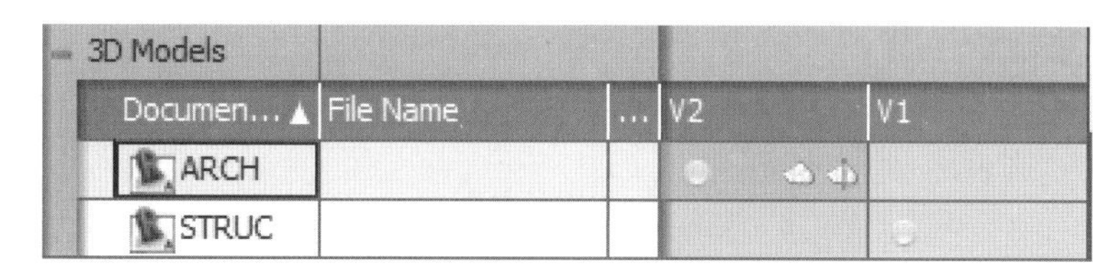

图 6-56

⑤ Navigation Toolbar

Navigation Toolbar 如图 6-57 所示。

在活动视图集内，使用底部的 Navigation 工具栏，可以平移和缩放文档。（在右上角找到一个有箭头穿过的绿色圆圈，可以找到快速执行这些命令的快捷键，而无需访问工具栏中间的命令）。

图 6-57

⑥ Filtering Palette

Filtering Palette 如图 6-58 所示。

Properties Palette 是一种在活动的视图集中过滤可见内容的快速方式。在屏幕右侧点击时可以找到 Palette。点击 Palette 右上角的大头针图标，将其锁定到活动的视图屏幕。在 Palette 内用户的过滤方式有以下几种。

- Show All 显示每个构件，而不管 TOI 状态。
- Show Only Unassigned（仅显示未分配）：只显示那些当前未分配的 TOI。
- Model（房子图标）：只显示期望的模型。
- Location（节点树图标）：只显示期望的模型位置。
- Layer（纸张图标）：只显示使用图层概念，由应用程序如 ArchiCAD 和 DWG，创建的期望的图层。
- Element（条形码图标）：只显示使用构件概念，由应用程序如 Tekla 和 Revit®创建的期望的构件。
- Manual（手指图标）：显示在 TOM 界面中被选中的构件。选择 add selected 并应用复选标。记显示这类手动的 item。选择"×"删除选定的组，并进一步完善手动的选择。
- Isolate selected（隔离所选）：关闭所有不符合过滤条件的内容。
- Hide selected（隐藏所选）：关闭所有符合过滤条件的内容。
- Translucent mode（半透明模式）：部分透明显示所有不符合选取条件的内容。

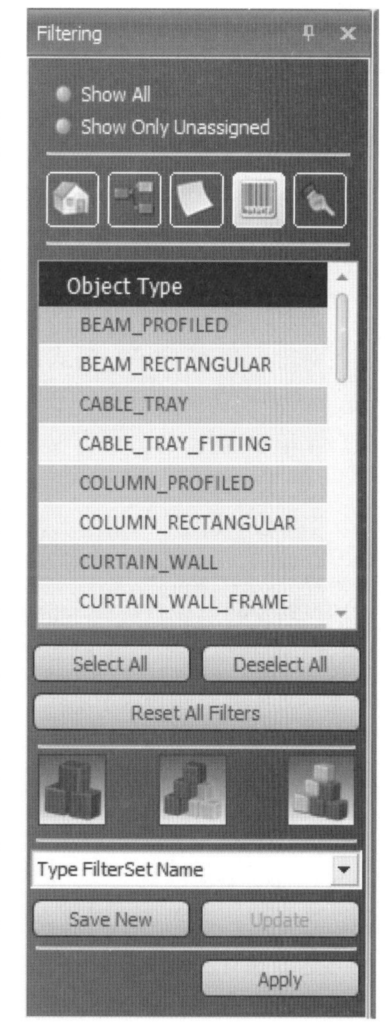

图 6-58

6.4.2 对比模型

对比模型用户界面如图 6-59 所示。

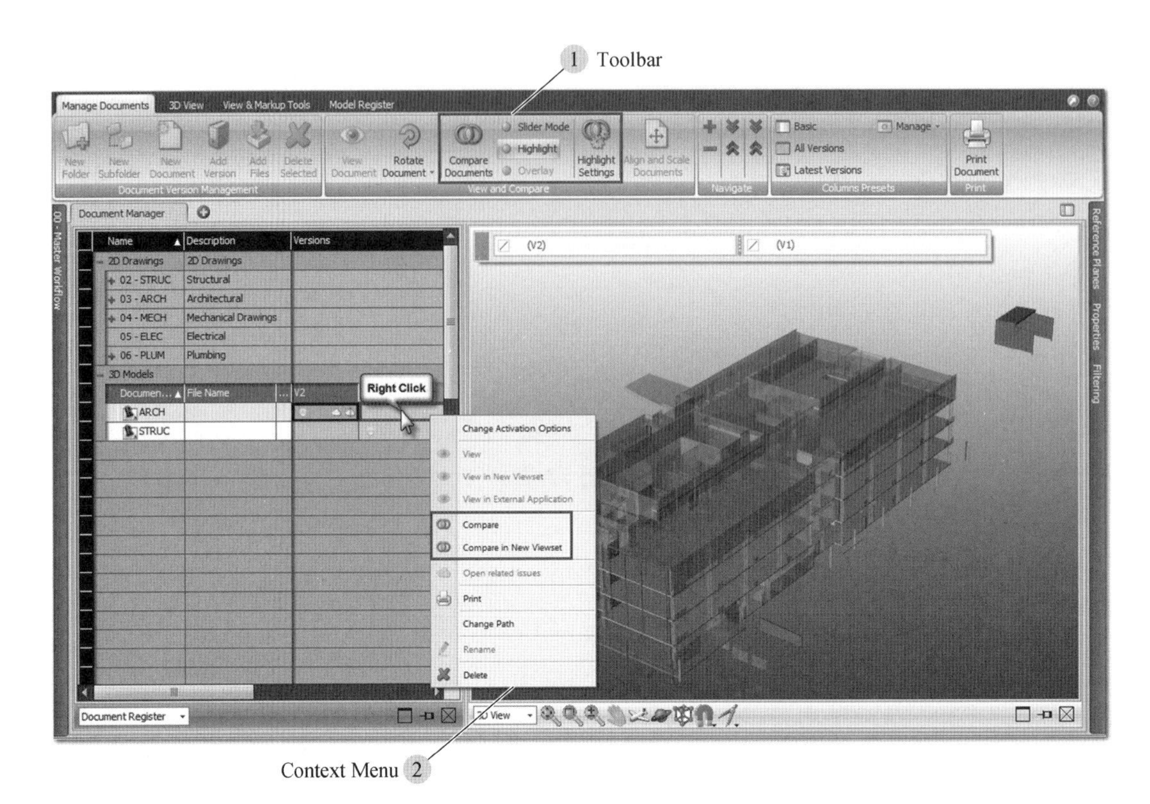

图 6-59

通过比较不同的版本,可以完成模型的变更分析。模型对比可以在 Slider 模式或 Highlight 模式下完成。在 Document Register 中右击期望的模型,并从工具栏或快捷菜单中选择对比,可以模仿模型对比。

图 6-60

① Toolbar

Toolbar 如图 6-60 所示。

按住 Ctrl 键并单击想要对比的版本,并从工具栏中选择对比文档。所有的对比默认在 Slider 模式下打开。选择 Highlight 或 Overlay 模式来改变对比模式。Highlight 设置可以在 Highlight 模式下选择对比期间特定的颜色、显示内容和异常情况。

② Context Menu

Context Menu 如图 6-61 所示。

按住 Ctrl 键并单击想要对比的文档,然后右击,从快捷菜单的对比选项中任选其一。只需选择在活动窗口中对比并查看它们。选择在新视图集中对比,将创建一个新的视图集,同时保持最终返回现有的视图集。

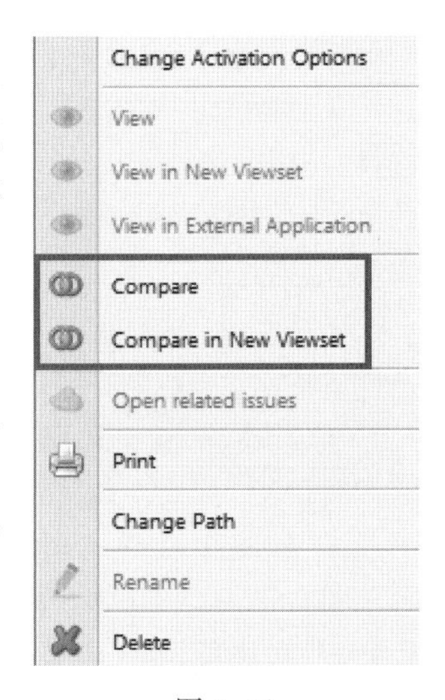

图 6-61

1. 3D Slider 模式

3D Slider 模式如图 6-62 所示。

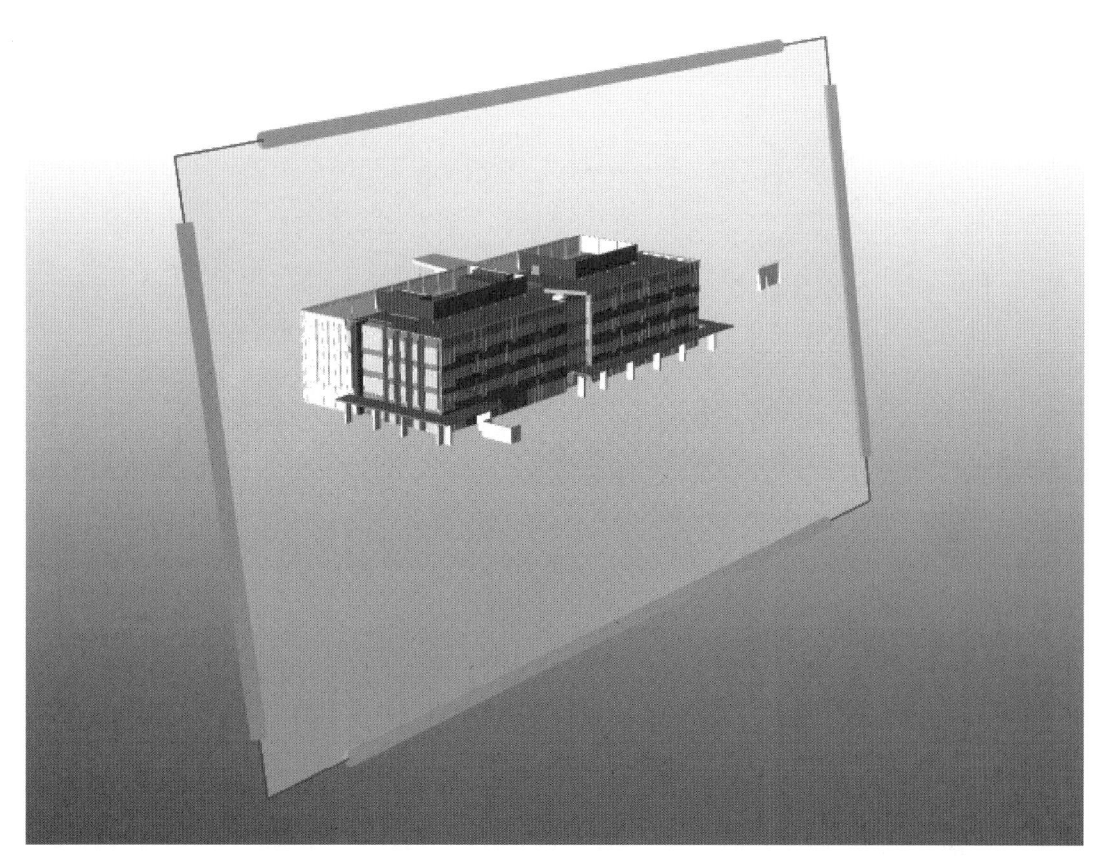

图 6-62

Slider 模式是模型对比的默认选项。在这种模式下，一个“Slider 条”将在两个模型版本间过渡，展示可应用的内容，因为它可以来回移动。

Slider 窗格可以在五个不同的方向上移动来显示变化。点击 Slider 窗格的中心，向前或向后推动模型的整个面。点击窗格的任何一角，显示一个加厚的灰色条，移动到 Slider 窗格的底部。尝试使用全部和侧边的移动的结合，以更准确地显示模型版本之间的变化。

活动的视图窗上方出现一个方框，阐明正在进行对比的模型和版本。如果想覆盖默认的着色，在方框内点击左侧的正方形，访问颜色替换的对话框。

2. 3D Highlight 模式

3D Highlight 模式如图 6-63 所示。

使用 Highlight 模式快速识别已更改的构件。Highlight 模式将选定的模型一起放置在活动的视图中，并且可以使用颜色和透明度设置表示新的、删除的、修改的或改变的条目。

Highlight 模式的默认设置用红色表示被删除的构件，绿色表示新建的构件。在工具栏

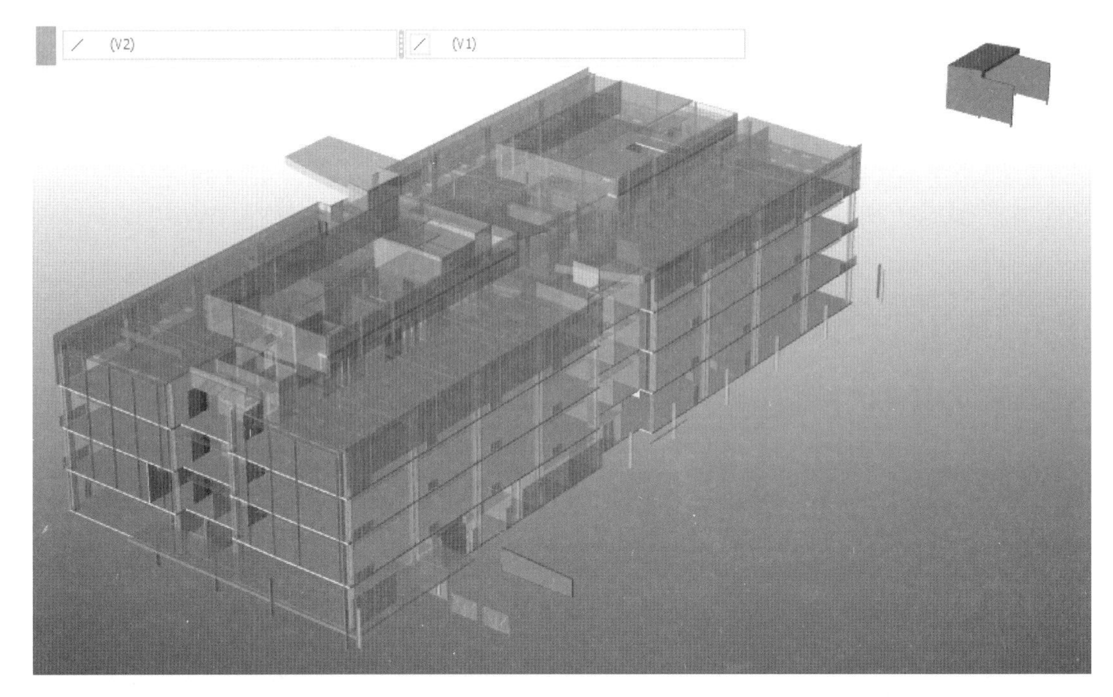

图 6-63 （见彩图二）

中选择 Highlight 设置来更改默认设置。用户从中可以选择哪种颜色代表哪个条件，以及应用到每个条件的透明度。复选框还提供了从视图区域内完全隐藏期望条件的能力。公差指标允许选择基于几何位置的分析精确度。

在 Highlight 设置对话框中选择属性选项卡，还可选择是否按照颜色、类型或厚度来分析线，类似的选择还存在于按颜色、字号或字体来分析文本。从复选框中移除任何选中的标记将忽略变更分析的这些变化部分。

选择忽略文本选项卡允许用户输入希望从变更分析中忽略的特定的文本字符串。

6.5 参考平面和混合视图

参考平面和混合视图如图 6-64 所示。

参考平面允许 Document Controller 的用户创建和定位几何面，并可以用来分割模型和映射 2D 文档。文档被映射到参考平面，来创建一个 2D/3D 的混合环境，可以使用 2D 合同文档对 BIM 模型进行检查。

参考平面和混合视图用户界面如图 6-65 所示。

模型里添加的参考平面可用于剖切和映射图纸，用户可以从位于屏幕右侧的基准面板中添加水平、垂直、自由和基于 LBS 的参考平面。面板的顶部按钮可用于显示/隐藏平面、创造平面、映射图纸、调整和缩放图纸，并使用平面作为模型的分割边界。

1 Reference Plane Palette

Reference Plane Palette（参考平面面板）如图 6-66 所示。参考平面面板为用户提供所有在 Vico 内部创建、操控和使用参考平面所需的操作。

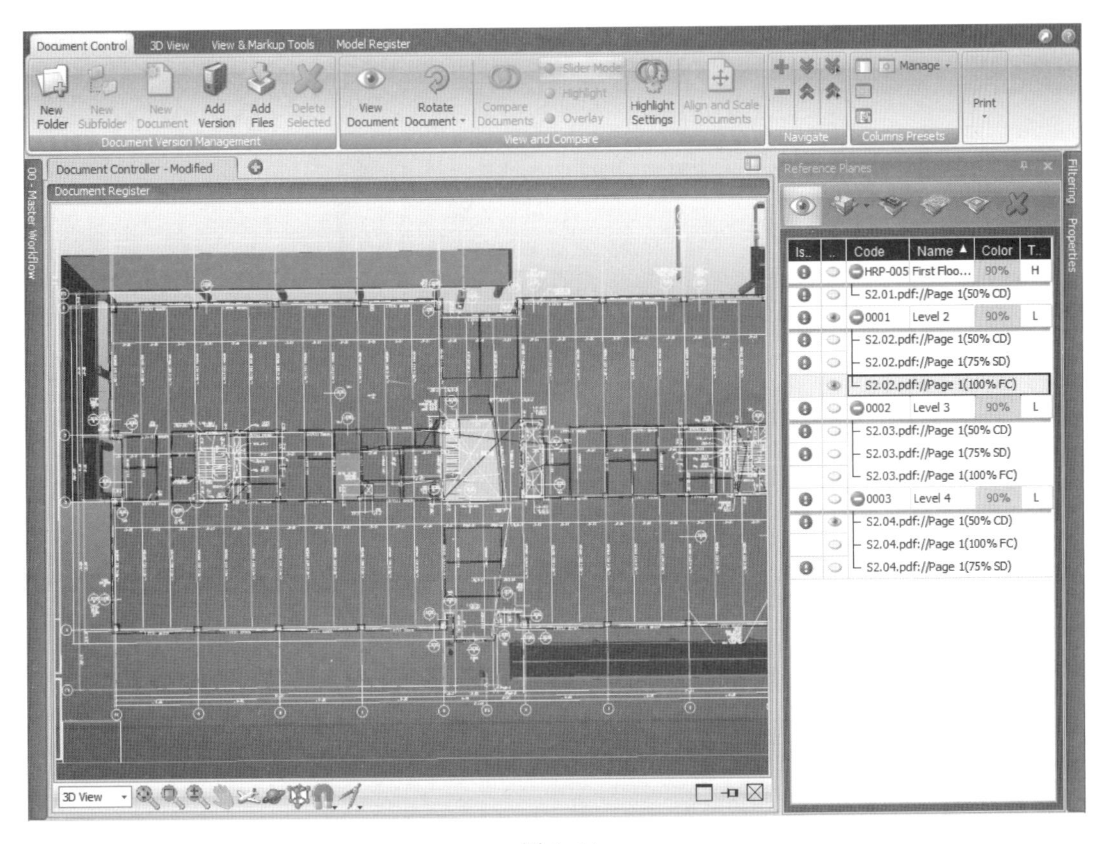

Document Control
3D View
View & Markup Tools
Model Register
New Folder
New Subfolder
New Document
Add Version
Add Files
Delete Selected
Document Version Management
View Document
Rotate Document
Compare Documents
Slider Mode
Highlight
Overlay
Highlight Settings
Align and Scale Documents
View and Compare
Navigate
Manage
Columns Presets
Print
00 - Master Workflow
Document Controller - Modified
Document Register
Reference Planes
Code
Name
Color
HRP-005 First Floo...
S2.01.pdf://Page 1(50% CD)
0001 Level 2
S2.02.pdf://Page 1(50% CD)
S2.02.pdf://Page 1(75% SD)
S2.02.pdf://Page 1(100% FC)
0002 Level 3
S2.03.pdf://Page 1(50% CD)
S2.03.pdf://Page 1(75% SD)
S2.03.pdf://Page 1(100% FC)
0003 Level 4
S2.04.pdf://Page 1(50% CD)
S2.04.pdf://Page 1(100% FC)
S2.04.pdf://Page 1(75% SD)
Filtering
Properties
3D View

图 6-64

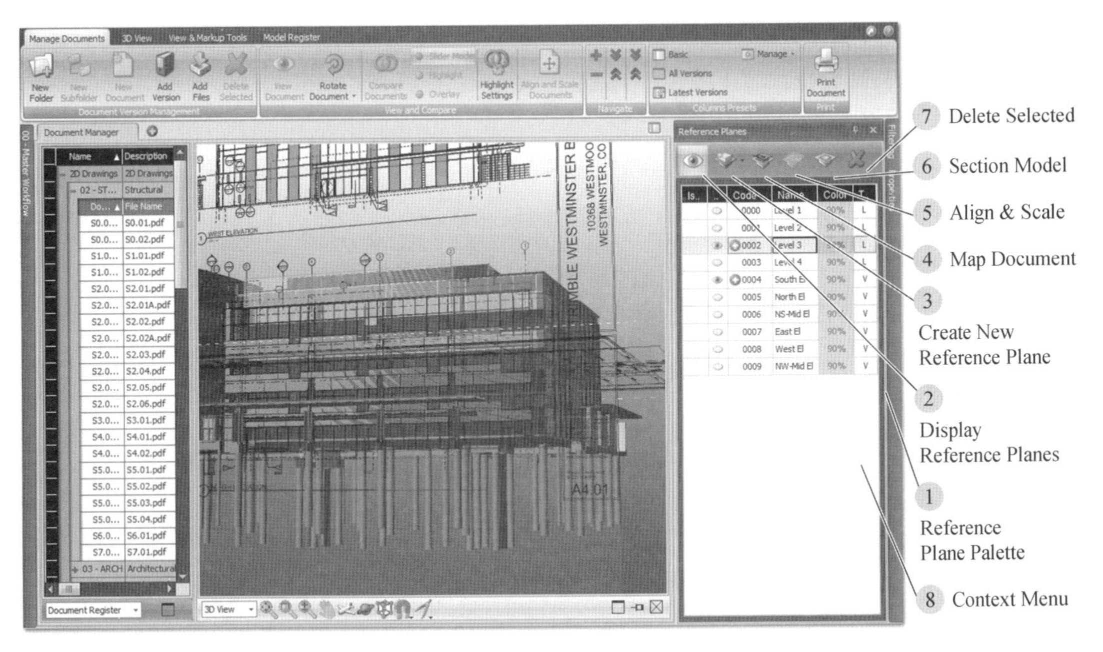

Manage Documents
3D View
View & Markup Tools
Model Register
Document Manager
Reference Planes
7 Delete Selected
6 Section Model
5 Align & Scale
4 Map Document
3 Create New Reference Plane
2 Display Reference Planes
1 Reference Plane Palette
8 Context Menu

图 6-65

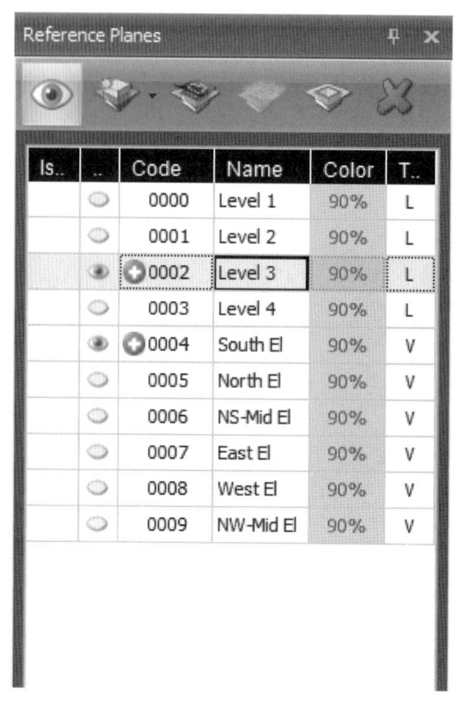

图 6-66

② Display Reference Planes

切换 Display Reference Planes(显示参考平面)来显示或隐藏用户项目的参考平面。

③ Create New Reference Plane

选择 Create New Reference Plane(创建参考平面)，在项目中创建一个新的参考平面。

- 水平面：沿 X、Y 轴平放。
- 垂直平面：沿 Z 轴上下对齐。
- 自由平面：根据选定的模型点，可以对齐到任何角度或方向。
- LBS 平面：在 LBS 结构分割出的每个楼层设置一个参考平面。

④ Map Document

Map Document(文档映射)允许用户从注册列表中选择任何文档或文档版本，并将其映射到选定的参考平面。对齐和缩放操作后，映射文档到参考平面，允许用户使用 2D 图纸验证 3D 内容。

⑤ Align & Scale

一旦文档被映射到参考平面上，选择 Align & Scale(对齐和缩放)按钮可以移动 2D 文档并调整其尺寸，以匹配 3D 模型。

⑥ Section Model

Section Model(局部框)允许 3D 模型按照选定的参考平面被分割。在参考平面与照相机位置之间模型区域将被删除，所以尽量将模型轨道绕到不同的位

置,以达到所需的分割方向。

⑦ Delete Selected

Delete Selected(删除所选)允许用户删除所选择的参考平面或删除已经被映射到一个平面上的文档。

⑧ Context Menu

Context Menu(上下文菜单)如图 6-67 所示。

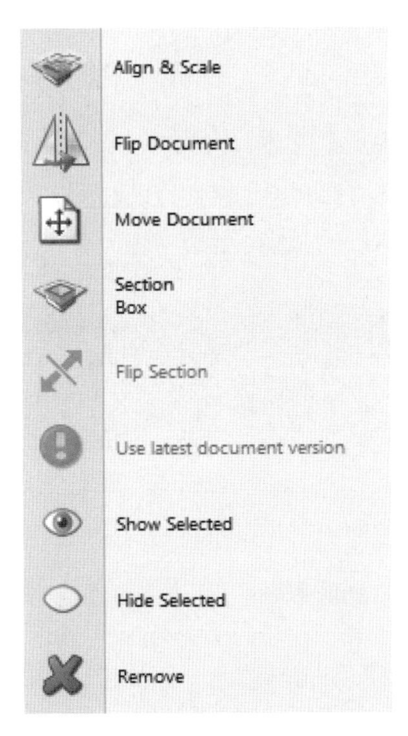

图 6-67

在 Palette 中的任何现有参考平面上右键单击,以获得适用于选定平面的附加的快捷命令。

- Align & Scale(对齐和缩放):根据位于 3D 模型中的点,移动 2D 文档并调整其尺寸。
- Flip Document(翻转文档):在选定的参考平面上翻转文档的方向。
- Move Document(移动文档):根据模型上对齐的点,在参考平面的表面上移动 2D 文档。
- Section Box(部分框):根据参考平面的位置激活分割的模型(如上所述)。
- Use Latest Document Version(使用最新文档版本):最早的文档被映射到平面之后,确保最新版本的文档被应用到参考平面。
- Show Selected(显示所选):开启和关闭显示选定的参考平面或文档。
- Hid Selected(隐藏所选):关闭显示选定的参考平面或文档。
- Remove(删除):永久删除参考平面和/或映射到它的文档。此操作无法撤销。

1. 水平参考平面

Horizontal Plane(水平参考平面)如图 6-68 所示。

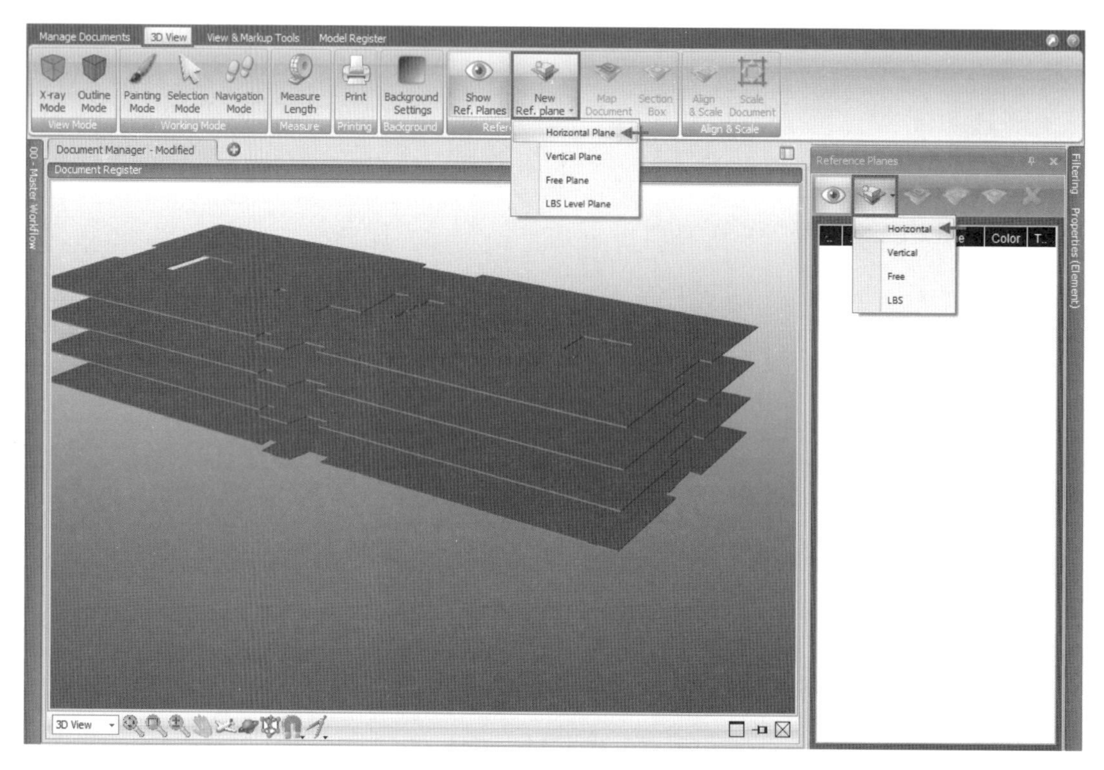

图 6-68

水平参考平面是位于 X、Y 轴的水平平面，往往与楼层地板平行。通过在参考平面和文档工具栏，或参考平面面板中选择创建新的参考平面，可以创建水平参考平面。一旦从任一位置选取了水平面，系统会提示用户输入参考平面的信息，如图 6-69 所示。

New Reference Plane

Code	HRP-001
Name	First Floor Plan
Elevation	100' From Model

OK + New　OK　Cancel

图 6-69

参考平面的代码是用于整理平面列表。平面的名称是与项目直接相关的；以“First floor plan”为例。高程指示沿 Z 轴定位的参考平面。用户可以在模型中直接拖动模型按钮定义高程值。选择 From Model（从模型选取）按钮，用户可以定义直接从模型得到的高程值。

【提示】 过滤掉对创建参考平面不适宜或无益的 3D 内容，是定义新的参考平面的高程最简单的方法。选择 From Model 之前,使用 Filter Palette 选择最相关的因素,如楼板,会使创建平面更加容易。此外,打开项目 O-捕捉点(从 3D 导航菜单),以精确地从模型中选择结束点。如果用户已知所需的标高,高程也可以手动输入。

2. 垂直参考平面

Vertical Plane(垂直参考平面)如图 6-70 所示。

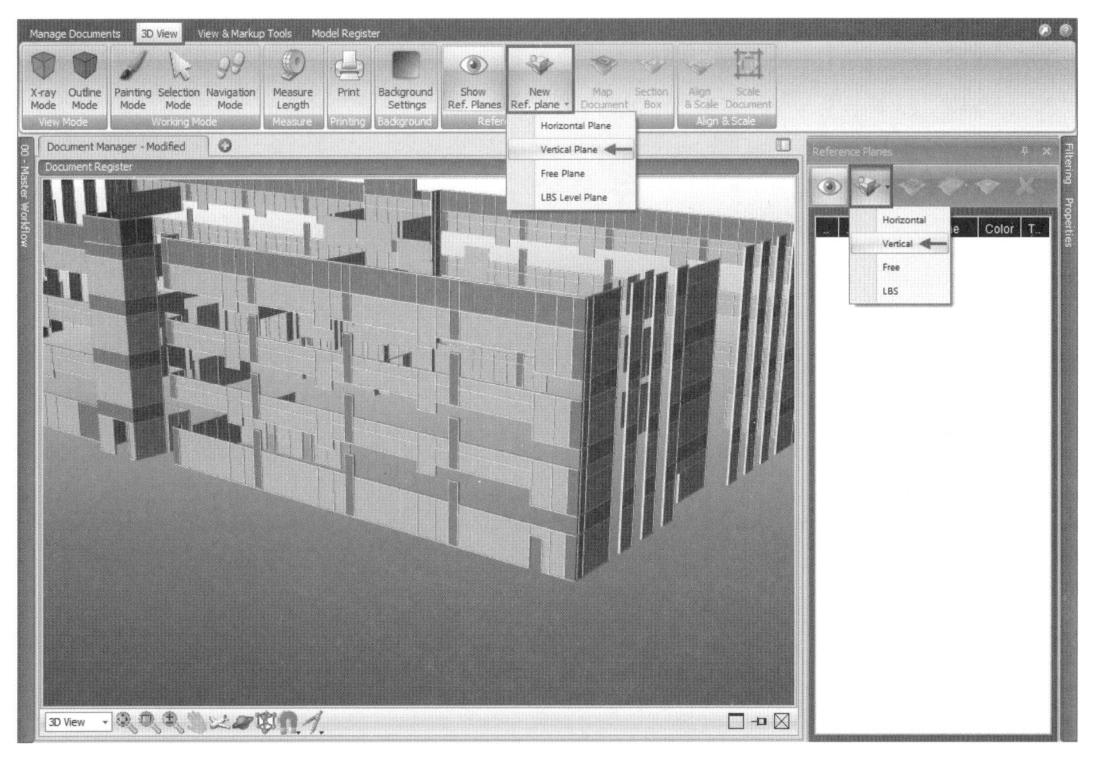

图 6-70

垂直参考平面是模型 Z 轴方向的上下的垂直平面,往往与墙平行。通过在参考平面和文档工具栏,或参考平面面板中选择创建新的参考平面,可以创建垂直参考平面。选择创建垂直参考平面的点在点击时,实际上是在模型的水平面上。在水平面内选择两个点,以验证平面是 X 方向、Y 方向还是斜对角方向。

【提示】 过滤掉对创建参考平面不适宜或无益的 3D 内容,是定义垂直参考平面最简单的方法。使用 Filter Palette 选择最相关的因素,如楼板或墙,会使创建垂直参考平面更加容易。此外,打开项目 O-捕捉点(从 3D 导航菜单),以精确地从模型中选择结束点。

例如,如图 6-71 所示,该垂直参考平面位于建筑物的北面,横跨东西方向。它是通过选择两个沿建筑物北面的点创建的。

如图 6-72 所示,该垂直参考平面位于建筑物的东面,横跨南北方向。它是通过选择两个沿建筑物东面的点创建的。

3. 自由参考平面

Free Plane(自由参考平面)如图 6-73 所示。

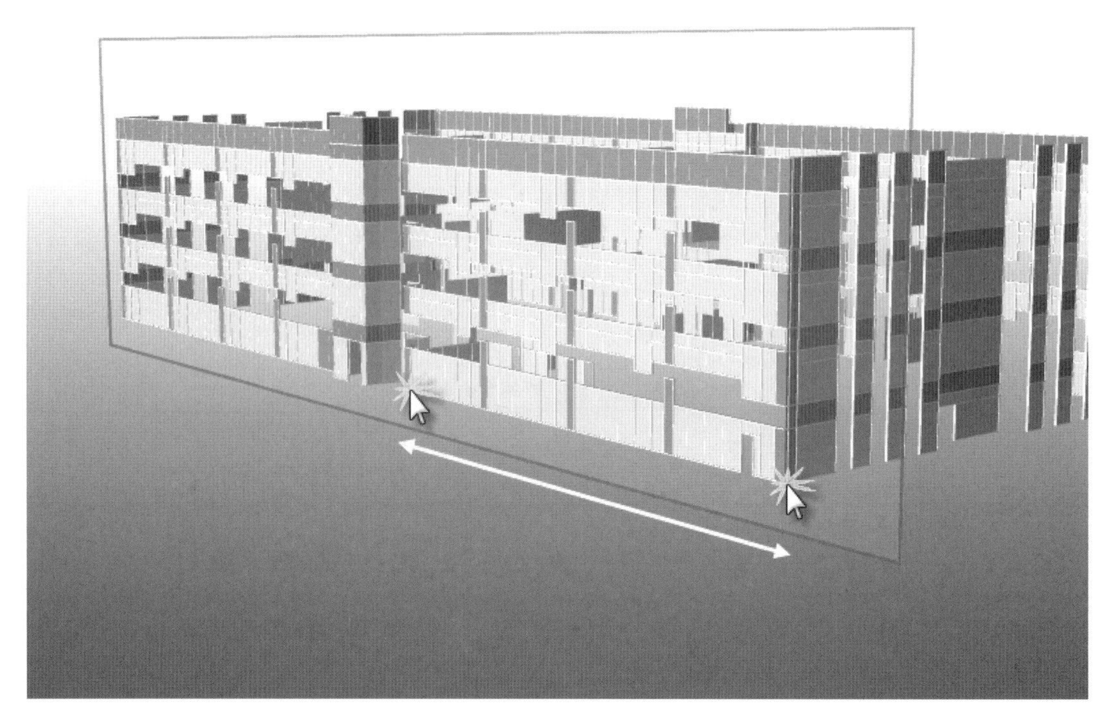

图 6-71

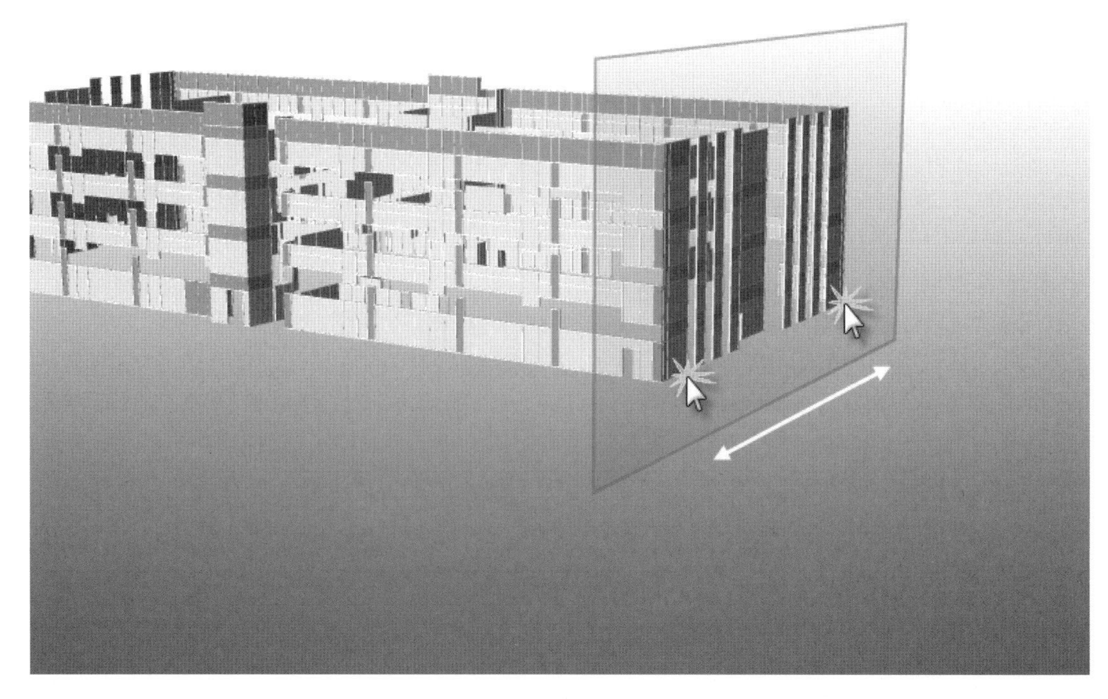

图 6-72

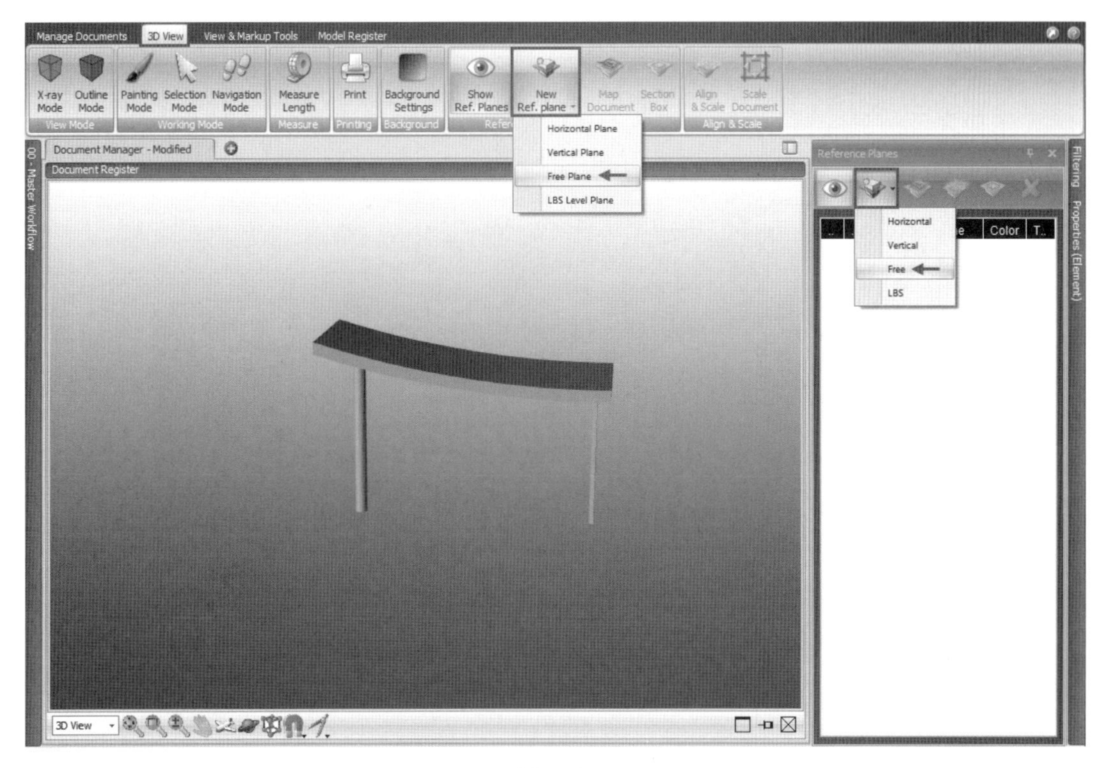

图 6-73

自由参考平面可以是任何方向上的平面。通过在参考平面和文档工具栏，或参考平面面板中选择创建新的参考平面，可以创建自由参考平面。一旦从任一位置选取了自由面，系统会提示用户选择三个模型点。首先选中的两个点将确定参考平面的主要方向，而第三个点定义的次要方向。图 6-74 所示为一个自由参考平面对齐到斜屋顶的例子。

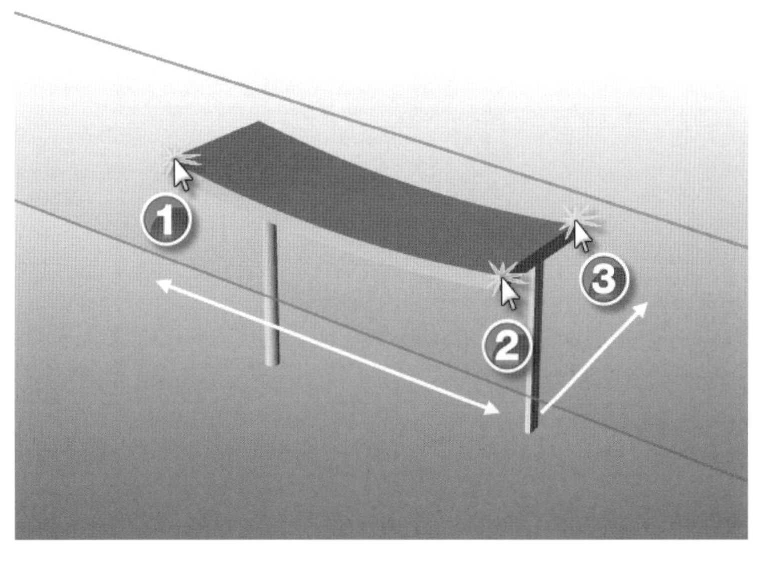

图 6-74

如图 6-75 所示,沿着倾斜屋顶创建自由参考平面,切割建筑物的上部。

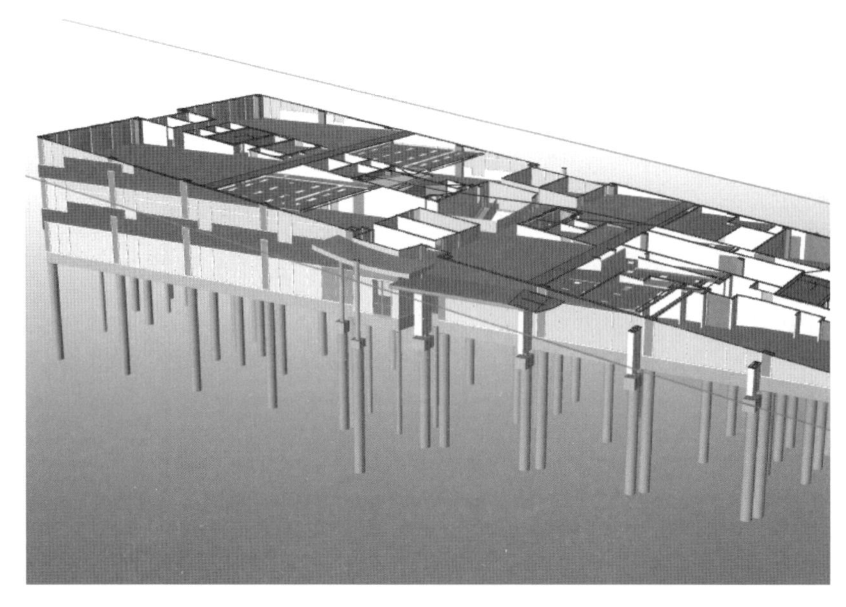

图 6-75

4. LBS 参考平面

LBS Level Plane(LBS 参考平面)如图 6-76 所示。

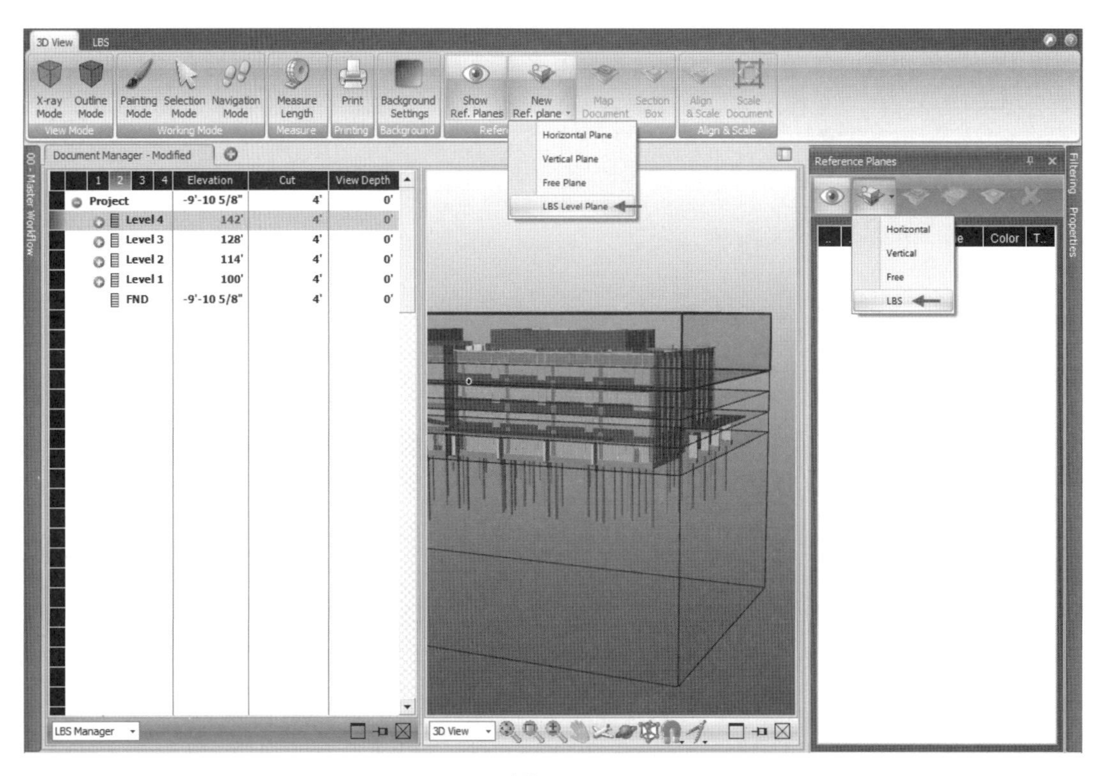

图 6-76

创建LBS层级的平面是一个非常快速有效的生成参考平面的方式，而且生成的参考平面适用于大多数项目的平面图文档。通过使用此命令，用户可以选择LBS树中的每个水平楼层位置，它们是用户希望放置参考平面的位置。此外，用户可以根据给定的楼层标高的精确高程值，正向或负向平移参考平面，如图6-77所示。

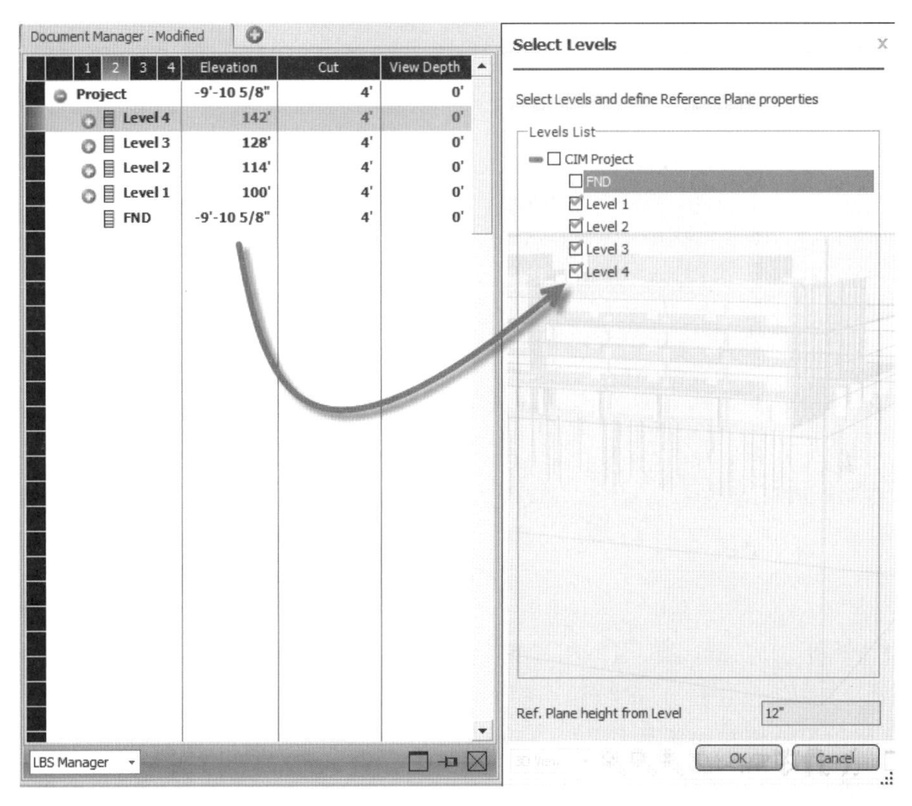

图6-77

【提示】 如果用户想创建一系列高于或低于某一楼层的参考平面，可多次使用此选项。例如，使用该命令3次，创建每个楼层上方偏移2′、4′和6′的平面，以验证不同的模型图纸。如果多次使用该命令，就使用直观的编码，以进一步组织列表：HP-01-02，HP-01-04，HP-01-06，等等。创建参考平面示例如图6-78所示。

..	..	Code	Name	Color	T..
		0000	Level 1	90%	L
		0001	Level 2	90%	L
		0002	Level 3	90%	L
		0003	Level 4	90%	L

图6-78

5. 文档映射

Map Document（文档映射）如图6-79所示。

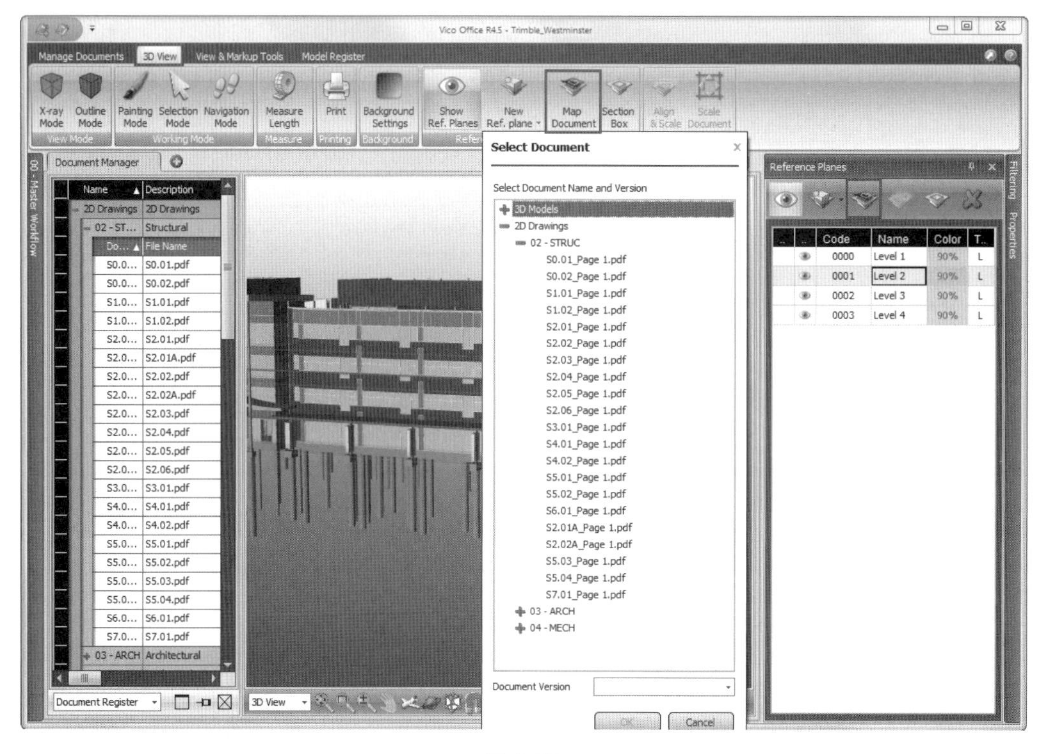

图 6-79

创建参考平面后，2D 图纸可以被映射到参考平面，来验证 3D 模型。这是一个重要的步骤，因为 2D 图纸往往是合同文件，而模型用于估算和进度计划。

为了将项目文档映射到参考平面，首先选择预期的参考平面。接着，从参考平面和文档工具栏，或参考平面面板中选择映射文档。选择映射文档后，会出现一个对话框，显示在 Document Register 出现的图纸清单。注意在该对话框的底部有一个版本对话框的选择窗口，用户可以选择想要映射的文件版本。一旦选定，图纸会出现在参考平面的一个角，并准备进行对齐和缩放。对于选定的平面，参考平面面板上新建的映射图纸将出现通过一个加号，如图 6-80 所示。

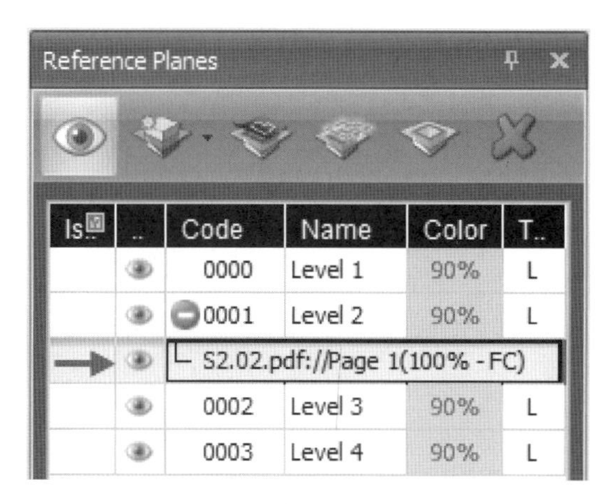

图 6-80

需要注意的是几个文档或文档的不同版本可以被映射到单一的参考平面，以表现通常与施工文档相关的多个专业，如图 6-81 所示。

Is..	..	Code	Name	Color	T..
		0000	Level 1	90%	L
		0001	Level 2	90%	L
		├ S2.02.pdf://Page 1(100% - FC)			
		├ A2.02.pdf://Page 1(50% - SD)			
		└ M2.02.pdf://Page 1(100% - FC)			
		0002	Level 3	90%	L
		0003	Level 4	90%	L

图 6-81

6. 对齐和缩放

Align & Scale(对齐和缩放)如图 6-82 所示。

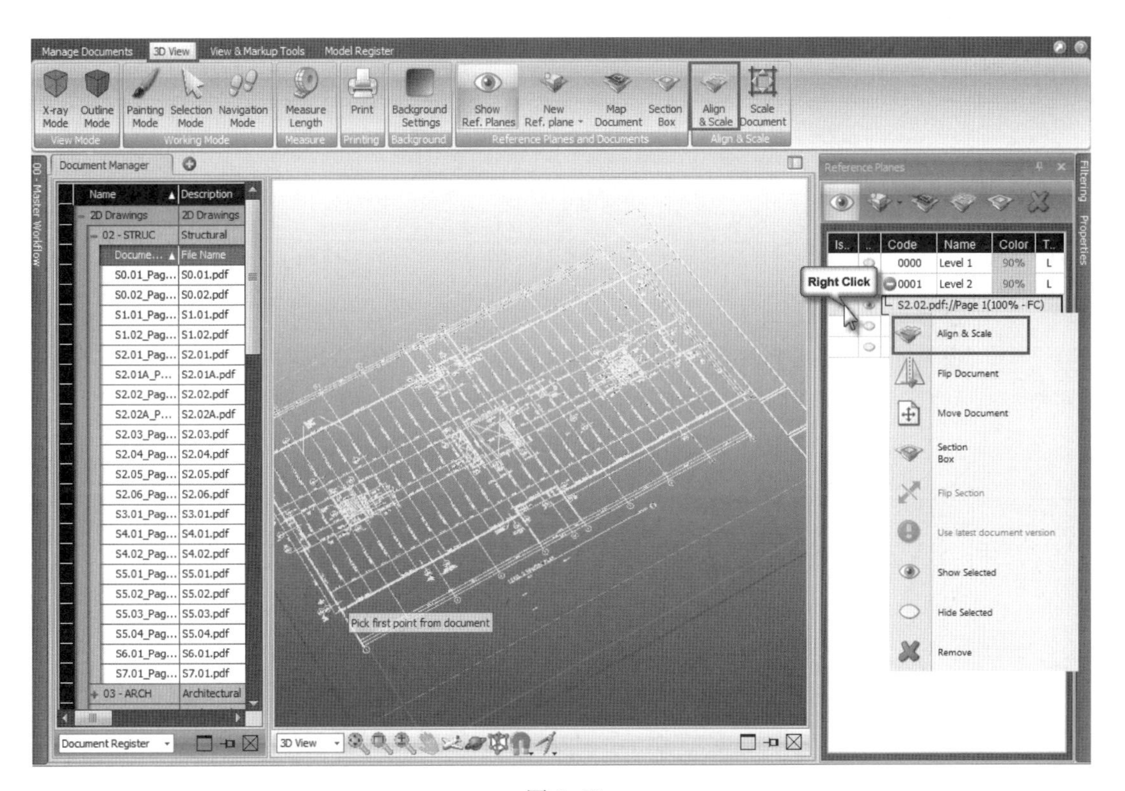

图 6-82

创建的大多数施工文档可以缩放，因此有必要根据 BIM 模型来进行对齐和缩放。默认情况下，图纸以缩放的尺寸出现，往往大约是 36″×48″；当需要匹配建筑物的占地面积时，可以显著放大。

对齐和缩放文档的第一步,是从参考平面面板中选择文件。一旦选定,从参考平面和文档工具栏的顶部,或通过右键单击获取面板的快捷菜单,便可以使用对齐和缩放功能。接着,将提示用户在图纸上选择与模型匹配的第一个点和第二个点。在图纸的特殊区域或形状选择点时,如楼板边缘的凹槽,要特别留心。因为罕见的几何形状,选择图纸的特殊地点会更容易验证 BIM 的位置。另外,尽量选择第一个点与第二个点相距较远的,最好是建筑物的两个角,从而减少偏差。

使用缩放窗口在图纸上选择非常精确的点,同样,打开 O-捕捉点以提高选择的准确性。

选定要缩放的第一个点如图 6-83 所示。

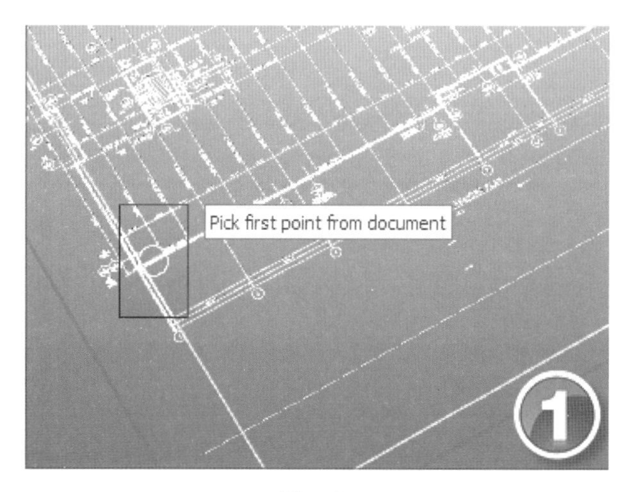

图 6-83

当第一个点已经选定,按空格键缩放到最大并重新使用缩放窗口功能,再次转到一个精确的位置,选择第二个点,如图 6-84 所示。

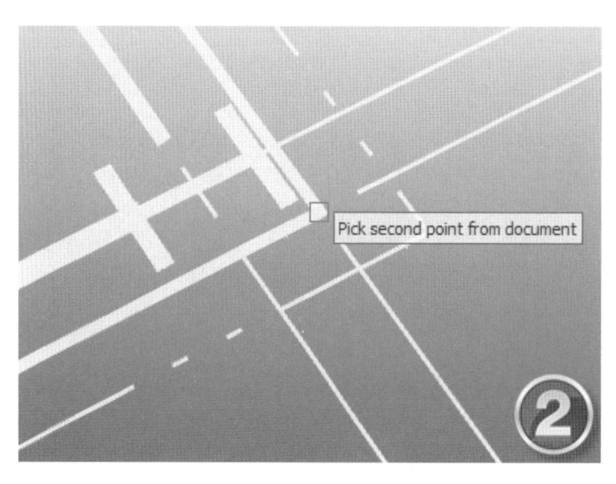

图 6-84

第二个图纸点被选中后,用户将被提示在模型上选择匹配图纸的点。确保模型上选择的第一个点与图纸上选择的第一个点相匹配,模型上选择的第二个点与图纸上选择的第二个点相匹配,如图 6-85 和图 6-86 所示。

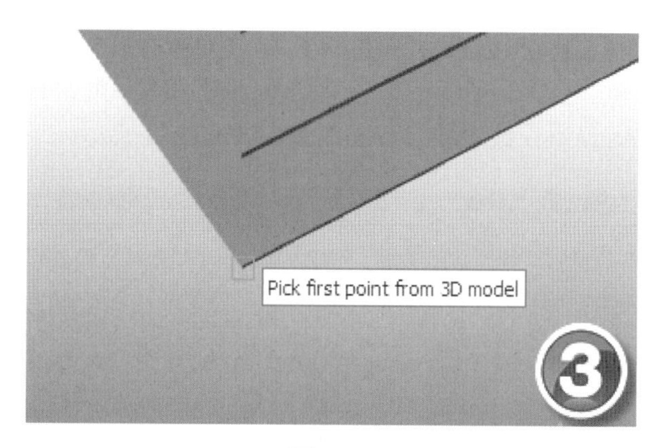

图 6-85

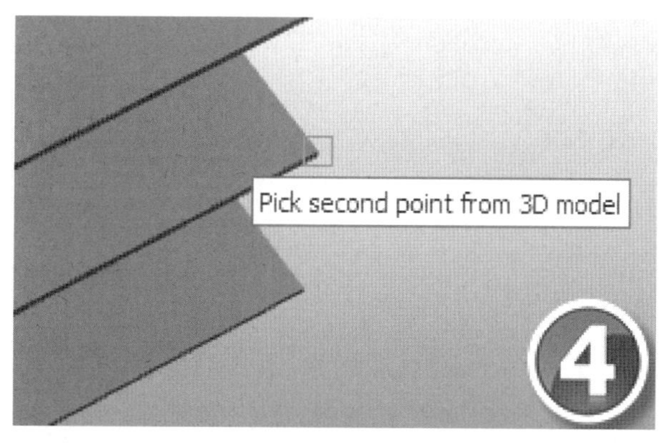

图 6-86

一旦两个图纸点被映射到这两个模型点，所选择的文档将被缩放并对齐到模型，如图 6-87 所示。

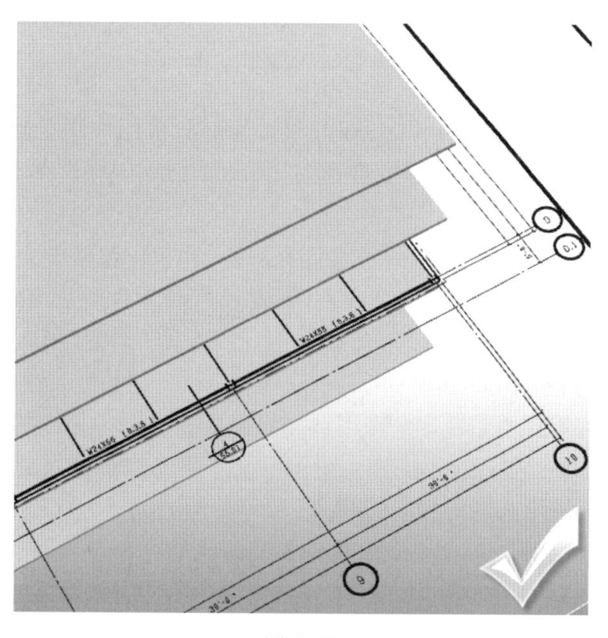

图 6-87

随意使用模型分割功能，剥离模型构件，并验证对齐和缩放操作运行良好。再一次，找出特殊几何形状的区域，保证匹配良好。如果图纸和模型不匹配，再次重复对齐和缩放操作，直到结果是准确的，最后完成图纸对齐和缩放，如图 6-88 所示。

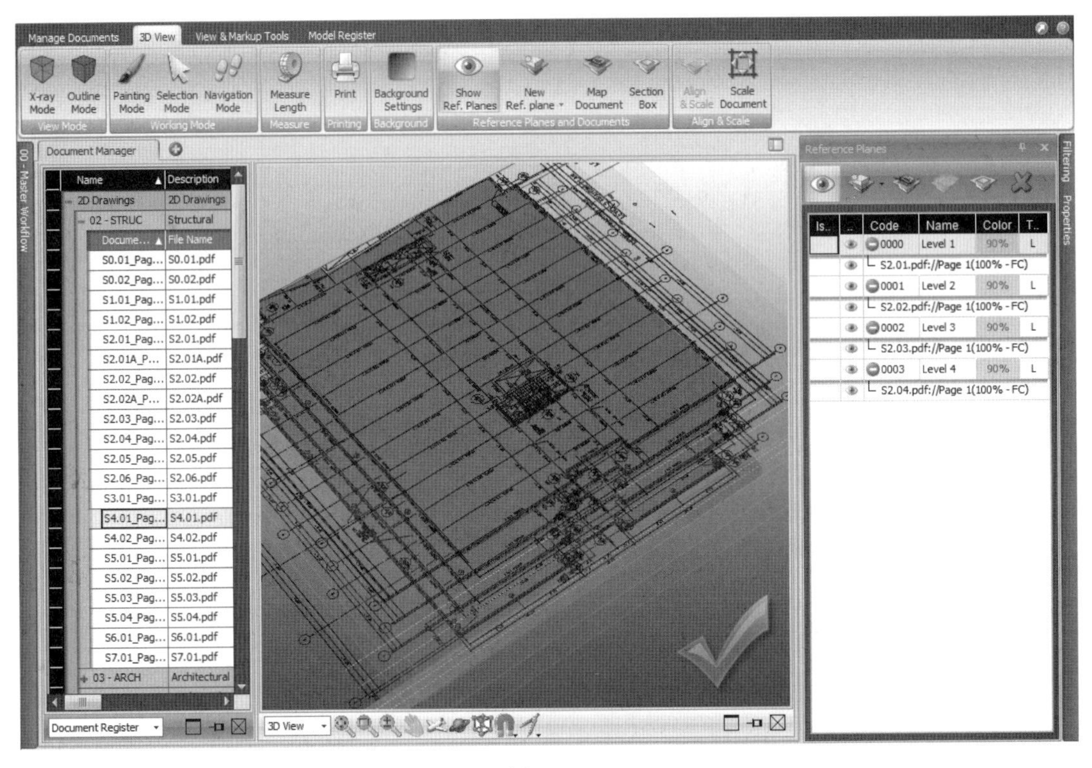

图 6-88

6.6 文档变更

文档变更界面如图 6-89 所示。

当数据集被组织到 Document Controller 时，很可能是用户想要在 Vico Office 内进行变更分析和模型验证。Vico 的变更报告通过 Document Controller 和 Issue Management（问题管理）对话框的组合来完成。

跟踪设计变更问题时，自定义视图非常便利；共同的布局包括 Issue Manager（问题管理器）在左侧的卡片视图，活动的视图区域在右侧，并已打开参照平面和映射的图纸。该视图中，从上方工具栏的 View & Markup（查看 & 标记）工具栏中的 Markup 工具中选择 Add Cloud（添加云），可以快速添加问题，如图 6-90 所示。

- Freehand Tool（手绘工具）：允许用户描绘想要在视窗中显示的附加信息。
- Add Text（添加文本）：提供了使用附加的文本信息增加视点的机会。
- Erase（擦除）：删除选定的文本或视点。
- Pick Color（选择颜色）：允许用户改变文字的颜色。
- Add Elements（添加构件）：关联模型构件和问题，用于自动显示和自动缩放功能。
- Add View Point（添加视点）：创建问题的新视点。

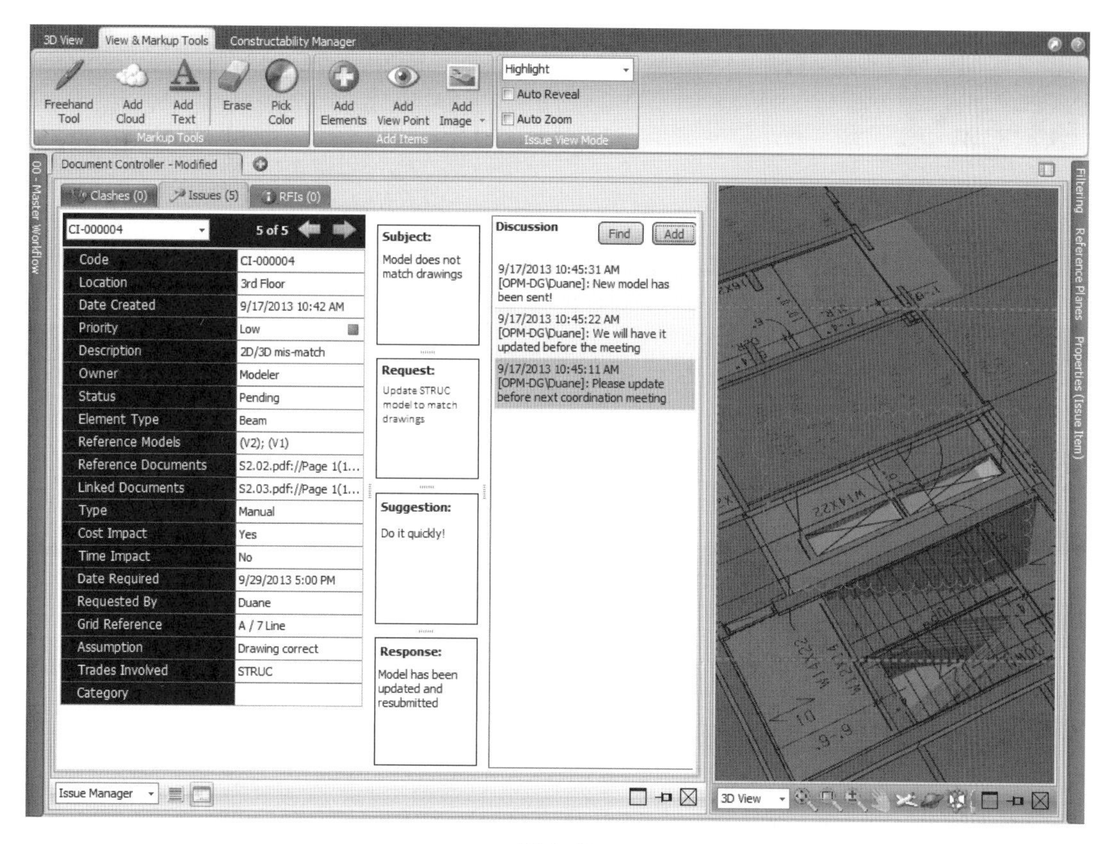

图 6-89

图 6-90

- Add Image(添加图片):允许用户使用图片补充问题,图片来自剪贴板(屏幕截图)或已保存的文件位置。
- Auto Reveal(自动显示):剥离可能阻碍视图的其他3D内容。
- Auto Zoom(自动缩放):在活动视图集的直接范围内放大的问题。

创建问题并正确注释之后,用户可以开始填写必要的元数据,使问题被理解并解决。有些字段将自动填充数据,而其他字段可以手动输入。问题创建示例如图6-91所示。

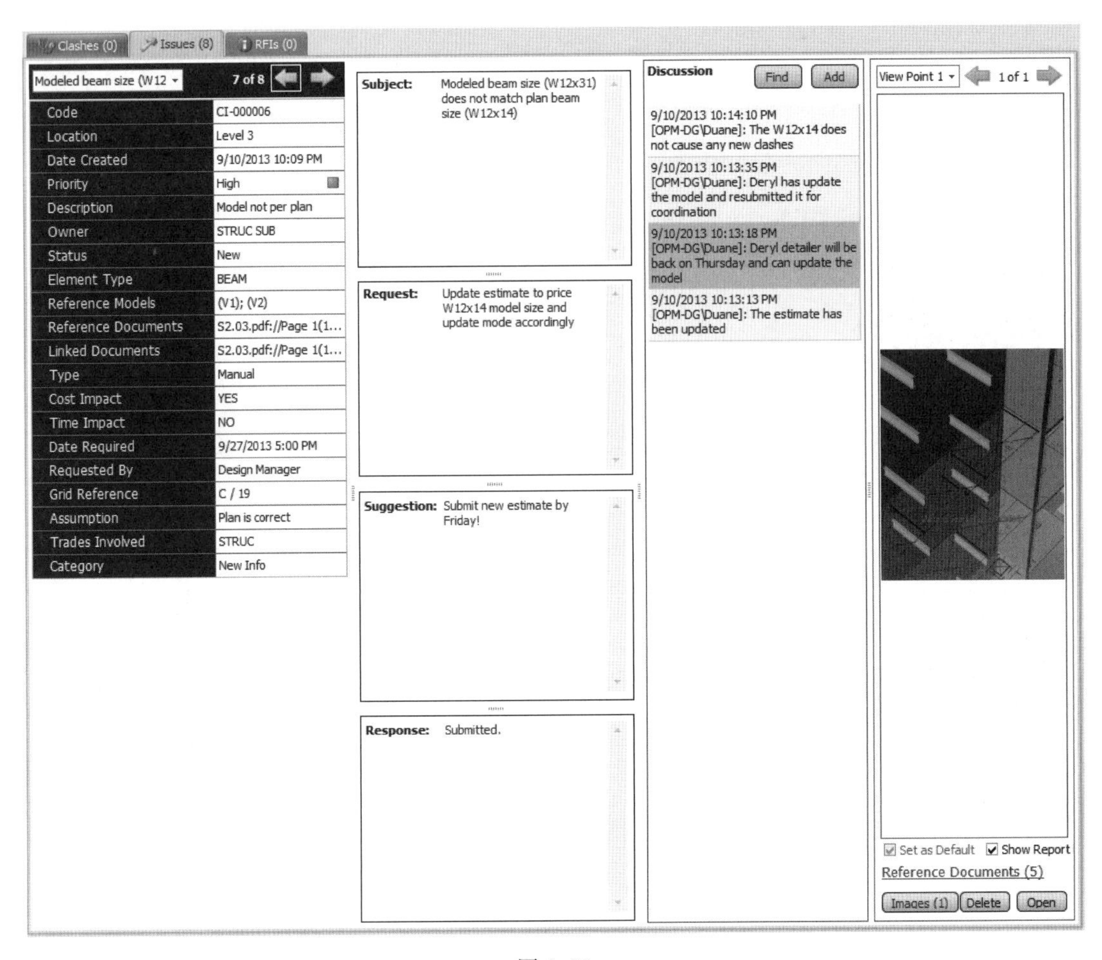

图 6-91

一旦云/问题已经被创建，最好使用 Markup 工具尽可能详细地描述设计问题。

第7章　模 型 管 理

模型管理工作流项目需先打开模型管理视图集。

模型管理过程有以下3个主要步骤。

(1) 将模型从支持BIM的应用程序发布到Vico，Constructor、Revit®或Tekla三个程序任选其一。

(2) 在Vico Office的模型管理视图中，用户可以看到打开项目中当前可用的已发布模型的列表。激活模型或模型版本。

(3) 指定Takeoff Item的创建规则。

模型激活过程意味着Takeoff Items是根据上述步骤(3)中选择的属性创建的。对于每个已创建的Takeoff Item，都会执行Vico的工程量提取规则，分析几何信息、提取合适的构件工程量，从而为每个Takeoff Item生成一系列的Takeoff Quantity。

Takeoff Item创建规则的可选属性因每个应用程序不同而有所改变；关于特定TOI创建规则的更多信息，请参阅“7.2　创建ArchiCAD的TOI”“创建Revit®的TOT”“创建Tekla的TOI”。

7.1　模型管理用户界面

Model Manager(模型管理)用户界面如图7-1所示。

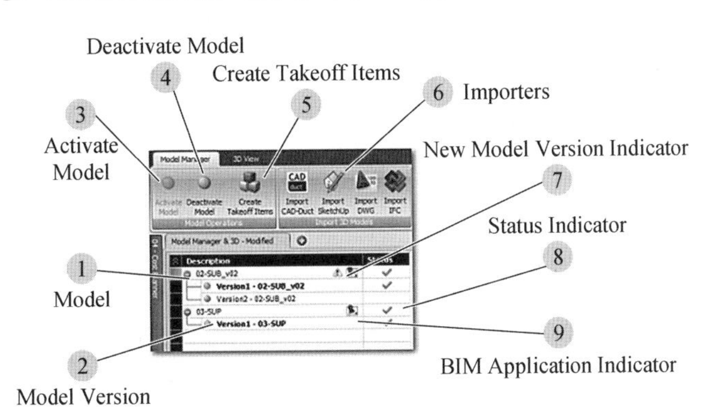

图7-1

① Model

模型名称如图7-2所示。

图7-2

Model Manager 视图中显示所有发布到 Vico Office 中的模型。模型第一次被发布到 Vico Office 时，采用 CAD 文件名称。BIM 应用程序的标志会反映模型的源应用程序。

每次同一模型的更新被发布到 Vico Office 时，一个新的版本就会被添加到模型中。Active 列反映了一个模型和/或模型版本是否被激活。

通过 Deactivating（禁用）模型，可以从工程量提取数据中删除模型。这将同时从 3D 视图和 Takeoff 运算中删除模型。

② Model Version

模型版本如图 7-3 所示。

图 7-3

每次用户从同一个模型（或从不同的模型但是到 Vico Office 中是同一个模型）发布到 Vico Office，一个新的模型版本会以相同的名称添加到模型中。

新的模型版本将会以下列结构命名：版本 n-模型名称（基于 CAD 文件名称）。"n"反映依据模型发布顺序的版本号。一个模型一次只能激活一个模型版本。

③ Activate Model

用户可以在功能区菜单或是在右键快捷菜单中找到 Activate Model（激活模型）选项。如果选项可用，将它应用到选定的模型版本中，就会激活当前选定的模型版本，并冻结先前激活的模型版本。模型被激活之后，激活的模型版本就会显示在旁边的 3D 视图中。

④ Deactivate Model

用户可以从功能区功能区菜单或是从右键单击菜单中找到 Deactivate Model（禁用模型）选项。点击 Deactivate Model 来解除一个激活的模型版本的激活状态。冻结一个模型，模型就会被从 3D 视图中删除。相关的 Takeoff Item 和 Takeoff Quantity 也会从估算视图中被删除。

⑤ Create Takeoff Items

使用 Create Takeoff Items（创建算量项）功能，用户可以根据属性自动为项目创建新的 Takeoff Item，而这些属性是依据 Takeoff Creation Settings（算量创建设置）对话框中定义的规则。用户可以选择为模型中所有的构件，或只是为那些目前没有被分配给任何 Takeoff Item 的构件（因此未统计到项目的工程量提取中）创建新的 Takeoff Item。

⑥ Importers

导入工具如图 7-4 所示。

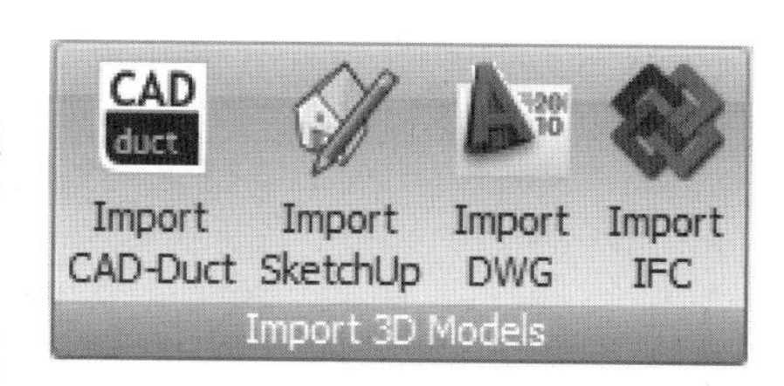

图 7-4

CAD-Duct、SketchUp、AutoCAD（3D）或是其他任何可以存储 IFC 文件的 BIM 工具创设的模型都可以使用合适的导入工具导入 Vico Office。

CAD-Duct 文件可以通过 IFCxml 文件导入，而这些 IFCxml 文件是使用 CAD-Duct 命令行中的 IFCe 命令、在 CAD-Duct 中创建的。

⑦ New Model Version Indicator

新模型版本标识如图 7-5 所示。

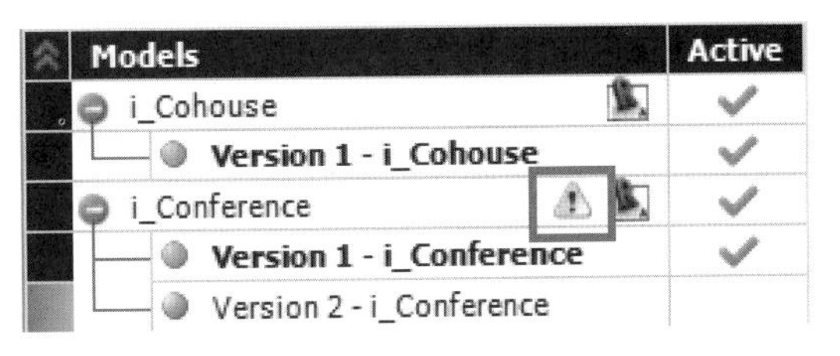

图 7-5

新模型版本标识在模型列表中显示为一个黄色的惊叹号标记图标。这个标志提示用户一个较新的模型版本存在于指定的项目中。当最新的模型版本被激活时，新模型版本标志图标就会消失。

⑧ Status Indicator

状态标识如图 7-6 所示。

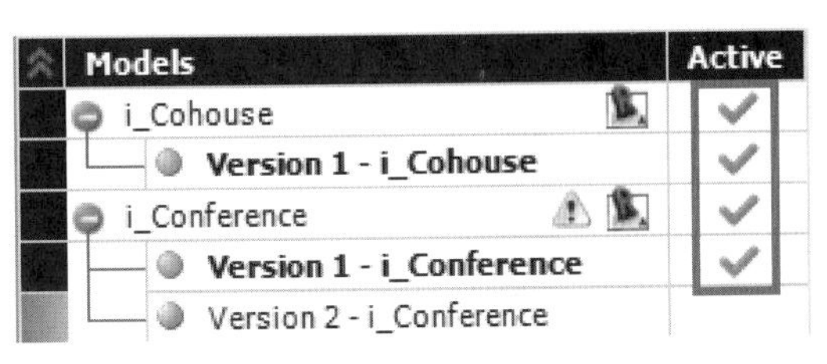

图 7-6

当一个模型和它的模型版本在 3D 视图和 Takeoff 中被激活时，状态标识就显示绿色的勾号。从该列中可以读取四个状态模式，对应着四种状态图标：

- 空单元格——版本从未被激活。
- 绿色的勾号——激活的版本。
- 灰色的勾号——冻结的版本。
- 黄色的勾号——模型版本最近刚被冻结。

⑨ BIM Application Indicator

BIM 应用程序标识如图 7-7 所示。

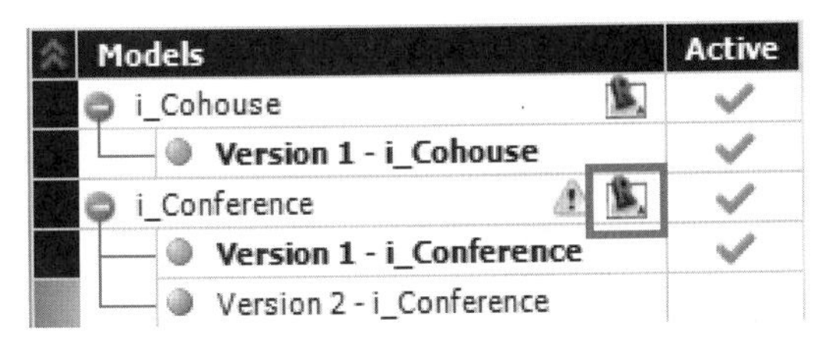

图 7-7

BIM 应用程序标识作为一个模型属性图标，用来反映模型的 CAD 源应用程序。

7.1.1 激活模型

激活一个模型的步骤如下。

(1) 将模型成功地发布到 Vico Office 之后，用户可以开始在项目中使用已发布的模型。首先打开 Dashboard 中的相应项目，之后确保在 Project Settings 视图中定义了 Units of Measurement。

(2) 接下来，在 Model Management(模型管理)工作流程组中选择 Manage Models(管理模型)工作流程项，打开 Model Manager 视图集，如图 7-8 所示。

图 7-8

(3) 在 Models Manager 的可用模型列表中，找到并选择模型和模型版本。选择加号图标来显示先前发布的模型版本。鼠标悬停并选择所需的模型版本进行激活。选中的模型版本的最左边会显示橙色单元格。点击鼠标右键，从快捷菜单中选择 Activate 选项或从功能区中选择 Activate 图标。激活过程分为两步，并取决于用户定义的 Takeoff 规则，根据 ArchiCAD、Revit® 和 Tekla 中定义的 CAD 模型特定信息来生成 Takeoff Item，如图 7-9 和图 7-10 所示。

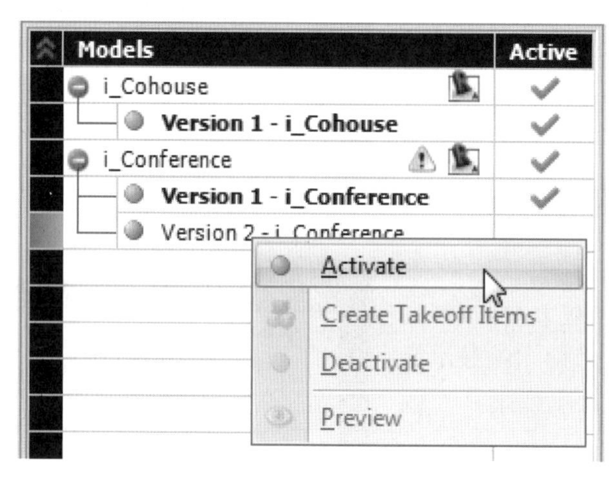

图 7-9

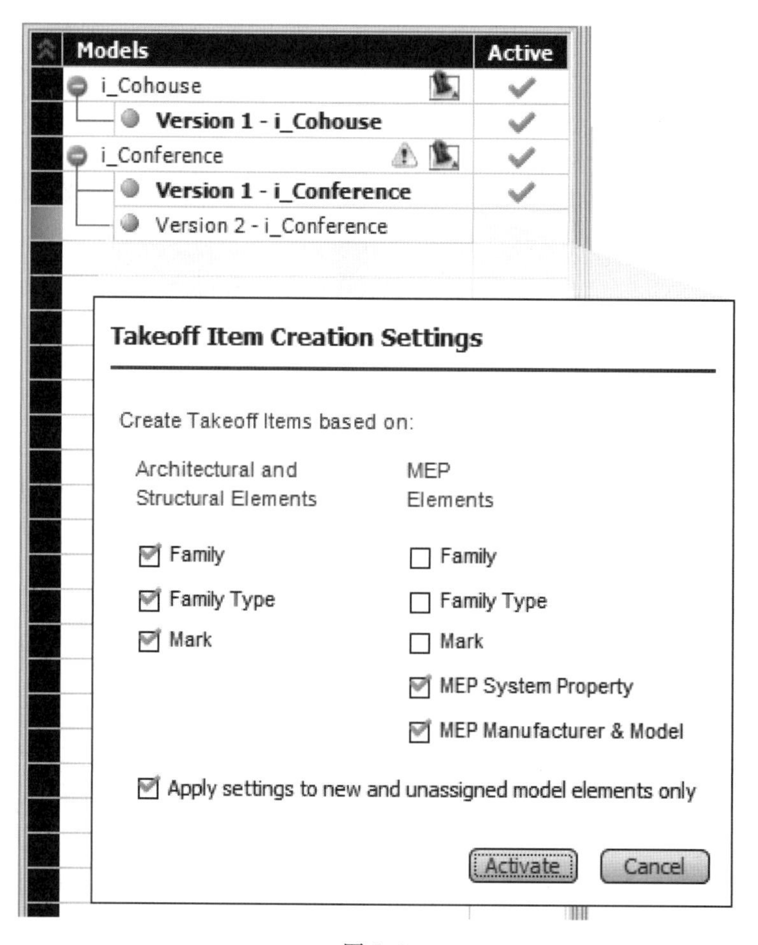

图 7-10

（4）选择了所需的 Takeoff Item 规则之后，当发布的模型版本在 3D 视图中显示，且 Models Manager 中的 Active 列显示绿色勾号时，模型激活完成。在 Takeoff Manager 中，与激活的模型版本相关联的 Takeoff Item 和 Takeoff Quantity 信息就可用于工程量取量计算。

7.1.2 冻结模型

冻结模型的步骤如下。

（1）选择一个激活的模型或模型版本。最左侧的橙色单元格标示出选中的模型或模型版本，如图 7-11 所示。

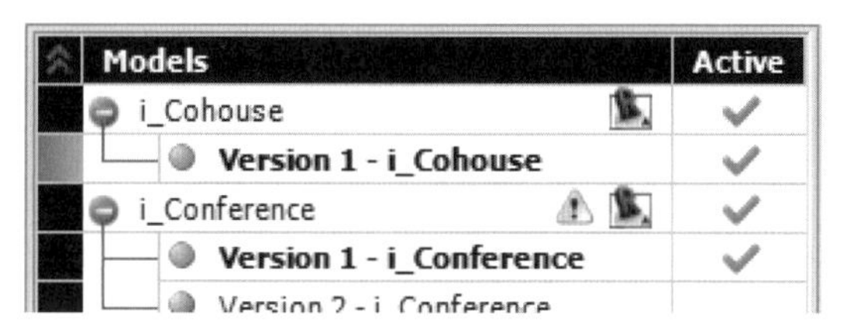

图 7-11

（2）点击鼠标右键，在快捷菜单中选择 Deactivate，或是在功能区中点击 Deactivate 按钮，如图 7-12 所示。

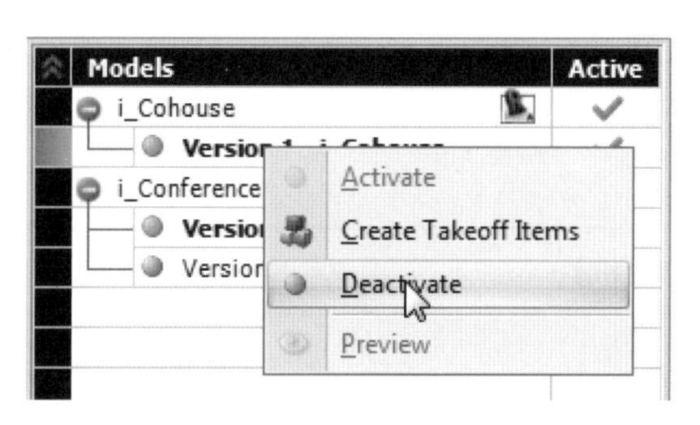

图 7-12

（3）当用户选择 Deactivate 功能时，系统会提示一个警告对话框。冻结一个模型或版本将从 Takeoff Item 和 Takeoff Quantity 中删除工程量信息。点击 Deactivate 按钮继续或是选择 Cancel 终止冻结过程。如果用户选择继续，Vico Office 会显示一个冻结模型的进度对话框，如图 7-13 所示。

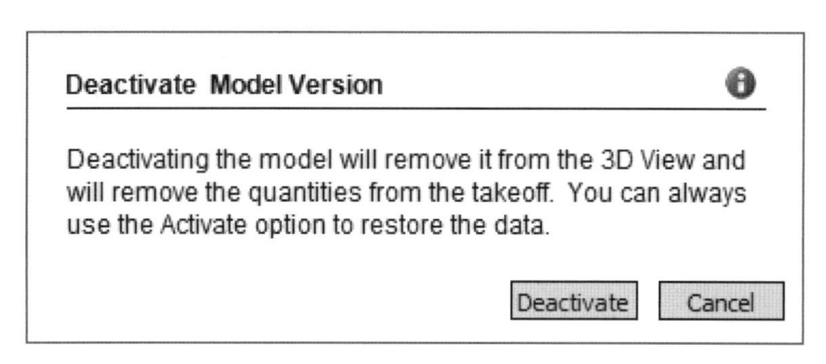

图 7-13

(4) 撤销过程完成后,激活的模型版本的绿色勾号会被一个灰色勾号取代。这表明当前的算量中不再包含冻结模型的构件。

如果用户选择再次激活模型版本,TOI 和 TOQ 中的信息都可以恢复。在一个冻结的模型中,黄色的对勾号可用于最后一个激活的版本。

7.1.3 导入模型

只要有 4 个导入端(CAD-Duct,AutoCAD,SketchUp 和 IFC)中的任意一个许可证,用户都可以将存储在相应的文件格式中的 BIM 项目导入用户的 Vico Office 项目中。具体步骤如下。

(1) 启动 Manage Models 工作流程项,点击功能区中的相应按钮,如图 7-14 所示。

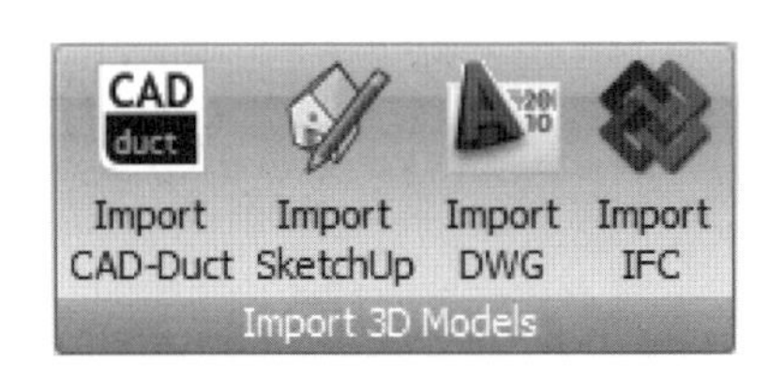

图 7-14

(2) 选择所需的模型文件,在 Import File(导入文件)对话框中点击 Open 按钮。

(3) 接下来,选择 Add New Model(如果模型是较早的时候导入的,就选择现有的模型),点击 Import。模型就被添加到用户的 Vico Office 项目中,如同是从 BIM 应用程序中发布的一样,如图 7-15 所示。

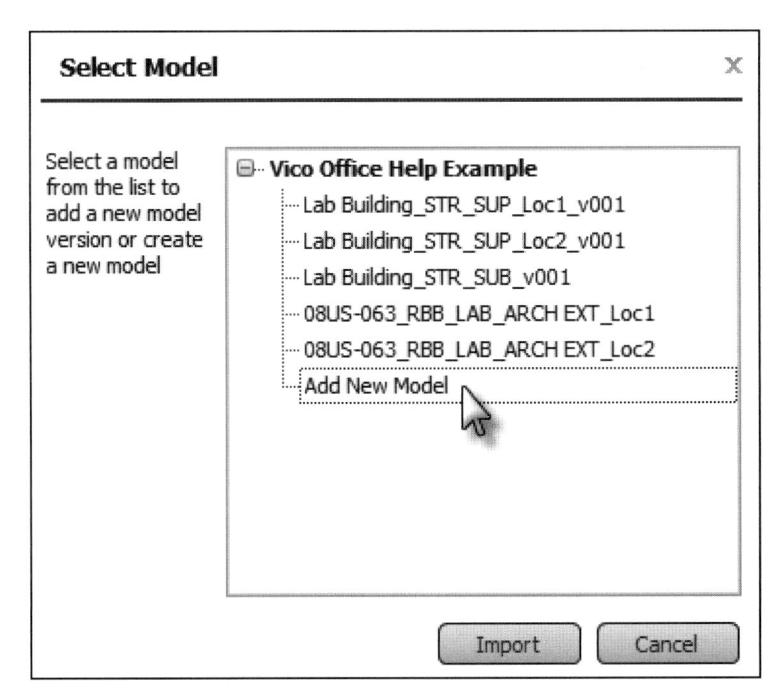

图 7-15

(4) 导入过程完成后,一个新的模型被添加到用户的项目模型列表中,如图 7-16 所示。

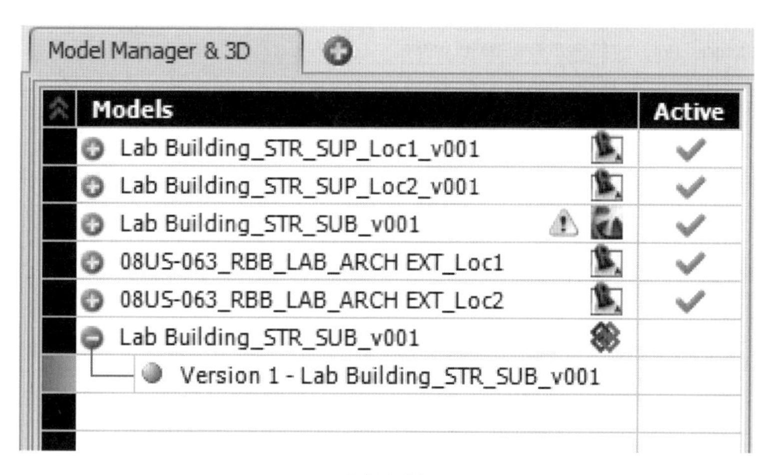

图 7-16

(5) 点击鼠标右键,选择 Activate 来显示项目中的模型并提取工程量信息。选择创建 Takeoff Item 所需的选项,然后点击 Activate 按钮,如图 7-17 所示。

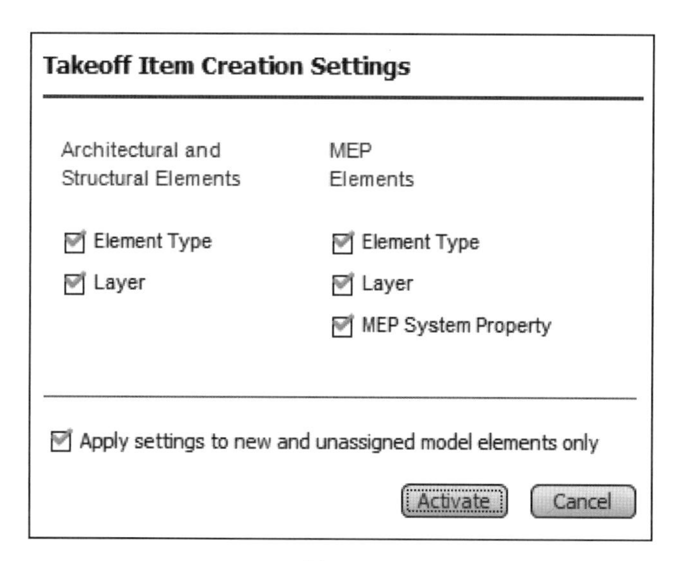

图 7-17

(6) 现在模型被激活,可以在 Vico Office 项目中使用。

7.2 ArchiCAD 算量项创建设置用户界面

ArchiCAD TOI Creation Settings(算量项创建设置)用户界面如图 7-18 所示。

① Element Type

如果用户想用 ArchiCAD 的 Element Type(构件类型),比如墙、柱或板,来对 Takeoff Item 进行创建和排序,就勾选这一复选框。

② Layer

如果用户想根据其在 ArchiCAD 中定义的 Layer Names(图层名称)来对 Takeoff Item

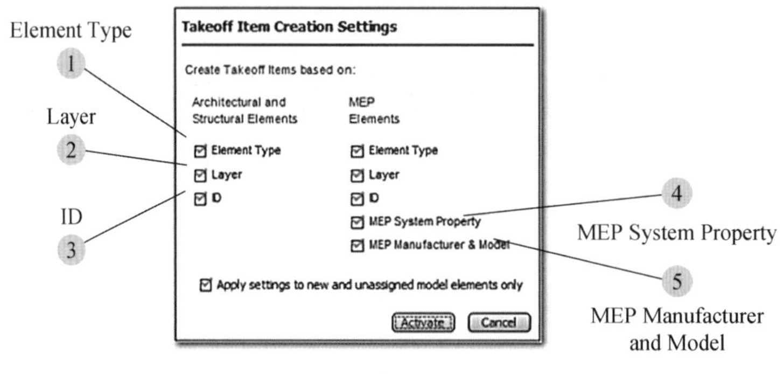

图 7-18

进行创建和排序，就勾选这一复选框。

③ ID

如果用户想根据分配的 Element ID's(构件 ID)来对 Takeoff Item 进行创建和排序，就勾选这一复选框。

④ MEP System Property

如果用户想通过其分配给 MEP 构件的 MEP 系统属性值来对 MEP 的 Takeoff Item 进行排序，就勾选这一复选框。

⑤ MEP Manufacturer and Model

如果用户想根据分配给 MEP 构件(比如设备和装置)的 MEP 制造商和模型属性值来对 MEP 的 Takeoff Item 进行创建和排序，就勾选这一复选框。

生成基于 ArchiCAD 的 Takeoff Item 的步骤如下。

(1) 在 Vico Office 中激活一个 ArchiCAD 模型或模型版本时，用户就可以选择创建基于 ArchiCAD 中定义的构件属性的 Takeoff Item。在右键菜单或是功能区图标中选择 Activate 选项，将调用 ArchiCAD(或 Constructor)专用的 Takeoff Item Creation 对话框。在这个对话框中，用户能够创建基于 ArchiCAD 属性的 Takeoff Items。通过选择列表中可用的 ArchiCAD 构件属性，指定 TOI 创建设置。用户选择的标准信息会被添加到 Takeoff Item 的描述字段中，用于排序和过滤，如图 7-19 所示。

(2) Apply settings to new and unassigned model elements only(仅将设置应用于新的和未分配的模型构件)复选框在默认情况下是选中的，必要时用户可以取消勾选它。如果不加勾选的话，所有现有的 TOI 和 TOQ 设置都会随着新的、未分配的模型构件一起被重组和重命名。

(3) Import floor levels as Locations(将楼层导入为位置)选项在默认情况下是不勾选的。选择这一选项会将 ArchiCAD 模型中的楼层/水平面信息，引入 Vico Office 项目中作为楼层位置(包括标高)。

(4) 选择 Activate 按钮开始 TOI 创建过程。此时会显示一个进度条，直到 TOI 的创设完成，用户可以切换到 Takeoff 工作流程组来查看创建和更新的 TOI 和 TOQ。

Takeoff Item 创建设置实例

所有可用的 Takeoff Item 创建属性都被选中：

- WALL-A-墙-001(Element Type-Layer-ID)。

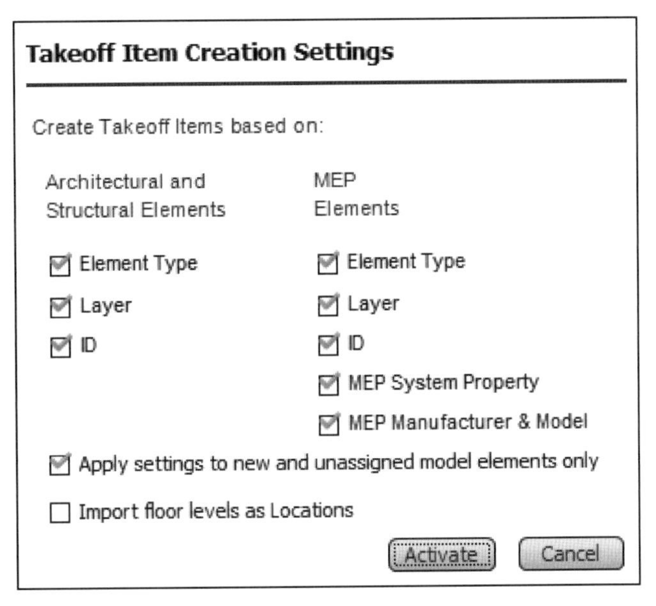

图 7-19

- DUCT-M-Medgas-002-医用气体(Element Type-Layer-ID-System Property)。

一个 Takeoff Item 创建设置被选中:

- 墙(Element Type)。
- 生活用水(MEP System Property)。

7.3 Revit® 算量项创建设置用户界面

Revit® TOI Creation Settings(算量项创建设置)用户界面如图 7-20 所示。

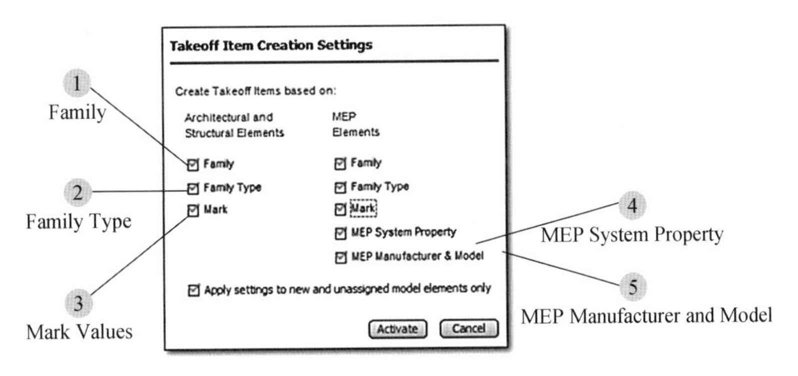

图 7-20

① Family

如果用户想根据特有的 Family(族)定义对 Takeoff Item 进行创建和排序,就勾选这一复选框。

② Family Type

如果用户想根据特有的 Family Type(族类型)对 Takeoff Item 进行创建和排序,就勾选这一复选框。

③ Mark Values

如果用户想根据特有的 Mark Values(标记值)对 Takeoff Item 进行创建和排序,就勾选这一复选框。

④ MEP System Property

如果构件的 MEP System Property(MEP 系统属性)可选,该选项用于创建特有的 Takeoff Item。通常情况下,这个属性在所有的管道和电缆构件中都可用。

⑤ MEP Manufacturer and Model

MEP Manufacturer and Mode(MEP 制造商和模式)在通常状况下普遍适用于所有的设备和固定装置,选中的话会生成特有的 Takeoff Item。

创建基于 Revit®的 Takeoff Item 的步骤如下。

(1) 在 Vico Office 中,激活 Revit®模型或模型版本时,用户可以指定创建 Takeoff Item 时应该根据的 Revit®构件属性。

从右键菜单或是功能区图标中选择 Activate 选项,系统就会调用 Revit®特定的 Takeoff Item Creation Settings 对话框。在这个对话框中,用户能够根据 Revit®的特有属性创建 Takeoff Item。通过从列表中选择可用的 Revit®构件属性,用户可以指定 TOI 创建设置。用户选择的属性将被用于创建 Takeoff Item;属性值会存储在 Takeoff Item 的描述字段中,用于排序和过滤,如图 7-21 所示。

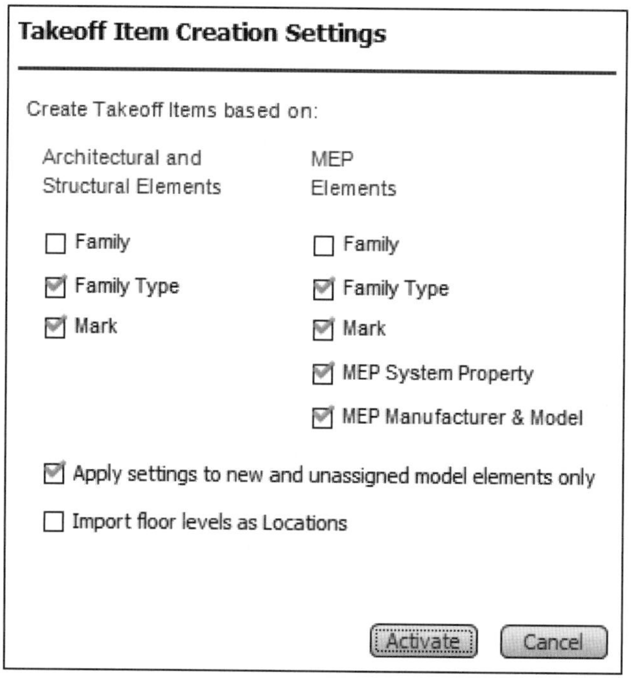

图 7-21

(2) Apply settings to new and unassigned model elements only 复选框在默认情况下是选中的,必要时用户要取消勾选它。如果不加勾选的话,所有现有的 TOI 和 TOQ 设置都会随着新的、未分配的模型构件一起被重组和重命名。选择 Activate 按钮开始 TOI 创建过程。随后会显示一个进度条，直到 TOI 创设完成。此时用户可以切换到 Takeoff 工作流程组来查看创建和更新的 TOI 和 TOQ。

(3) Import floor levels as Locations 选项在默认情况下是不勾选的。选择这一选项会将 Revit®模型中的楼层/水平面信息引入到 Vico Office 项目中，作为楼层位置(包括标高)。

【注】 TOI 描述列遵循以下的文本语法[〈族〉-〈族类型〉-〈标记〉]，如图 7-22 所示。

Basic-Generic - 8"-Walls
Basic-Generic - 8" 5-Walls
Curtain-Exterior Glazing-Walls
Basic-Generic - 8" 4-Walls
Basic-Generic Gypsum Wall - 5"-Walls
Generic - 12"-Floors
Generic - 12" 2-Floors
sidewalk 2-Floors
road-Floors
sidewalk 3-Floors
Generic - 12" 3-Floors
sidewalk-Floors
Round Column-06" Diameter-Columns
Round Column-06" Diameter 2-Columns
Single-Flush-36" x 84"-Doors
Double-Flush-72" x 78"-Doors

图 7-22

只有一个属性被勾选的 Takeoff Item Creation Settings 实例，如图 7-23 所示。

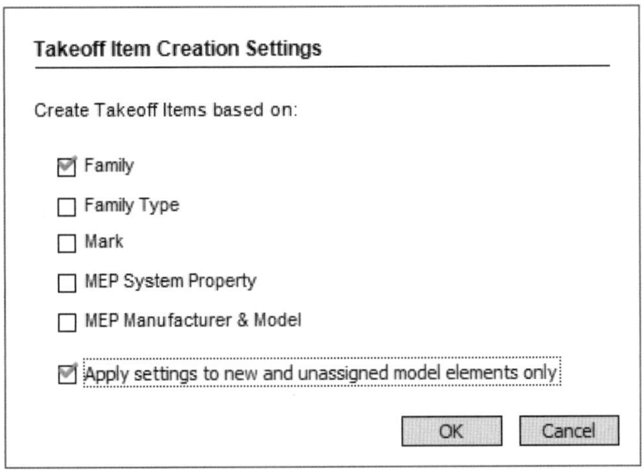

Takeoff Item Creation Settings

Create Takeoff Items based on:

- [x] Family
- [ ] Family Type
- [ ] Mark
- [ ] MEP System Property
- [ ] MEP Manufacturer & Model

- [x] Apply settings to new and unassigned model elements only

OK Cancel

图 7-23

Basic
Curtain
Round Column
Single-Flush
Double-Flush
Sliding-2 panel
Double-Glass 1
Fixed
Park Bench
Elevator-Electric
Walls 1
Toilet-Domestic-3D
Sink-Single-2D
Street Light - Standard

图 7-24

【注】 所有的 Takeoff Item 在描述列中根据单个的 Takeoff Item 创建属性被组织和排列起来，这会把所有相关的族类型构件分配给同一个 TOI [〈族〉]，如图 7-24 所示。

7.4 Tekla 算量项创建设置用户界面

Tekla TOI Creation Settings(算量项创建设置)用户界面如图 7-25 所示。

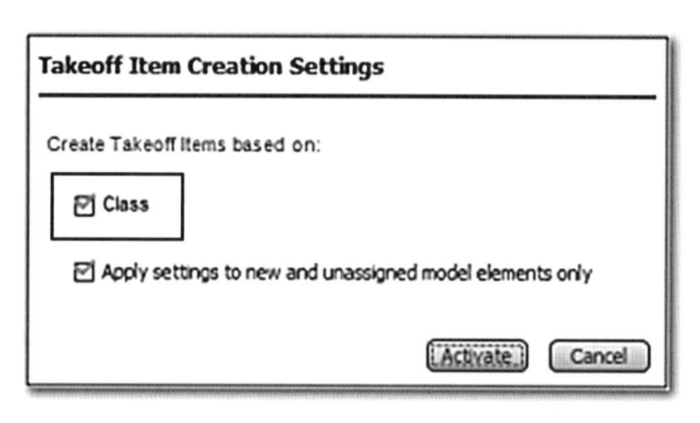

图 7-25

【提示】 如果用户想根据特有的 Element Class(构件等级)属性值，对 Tekla 模型中的 Takeoff Item 进行创建和排序，就勾选“Class”复选框。

创建基于 Tekla 的 Takeoff Item 的步骤如下。

(1) 在 Vico Office 中，激活 Tekla 模型或模型版本时，用户就可以选择根据 Tekla 中定义的构件 Class 属性值，来创建 Takeoff Item。在右键菜单或是功能区图标中选择 Activate 选项，将调用 Tekla 特定的 Takeoff Item Creation Settings 对话框。在这个对话框中，用户能够根据 Tekla 特有属性创建 Takeoff Items。如果用户选择使用 Class 属性，它会被用于创建和排序 Takeoff Item。Class 名称会被添加到 Takeoff Item 的描述中，如图 7-26 所示。

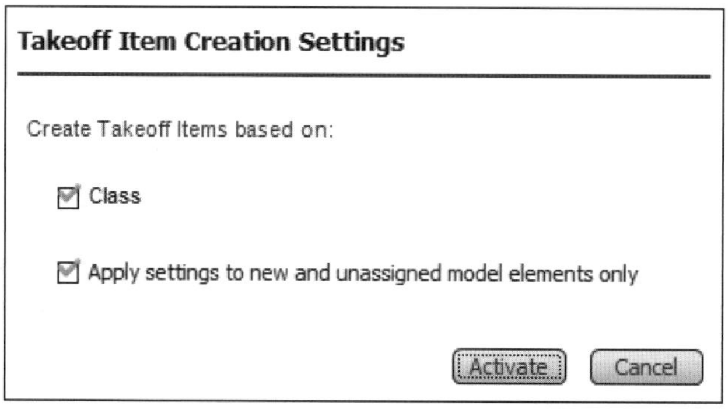

图 7-26

(2) Apply settings to new and unassigned model elements only 复选框在默认情况下是选中的，这意味着必要时，用户要取消勾选它。如果不加勾选的话，所有现有的 TOI 和 TOQ 设置都会随着新的、未分配的模型构件一起被重组和重命名。选择 Activate 按钮开始 TOI 创建过程。会显示一个进度条，提示 TOI 的创设完成。此时用户可以切换到 Takeoff 工作流程组来查看最近创建和更新的 TOI 和 TOQ。

第8章　算量模型

Takeoff Model视图集包含了3D View和Mini TOM(Takeoff Manager视图的精简版本)。

Takeoff Model视图集允许用户在3D View中逐项验证Takeoff Item。通过使用创建Takeoff Item功能,在Model Manager中创建基于模型的Takeoff Item,并列在Mini TOM中。

在Takeoff Model中,用户可以验证已生成TOI的构件分配,并且/或者可以根据需要将它们重新分配给新的Takeoff Item(TOI)。用户也可以创建新的Takeoff Quantity(TOQ),并分配模型的几何信息,自动进行工程量的提取。

将已分配的和未分配的构件重新分配到新的或是现有的TOI中,是Mini TOM和3D视图之间的一个交互过程。在Mini TOM中可以创建和选择Takeoff Item和Takeoff Quantity项目,这样用户就可以在3D视图中使用Paint Mode(画笔模式)来分配和重新分配模型构件和几何信息。

Filtering Palette和Properties Palette的使用,大大提升了3D视图中模型构件和工程量信息的验证、分配和再分配过程。

如果用户对TOI和所分配的TOQ的集合感到满意,可以在Takeoff Manager视图中查看所有TOI及其工程量的整个分解结构。

通过项目位置分解结构展示的工程量合计可以在随后用来生成定制的工程量报告。

8.1　Mini TOM用户界面

Mini TOM用户界面如图8-1所示。

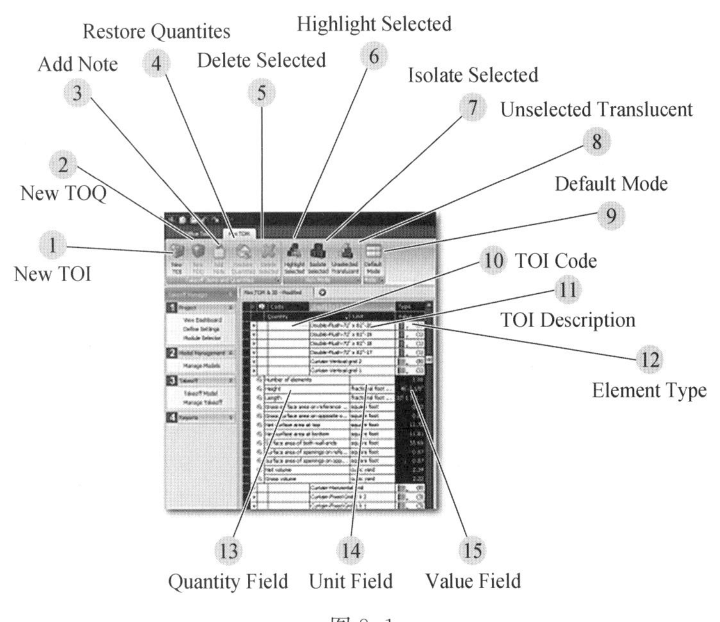

图8-1

① New TOI

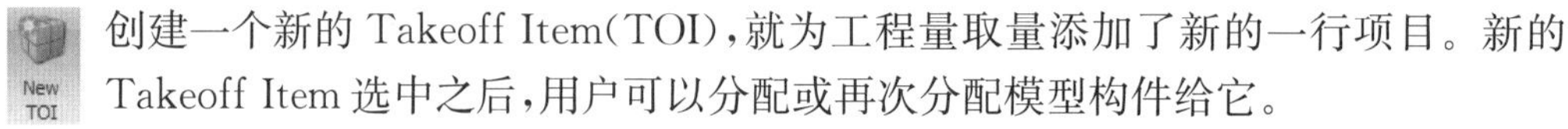

创建一个新的 Takeoff Item(TOI)，就为工程量取量添加了新的一行项目。新的 Takeoff Item 选中之后，用户可以分配或再次分配模型构件给它。

当用户选择了一个 Takeoff Item 时，Painting Mode 就被激活，即可在一个选定的 TOI 中添加或删除构件。Takeoff Manager 动态地从原来的 TOI 中添加或去掉工程量，并将工程量从一个 Takeoff Item 中重新分配到另一个当中。如果需要的话，新的 Takeoff Item 也可以用于手动的 Takeoff Quantity。

② New TOQ

在所选的 TOI 之下创建一个新的 Takeoff Quantity(TOQ)，就为 Mini TOM 添加了新的一行项目。添加新的 Takeoff Quantity 允许用户为自动的工程量取量分配或再次分配几何信息，或是输入手动的工程量信息。

在 TOQ 中分配或移除几何信息包含了画笔刷的使用。

③ Add Note

Add Note(添加注释)选项允许用户添加关于特定 TOQ 或 TOI 的注释。当 Mini TOM 内容设置显示为默认模式时，注释才可读。

④ Restore Quantities

使用 Restore Quantities(恢复工程量)功能，用户可以恢复那些基于模型且被手动覆盖编辑的 Takeoff Quantity。模型被更新时，手动修改会保持不变，同时 Restore Quantities 功能可以回到基于模型的工程量。

⑤ Delete Selected

选择 Delete Selected(删除所选)按钮来移除 Mini TOM 中选定的 TOI 或是 TOQ。任何被移除的项目都不会再在 Takeoff Manager 视图中出现。

⑥ Highlight Selected

Highlight Selected(高亮所选)选项高亮显示与选定的 TOI 或 TOQ 相关，与模型其他部分形成对照的的模型几何信息。

⑦ Isolate Selected

Isolate Selected(隔离所选)选项将把所选的 TOI 或 TOQ 相关的模型几何信息与模型其他部分隔离开来。

⑧ Unselected Translucent

Unselected Translucent(半透明未选)模式在 3D 视图中，半透明模式显示所有与当前选定的 TOI 不相关的构件。

⑨ Default Mode

从功能区菜单中选择 Default Mode(默认模式)按钮将恢复 Takeoff Item 的原始顺序，包括用户已经插入的空白行和注释。默认模式需要被激活才能插入注释。

⑩ TOI Code

TOI Code(TOI 编号)字段默认为空，所以用户可以根据需要为 Takeoff Item 分配特有的分类代码。

⑪ TOI Description

TOI Description 如图 8-2 所示。

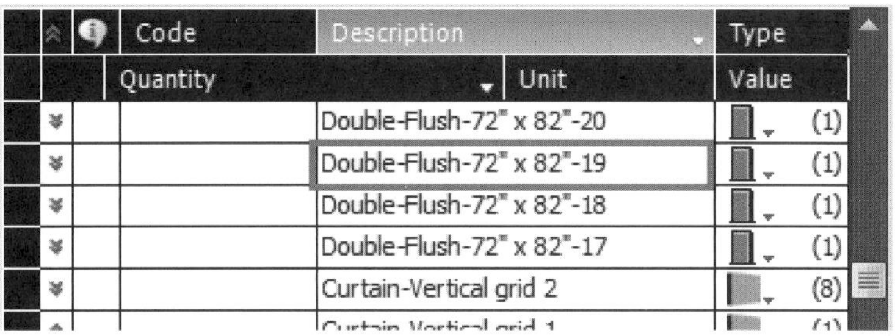

Code	Description	Type
Quantity	Unit	Value
	Double-Flush-72" x 82"-20	(1)
	Double-Flush-72" x 82"-19	(1)
	Double-Flush-72" x 82"-18	(1)
	Double-Flush-72" x 82"-17	(1)
	Curtain-Vertical grid 2	(8)
	Curtain-Vertical grid 1	(1)

图 8-2

TOI Description(TOI 描述)字段在 Model Manager 视图中通过创建 Takeoff Item 而被自动定义,并根据从原始 CAD 应用程序中获得的选定的模型构件属性对构件进行分组。如有需要,可以在 Mini TOM 和 Takeoff Manager 中改变 TOI 的描述。

⑫ Element Type

Element Type 如图 8-3 所示。

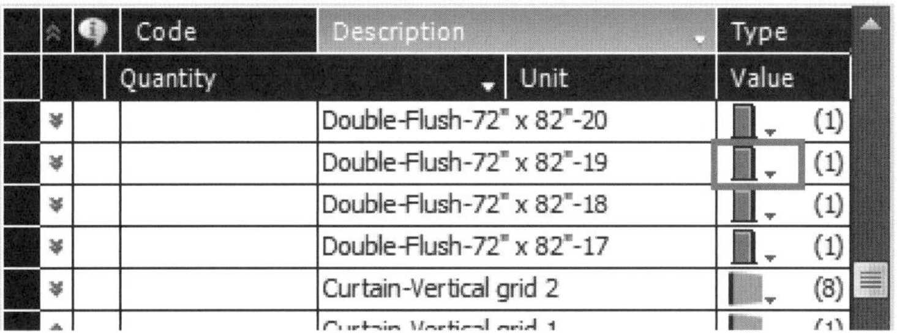

Code	Description	Type
Quantity	Unit	Value
	Double-Flush-72" x 82"-20	(1)
	Double-Flush-72" x 82"-19	(1)
	Double-Flush-72" x 82"-18	(1)
	Double-Flush-72" x 82"-17	(1)
	Curtain-Vertical grid 2	(8)
	Curtain-Vertical grid 1	(1)

图 8-3

Element Type(构件类型)字段是一个带有可选 Vico Office 构件类型集合的下拉菜单,这些构件类型可以分配到一个 TOI 中。

对于选定的构件类型,Vico Office 会决定计算这一构件的 Takeoff Quantity 属性。在 Quantities and Units 部分查看每种构件类型可用的工程量。

⑬ Quantity Field

Quantity Field(工程量字段)如图 8-4 所示。

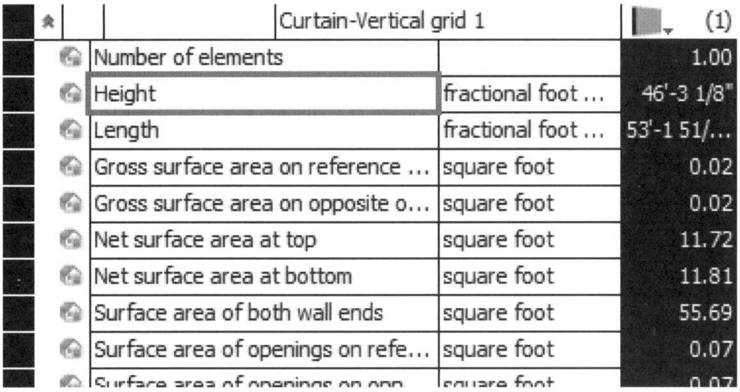

Curtain-Vertical grid 1		(1)
Number of elements		1.00
Height	fractional foot ...	46'-3 1/8"
Length	fractional foot ...	53'-1 51/...
Gross surface area on reference ...	square foot	0.02
Gross surface area on opposite o...	square foot	0.02
Net surface area at top	square foot	11.72
Net surface area at bottom	square foot	11.81
Surface area of both wall ends	square foot	55.69
Surface area of openings on refe...	square foot	0.07
Surface area of openings on opp...	square foot	0.07

图 8-4

Quantity 字段显示在数值列中被计算的工程量名称。每个工程量都有一个单位和一个分配值。TOI 之下选定的工程量组是由选定的 TOI 类型驱动的。

⑭ Unit Field

Unit Field(单位字段)如图 8-5 所示。

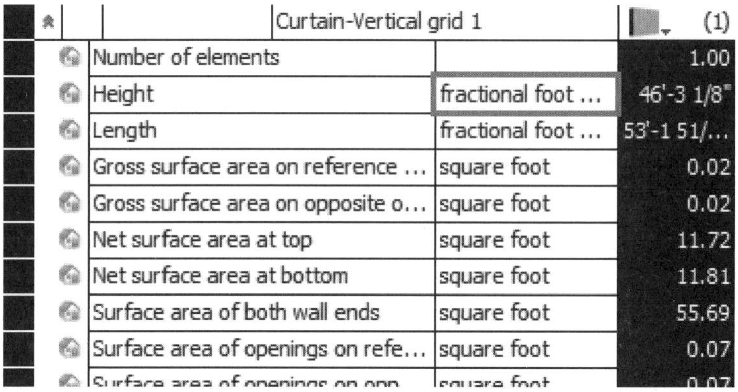

Curtain-Vertical grid 1		(1)
Number of elements		1.00
Height	fractional foot ...	46'-3 1/8"
Length	fractional foot ...	53'-1 51/...
Gross surface area on reference ...	square foot	0.02
Gross surface area on opposite o...	square foot	0.02
Net surface area at top	square foot	11.72
Net surface area at bottom	square foot	11.81
Surface area of both wall ends	square foot	55.69
Surface area of openings on refe...	square foot	0.07
Surface area of openings on opp...	square foot	0.07

图 8-5

Unit 字段会显示分配给工程值的合适单位。这些单位源于在 Project Settings 视图中选中的所定义的首选 Units of Measurement 字段的值。

⑮ Value Field

Value Field(值字段)如图 8-6 所示。

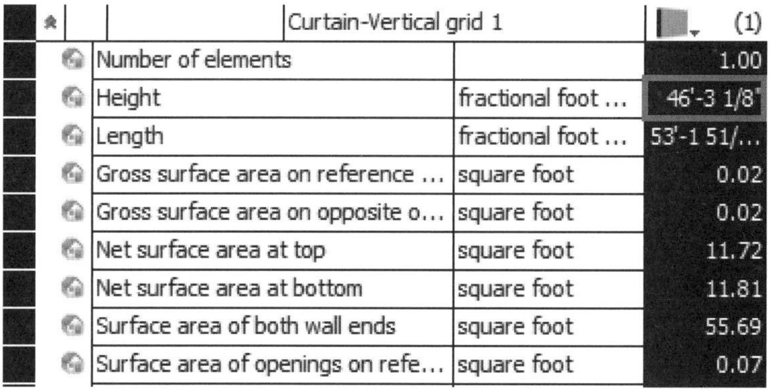

Curtain-Vertical grid 1		(1)
Number of elements		1.00
Height	fractional foot ...	46'-3 1/8"
Length	fractional foot ...	53'-1 51/...
Gross surface area on reference ...	square foot	0.02
Gross surface area on opposite o...	square foot	0.02
Net surface area at top	square foot	11.72
Net surface area at bottom	square foot	11.81
Surface area of both wall ends	square foot	55.69
Surface area of openings on refe...	square foot	0.07

图 8-6

Value 字段显示了 Takeoff Quantity 的总和。这是包括在 Takeoff Item 中的所有构件的总和。如果有值没被计算，缺失工程量的感叹号图标会显示在缺失工程量的旁边。在这种情况下 TOQ 会被红色显示。

8.1.1 从 Mini TOM 中隔离、亮显和隐藏 3D 构件

在 Mini Takeoff Manager 中隔离、亮显和隐藏 3D 构件的具体步骤如下。

在 Mini TOM 中隔离 3D 构件，允许用户在 3D 视图中检查模型构件和工程量。

(1) 在 Mini TOM 视图中选择 Takeoff Item。用户可以通过最左边的橙色单元格来识别被选中的 TOI，如图 8-7 所示。

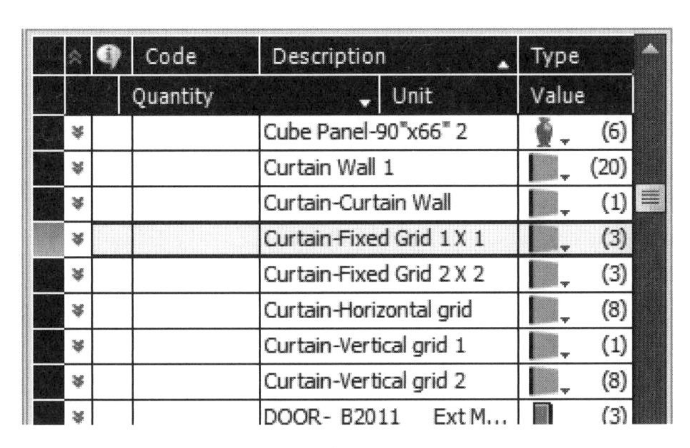

图 8-7

(2) 右键单击选中的 Takeoff Item,在快捷菜单栏里选择 Isolate 选项,如图 8-8 所示。

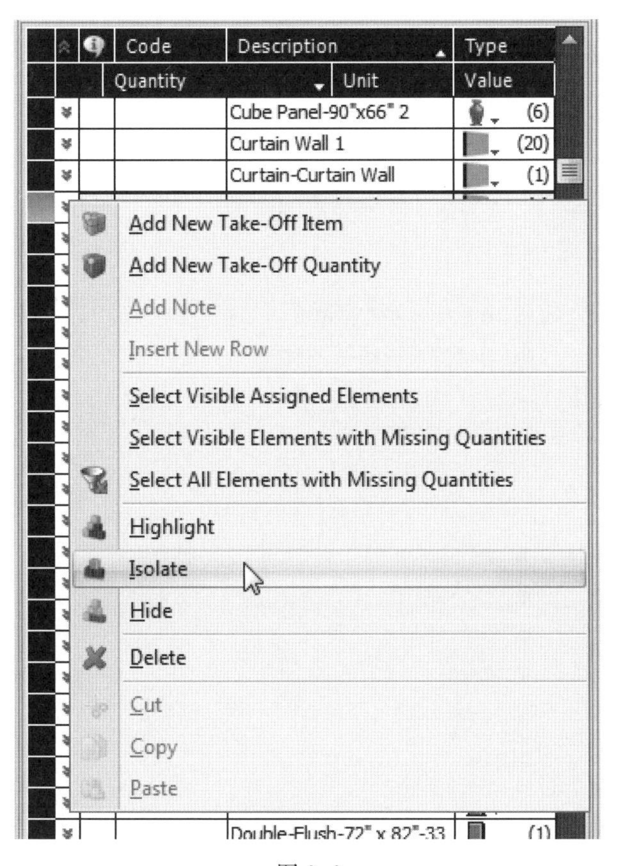

图 8-8

(3) 在 3D 视图中,Office 只会显示与选定的 Takeoff Item 相关的构件。这只是一个临时状态,这意味着用户只要选择或切换到其他 TOI,3D 视图都会重新设置。

(4) 要高亮显示模型构件,就从右键菜单里选择 Highlight 选项。黄色高亮显示所选定的 TOI 构件,如图 8-9 所示。

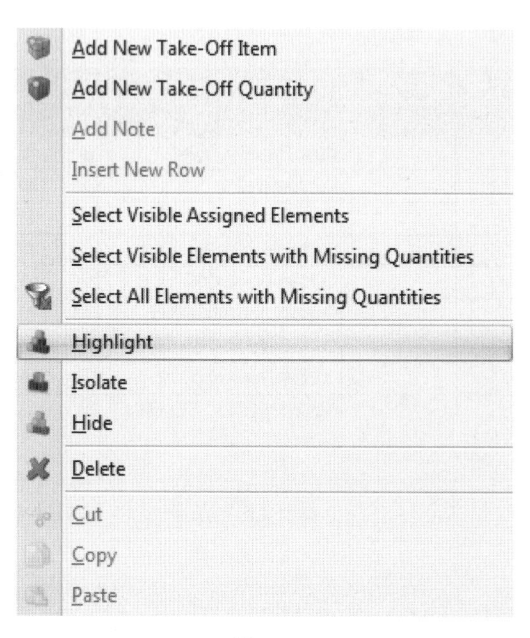

图 8-9

(5) 如果用户想查看除了包含在选定的 TOI 中,其余的所有的模型构件,可以在右键菜单中选择 Hide 功能。这一功能将会从剩余的激活的模型构件中,隐藏包含的 TOI 构件,如图 8-10 所示。

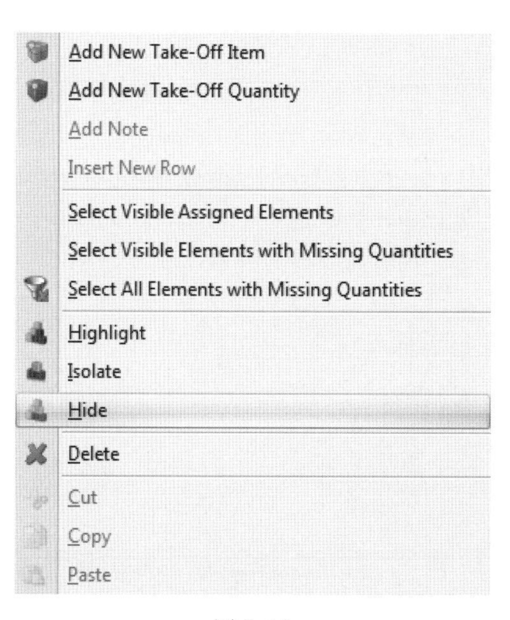

图 8-10

8.1.2 从 Mini TOM 中选择模型构件

从 Mini TOM 视图中选择模型构件的具体步骤如下。

(1) 在 Mini TOM 中选择一个 Takeoff Item。Vico Office 会将那些与选定的 Takeoff Item 相关的构件黄色高亮显示。用户可以通过 Mini TOM 中最左边的橙色单元格识别被选中的 TOI，如图 8-11 所示。

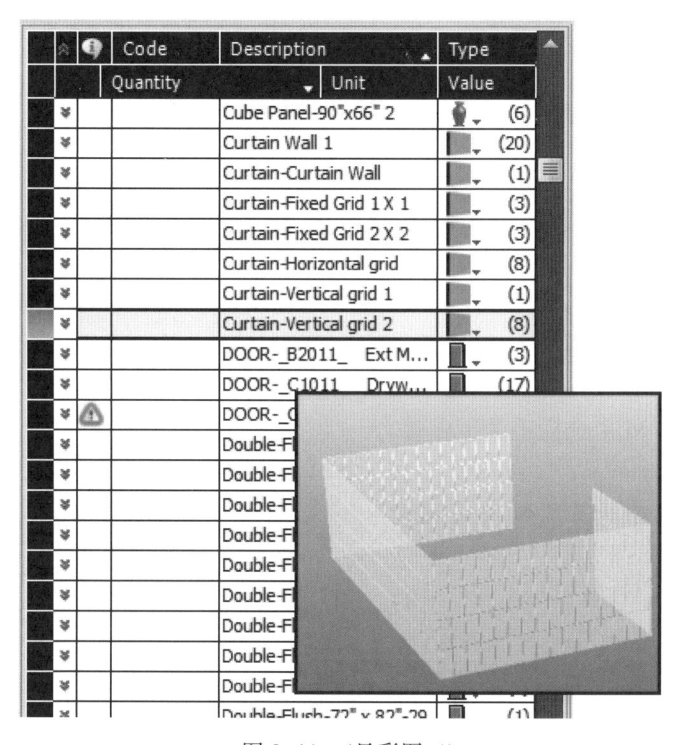

图 8-11 （见彩图三）

（2）右击选中的 Takeoff Item，在右键菜单中选择 Select Visible Assigned Elements（选择可见的已分配构件），如图 8-12 所示。

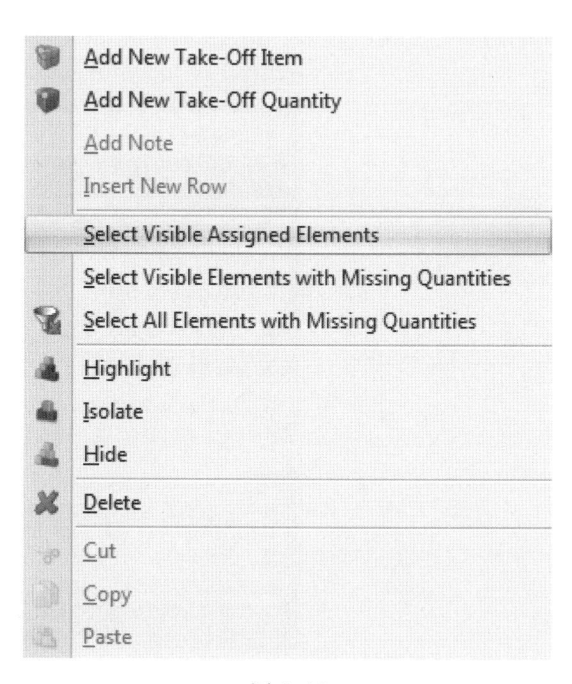

图 8-12

(3) 现在 Vico Office 将先前黄色高亮显示的已分配构件变为红色显示。颜色的变化表明,模型中选定的构件现在处于选择模式,如图 8-13 所示。

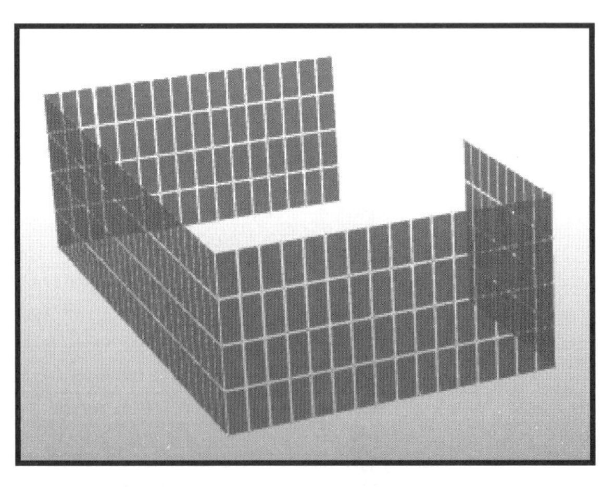

图 8-13 (见彩图四)

(4) 有了选定的构件,用户可以打开 Properties Palette,通过点击 Properties Palette 上的箭头按钮在集合中循环构件。Properties Palette 将显示选中的构件总数,但它同时可以允许用户查看和手动编辑单独构件的工程量信息,如图 8-14 所示。

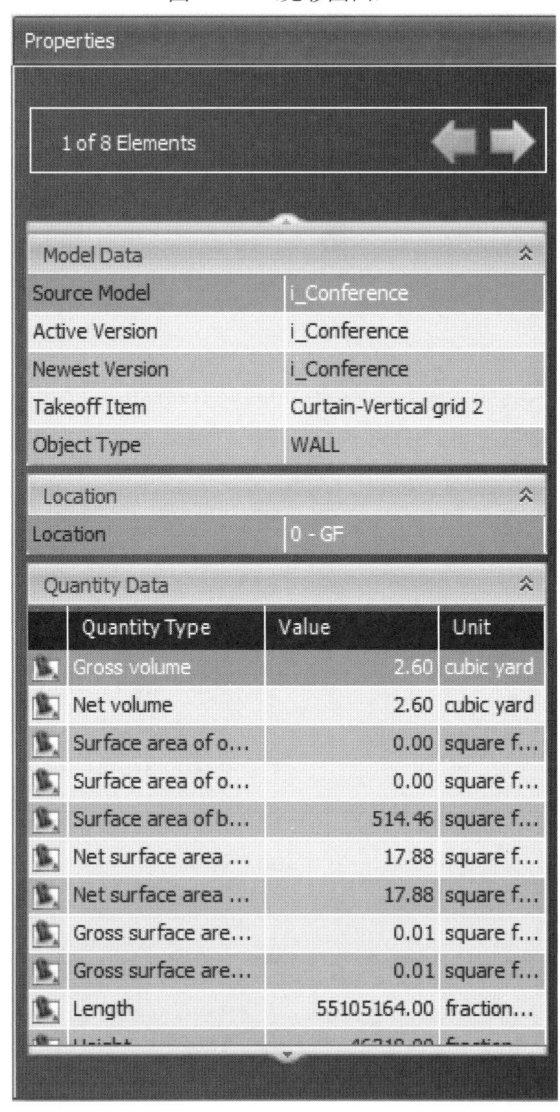

图 8-14

8.1.3 从 Mini TOM 中选择丢失工程量的构件

从 Mini TOM 中选择丢缺失工程量的构件的具体步骤如下。

(1) 在 Mini TOM 视图中选择一个至少丢失了一个工程量的 Takeoff Item。丢失的工程量由红色轮廓的感叹号图标表示。右击选中的 Takeoff Item。在右键菜单中选择"Select Visible Elements with Missing Quantities"(选择缺失工程量的可视构件)选项,如图 8-15 所示。

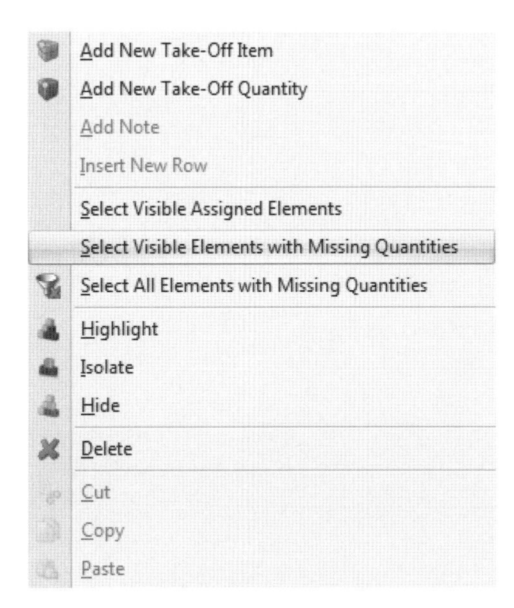

图 8-15

（2）Vico Office将选出所有丢失工程量的可见构件。

（3）选择丢失工程量的构件之后，用户就可以使用 Properties Palette 来更加详细查看单个构件的工程量。如果需要的话，用户可以选择手动编辑或输入丢失的工程量。

8.1.4 创建新的算量项

创建一个新的 Takeoff Item，这样用户就可以根据成本或进度计算的需要为自定义组分配构件。创建新的 TOI 的具体步骤如下。

（1）从功能区或是右键菜单中选择 Add New Takeoff Item 按钮

。

（2）新的 TOI 被创建在一个空单元格中。在 Code 和 Description 字段中，用户可以根据需要对 TOI 进行命名和分类。在 Type 字段，用户可以预定义计划添加到新 TOI 的模型构件类型，或是在 3D 视图中使用画笔工具开始简单刷选构件。使用画笔方法将自动为用户刷选的第一种构件类型配置类型字段。选中的 TOI 构件类型将定义新分组的构件会运用和计算哪些 TOQ。

（3）当用户刷选构件并将它们分配给新的 TOI 时，构件要么从未分配的构件组中被减去，要么从另一个 TOI 组中被重新分配。

8.1.5 从算量项中移除构件

从 Takeoff Item 中移除构件的具体步骤如下。

一个构件被错误的分配到一个 Takeoff Item，用户应该从当前选定的 Takeoff Item 中删去它，具体步骤如下。

（1）在 Mini TOM 中选择一个 Takeoff Item。Vico Office 高亮显示当前与 TOI 关联的所有构件。

（2）识别应该从 TOI 中删除的构件，将光标移动到 3D 视图中。Vico Office 改变光标为画笔工具。Painting Mode 激活之后，点击用户想要从选定的 TOI 中移除的构件，如图 8-16 所示。

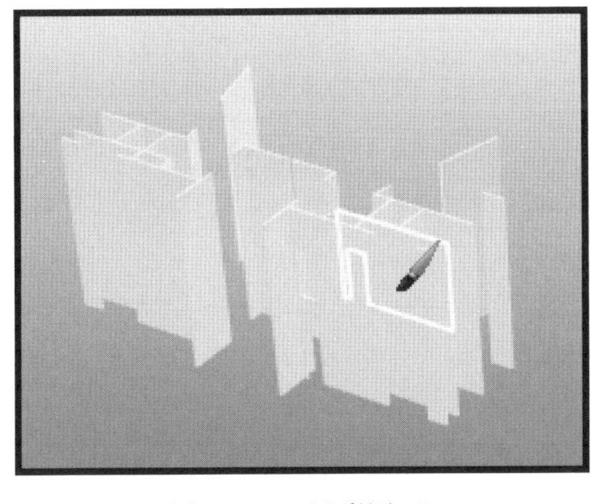

图 8-16 （见彩图五）

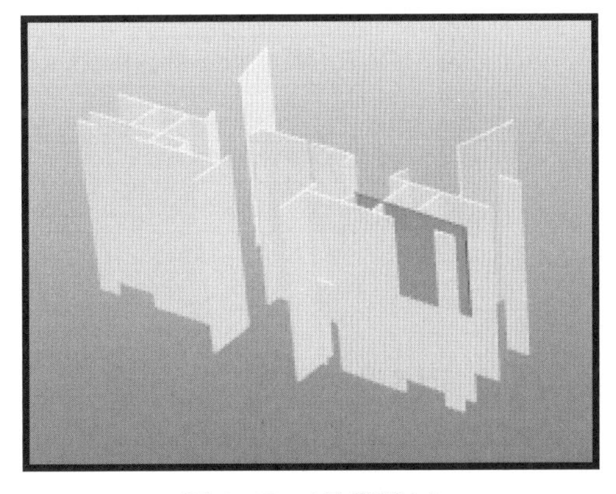

图 8-17 （见彩图六）

（3）Vico Office 不再高亮显示此构件。这表明该构件已经从 TOI 中移除，并被分配到未分配构件池中，如图 8-17 所示。

（4）在 Filtering Palette 中通过点击 Show Only Unassigned 单选按钮来找到这些未分

配构件。应用此选项,之后用户就可以对一组特定的未分配模型构件进行过滤,将其重新分配给新的 TOI。

8.1.6 为算量项分配不同的构件类型

一个错误的构件类型被分配给一个 TOI 时,重新分配这些构件计算给到新的 TOI 构件类型分类的具体步骤如下。

(1) 在 Mini TOM 中选择包含所有未正确分配构件的 TOI。通过选择,Vico Office 在 3D 视图中高亮显示相关的构件。

(2) 点击选定的 TOI 的 Type 字段下拉菜单。在已知的 Vico Office 构件类型列表中,选择用户想要与所选的 TOI 相关联的构件类型。

(3) Vico Office 将试图用一组新的工程量来计算和替换当前的 TOQ。如果没有属性可以用于计算,TOQ 和 TOI 的不完整图标就会显示出来。丢失的 TOQ 计算也将用红色字体显示,如图 8-18 所示。

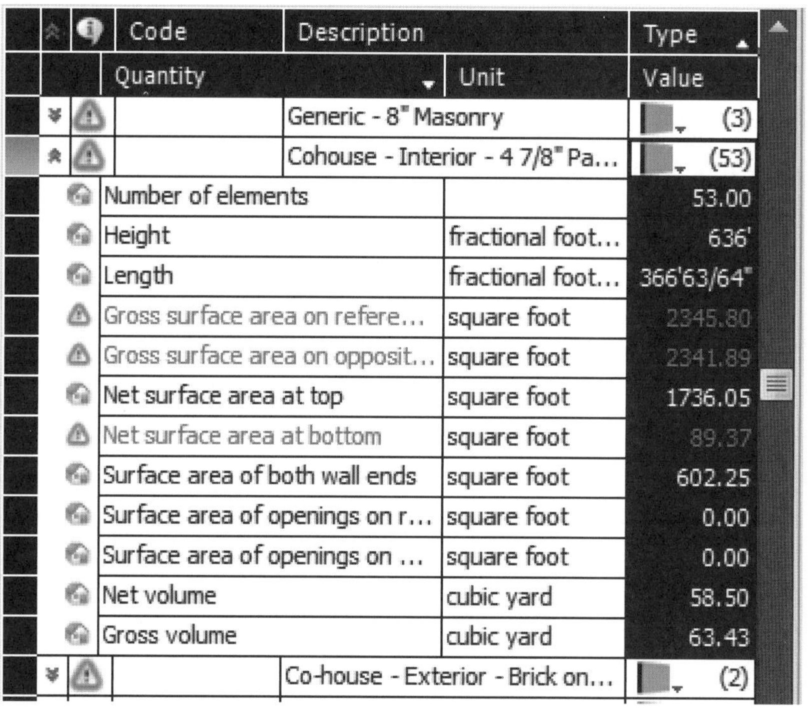

Code	Description	Type
Quantity	Unit	Value
	Generic - 8" Masonry	(3)
	Cohouse - Interior - 4 7/8" Pa...	(53)
Number of elements		53.00
Height	fractional foot...	636'
Length	fractional foot...	366'63/64"
Gross surface area on refere...	square foot	2345.80
Gross surface area on opposit...	square foot	2341.89
Net surface area at top	square foot	1736.05
Net surface area at bottom	square foot	89.37
Surface area of both wall ends	square foot	602.25
Surface area of openings on r...	square foot	0.00
Surface area of openings on ...	square foot	0.00
Net volume	cubic yard	58.50
Gross volume	cubic yard	63.43
	Co-house - Exterior - Brick on...	(2)

图 8-18

8.2 过滤面板用户界面

Filtering Palette(过滤面板)用户界面如图 8-19 所示。

① Filtering Palette

Filtering Palette 在激活的模型中为用户提供基于源模型、位置、图层、构件类型或手动选择的用于过滤构件的工具。使用定义的过滤器,用户可以在半透明模式中选择隔离、隐藏或查看模型构件。用户还可以保存过滤器设置,用于快速参照和将来使用。

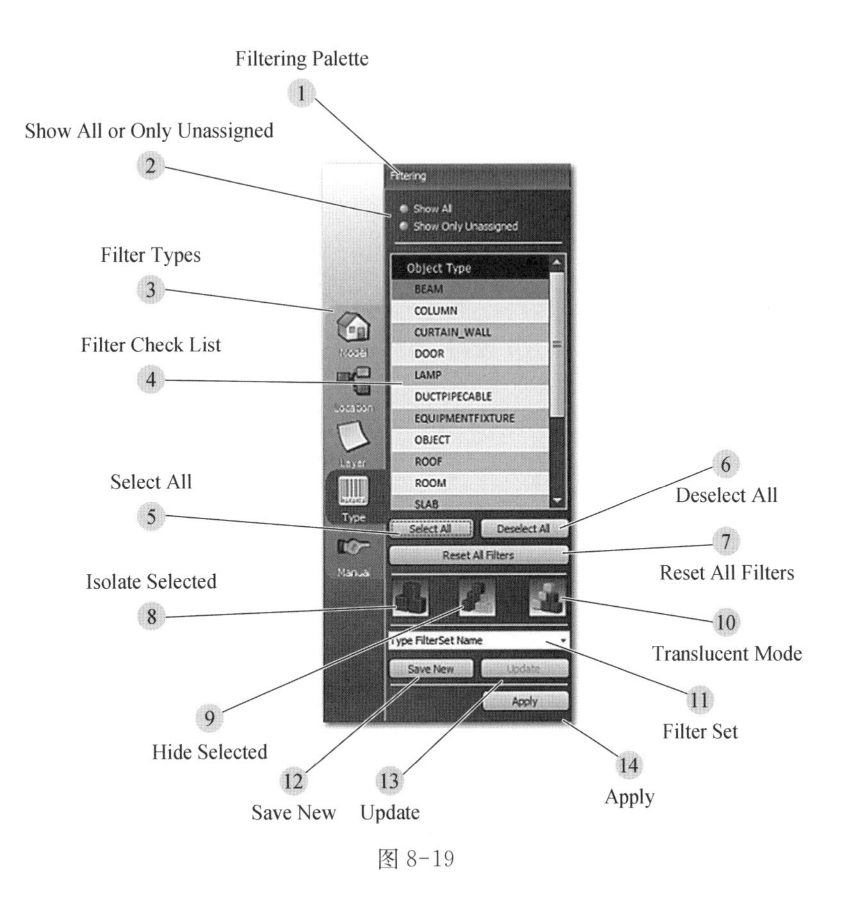

图 8-19

② Show All or Only Unassigned

未分配的构件是没有被分配给任何 TOI 的模型构件。

选择 Show All 单选按钮,过滤器适用于当前激活的模型中的任何模型构件。

选择 Show Only Unassigned 单选按钮,过滤器只适用于当前未被分配到任何 TOI 的模型构件,因此这些构件未计入工程量取量中。

③ Filter Types

Takeoff Manager 提供 5 种过滤器,用户可以使用这些过滤器在项目激活的模型中定义一个集中视图。

• 在 Model Filter(模型过滤器):过滤器检查列表会显示所有激活的模型。用户可以选择想要在 3D 视图中包含或是不包含的模型。

• Location Filter(位置过滤器):包含了所有来源于 BIM 项目的位置。

• Layer Filter(图层过滤器):包括了从 CAD 模型中导入的图层。需要注意的是从几个模型中得到的且图层名称相同的图层将显示为一项。

• Type Filtering(类型过滤器):提供 CAD 模型发布的构件类型列表。

• Manual Filter(手动过滤器)选择 Manual Filter 后,用户可以在 3D 视图中逐个挑选或是使用交叉窗口来手动挑选构件。这样做的前提是要激活 Selection Mode(选择模式)。

如果没有选择任何项,列表就是空的。在 3D 视图中选择构件之后,用户可以点击 Add/Remove Selected(添加/删除所选)按钮来为列表添加构件。用户可以使用列表中的 Delete 图标,从而从同一个类型中删除所有实体。

④ Filter Check List

Filter Check List(过滤检查清单)会在检查清单格式中显示可用过滤器的特定项目。过滤器包含选中和取消选择项,以支持在 3D 视图中支持重新分配和验证 TOI 和 TOQ。

⑤ Select All

Select All 选择 Select All 按钮,自动选择当前显示在 Filter Check 列表中列出的所有项目。被选中的列表项目由一个绿色的对勾表示。

⑥ Deselect All

选择 Deselect All 按钮取消选择当前显示在 Filter Check 列表中所有列出的项目。取消选择的列表项目没有绿色的对勾表示。

⑦ Reset All Filters

Reset All Filters(重置所有过滤器)将删除所有选择并且恢复到完整的 3D 模型视图。

⑧ Isolate Selected

选择 Isolate Selected(隔离所选)选项,将从 3D Viewer 中隔离所有通过激活的过滤器的构件。

⑨ Hide Selected

Hide Selected(隐藏所选)模式将在 3D Viewer 中隐藏所有通过定义过滤的构件。

⑩ Translucent Mode

选择 Translucent Mode(半透明模式)按钮显示 3D Viewer 中所有选中的构件,这些构件在激活的过滤器或选定的过滤器集中被标记为半透明状态,以区别于其余的模型构件。

⑪ Filter Set

Type FilterSet Name 通过保存用户的过滤器设置组合来创建一个 Filter Set(过滤器集)。在组合框中键入 Filter Set 的名称,就可以存储起来。当用户选择或创建新的过滤器集时,活动集的名称将在组合框中显示出来。如果用户更改之前定义的过滤器集,组合框背景会变成红色,并在名称旁边出现图标,以强调当前的选择和活动的过滤器集中定义的不一样。

⑫ Save New

Save New 选择 Save New 按钮来保存一个新的过滤器集。定义所需的过滤器参数,在组合框中给它指定名称,选择 Save New 将它加到用户的过滤器集列表中。

⑬ Update

选择 Update 按钮来更新以前保存的过滤器集的最新设置。

⑭ Apply

选择 Apply 按钮以激活当前的过滤器定义。

8.2.1 应用所有未分配元素过滤器

应用所有未分配元素过滤器(All Unassigned Elements)的具体步骤如下。

应用 All Unassigned Elements 的前提条件是模型构件可以“自由浮动”。这意味着如果从 Takeoff Item 中删除构件,除非用户将它们分配给另外的 TOI,否则它们就不会被分配给任何 TOI。用户可以使用 Filtering Palette 来确定当前在项目中哪些构件是未分配的。

(1) 在 3D 视图窗中点击 Filtering Palette 选项卡。Vico Office 就会打开 Filtering Palette。

(2) 选择 Show Unassigned Elements Only(仅显示未分配的构件)单选按钮选项,只会显示当前与任何 Takeoff Item 均无关的构件。

(3) 接着点击 Apply 按钮来激活过滤器。Vico Office 会在项目的 3D 视图中隔离所有未分配的构件。

8.2.2 应用模型过滤器

应用模型过滤器(Model Filter)的具体步骤如下。

(1) 在 3D 视图窗中点击 Filtering Palette 选项卡,Vico Office 就会打开 Filtering Palette。

(2) 从面板侧边菜单栏中的 5 个过滤器类别中,选择 Model Filter 按钮激活可用的模型 Filter Check List。

(3) 在可用的过滤器列表中,用户会看到该项目当前激活的模型的列表。

(4) 如果用户只想看到某个特定模型的模型构件,只要在侧边栏选择想看到的模型即可。选择的模型前会有绿色的勾号显示,如图 8-20 所示。

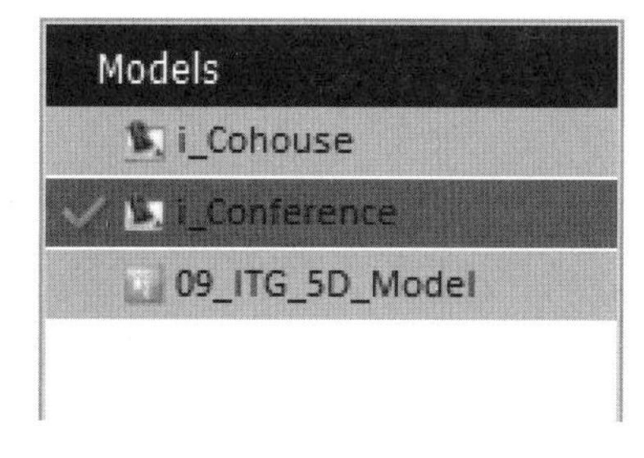

图 8-20

(5) 如果用户从 Filtering Panel 底部选择 Apply 按钮(在 3 种过滤模式,隔离、隐藏或半透明,选择其中之一以后),会在 3D 视图中看到即时反应。在 Model Manager 视图集中,只会显示并可用在 Filter Check List 中选中的或绿色勾号标注的模型。用户随时都可以选择切换到一个保存过的 Filter Set 或 Reset All Filters,这样模型就可以回到原始状态。

【注】 TOI/TOQ 快捷菜单中的 Select All Elements with Missing Quantities 命令将会覆盖当前的过滤器设置。

8.2.3 应用位置过滤器

应用位置过滤器(Location Filter)的具体步骤如下。

(1) 在 3D View 窗中点击 Filtering Palette 选项卡,Vico Office 就会打开 Filtering Palette。

(2) 从面板侧边菜单栏中的 5 个过滤器类别中,选择 Location Filter 按钮激活可用的模型 Filter Check List。

(3) 在可用的过滤器列表中,用户会看到该项目的楼层或水平面列表。这些位置是在原模型应用程序中定义并且导出的。

(4) 如果用户只想看到属于某特定位置或位置集合的模型构件,只要在侧边栏选择想看到的列表位置就可以了。用户选择的位置前会有绿色勾号显示,如图 8-21 所示。

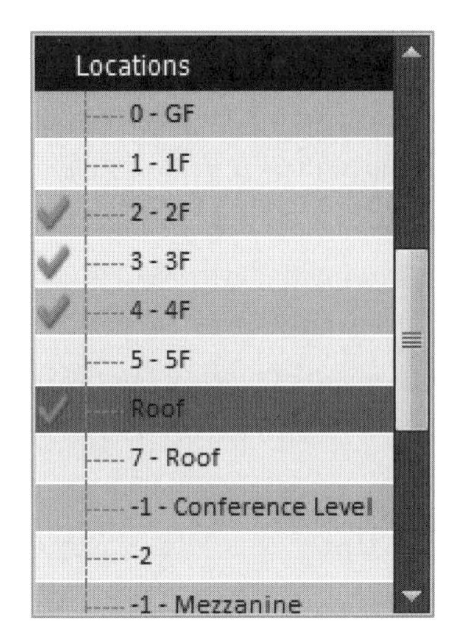

图 8-21

（5）如果用户从 Filtering Panel 底部选择 Apply 按钮（在 3 种过滤模式，隔离、隐藏或半透明，选择其中之一以后），会在 3D 视图中看到即时反应。在 Model Manager 视图集中，只会显示并可用在 Filter Check 列表中选中的或绿色勾号标注的项目位置里的模型。用户随时都可以选择切换到一个保存过的 Filter Set 或 Reset All Filters，这样模型就可以回到原始状态。

【注】 TOI/TOQ 快捷菜单中的 Select All Elements with Missing Quantities 命令将会覆盖当前的过滤器设置。

8.2.4 应用图层过滤器

应用图层过滤器（Layer Filter）的具体步骤如下。

（1）在 3D 视图窗中点击 Filtering Palette 选项卡，Vico Office 就会打开 Filtering Palette。

（2）从面板侧边菜单栏中的 5 个过滤器类别中，选择 Layer Filter 按钮激活可用的 Filter Check List 选项。

（3）在可用的过滤器列表中，用户会看到一个图层列表，这些图层是在原模型应用程序中定义并且导出的。

（4）如果用户只想看到属于特定图层或图层集合的模型构件，只要在侧边栏选择想看到的列表中的图层名称就可以了。用户选择的图层名称前会有绿色勾号显示。

（5）如果用户从 Filtering Panel 底部选择 Apply 按钮（在 3 种过滤模式，隔离、隐藏或半透明，选择其中之一以后），会在 3D 视图中看到即时反应。在 Model Manager 视图集中，只会显示并可用在 Filter Check List 中选中的或绿色勾号标注的模型。用户随时都可以选择切换到一个保存过的 Filter Set 或 Reset All Filters，这样模型就可以回到原始状态。

【注】 Layer Filter 仅适用于特定的 CAD 程序，这些程序允许用户在图层组中对构件进行排序。TOI/TOQ 快捷菜单中的 Select All Elements with Missing Quantities 命令将会覆盖当前的过滤器设置。

8.2.5 应用类型过滤器

使用类型过滤器(Type Filter)的具体步骤如下。

(1) 在3D视图窗中点击Filtering Palette选项卡,Vico Office就会打开Filtering Palette。

(2) 从面板侧边菜单栏中的5个过滤器类别中,选择Type Filter按钮激活可用的Filter Check List选项。

(3) 在可用的过滤器列表中,用户会看到一个构件类型列表。字段列表中包含了当前Vico Office支持的构件类型列表。

(4) 如果用户只想看到特定构件类型组或构件组的集合,只要在侧边栏选择想看到的列表中的构件类型名称就可以。用户选择的类别名称前会有绿色勾号显示。

(5) 如果用户从Filtering Panel底部选择Apply按钮(在3种过滤模式,隔离、隐藏或半透明,选择其中之一以后),会在3D视图中看到即时反应。在Model Manager视图集中,只会显示并可用在Filter Check List中选中的或绿色对勾标注的模型。用户随时都可以选择切换到一个保存过的Filter Set或Reset All Filters,这样模型就可以回到原始状态。

【注】 TOI/TOQ快捷菜单中的Select All Elements with Missing Quantities命令将会覆盖当前的过滤器设置。

8.2.6 应用手动选择过滤器

应用手动选择过滤器(Manual Selection Filter)的具体步骤如下。

(1) 在3D视图窗中点击Filtering Palette选项卡,Vico Office就会打开Filtering Palette。

(2) 从面板侧边菜单栏中的5个过滤器类别中,选择Type Filter按钮激活可用的Manual Filter选项。

(3) 在可用的过滤器列表中,用户会看到一个空的(如果不存在手动选择)或是按Element Type排列的现有构件列表。

(4) 为了添加一个特殊的、用于参照和/或过滤的构件组,首先要选择这些构件。用户可以通过快捷菜单中的Select All Assigned Elements选项或使用3D视图中的Selection Mode,接着左键点击所需的构件来做到这一点。

(5) 在3D视图中选择好所需的构件(构件红色显示)、打开手动Filter Palette之后,用户可以点击Add Selected按钮来添加在手动选择过滤器中选中的构件。Vico Office根据构件类型列出了手动选择过滤器中的构件数量。如果需要的话,用户可以通过点击"×"或Delete图标来删除存储于过滤器中的构件类型组。

(6) 如果用户只想看到特定的构件类型组或构件组的集合,只要在侧边栏列表中选择想看到的构件类型名称就可以。选中的构件类型前会显示绿色勾号。

(7) 如果用户从Filtering Panel底部选择Apply按钮(在3种过滤模式,隔离、隐藏或半透明,选择其中之一以后),会在3D视图中看到即时反应。在Model Manager视图集中,只会显示并可用在Filter Check List中选中的或绿色勾号标注的构件类型。用户随时都可以选择切换到一个保存过的Filter Set或Reset All Filters,这样模型就可以回到原始状态。

(8) 当在手动选择过滤器中选择一行时,相关的构件会高亮显示。用户可以选择构件,并使用Remove Selected按钮来将它们从选择中移除。

【注】 TOI/TOQ快捷菜单中的Select All Elements with Missing Quantities命令将会临时覆盖当前的过滤器设置。

8.2.7 保存过滤器集

保存过滤器集(Filter Set)的具体步骤如下。

(1) 为了保存一个 Filter Set,用户首先要在 5 种过滤器中的一个或多个可用过滤器中定义过滤条件。如果用户对自己的选择满意并且用户想要多次使用这一 Filtering Set,可以将它保存为一个 Filter Set。有了定义过的过滤器,就可以点击组合框下拉菜单,这里存储所创建的 Filter Set。

(2) Type FilterSet Name 如果列表是空的,组合框会显示下列文字:"Type Filter Set Name"。使用想要的名称替换默认文字,并且点击 Save New 从而为列表添加新的 Filter Set。如果需要的话,用户可以通过点击 Delete 图标随时删除过滤器集。新的激活的 Filter Set 名称会在组合框中显示出来。

(3) Save New 如果用户变更设置(取消选择或选择过滤器中的项目),组合框背景就会变成红色,在名称旁边会出现一个图标用以强调当前选择的与激活的过滤器集中的定义不同。

(4) 在这种情况下,用户可以用不同的名称将它保存为一个新的过滤器集,或者也可以点击 Update 来更新当前的过滤器集。如果忽略并继续,过滤器集设置会保持最初定义的状态。

【注】 TOI/TOQ 快捷菜单中的 Select All Elements with Missing Quantities 命令将会覆盖当前的过滤器设置。

8.3 属性面板用户界面

Properties Palette(属性面板)用户界面如图 8-22 所示。

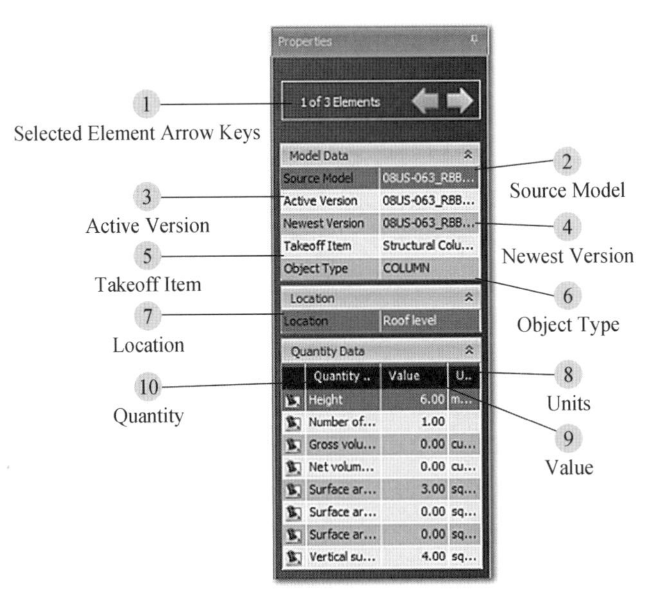

图 8-22

① Selected Element Arrow Keys

The Selected Element Arrow Keys(选中的构件箭头键)允许用户在 Model Manager 视

图中重复循环当前选定的构件集合。过滤选定的构件后，构件将在3D视图中显示。这允许用户可视化验证单个构件的同时在Properties Palette中详细核实工程量。

② Source Model

Source Model（源模型）字段显示当前选定的构件的原始CAD模型出处。

③ Active Version

Active Version（激活版本）字段显示当前选定的构件所属的模型的名称。

④ Newest Version

Newest Version（最新版本）字段指的是当前Model Manager视图中最新的模型版本。如果最新版模型被激活，那么Active Version和Newest Version可以是相同的。

⑤ Takeoff Item

Takeoff Item字段显示分配给当前选定构件的Takeoff Item的名称。

⑥ Object Type

Object Type（对象类型）字段是识别在源CAD程序中用于创建所选构件的建模组件的类型。

⑦ Location

Location（位置）字段显示选定的模型构件在项目中所属的位置。模型里定义的位置是通过CAD程序定义的，并转移到Vico Office当中。

⑧ Units

Units（单位）字段显示应用于相应的工程量类型的计量单位。这些单位都来源于Project Settings中定义的Unit of Measurement。

⑨ Value

Value（值）列显示所选构件的工程量总计。在这个字段中，如果核对有误，用户也可以选择手动编辑任何工程量的当前数值。此变化也将反映在Mini TOM视图以及Takeoff Manager视图。

⑩ Quantity

Quantity列显示与当前所选构件的构件类型相关的工程量列表。

手动更新单个构件的工程量的具体步骤如下。

（1）单击Properties Palette选项卡，打开Palette。

（2）用户可以使用Properties Palette，在3D视图中为当前选择的构件提供单个构件的信息。选择模型构件时，既可以使用TOM的右键菜单，也可以使用3D视图功能区中的Selecion Mode图标选择选项。最后通过单击选择所需构件。

（3）模型构件被选中并用红色亮显后，Properties Palette将被激活。Selected Element Arrow Keys变为活动状态，用户可以循环单个构件的属性。这样操作时，选择的构件在3D视图中被加重显示，每次会相应在Properties Palette中显示该构件的详细信息，如图8-23所示。

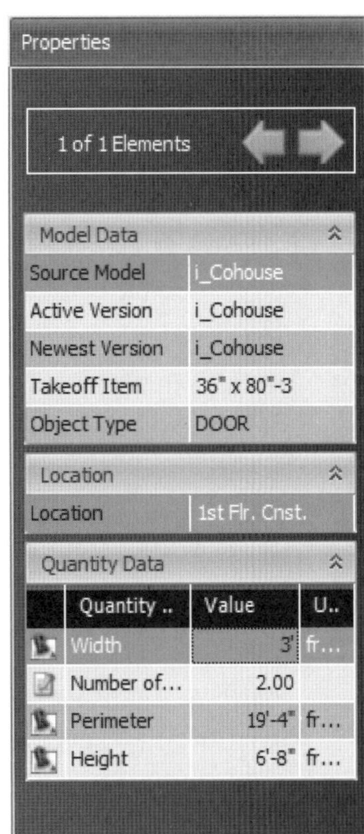

图8-23

（4）经验证，如果需要对工程量进行修正或手动调整，只需点击需要调整的工程量类型的 Value 列。

8.4 3D View 用户界面

3D View 用户界面如图 8-24 所示。

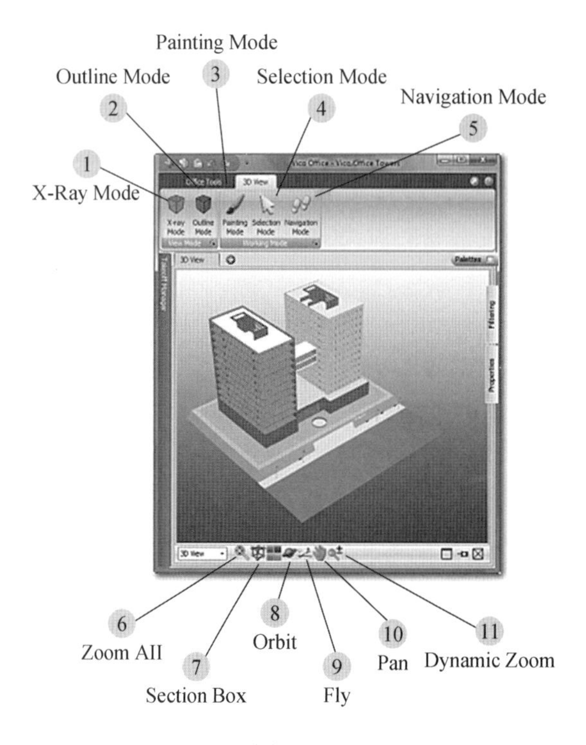

图 8-24

① X-Ray Mode

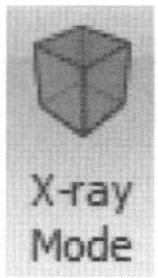

X-Ray(X 射线)模式按钮在透明模式下渲染 3D 模型，高亮显示构件的轮廓。

② Outline Mode

Outline Mode(轮廓模式)选项使用平滑着色渲染 3D 模型。

③ Painting Mode

在 Painting Mode(画笔模式)下，通过单击应当被画笔包括或排除的模型构件，用户可以修改当前选定的 Takeoff Item 的内容。当画笔光标悬停在构件上时，聚焦的构件会预高亮显示，同时提示框将显示构件的基本信息。

在 Mini Takeoff Manager 中选择 Takeoff Item 和 Takeoff Quantity 将在

3D视图中高亮显示相关的构件。点击一个非高亮显示的构件会把该构件添加到选定的Takeoff Item中。使用画笔刷点击高亮显示的构件，会从选定的Takeoff Item中将其移除。

④ Selection Mode

在Selection Mode(选择模式)下，用户可以在3D模型中选择一个或多个构件。用户可以单击选择单个构件，或者使用光标绘制一个矩形选择窗口。

当用户从左上方到右下方绘制一个选择窗口时，边界之内的所有构件都将被选中。当用户从右下方到左上方绘制一个选择窗口时，边界内部或相交的所有构件都将被选中。

所有选中的构件都将用红色高亮显示。

⑤ Navigation Mode

Navigation Mode(导航模式)下，通过使用3D视图工具中可用的导航工具之一，用户可以在3D Viewer中进行导航。

⑥ Zoom All

Zoom All(全部缩放)按钮使用户可以从一个焦点看到整个项目。使用此选项可以快速清除动态缩放功能。

⑦ Section Box

选择Section Box(部分框)工具将显示一个剖面边界框，剖面框的每个角上都有球体。抓住并拖动球体来调整剖面框的大小。单击并拖动六个平面中的任何一面，可以动态创建模型的剖面。

用户可以在期望的方向或角度上，通过选择一个边缘和拖拽边缘来改变剖切面的角度。

⑧ Orbit

选择Orbit(轨迹)按钮可以在任何位置和所需的角度围绕一个焦点旋转模型。

当3D视图处于激活状态时，Orbit也可以使用“O”键启动。

【提示】 当用户在模型中按下Ctrl键并单击时，鼠标单击的点将作为轨道运行的旋转点。

⑨ Fly

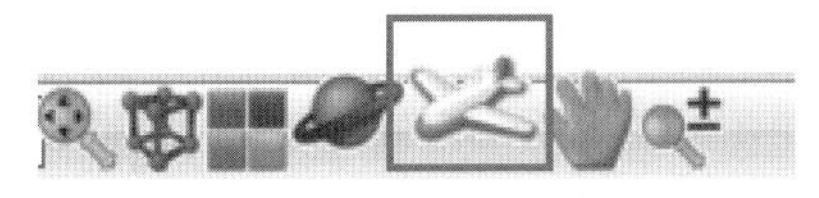

选择Fly(飞行)模式，模型可以在期望高度的环境中自由航行。通过点击并拖动鼠标指挥飞机光标。

⑩ Pan

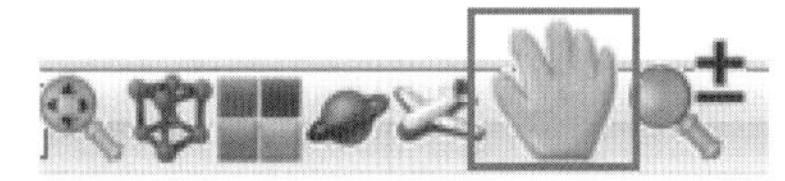

选择 Pan(平移)模式可以在当前视角中通过上下左右移动模型来查看模型。

当 3D 视图处于激活状态时,用户可以通过按“P”键启动 Pan 模式。

⑪ Dynamic Zoom

点击 Dynamic Zoom(动态缩放)图标,根据需要进行放大和缩小。单击、按住并拖动以调整模型的缩放级别。

Dynamic Zoom 还可以通过按“Z”键启动。

8.4.1 使用画笔模式分配和取消分配模型构件

使用 Paint Mode(画笔模式)来为 Takeoff Item 分配和取消分配构件的具体步骤如下。

为 Takeoff Item 分配构件:

(1) 在 Mini TOM 中选择 Takeoff Item,用户可以为其分配 3D 构件,如图 8-25 所示。

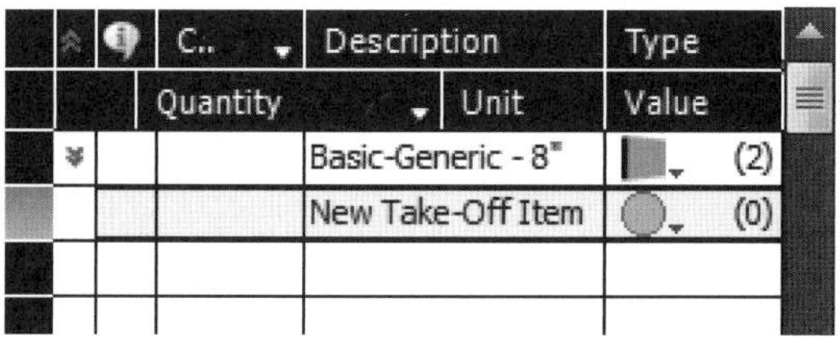

C..	Description	Type
Quantity	Unit	Value
	Basic-Generic - 8"	(2)
	New Take-Off Item	(0)

图 8-25

(2) 将光标移动到 3D 视图,光标会变成一个画笔刷图标。

(3) 将画笔光标悬停在构件上,观察其轮廓——这是模型中构件的“预高亮”表示,如图 8-26 所示。

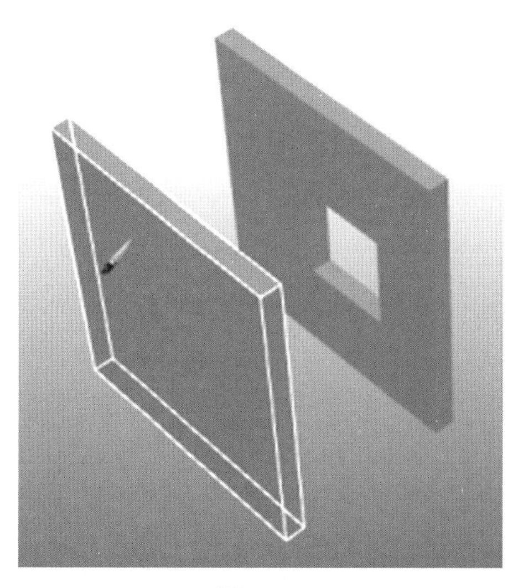

图 8-26

(4) 一旦确定该构件是用户想分配给选定的 Takeoff Item 的构件,单击左键。

(5) 该构件现在分配给了选定的 Takeoff Item,并且用黄色“亮显”,如图 8-27 所示。

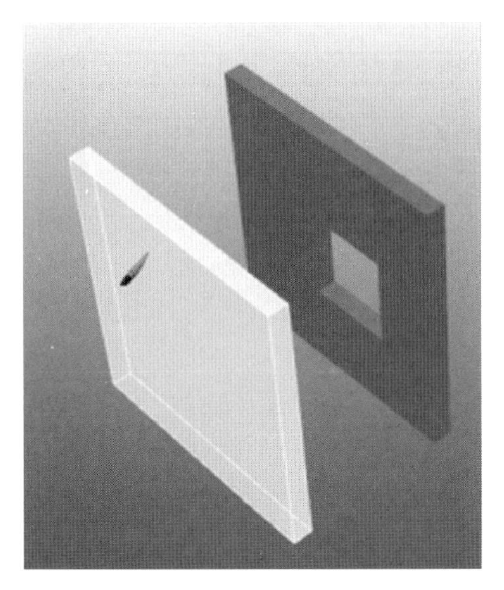

图 8-27 (见彩图七)

从 Takeoff Item 中取消分配构件的步骤如下。

(1) 在 Mini TOM 中选择用户想要修改的 Takeoff Item。与选定的 Takeoff Item 相关的构件将在 3D 视图中高亮显示。

(2) 将光标移动到 3D 视图,光标会变成一个画笔。

(3) 将光标悬停在用户想从当前选定的 Takeoff Item 中移除的构件上。

(4) 左键单击该构件,它将不再被高亮显示,这表明它不再分配给选定的 Takeoff Item。

8.4.2 为估算量分配构件表面

Vico 的工程量提取算法是使用模型构件几何形状的表面来计算“面积”类型的工程量。如果用户想为新的或别的 Takeoff Quantity 分配表面,可以使用画笔工具来实现。具体步骤如下。

(1) 在 Mini TOM 中选择 Takeoff Item 后,通过单击功能区中的 New TOQ 按钮创建一个新的 Takeoff Quantity。

(2) New TOI 选择 New Takeoff Quantity 并将光标移动到 3D 视图——光标会变成一个画笔,如图 8-28 所示。

(3) 当光标悬停在分配给选定的 Takeoff Quantity 的构件上时,该构件的表面将被预高亮显示,如图 8-29 所示。

(4) 当用户已经确定要分配给选定的 Takeoff Quantity 的表面时,点击鼠标左键。Vico Office 将使用这个表面自动计算选定的工程量。

将表面分配给选定的 Takeoff Quantity 时,作为反馈,该表面将用紫色高亮显示,如图 8-30 所示。

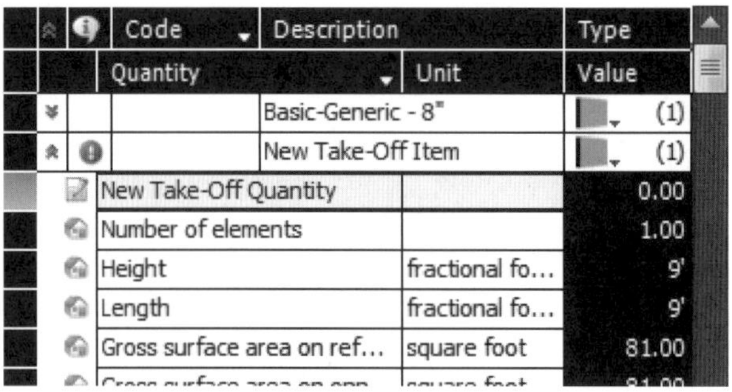

Code	Description	Type
Quantity	Unit	Value
	Basic-Generic - 8"	(1)
	New Take-Off Item	(1)
New Take-Off Quantity		0.00
Number of elements		1.00
Height	fractional fo...	9'
Length	fractional fo...	9'
Gross surface area on ref...	square foot	81.00

图 8-28

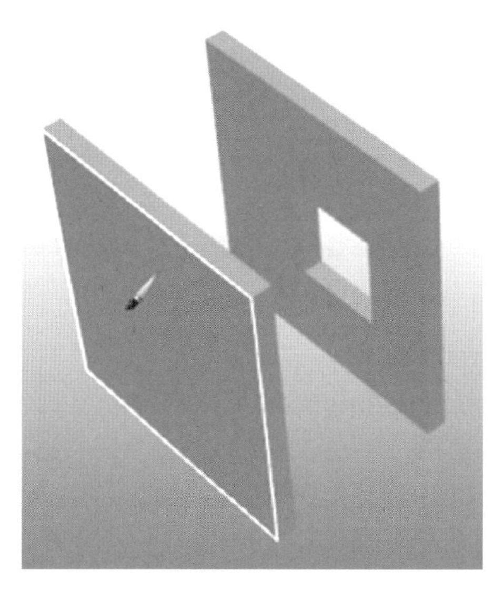

图 8-29 （见彩图八）

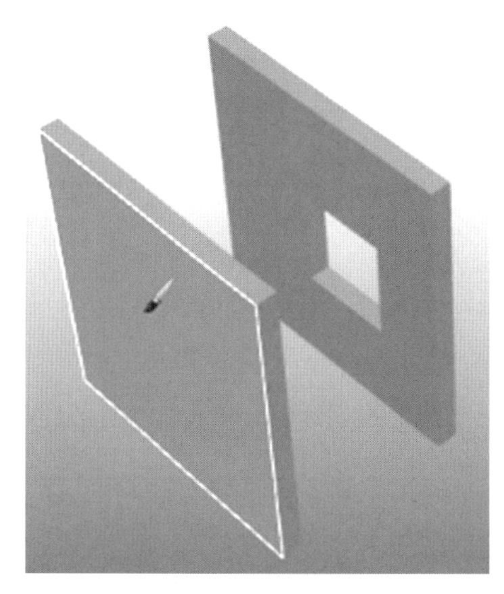

图 8-30 （见彩图九）

第9章　算 量 管 理

在 Vico Office 中进行工程量提取的方法为按位置提取工程量。Vico Office 自动使用所用建筑信息模型的位置，并存储每个位置的 Takeoff Item 的工程量。每个位置的工程量概览由 Manage Takeoff 视图提供，该视图是 Takeoff Item 和 Takeoff Quantity 作为行，项目位置作为列所组成的网格系统，如图 9-1 所示。

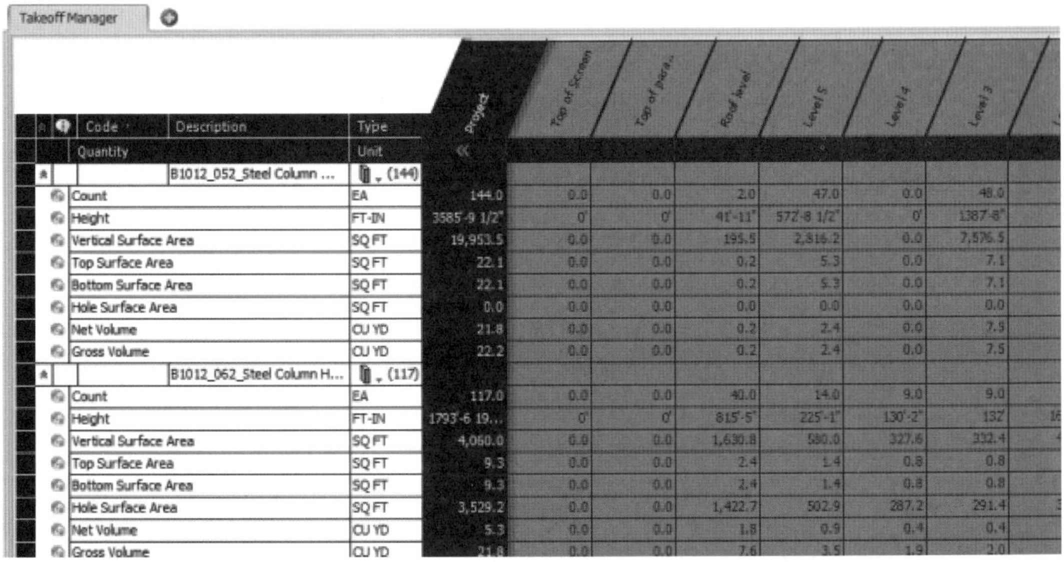

图 9-1

9.1　算量管理器用户界面

Takeoof Manager(算量管理器)用户界面如图 9-2 所示。

① Location Total

在 Manage Takeoff 视图中的 Location Total(位置总计)字段是基于项目在 LBS Manager 中定义的的位置。Takeoff Item 中每个位置基于模型的工程量将被自动确定。在这些字段任何工程量的更新将更新 Mini TOM 视图中项目工程量字段的总量。

② Project Total

Project Total(项目总计)字段是一个 Takeoff Quantity 中所有项目位置的工程量总和。在这些字段中手动编辑的总量与 Mini TOM 视图中的一致，反之亦然。

③ Element Type

Element Type(构件类型)如图 9-3 所示。

Element Type 字段是一个下拉菜单，列出了 Vico Office 中用户可以分配给 Takeoff Item 的可用的构件类型。依据选定的构件类型，Vico Office 将确定哪些 Takeoff Quantity

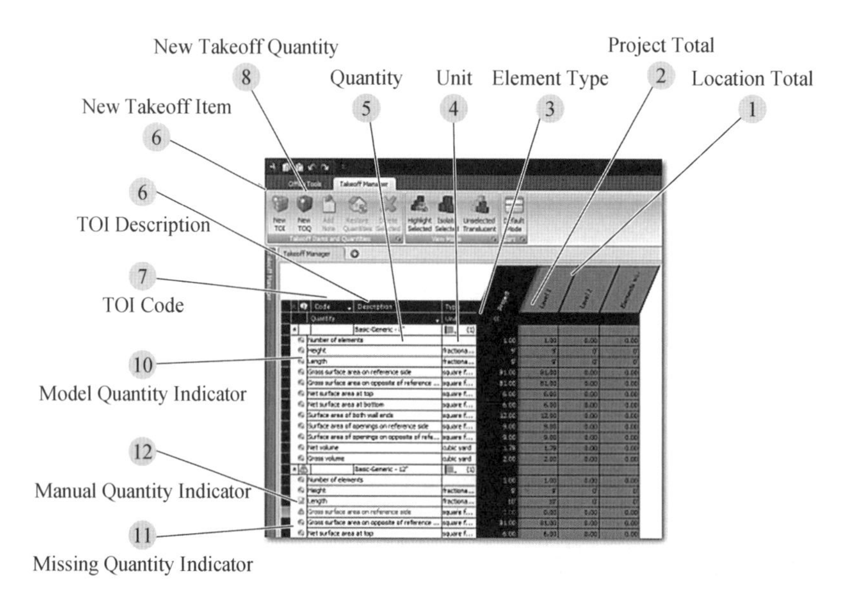

图 9-2

		Code	Description	Type
		Quantity	Unit	Value
			Double-Flush-72" x 82"-20	(1)
			Double-Flush-72" x 82"-19	(1)
			Double-Flush-72" x 82"-18	(1)
			Double-Flush-72" x 82"-17	(1)
			Curtain-Vertical grid 2	(8)

图 9-3

的属性用于 Takeoff Item 的计算。在帮助菜单中的 Quantities and Units 部分查看可用的每个构件类型的可用工程量。

④ Unit

Unit 字段如图 9-4 所示。

Curtain-Vertical grid 1		(1)
Number of elements		1.00
Height	fractional foot ...	46'-3 1/8"
Length	fractional foot ...	53'-1 51/...
Gross surface area on reference ...	square foot	0.02
Gross surface area on opposite o...	square foot	0.02
Net surface area at top	square foot	11.72
Net surface area at bottom	square foot	11.81
Surface area of both wall ends	square foot	55.69
Surface area of openings on refe...	square foot	0.07
Surface area of openings on opp...	square foot	0.07

图 9-4

Unit 字段显示分配给工程量数值的单位。这些单位来自 Project Settings 视图中定义的 Units of Measurement。

⑤ Quantity

Quantity 字段如图 9-5 所示。

Curtain-Vertical grid 1		(1)
Number of elements		1.00
Height	fractional foot ...	46'-3 1/8"
Length	fractional foot ...	53'-1 51/...
Gross surface area on reference ...	square foot	0.02
Gross surface area on opposite o...	square foot	0.02
Net surface area at top	square foot	11.72
Net surface area at bottom	square foot	11.81
Surface area of both wall ends	square foot	55.69
Surface area of openings on refe...	square foot	0.07

图 9-5

Quantity 字段显示在数值列中被计算的工程量的名称。每个 Quantity 有一个分配的单位和数值。在 TOI 下选定的一系列工程量取决于 TOI 类型。

⑥ TOI Description

TOI Description 字段如图 9-6 所示。

Code	Description	Type
Quantity	Unit	Value
	Double-Flush-72" x 82"-20	(1)
	Double-Flush-72" x 82"-19	(1)
	Double-Flush-72" x 82"-18	(1)
	Double-Flush-72" x 82"-17	(1)
	Curtain-Vertical grid 2	(8)

图 9-6

TOI Description 字段是在 Model Manager 视图中创建 Takeoff Item 时自动定义的，且构件是根据原始 CAD 程序所选定的模型构件的属性进行分组的。TOI Description 可在 Mini TOM 和 Takeoff Manager 视图下，根据需要进行更改。

⑦ TOI Code

TOI Code 字段留空，用户可以根据需要为 Takeoff Item 指定唯一的分类编码。

⑧ New Takeoff Quantity

当用户创建一个 New Takeoff Quantity（TOQ），Takeoff Manager 在所选的 TOI 下添加一个新的工程量项。添加一个 New Takeoff Quantity 允许用户输入一个工程量，该工程量当前没有计算任何构件属性。

⑨ New Takeoff Item

创建一个 New Takeoff Item(TOI)是在 Takeoff Manager 电子表格中添加新项。随着 New Takeoff Item 的创建,用户可以创建手动的 Takeoff Item 并给它们分配构件。

⑩ Model Quantity Indicator

Model Quantity Indicator(模型工程量指示符)是显示在 Takeoff Quantity 旁边的图标。它形象说明工程量来自当前激活的模型。

⑪ Missing Quantity Indicator

Missing Quantity Indicator(缺失工程量指示符)是显示在 Takeoff Item 和 Takeoff Quantity 旁边的图标。它表明未能正确计算一个或多个 Takeoff Quantity,或有丢失的工程量。

⑫ Manual Quantity Indicator

Manual Quantity Indicator(手动工程量指示符)是显示在 Takeoff Quantity 旁边的图标。它形象说明工程量已被手动修改,或新输入的 TOQ 是采用非模型基础的工程量数据创建的。

9.2 为非基于模型的工程量创建新的算量项

为非基于模型的工程量创建一个新的 Takeoff Item 的具体步骤如下。

(1) 在 Takeoff Manager 视图中,从功能区菜单选择 New TOI 按钮,或右键单击 TOI,然后从右键菜单中选择 New Takeoff Item。

(2) Vico Office 在当前选定的行上方增加了新的 TOI 行。在 Code 和 Description 字段,用户可以随意命名和分类 TOI。在 Type 字段中,用户可以自定义计划手动输入的模型构件类型。选定的 TOI 构件类型定义哪些 TOQ 被应用和计算。

(3) 开始手动为 Project Total 与 Location Total 字段输入所需的手动工程量总计。通过这种方式用户可以选择手动工程量归属于位置层级或项目层级。手动插入的列将被标记 Manual Quantity Indicator 图标。

9.3 为手动的工程量输入创建新的估算量

非基于模型的工程量创建新的 Takeoff Quantity 的具体步骤如下。

(1) 在 Takeoff Manager 视图中,选择一个 Takeoff Item。一个 TOI 将分配到一个 Element Type。每个构件类型都有一组属性,以及被 Vico Office 用于计算的工程量。如果用户想在 TOI 中定义目前尚未计算的手动工程量,从功能区菜单中选择 New TOQ 按钮,或者右击 TOI,然后从右键菜单中选择 New Takeoff Quantity。

(2) 在选定的 TOQ 下方会增加一个新的 Takeoff Quantity 项。为新的 TOQ 定义名称和代码。

(3) 开始手动为 Project Total 或 Location Total 字段输入手动工程量。手动插入的列将被标记 Manual Quantity Indicator 图标。

9.4　创建新的非基于模型的位置

为项目添加一个新的、非基于模型的位置的具体步骤如下。

LBS Manager 中定义基于模型的位置，位置带有空间边界框。但是也可以在没有空间定义的情况下将位置添加到项目中。

（1）Manage Takeoff 视图下，右键单击位置。

（2）从右键菜单中选择 Add Location 选项。

（3）根据所需更改新位置的名称。新的位置将作为一个非基于模型的位置出现在 LBS Manager 中，在用户界面中位置名称显示为斜体。

第10章　成 本 计 划

Planning Cost 成本计划通常是一个演化的过程，其中更具体的、更准确的成本信息是在整个设计和施工前的阶段添加进去的，以替换启动阶段和早期设计阶段做出的假设。

Plan Cost 视图支持这一过程，并提供了所有项目阶段成本的持续反馈。用户可以从商业开发阶段的成本方案开始，随着 3D BIM 模型和手动输入工程量，得到更为详细的数据和更为具体的工程量，可以逐渐提高精确度。

Plan Cost 视图包含一个多层级的 3D 电子表格和一个强调成本估算层次结构的图形方案。每一个行项(Assembly)可以用附加的 Component 进一步细化，这样就提供了一定的灵活性，并且能够逐步深化用户的成本计划，使其从基本的抽象水平提升为高度详细的成本估算。

Plan Cost 视图有以下三种使用方法。

(1) 作为电子表格，在恰当的位置手动输入工程量和成本信息。

(2) 对于分开的工程量，可在用户的成本行项中使用公式。

(3) 基于模型的工程量估算，从用户的 BIM 文件中提取工程量作为用户的成本行项。

这三种成本规划方法根据需要可以结合使用。

为了开发用户公司的成本工程知识库，Cost Planner 有 Reference 功能，它允许用户使用自己的历史数据并存储一些标准和可重复使用的估算内容。

Cost Planner 理念和独特的结构允许用户建立一个灵活的成本估算，这是帮助用户做信息决策的关键，它可以确保预算不超范围，如图 10-1 所示。

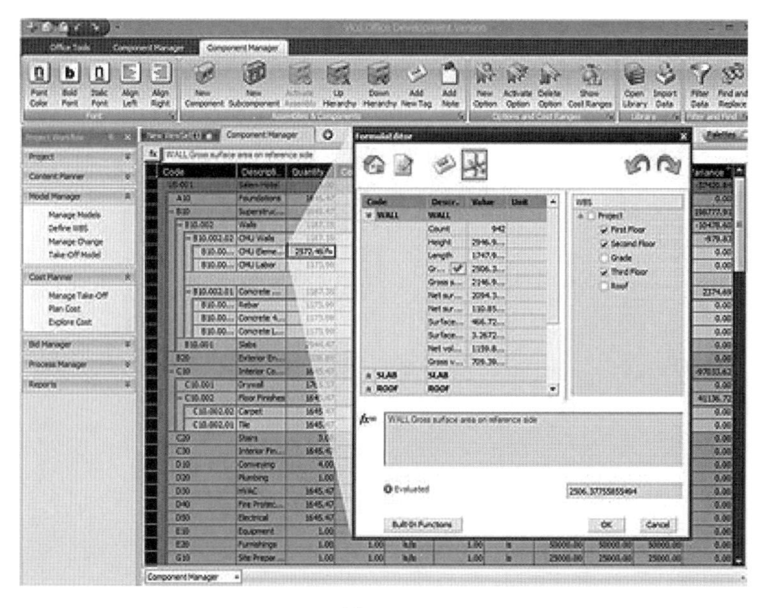

图 10-1

10.1 成本计划用户界面

成本计划用户界面如图10-2所示。

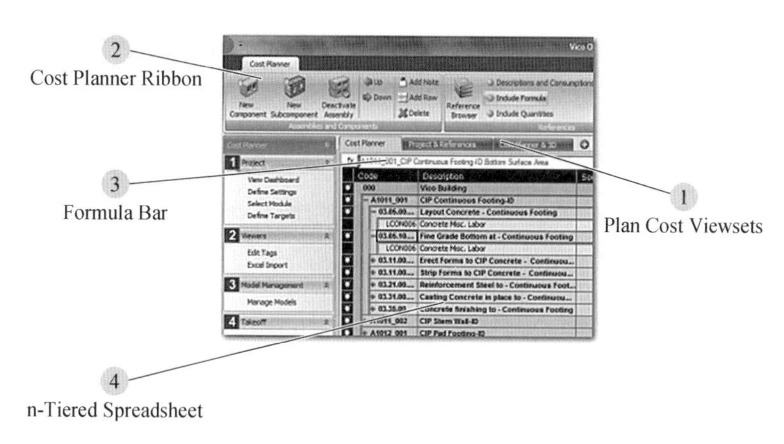

图10-2

① Plan Cost Viewsets

3个预定义的Plan Cost视图集允许用户在不同的布局间进行切换，帮助用户在适当的环境和背景下执行任务。

(1) Cost Planner：全屏3D电子表格，它可以显示成本计算，定义markup（利润）和add-ons（附加项），以及查看标签所需要的全部列。

(2) Project & Reference：参照和项目的一个并排视图（默认），它允许用户使用拖放或多选快速地从参照中复制内容到用户项目中。

(3) Cost Planner & 3D：3D电子表格和3D模型组成的两视图布局，模型为用户的成本Component提供工程量输入。为选定的Component/Assembly提供输入工程量的3D构件被高亮显示。

② Cost Planner Ribbon

Cost Planner Ribbon（成本计划功能区）提供了访问成本计划、视图设置、定义Markup和Add-ons相关的所有功能，以及访问参照的功能。

③ Formula Bar

Formula Bar（公式栏）显示为选定的Component定义的公式。用户可以在Formula Bar直接编辑所定义的公式，无需打开公式编辑器。

④ n-Tiered Spreadsheet

n-Tiered Spreadsheet（n层电子表格）是Cost Planner模块的主要用户界面的构件。它允许用户添加sub-Component（子构件）到现有的成本Component，逐渐增加成本计划的详细水平，从而代替先前的假设或估算。与之前状态的自动比较可以帮助用户了解设计决策对成本的影响。

10.1.1 基本成本计划

开始使用Cost Planner最简单的方法是使用Plan Cost视图作为有预先定义列的正规电子表格，具体步骤如下。

（1）通过 Cost Planner 预先设置成本布局，使其显示成本估算需要显示的列，如图 10-3 所示。

（2）在电子表格中选择一个 Code 单元格，然后为新 Component 输入用户想计算的行项的成本代码，如图 10-4 所示。

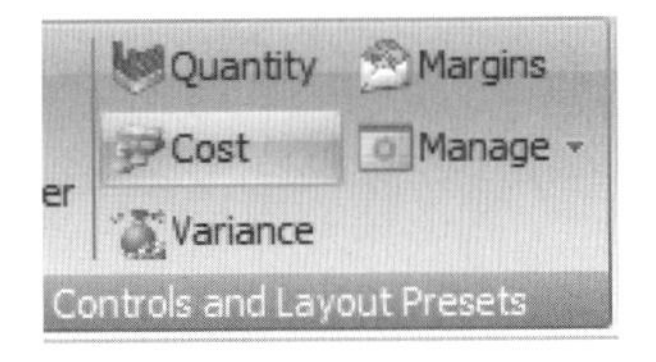

图 10-3

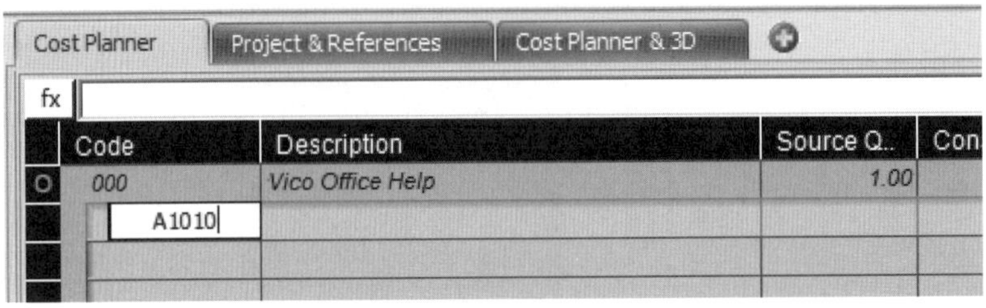

图 10-4

【注】 用户可以在电子表格中点击任何的代码单元格，来创建一个新的 Component；之后可以使用排序功能组织成本计划。

（3）按住 Tab 键、Arrow 键或使用鼠标转到下一个单元格。Vico Office 将新的 Component 添加到用户项目中并分配默认的描述。可以按照需要更改描述，如图 10-5 所示。

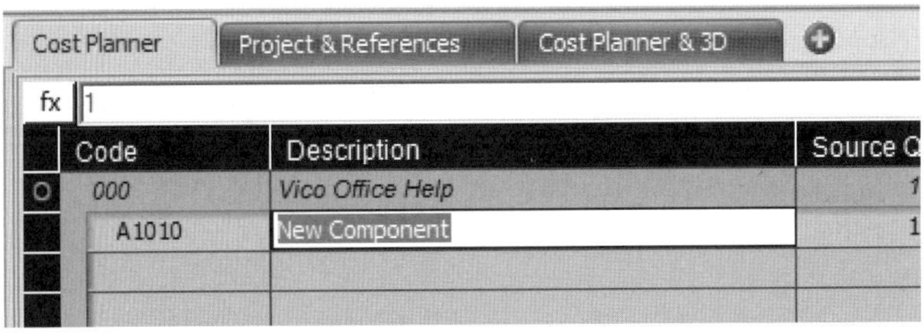

图 10-5

（4）再次按住 Tab 键、Arrow 键或使用鼠标转到下一个单元格。输入 Source Quantity（源数量）、Quantity、Consumption（消耗）和 Waste/Factor（耗费/因子）的信息，包括按照要求匹配单位，如图 10-6 所示。Quantity 由 Source Quantity×Consumption×Waste/Factor 自动计算。

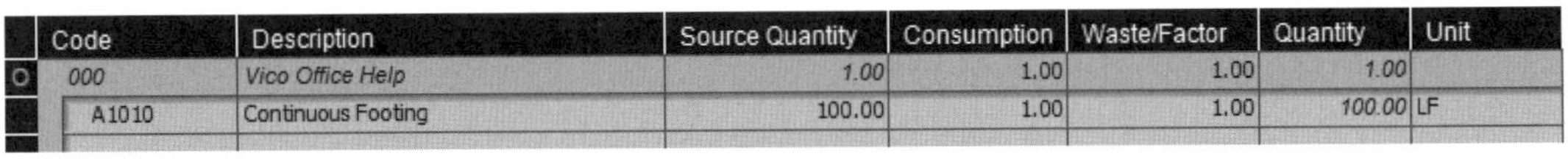

Code	Description	Source Quantity	Consumption	Waste/Factor	Quantity	Unit
000	Vico Office Help	1.00	1.00	1.00	1.00	
A1010	Continuous Footing	100.00	1.00	1.00	100.00	LF

图 10-6

（5）输入 Unit Cost 值来计算 Component 的总成本（价格）。按住 Tab 键、Arrow 键或用鼠标选择下一个单元格后，Component 的价格由 Quantity×Unit Cost 自动计算，如图 10-7 所示。

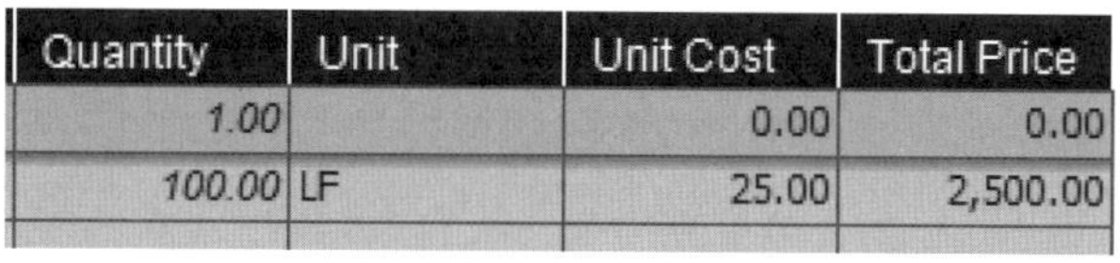

Quantity	Unit	Unit Cost	Total Price
1.00		0.00	0.00
100.00	LF	25.00	2,500.00

图 10-7

10.1.2　过滤成本计划

过滤成本计划内容有助于创建成本 Component 子集的集中视图，用于进一步分析。在 Plan Cost 视图中用户可以基于任何数据字段过滤成本计划。具体步骤如下。

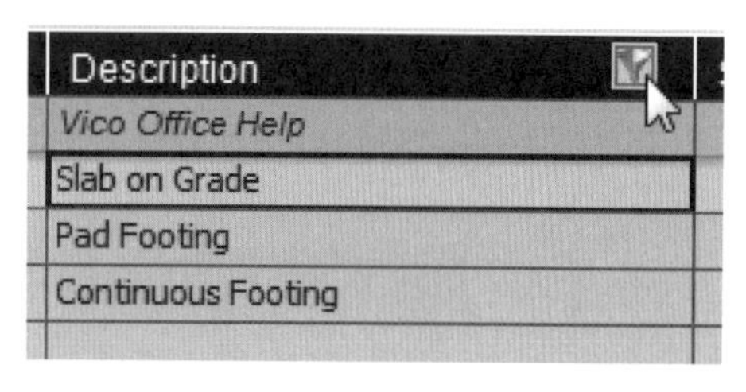

图 10-8

(1) 将用户的鼠标光标放在列标题上。Office 将在列标题中显示一个漏斗图标，如图 10-8 所示。

(2) 点击漏斗图标，打开过滤选项。

(3) Vico Office 会在选定的栏中显示一个选项列表。点击其中任何一个选项，快速应用一个过滤器，如图 10-9 所示。

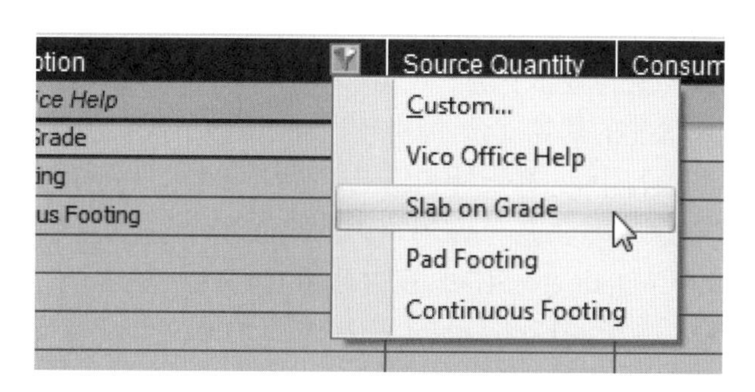

图 10-9

(4) 用户也可以使用自定义过滤器。在过滤选项中选择“Custom...”选项可以实现自定义过滤器，如图 10-10 所示。

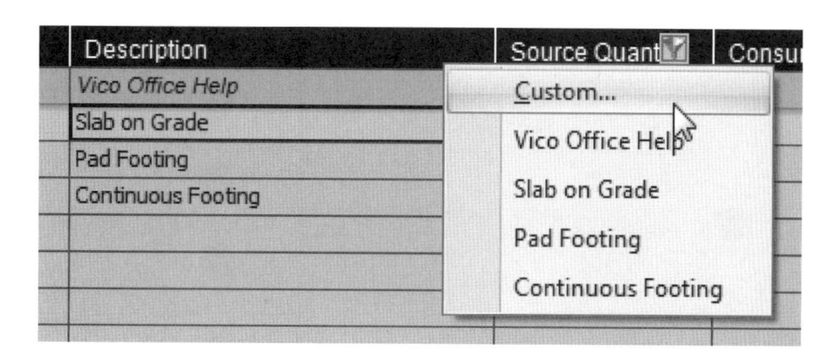

图 10-10

(5) 在 Plan Cost 视图中已启用自定义过滤器——用户可以在过滤器框中输入过滤条件。点击漏斗图标按钮使搜索过滤器应用于用户的成本计划，如图 10-11 所示。

	Description	Sou
	Slab	
	Vico Office Help	
010.003	Slab on Grade	
010.002	Pad Footing	
010.001	Continuous Footing	

图 10-11

（6）点击漏斗图标按钮后，过滤器被应用，如图 10-12 所示：

	Description	Source Quantity	Con
	Slab		
	Vico Office Help	1.00	
03	Slab on Grade	1.00	

图 10-12

（7）清除搜索词，再次点击漏斗按钮即可恢复全部成本计划。

10.1.3 使用组件和构件进行成本计划

成本计划支持不断深化的估算理念，即由于设计和施工的规划决策，允许成本计划将更具体的成本信息添加到项目中，这样设计和施工前阶段的成本计划变得更详细和准确。

成本计划支持该理念的方法是允许用户为 Component 添加 sub-Component，并且当 sub-Component 集合与 Component 范围匹配时激活它们。此时，sub-Component 可以被激活，然后 sub-Component 将变为 Component，而原来的 Component 将变为 Assembly。

设计和施工规划决策的速度，因建筑物每个系统而有所不同，可供基础使用的详细信息要早于室内装饰的。

在成本计划中，可以为项目选择的 Component 增加更多的详细信息（sub-Component），并保持设计和规划决策尚未做出的其他 Component 的详细程度处于较低的水平，如图 10-13 所示。

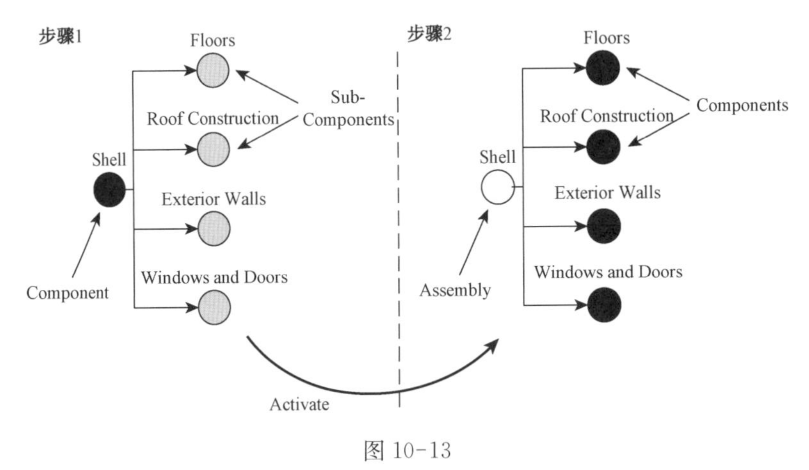

图 10-13

根据图 10-13，在步骤 1 中，一个 Component 的"Shell"被定义为包括项目成本的外结构。当添加"Floors""Roof Construction""Exterior Walls"和"Windows and Doors"等 Sub-Component 时，更多有关外结构的信息可用。

在步骤 2 中，Sub-Components 被激活，"Shell"变成了一个 Assembly，Sub-Component 都变成了 Component，并开始积极推动该项目的成本。

（1）Plan Cost 视图下，在成本计划中选择一个 Component。

（2）在电子表格左侧的 Row Indicator（行指示器）上右键单击 Component，选择 New Sub Component，如图 10-14 所示。

或单击功能区中的 New Sub Component 按钮 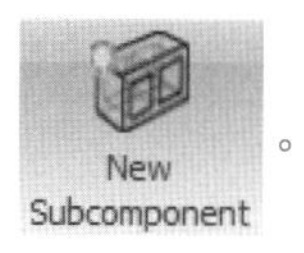。

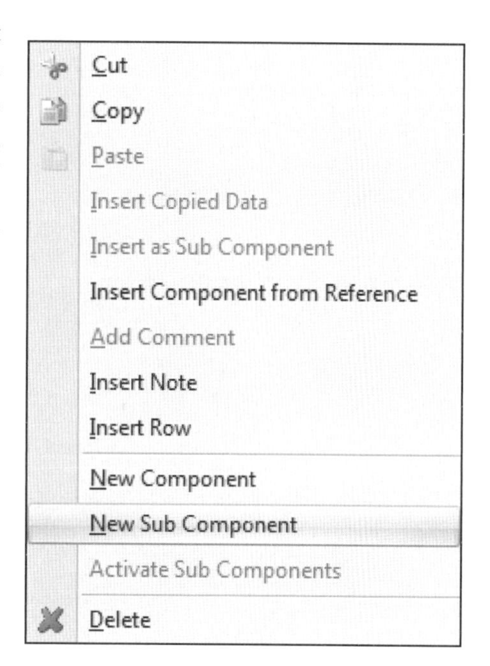

图 10-14

（3）在选定的 Component 内添加新的 Component。用户可以定义新的 component，包括定义工程量和单价，而不影响项目成本计算。

（4）根据需要添加额外的 Component，直到 Sub-Component 的集合覆盖 Component 的全部范围，如图 10-15 所示。注意，嵌套 sub-Component 的 Componen 的成本不会改变。

Cost Planner | Project & References | Cost Planner & 3D

fx B1012_003_Reinforced Concrete Topping-ID.Top Surface Area-B1012_003_Reinforced Concrete Topping-ID.Hole Surface Area

Code	Description	Sourc..	Consump..	Waste/Fa..	Quantity	Unit	Unit Cost	Total Price
002	Vico Office Help Example	1.0	1.0	1.0	1.0		1,055,748.78	1,055,748.78
A	SUBSTRUCTURE	1.0	1.0	1.0	1.0	LS	255,748.78	255,748.78
A10	FOUNDATIONS	1.0	1.0	1.0	1.0	LS	255,748.78	255,748.78
B	SHELL	1.0	1.0	1.0	1.0	LS	600,000.00	600,000.00
B10	SUPERSTRUCTURE	1.0	1.0	1.0	1.0	LS	600,000.00	600,000.00
B1011_001	Slab on Deck-ID	87,627.6	1.0	1.0	87,627.6	SF	6.00	525,765.46
B1012_003	Reinforced Concrete Topping-ID	161.4	1.0	1.0	161.4	SF	800.00	129,103.45
B1012_004	Equipment Pad-ID	1,236.9	1.0	1.0	1,236.9	SF	12.00	14,842.56
B1012_015	Built-up Concrete Slab-ID	2,141.2	1.0	1.0	2,141.2	SF	18.00	38,540.91
B1012_025	CIP RC Wall-ID	280.5	1.0	1.0	280.5	SF	30.00	8,415.94
B1012_052	Steel Column W-ID	3,585.8	1.0	1.0	3,585.8	FT	1.00	3,585.79
B1012_062	Steel Column HSS-ID	1,793.5	1.0	1.0	1,793.5	FT	0.05	89.68
B1012_078	Steel Beam W-ID	14,351.8	1.0	1.0	14,351.8	LF	0.05	717.59
B1012_082	Steel Beam C-ID	10.8	1.0	1.0	10.8	LF	0.15	1.61

图 10-15

（5）当所有需要的 Sub-Component 都已包含在 Component 中，右键单击 Component，选择 Activate Sub Components 激活 Sub-Component 的集合，如图 10-16 所示。或单击功能区中的 Activate Assembly（激活组件）按钮 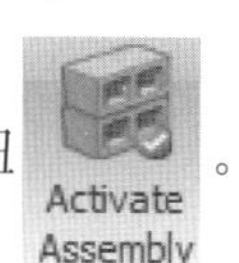。

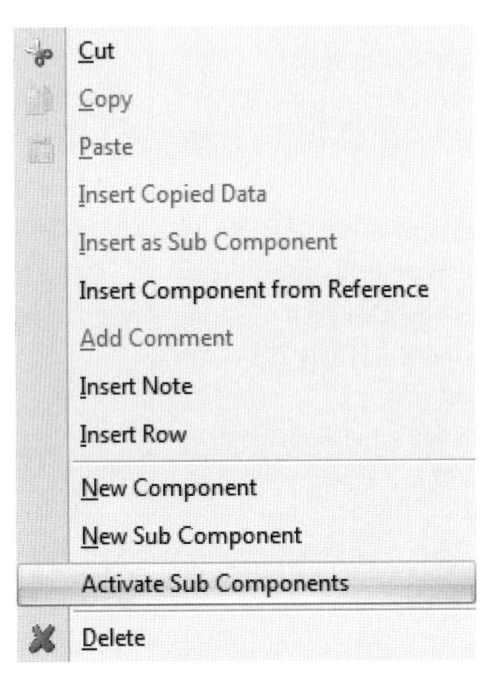

图 10-16

(6) Vico Office 软件现在开始使用 Sub-Component 中定义的成本计算，这时 sub-Component 变成 Component。Component 变成 Assembly，并反映包含的 Component 中成本计算的总和。

该 Row Indicator 变为 Assembly Row Indicator(实心圆)，同时 Assembly 的数据显示为粗体字母和数字。计算出的数字是粗斜体，如图 10-17 所示。

Code	Description	Sourc..	Consump..	Waste/Fa..	Quantity	Unit	Unit Cost	Total Price
B	SHELL	1.0	1.0	1.0	1.0	LS	720,254.11	720,254.11
B10	SUPERSTRUCTURE	1.0	1.0	1.0	1.0	LS	720,254.11	720,254.11
B1011_001	Slab on Deck-ID	87,627.6	1.0	1.0	87,627.6	SF	[illegible]	525,765.46
B1012_003	Reinforced Concrete Topping-ID	161.4	1.0	1.0	161.4	SF	800.00	129,103.45
B1012_004	Equipment Pad-ID	1,236.9	1.0	1.0	1,236.9	SF	12.00	14,842.56
B1012_015	Built-up Concrete Slab-ID	2,141.2	1.0	1.0	2,141.2	SF	18.00	38,540.91
B1012_025	CIP RC Wall-ID	280.5	1.0	1.0	280.5	SF	30.00	8,415.94
B1012_052	Steel Column W-ID	3,585.8	1.0	1.0	3,585.8	FT	1.00	3,585.79

图 10-17

除了激活的 Assembly Row Indicator 图标外，还有两种其他类型的 Row Indicator 图标。对三种指示器的描述如下。

- 所有的 Sub Component/Assembly 均被激活。
- Sub Assembly 包含一个或多个未激活的 Component。
- Sub Assembly 包含的所有 Component 均未被激活。

(7) Component 转换成 Assembly 的部分是 Unit Cost，并且 Total Price 以所包含 Component 的总和为计算基础。

Assembly 的 Total Price＝激活的 Component 的总价。

Assembly 的 Unit Cost＝激活的 Component 的总价/Assembly 的工程量。

10.1.4 在构件中使用组件的工程量

常见的做法是使用计算 Assembly 层级的工程量，作为 Component 层级的工程量输入。典型的例子是使用“activity”（Assembly）的工程量计算所需要的资源和材料（Component）的成本。Vico Office 通过一个特殊公式实现这一点，即 Parent. Quantity。

（1）在 Cost Planner 中创建一个新的 Component。输入 Source Quantity、Consumption 和 Waste/Factor 的数据，从而得到 Component 的工程量值。

（2）添加一个新的 sub-Component，并检查 Source Quantity 单元格的内容。Vico Office 自动插入一个特殊的公式——Parent. Quantity，这样可以复制该 Component 的父项 Assembly 的工程量到 Source Quantity 单元格，如图 10-18 所示。

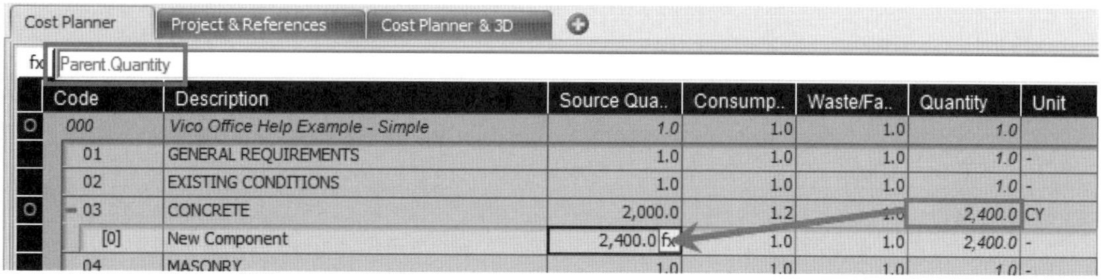

Cost Planner | Project & References | Cost Planner & 3D

fx Parent.Quantity

Code	Description	Source Qua..	Consump..	Waste/Fa..	Quantity	Unit
000	Vico Office Help Example - Simple	1.0	1.0	1.0	1.0	
01	GENERAL REQUIREMENTS	1.0	1.0	1.0	1.0	-
02	EXISTING CONDITIONS	1.0	1.0	1.0	1.0	-
03	CONCRETE	2,000.0	1.2	1.0	2,400.0	CY
[0]	New Component	2,400.0 fx	1.0	1.0	2,400.0	-
04	MASONRY	1.0	1.0	1.0	1.0	-

图 10-18

【注】 除了插入一个新的 Sub-Component，用户也可以手动输入 Parent. Quantity 公式。请务必使用正确的大小写以确保公式使用正确。

10.1.5 多次使用同一个构件

一个 Component 是项目通过其代码唯一确定的。每当用户在代码单元格中输入一个已经存在于项目中的值时，共享信息[Description 和 Cost per Unit（单位成本）]会自动复制。同样，当用户改变项目中有多个实例的 Component 的描述或单位成本时，会自动更新到整个项目。

（1）在新的 Assembly 中，创建一个新的 Component。

（2）在 Code 单元中，输入用户想为新的 Assembly 重复使用的 Component 的代码，如图 10-19 所示。

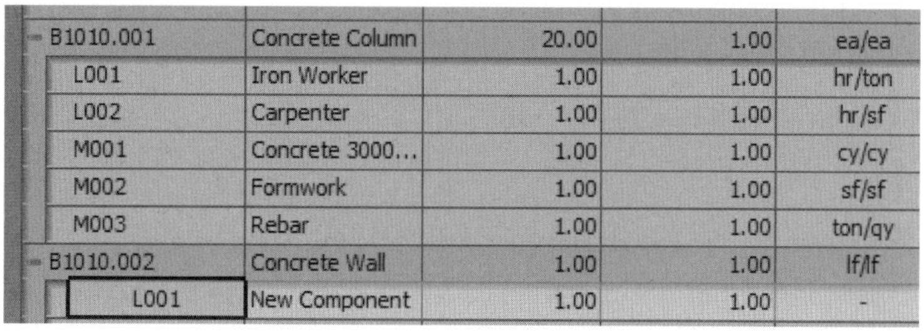

B1010.001	Concrete Column	20.00	1.00	ea/ea
L001	Iron Worker	1.00	1.00	hr/ton
L002	Carpenter	1.00	1.00	hr/sf
M001	Concrete 3000...	1.00	1.00	cy/cy
M002	Formwork	1.00	1.00	sf/sf
M003	Rebar	1.00	1.00	ton/qy
B1010.002	Concrete Wall	1.00	1.00	lf/lf
L001	New Component	1.00	1.00	-

图 10-19

（3）按下 Tab 键、Arrow 键或用鼠标选择下一个单元格。Vico Office 自动将 Description 和 Cost per Unit 复制到新 Component 中，如图 10-20 所示。

B1010.001	Concrete Column
L002	Carpenter
L001	Iron Worker
M001	Concrete 3000...
M002	Formwork
M003	Rebar
B1010.002	Concrete Wall
L001	Iron Worker

图 10-20

(4) 通过编辑 Cost per Unit 单元格中的值，改变在项目中有多个实例的 Component 的成本。按 Tab、Arrow 或 Enter 键确认更改，如图 10-21 所示。

B1010.001	Concrete Column	20.00	1.00	ea/ea	20.00	ea	0.00
L002	Carpenter	1.00	1.00	hr/ton	1.00	hr	45.00
L001	Iron Worker	1.00	1.00	hr/sf	1.00	sf	45.00
M001	Concrete 3000...	1.00	1.00	cy/cy	1.00	cy	50.00
M002	Formwork	1.00	1.00	sf/sf	1.00	sf	20.00
M003	Rebar	1.00	1.00	ton/cy	1.00	ton	10.00
B1010.002	Concrete Wall	1.00	1.00	lf/lf	1.00	lf	0.00
L001	Iron Worker	1.00	1.00	hr/sf	1.00	hr	50.00
L002	Carpenter	1.00	1.00	hr/ton	1.00	-	45.00

图 10-21

(5) Vico Office 将更新项目中代码相同的所有 Component 实例的 Cost per Unit 值，如图 10-22 所示。

B1010.001	Concrete Column	20.00	1.00	ea/ea	20.00	ea	0.00
L002	Carpenter	1.00	1.00	hr/ton	1.00	hr	45.00
L001	Iron Worker	1.00	1.00	hr/sf	1.00	sf	50.00
M001	Concrete 3000...	1.00	1.00	cy/cy	1.00	cy	50.00
M002	Formwork	1.00	1.00	sf/sf	1.00	sf	20.00
M003	Rebar	1.00	1.00	ton/cy	1.00	ton	10.00
B1010.002	Concrete Wall	1.00	1.00	lf/lf	1.00	lf	0.00
L001	Iron Worker	1.00	1.00	hr/sf	1.00	hr	50.00
L002	Carpenter	1.00	1.00	hr/ton	1.00	-	45.00

图 10-22

10.1.6 成本范围

当设计决策不够充分，不足以支持准确计算构件成本时，Cost Ranges（成本范围）可以提供一种计算方法。Cost Planner（成本计划）允许设置一个“最小”和“最大”的单位成本，进而得到“最低价格”和“最高价格”。只需要在可用的“最小值”或“最大值”列中输入一个值，就可以开始使用 Cost Range。使用成本范围工作的步骤如下。

(1) 在 Cost Planner 中，右击列标题，选择 Column Chooser（列选择器），如图 10-23 所示。

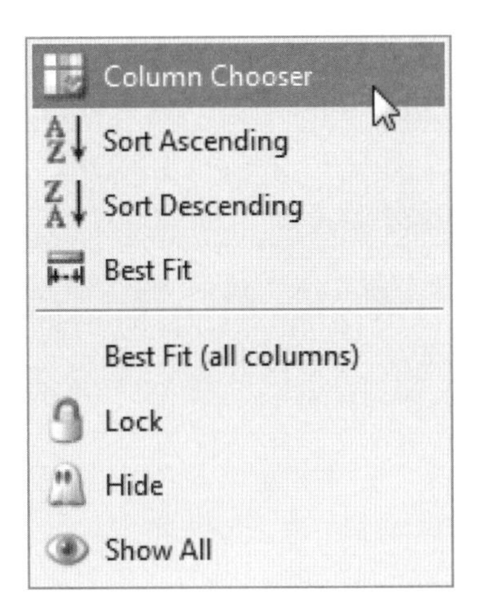

图 10-23

(2) 在可选列表中，激活“Minimum”(最小)和“Maximum”(最大)Unit Cost 和 Price。“最小值”和“最大值”也可用于计算成本数据，如“Variance”(变量)和“Bid Price”(投标报价)——可以有选择地激活。最后点击“OK”，确认选择，如图 10-24 所示。

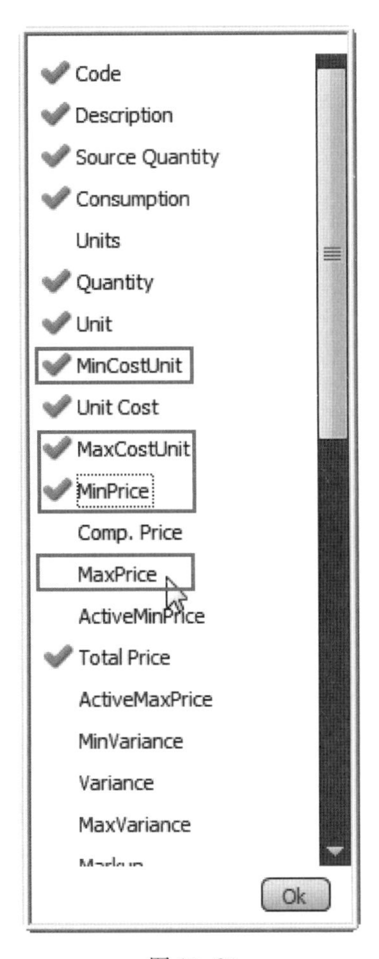

图 10-24

（3）为单位成本或价格输入最小值和最大值以定义 Cost Range。输入完成后软件会自动计算 Cost Range 的值，窗口左边界会出现一个“Cost Ranges Icon”（成本范围图标），如图 10-25 所示。

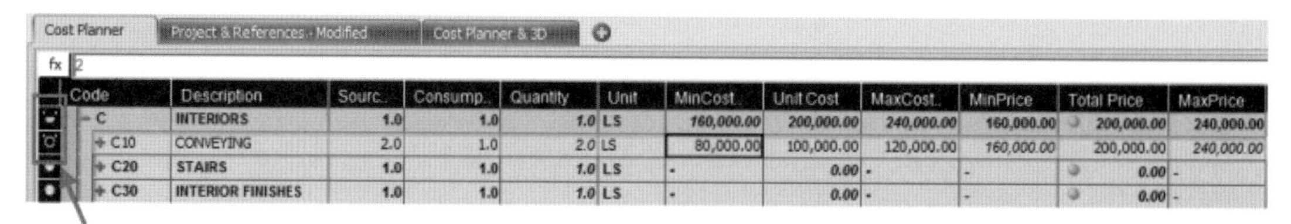

Code	Description	Sourc..	Consump..	Quantity	Unit	MinCost..	Unit Cost	MaxCost..	MinPrice	Total Price	MaxPrice
- C	INTERIORS	1.0	1.0	1.0	LS	160,000.00	200,000.00	240,000.00	160,000.00	200,000.00	240,000.00
+ C10	CONVEYING	2.0	1.0	2.0	LS	80,000.00	100,000.00	120,000.00	160,000.00	200,000.00	240,000.00
+ C20	STAIRS	1.0	1.0	1.0	LS	-	0.00	-	-	0.00	-
+ C30	INTERIOR FINISHES	1.0	1.0	1.0	LS	-	0.00	-	-	0.00	-

图 10-25

10.2 成本计划功能区

成本计划功能界面如图 10-26 所示。

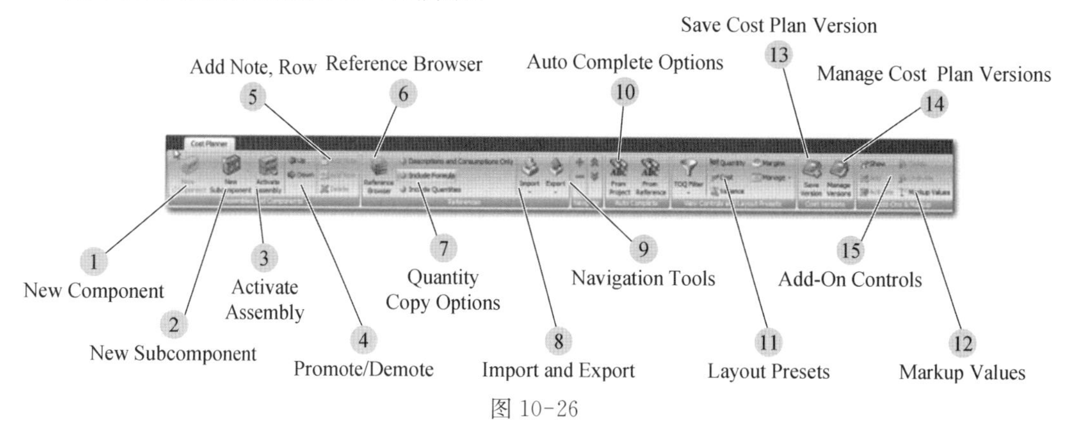

图 10-26

① New Component

点击 New Component 按钮，可以在选定的 Component 或 Assembly 下，为项目添加新的成本项。

② New Subcomponent

点击 New Subcomponent 按钮，可以创建一个新 Component 作为选定 Component 的子 Component。之后，可以激活 Subcomponent，进而将 Component 变成 Assembly。

③ Activate Assembly

为一个 component 添加 subcomponent 之后，可以通过点击 Activate Assembly 按钮激活 subcomponent，这样一来，component 就转变成 assembly。

④ Promote/Demote

使用 Promote（升级）和 Demote（降级）功能，可以在成本规划的 Assembly/Component 结构中将某个 Component 升级或者降级。将一个 Component 降级

意味着将它归为上一行 Component 或 Assembly 的子项。

⑤ Add Note/Row

通过 Add Note 选项可以在当前行下方添加一个空白行，在该空白行中可以为选定的 component 添加注释作为参照。

使用 Add Row（添加行）功能，可以在选定的 Component 或 Assembly 的上方添加一个空白行。

⑥ Reference Browser

用户可以通过点击 Open Reference 按钮打开 Reference Browser，该参照浏览器将打开默认加载的参考内容。

⑦ Quantity Copy Options

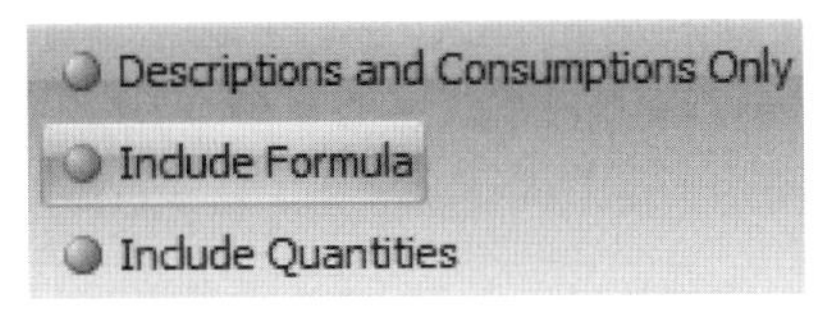

对于 Cost Planner 中的所有复制操作，激活的 Copy Mode（复制模式）可用于确定包含在目标位置的工程量信息。

- Descriptions and Consumptions Only（仅限描述和消耗）：只保留目标工程量中的默认值。
- Include Formula（包含公式）：会从来源中复制定义的公式，如果可能的话，在当前项目中重复使用 Takeoff Item 和 Takeoff Quantity。这是默认选项。
- Include Quantities（包含工程量）：只从来源中复制公式的计算结果。

⑧ Import and Export

点击 Import 和 Export 按钮可以导入 Estimator（估算量），以及导入导出 sbXML 文件。

⑨ Navigation Tools

Cost Planner 的 Navigation Tools 允许快速展开和收起成本计划中的分级数据。点击“＋”可展开一级，点击“－”可收起一级。点击双箭头展开或收起所有的层级。

⑩ Auto Complete Options

Cost Planner 的 Auto Complete（自动完成）功能可以从参照中复制 Assembly 和 Component，而无需打开参照浏览器或者项目和参照视图集。用户可以选择 From Project、From Reference 或者同时选择这两个来激活 Auto Complete 功能。当其中一个或者两个都被激活时，用户在代码或描述单元格输入各自的内容，将会执行一次搜索操作，Cost Planner 将会在下拉列表视图中给出可能的匹配结果，用户可以从中选择所需要的 Assembly 或者 Component。

⑪ Layout Presets

Layout Presets(布局预设)允许用户快速打开或者关闭处理任务需要使用的列的集合。

- Cost Price(成本价格):可打开/关闭 Cost per Unit、Price 和 Variance 等列。
- Quantity Data(工程量数据):可打开/关闭 Quantity、Consumption、Units、Amount 和 Unit 等列。
- Markup & Bid(利润和投标):可打开/关闭 Markup Percentage、Markup Value(利润值)和 Bid Price(投标价)等列。

⑫ Markup Values

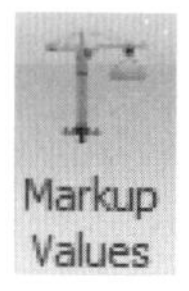

点击 Markup Value(利润值)按钮,可打开一个对话框,用户可以从中快速访问项目中成本类型的标签集。此外,用户可以为每种成本类型定义一个默认的利润百分比,据此提高计算的成本价格以得到投标价格。

⑬ Save Cost Plan Version

通过使用 Save Cost Plan Version(保存成本计划版本)功能,用户可以创建一个成本计划当前状态的快照,新创建的版本在 Cost Explorer 中可用于之后的比较。

⑭ Manage Cost Plan Versions

点击 Manage Cost Plan Versions(管理成本计划版本)会打开一个对话框,显示用户在项目中创建的所有成本计划版本的概述。用户可在对话框中编辑注释,并移除成本计划版本。

⑮ Add-On Controls

Add-Ons(附加项)是指除了计算的直接成本外,可以包含在项目投标价中的成本项,并且可以通过项目的直接成本和百分比来计算附加的成本项。

- Show(显示):在 3D 电子表格中会显示一个专用“带”,用户可在其中定义 Add-On 项;
- Add(添加):可创建一个新的 Add-On 项;
- Activate(激活):包括在项目的投标底价中已定义的 Add-On 项;
- Divide(拆分):根据 component 成本在已计算的项目成本中的份额,通过将 Add-On 成本与激活的项目 component 分开,允许用户从成本计划中隐藏 Add-On 成本;
- Undivide(不拆分):与 Divide 操作相反,它使所选择的 Add-On 在成本报告中可见。

10.2.1 管理列的可见性

通过 Plan Cost 工作流程项启动 3D 电子表格,可输入和显示所有的成本计划信息。为了快速激活或不激活某些列的集合,只显示某个特定任务所要求的列,Cost Planner 有

Column Presets（列预设）功能，用户可以在 Cost Planner 功能区找到相关的按钮，如图 10-27 所示。

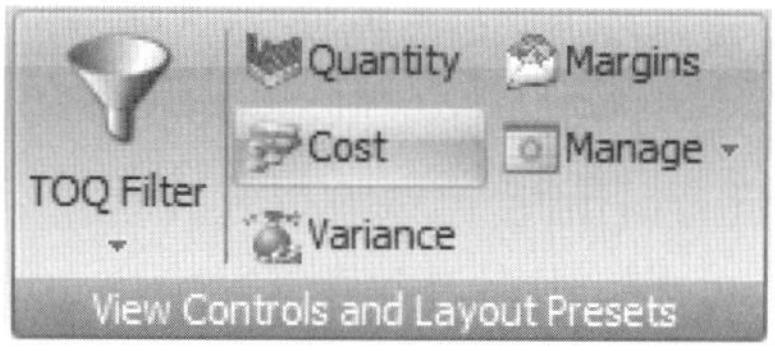

图 10-27

- Quantity（工程量）：可激活 Status、Source Quantity、Consumption、Waste/Factor、Quantity Unit 等列。
- Cost（成本）：可激活 Source Quantity、Consumption、Waste/Factor、Quantity、Unit、Unit Cost 和 Total Price 等列。
- Variance（变量）：可激活 Quantity、Unit、Component Unit Cost、Unit Cost、Variance、Component Price、Total Price 和 Variance 等列。
- Margins(毛利)：可激活 the Source Quantity、Unit Cost、Total Price、Cost Type、Markup、Markup Value、Bid Price 和 Add-On 等列。

使用 Layout Presets 和 Column Chooser 显示或隐藏成本计划内容的步骤如下。

(1) 在 Cost Planner 视图中，单击 Cost 按钮可显示计算基本成本价格所需的所有列，之后该图标将会变成橙色，以表示它目前是有效的预设，如图 10-28 所示。

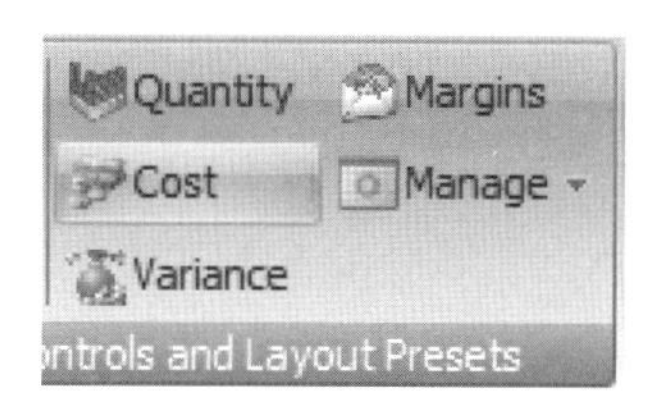

图 10-28

(2) 现在，Source Quantity，Consumption，Waste/Factor，Quantity，Unit，Unit Cost 和 Total Price 这些列是可见的。

(3) 右击一个可见的列标题，然后选择 Column Chooser，如图 10-29 所示。

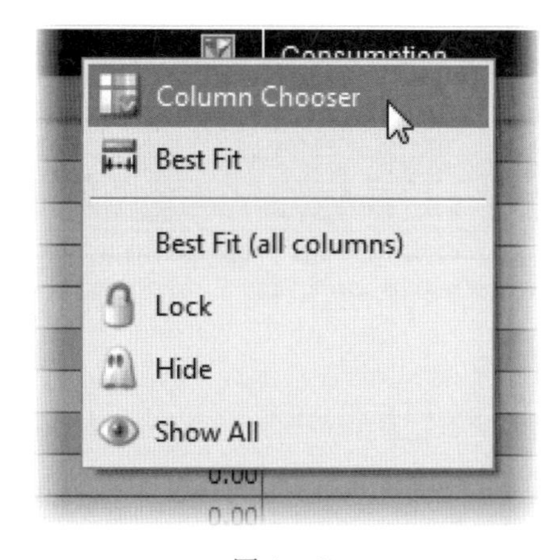

图 10-29

(4) Vico Office 会显示 Column Chooser 对话框，用户可以从中手动选择应该在 Plan Cost 视图中可见的列。

(5) 选择 MinCostUnit，然后点击 OK，如图 10-30 所示。

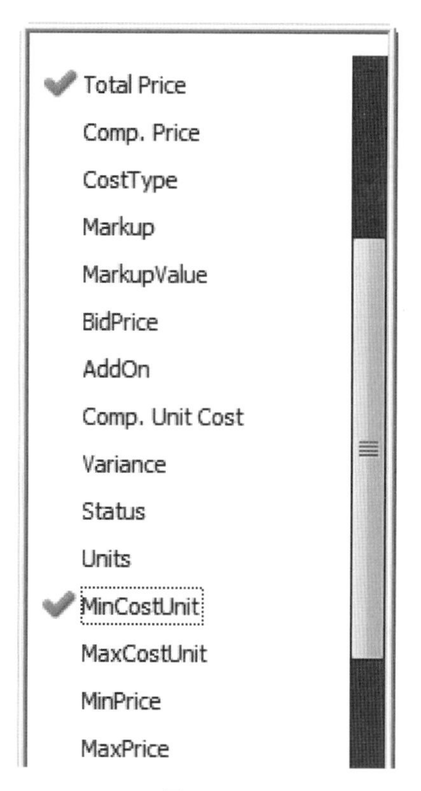

图 10-30

(6) Minimum Cost per Unit 列将会出现在表格中。

10.2.2 变量分析

在默认情况下，Cost Planner 通常显示激活的

Component 的计算成本。但是,用户可能已经为一个 line item 输入了一个假设,该 line item 之后转变成 Assembly,并与目前激活的成本作比较。使用 Variance Layout Preset(变量布局预设)可以实现此目的。

(1) 从功能区的 View Controls and Layout Presets(查看控件和布局预设)部分中,激活 Variance Layout Preset,如图 10-31 所示。

图 10-31

(2) 与 Analyzing Variance(分变量分析)相关的所有列都显示在 Cost Plan 视图中。Component Unit Cost 列包含为 Component 输入的单位成本,单位成本在 Component 转变成 Assembly 前输入(需添加更多的详细信息)。Unit Cost 列包含当前计算的成本(Component 成本总和除以 Assembly 的工程量)。Component Price 列包含 Component 在转变成 Assembly 之前计算的价格;Total Price 列包含当前计算的成本(Component 价格的总和)。在 Total Price 列中箭头图标表示成本是上升还是下降,这两个 Variance 列显示 Component 值与 Assembly 值之间的差异,如图 10-32 所示。

Code	Description	Quantity	Unit	Comp. U..	Unit Cost	Variance	Comp. Price	Total Price	Variance
002	Vico Office Help Example	1.0		895,000.00	1,176,002.88	281,002.88	895,000.00	▲ 1,176,002.88	281,002.88
- A	SUBSTRUCTURE	1.0	LS	175,000.00	255,748.78	80,748.78	175,000.00	▲ 255,748.78	80,748.78
+ A10	FOUNDATIONS	1.0	LS	175,000.00	255,748.78	80,748.78	175,000.00	▲ 255,748.78	80,748.78
- B	SHELL	1.0	LS	900,000.00	720,254.11	-179,745.89	900,000.00	▼ 720,254.11	-179,745.89
+ B10	SUPERSTRUCTURE	1.0	LS	600,000.00	591,150.66	-8,849.34	600,000.00	▼ 591,150.66	-8,849.34
+ B20	EXTERIOR ENCLOSURE	1.0	-	100,000.00	0.00	-100,000.00	100,000.00	▼ 0.00	-100,000.00
+ B30	ROOFING	1.0	LS	100,000.00	0.00	-100,000.00	100,000.00	▼ 0.00	-100,000.00

Unit Cost and Variance　　Price and Variance

图 10-32

10.2.3 管理列预设

除了内置的 Cost Planner 预设,用户也可以通过设置优先列的可见性定义自己的自定义预设。

(1) 在功能区的 View Controls and Layout Presets 部分中点击 Manage 按钮,如图 10-33 所示。

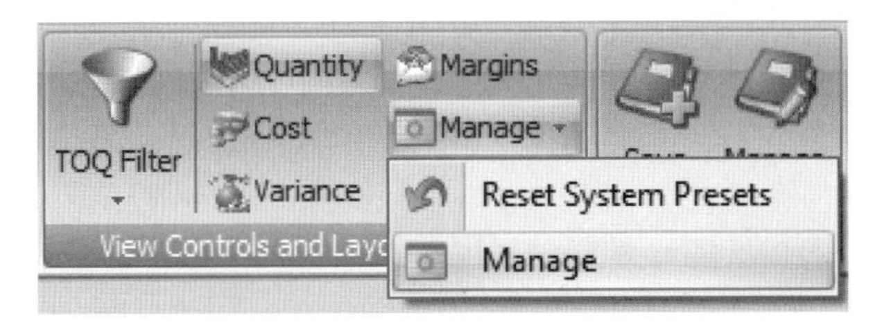

图 10-33

(2) Vico Office会出现Manage Presets(管理预设)对话框,点击"+"按钮来添加一个新的Personal Preference(个人预设),如图10-34所示。

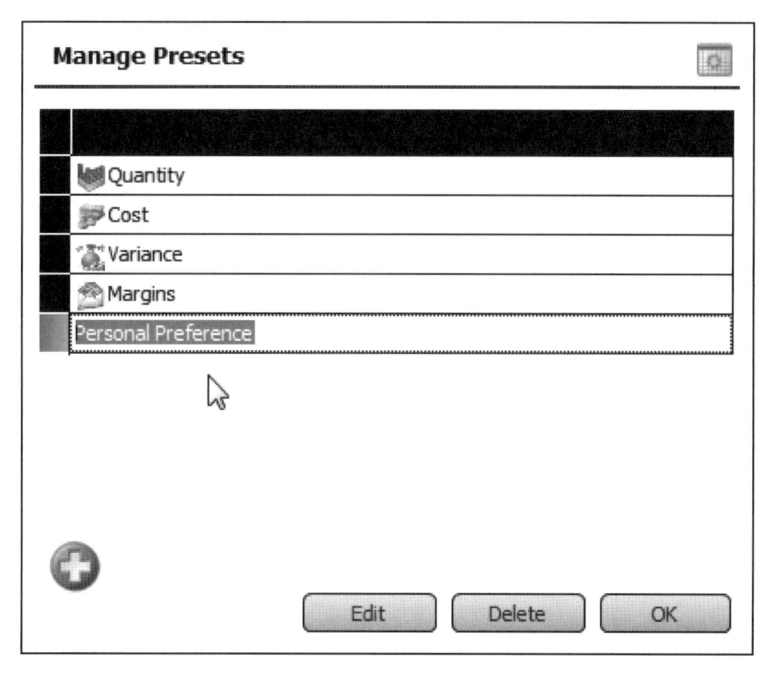

图10-34

(3) 选择新的预设并点击Edit按钮。Vico Office打开Column Chooser,用户可在其中选择想要包含在新的自定义布局预设中的列。点击OK确认Column Chooser中的选择,然后在Manage Presets中保存新的自定义预设。

(4) 在功能区的View Controls and Layout Settings部分,用户可以通过点击"Manage"来使用新的设置,如图10-35所示。

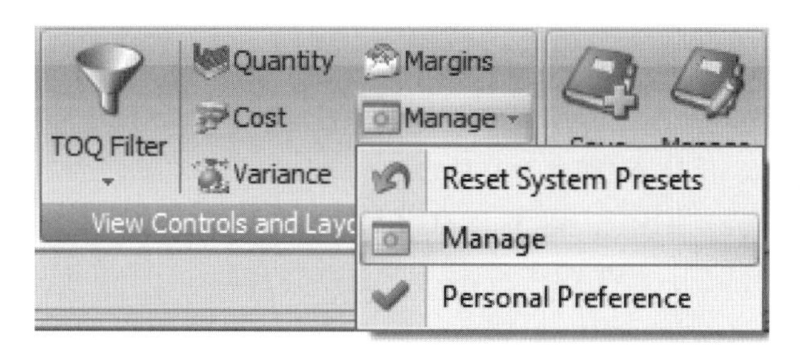

图10-35

10.2.4 升级和降级构件

Plan Cost视图中显示的3D电子表格可扩展成一个多级成本结构,这意味着它可以容纳总层级下的无限量的子级;项目成本向上汇总。正如使用Assemblies和Components进行成本计划中描述的,Assembly/Component结构允许用户通过不断以更加详细的成本项(Sub Component)替换假设来逐渐深化成本规划。在Component/Assembly结构中成本

Component 的上下移动可通过升级和降级来实现,将它们变成子 Component 或是包含 Sub Component 的 Component,如图 10-36 所示。将 Component 2 升级(在层级结构中将其上移),Component 3 变成了 Component 2 的一个子 Component。将 Component 2 降级使其变成 Component 1 的子 Component。

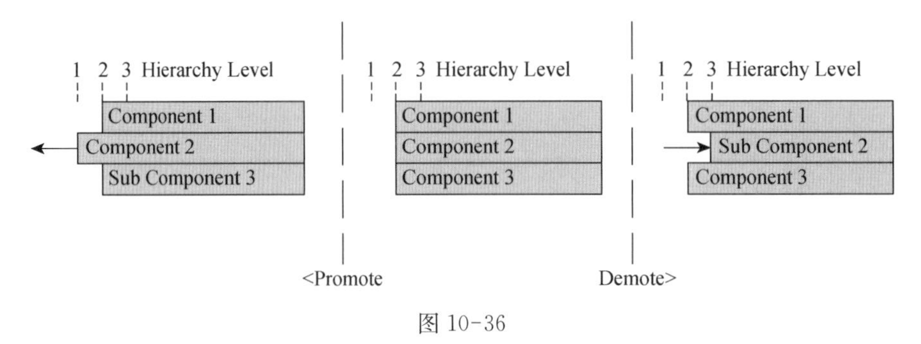

图 10-36

(1) 要想改变一个 Component 或 Assembly 在 Assembly/Component 结构中的层级,首先要在电子表格中将其选中。

(2) 点击功能区中的“Up”按钮使选中的 Component 或 Assembly 升级,如图 10-37 所示。

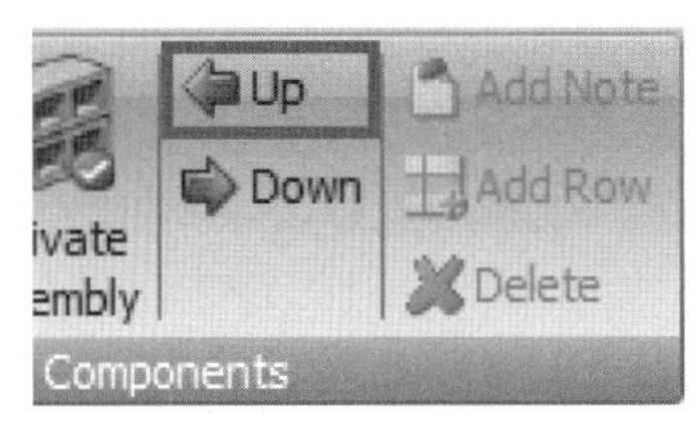

图 10-37

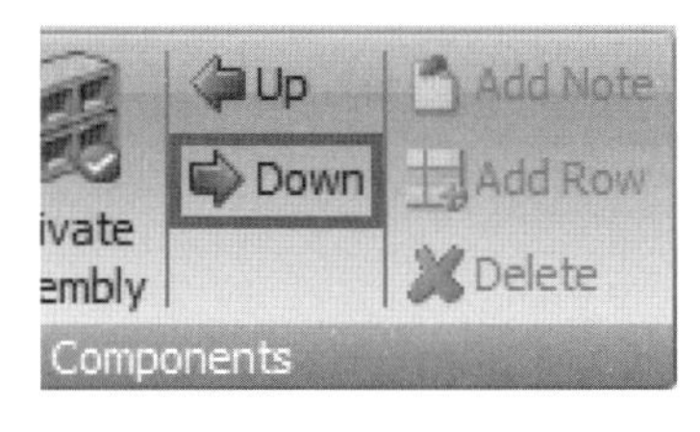

图 10-38

(3) 点击功能区中的“Down Hierarchy”(向下层次)按钮使选中的 Component 或者 Assembly 降级,如图 10-38 所示。

10.2.5 基于工程量类型过滤成本计划

在 Cost Planner 中,Component 有 3 种工程量输入方法。

- 手动添加工程量值。
- 手动定义 Takeoff Item 和 Takeoff Quantity。
- 基于模型的 Takeoff Item 和 Takeoff Quantity。

3 种类型可以结合使用,产生第 4 种输入方法:“混合型”。

应用 TOQ(Takeoff Quantity)过滤器,用户可以基于输入的工程量来过滤成本规划。该内置的过滤器可以帮助用户分析来自 3D 模型的工程量信息的比例,以及假设或手动计算的比例。

(1) 在 Cost Planner 功能区中,点击 TOQ Filter 图标,如图 10-39 所示。

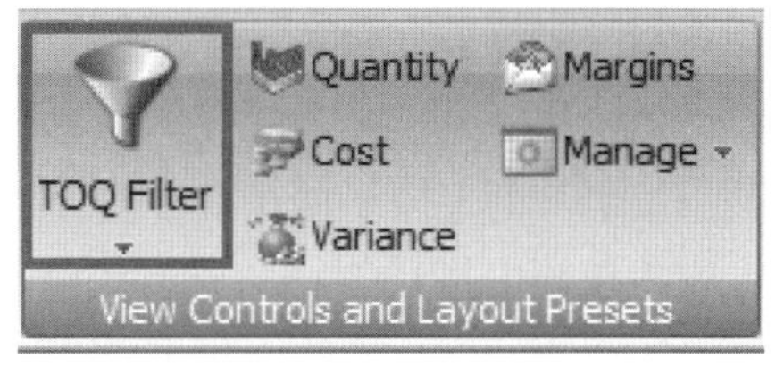

图 10-39

(2) Office 会出现上文描述的工程量类型的列表。在默认情况下,所有的类型都被选定,即列表中每个选项前都有绿色的勾号,如图 10-40 所示。

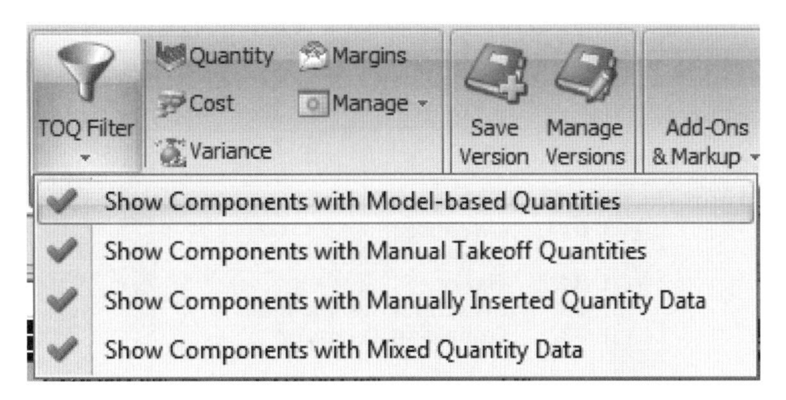

图 10-40

(3) 点击用户想要从 Cost Plan 视图中隐藏的工程量类型，如图 10-41 所示。

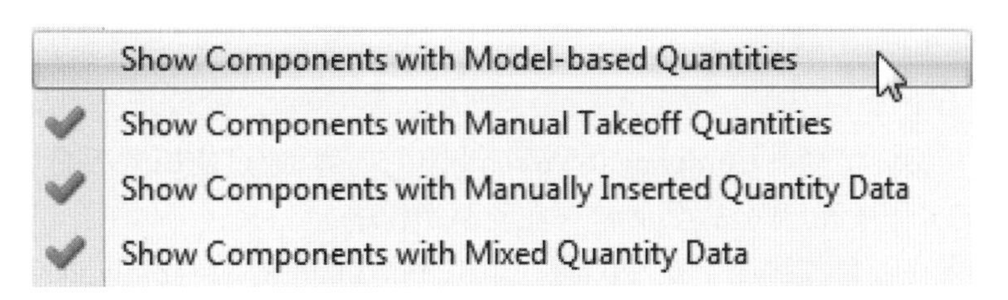

图 10-41

(4) 复选标记被删除，同时 Cost Plan 视图被过滤，只显示使用选择的 Takeoff Quantity 类型的有效 Component。这是检查成本规划的准确度等级的好方法，通过确定有多少工程量是依据手动计算和假设输入的。

【注】 另请参阅本书“10.2.10　使用状态标记”。

10.2.6　使用自动完成

成本的 Auto Complete（自动完成）功能可以帮助用户快速地将 Component 和 Assembly 的成本计算内容添加到项目中，而无需打开一个新的视图或者对话框。使用 Auto Complete 功能时，Vico Office 将会在当前项目和/或已选参考中搜索与用户正在输入的代码或者描述相匹配的内容。匹配的选项会出现在弹出的对话框中，用户可以从中选择想要添加的 Assembly 或 Component。具体步骤如下。

(1) 点击 From Project(从项目)和/或 From Reference(从参考)按钮，打开 Auto Complete 功能。此时，图标变为橘色，表明 Auto Complete 功能已被激活，并将在参照内容、项目或者二者中进行搜索，如图 10-42 所示。

图 10-42

(2) 在电子表格的“Code”单元中至少输入 3 个字符。

(3) Vico Office 会出现“从参照”和/或“从项目”中搜索出的相匹配的 Component/Assembly 的列表，如图 10-43 所示。如果用户同时选择了“From Project”和“From Reference”，匹配结果将会分开出现。

(4) 从列表中选择期望的 Component/Assembly。

图 10-43

(5) Vico Office 将复制 Component/Assembly 的内容,通过使用激活的 Copy Mode(复制模式)来确定工程量和/或公式如何包含在复制操作中。

【注】 如果在项目或参照中发现了同一个 Component 或 Assembly 的多个实例,那么将在 Component/Assembly 名称后面的括号里标注实例的数量。在这种情况下,选择 Component/Assembly 会打开一个对话框,用户可以从中选择想要复制的实例。

10.2.7 导入 Vico Estimator 数据库

用户可将由 Estimator 2008 和 Estimator 2009(预算软件)创建的 Recipe、Method 和 Resource,导入到一个项目中,在 Vico Office Cost Planner 中重复利用。Recipe 和 Method 转变成 Cost Planner 的 Assembly;Resource 转变成 Component。整个 Recipe-Method-Resource 结构在导入过程中保持不变,并为每个 Recipe 创建新的 Takeoff Items。Takeoff Items 包含在为所有 Component 和 Assembly 创建的公式中。该 Formula 连同 Assembly 和 Component 的 Consumption,保留"Method of Recipe"Consumption 和"Resource of Method"Consumption 因素,如图 10-44 所示。

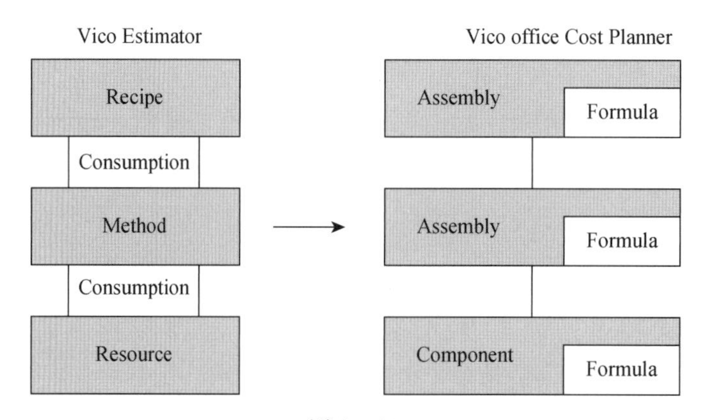

图 10-44

导入 Vico Estimator 数据库内容的具体步骤如下。

(1) 在 Plan Cost 视图中，点击 Import from Estimator Standard 或 Import from Estimator Project 按钮来开始导入功能，如图 10-45 所示。

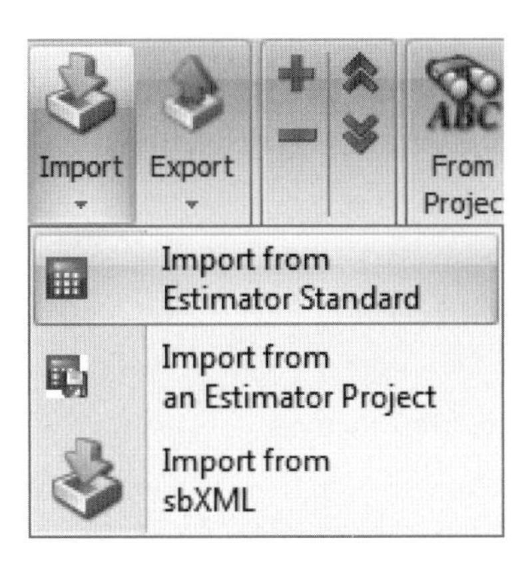

图 10-45

(2) Vico Office 将会打开 Import from Estimator database 的对话框，用户需要从中指定想要导入的 Estimator 标准(或项目和标准)数据库的路径和文件名，如图 10-46 所示。Estimator 数据库的扩展名是.db。

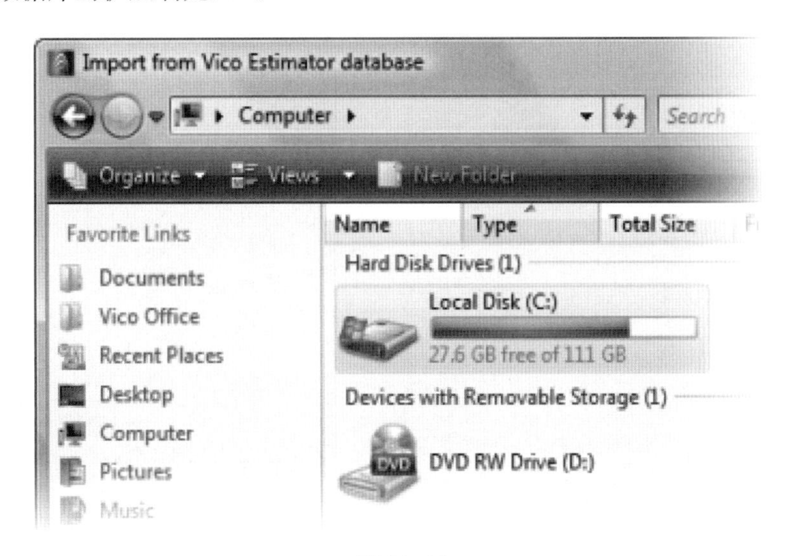

图 10-46

(3) 当点击 Open 时，Estimator 读取 Estimator 数据库，映射 Estimator Recipe、Method 和 Resource，也包括将 Consumption 因子映射到 Cost Planner 对应的地方。由 Recipe、Method 和 Resource 转变而来的 Assembly 与 Component 将位于选定的 Component 的内部。

10.2.8 设置激活复制模式

类似于其他电子表格的应用程序，当用户使用复制/粘贴，从 Reference、Drag-and-Drop 或 Auto Complete 中插入时，用户可以在 Cost Planner 中决定复制操作应包含的工程量信息。

Cost Planner 有 3 种工程量复制模式。

• Do Not Include Quantities(不包括工程量):保持目标工程量的默认值。

• Include Formulas(包括公式):将复制源数据已定义的公式,并且可能的话,重复使用当前项目的 Takeoff Item 和 Takeoff Quantity。

• Include Values(包括数值):只复制来自源数据公式的计算结果。

(1) 从 Reference、Drag-and-Drop 或 Auto Complete 插入,使用复制/粘贴并在开始复制操作前,从 References 功能区组中选择期望的复制功能的模式,如图 10-47 所示。

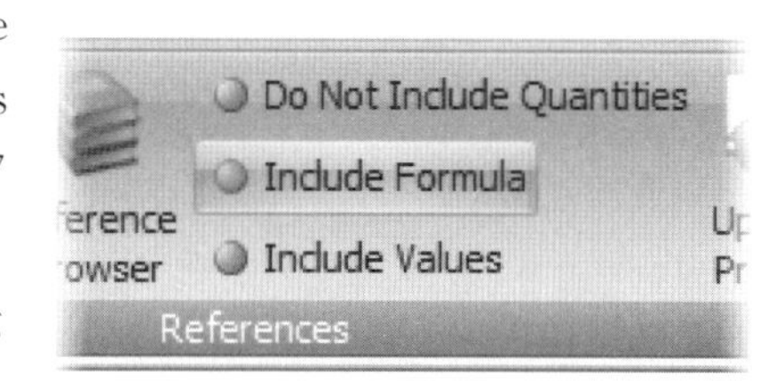

图 10-47

(2) Vico Office 中的绿色指示符和橙色选项表示当前激活的复制模式。

(3) 开始其中一种可用的复制操作。

10.2.9 使用标签

标签通过给 component 和 assembly 分配代码、类别和属性,可使成本规划的内容更加翔实。通过激活成本规划电子表格视图中的标签列,可轻松分配数值。在 Cost Plan 中使用标签的具体步骤如下。

(1) 在 Cost Plan 电子表格视图中,右击列标题,然后选择 Column Chooser,如图 10-48 所示。

图 10-48

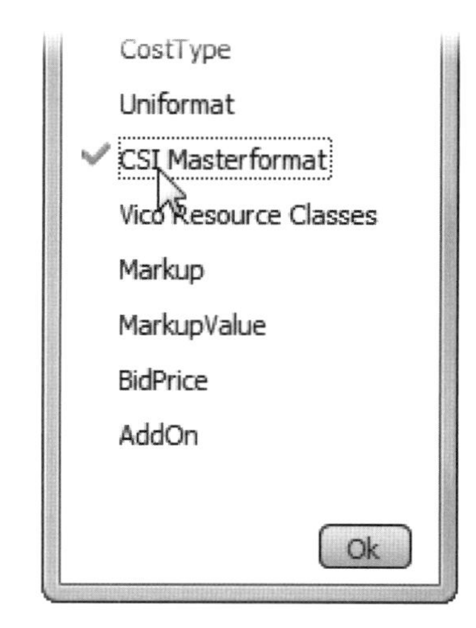

图 10-49

(2) Office 会出现 Column Chooser 的对话框,如图 10-49 所示。

(3) 在列表中找到用户想要在电子表格中可见的标签,单击它将其激活,这样就可以通过该标签为 Component 和 Assembly 分配数值。

(4) 标签名称的左侧出现一个绿色的勾号,点击 OK。

(5) 现在,用户可以在标签列中选择 Tag Values(标签值),并将其分配给 Component。

【注】 如果在电子表格中无法找到要激活为一列的标签,那么需要确认正在寻找的标签是否在 Tag Properties 中已被设置为"apply to Components(应用于构件)"。

10.2.10 使用状态标记

"Status"标签是 Component 和 Assembly 的属性,在 Vico Office 中包含其默认值。

“Status”标签可依据用来计算成本的工程量类型和成本信息，对成本计划项进行分类。

在默认情况下包含下面的状态描述，如图 10-50 所示。

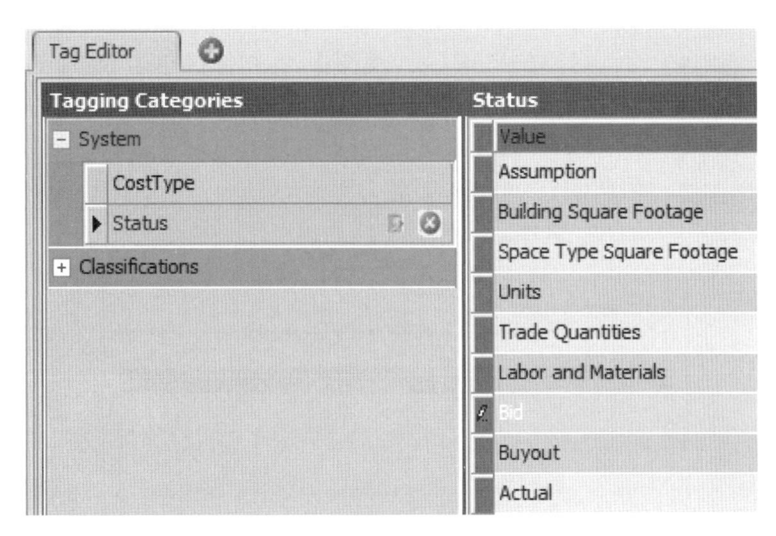

图 10-50

(1) 右击列标题激活 Column Chooser，选择 Status 列，如图 10-51 所示。

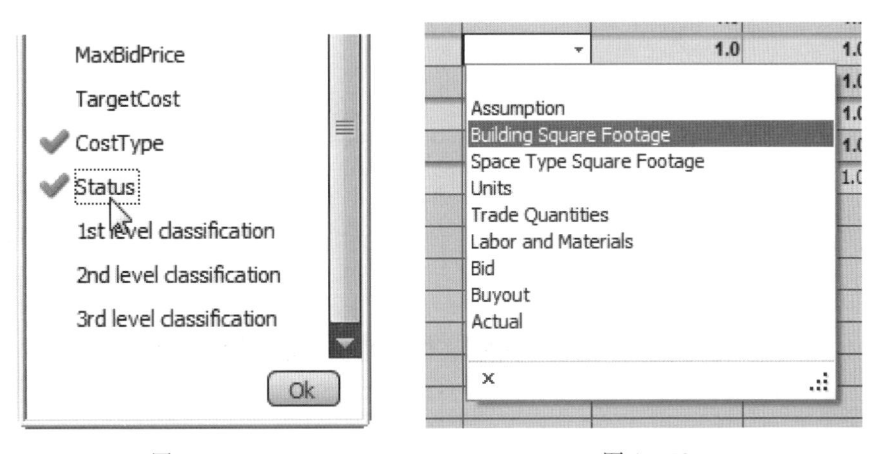

图 10-51　　　　图 10-52

(2) Cost Planner 会出现 Status 列。当选择此列的一个单元格时，会出现一个组合框让用户选择工程量和成本状态的期望条件，如图 10-52 所示。或者在单元格中输入新值，将其添加到列表中。

(3) 结合 Status Tag，排序和过滤是确定项目中成本计算输入的当前状态的好方法，如图 10-53 所示。

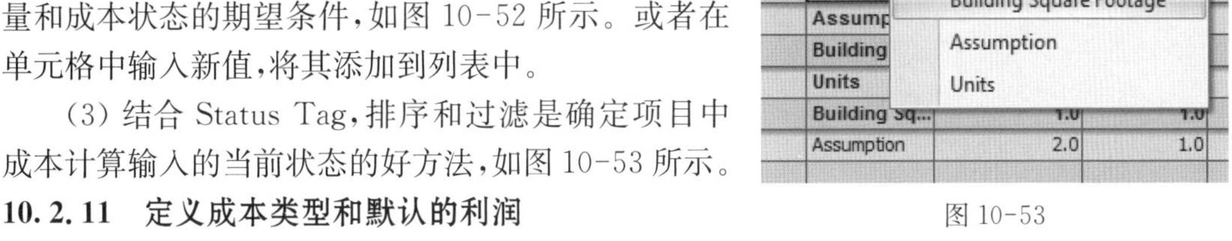

图 10-53

10.2.11　定义成本类型和默认的利润

术语“Markup”在 Vico Office 中是指利润(收益，风险)，在项目中应用于激活的 Component。为了简化定义，为成本项利润，Vico Office 允许用户基于项目中的 Cost Type 自定义默认的利润率。Cost Type 是一种特殊类型的标签,在 Cost Planner 中有专门的用户界面(除了 Edit Tags 视图),而且还可以在里面定义默认的利润率,具体步骤如下。

图 10-54

(1) 在 Plan Cost 视图中,在功能区单击 Markup Values(利润值)按钮,如图 10-54 所示。

(2) Cost Planner 会打开 Cost Type Markup(成本类型利润)对话框,用户可以从中定义所需的 Cost Type 和默认的利润率,如图 10-55 所示。

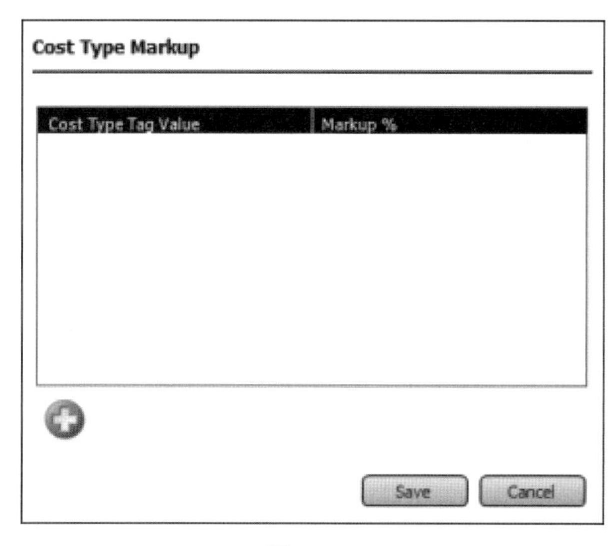

图 10-55

(3) 单击"+"按钮,添加一个新的成本类型,如图 10-56 所示。新的成本类型在 Edit Tags 视图中也将是可见的。

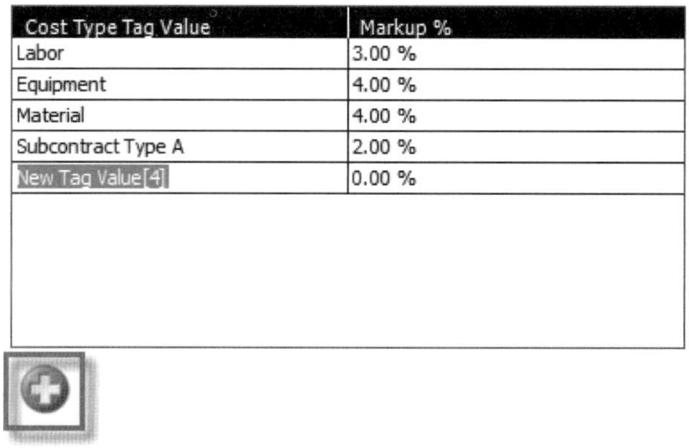

Cost Type Tag Value	Markup %
Labor	3.00 %
Equipment	4.00 %
Material	4.00 %
Subcontract Type A	2.00 %
New Tag Value[4]	0.00 %

图 10-56

(4) 当完成对项目中所需成本类型的定义后,点击 Save 按钮。现在,即可为项目的 Component 分配成本类型和利润率。

10.2.12 为每种成本类型分配利润率

定义完工作所需的成本类型，并为其分配默认的利润率之后，用户可以为项目的 Component 分配成本类型。当用户为一个 Component 分配成本类型时，也就自动为其定义了默认的利润率。具体步骤如下 。

(1) 在 Plan Cost 视图中，激活 Markup & Bid(利润和投标)列预设，如图 10-57 所示。

图 10-57

(2) Vico Office 将在电子表格中显示 Cost Type、Markup %、Markup Value 和 Bid Price 等列。

(3) 为项目中的一个 Component 选择 Cost Type 单元格。

(4) Vico Office 出现 Cost Type 下拉菜单。

(5) 点击下拉菜单，显示已定义的成本类型列表。选择所需的成本类型，如图 10-58 所示。

M-58	Reinforcement Spread Footing- High Yield G60 #4 to #7		0.00 %
033105.00	Placing Concrete - Continuous Footing		0.00 %
L-02	Building Laborer		0.00 %
M-29	Ready Mix Concrete - 5000 psi	Empty	
E-01	Gas Engine Vibrator	Labor	
E-02	Concrete Pump	Equipment	
0]	New Component	Material	
1011.01	Spread Footings	Subcontract Type A	
031113.13	Formwork - Spread Footing	Subcontract Type B	
L-01	Carpenter		
M-57	Formwork Materials - Spread Footing		

图 10-58

(6) 选择成本类型后，Cost Planner 将套用为选定的成本类型定义的默认利润率。该利润率用来计算 Price，并产生 Markup Value。Markup Value 被添加到 Price，并产生 Bid Price，如图 10-59 所示。

CostUnit	Price	Variance	CostTy..	Markup	MarkupValue	BidPrice
0.00	0.00	0.00		0.00 %	0.00	0.00
890.00	0.00	0.00		0.00 %	0.00	0.00
0.00	8,470.00	8,470.00		3.00 %	254.10	8,724.10
30.25	8,470.00	0.00	Labor	3.00 %	254.10	8,724.10

图 10-59

(7) Vico Office 向上汇总所有的 Markup Value 和 Bid Price，最终形成项目级的 Markup Value 和 Bid Price。

10.2.13 保存成本规划版本

Cost Planner 可以保存正在工作的 Cost Plan 版本，并将该保存的版本与之前或之后的版本进行比较，具体步骤如下。

(1) 在 Plan Cost 视图中，单击功能区中 Cost Versions(成本版本)部分的 Save Version

(保存版本)图标 

。

(2) Vico Office 会出现 Save Cost Plan Version 对话框。

(3) 新创建的版本会被自动分配一个数字，并且会在每次创建新版本时递增。输入一个描述用于将来的参照——该描述将在成本浏览器的版本选择中可见。

10.2.14　定义附加项

Add-Ons 是 Cost Planner 中的项，包含成本计划的间接成本、利润和不可预见费。Add-Ons 的值被定义为总直接成本的百分比，总直接成本通过使用 Component 和 Assembly 结构计算项目成本获得。Add-Ons 显示在 Plan Cost 表格中单独的区域，可以从功能区中激活。一旦激活，大量的 Add-Ons 被添加到项目中，并汇总得到项目级的投标价。

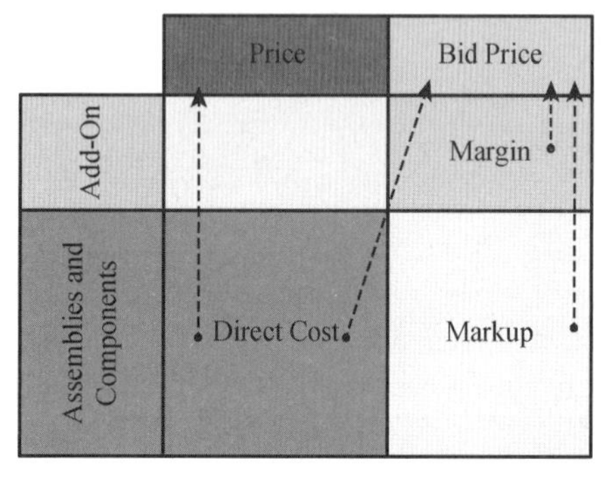

图 10-60

项目的成本价格，由 Assembly/Component 结构中，激活 Component 的所有 Price 的值相加计算而得。而 Bid Price 则是所有 Price Values 的总数、Markup 的总数以及 Add-On Margins 的总数的计算求和，如图 10-60 所示。

定义 Add-Ons 的具体步骤如下。

(1) 从 Column Presets 中，激活 Markup & Bid 列，以显示所需的全部列。

(2) 点击功能区中 Add-Ons 区域的"Show"按钮，激活 Plan Cost 视图中的 Add-Ons 部分，如图 10-61 所示。

图 10-61

(3) Ofiice 打开 Project Summary(项目总述)下方的 Add-Ons 区域，以表明利润已经被添加到计算出的价格之上，如图 10-62 所示。

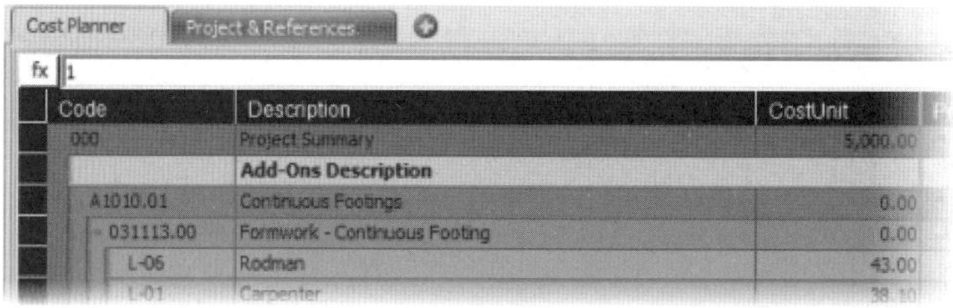

Code	Description	CostUnit
000	Project Summary	5,000.00
	Add-Ons Description	
A1010.01	Continuous Footings	0.00
031113.00	Formwork - Continuous Footing	0.00
L-06	Rodman	43.00
L-01	Carpenter	38.10

图 10-62

(4) 在功能区中的 Add-Ons 部分，点击"Add"按钮，为项目添加一个新的 Add-On，如图 10-63 所示。

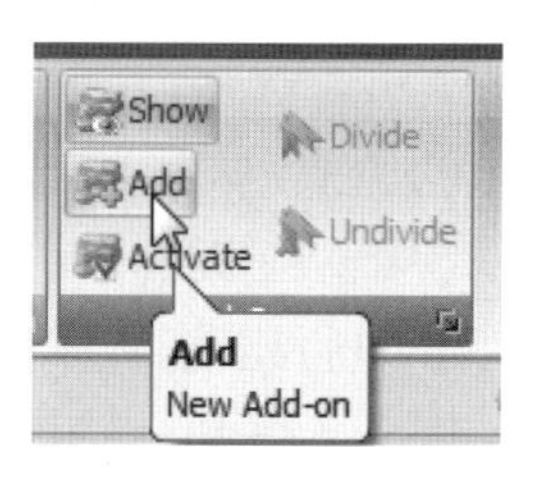

图 10-63

(5) 一行新的 Add-On 被添加到项目中后，定义新的 Add-On 的名称，并输入分配给 Add-On 的计算成本的百分比，如图 10-64 所示。

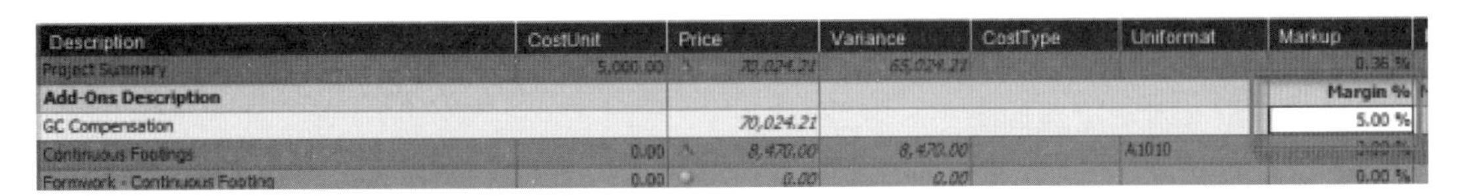

Description	CostUnit	Price	Variance	CostType	Uniformat	Markup
Project Summary	5,000.00	70,024.21	65,024.21			0.36 %
Add-Ons Description						Margin %
GC Compensation		70,024.21				5.00 %
Continuous Footings	0.00	8,470.00	8,470.00		A1010	
Formwork - Continuous Footing	0.00	0.00	0.00			0.00 %

图 10-64

(6) Cost Planner 应用项目计算出 Price 的百分比，并在 Markup 列中显示，如图 10-65 所示。

Markup	MarkupValue	BidPrice
0.36 %	254.10	70,278.31
Margin %	Margin	
5.00 %	3,501.21	3,501.21

图 10-65

(7) Add-On 被包括在 Bid Price 的计算中，在此之前，要从功能区的 Add-Ons 部分中，选择激活 Add-On，如图 10-66 所示。

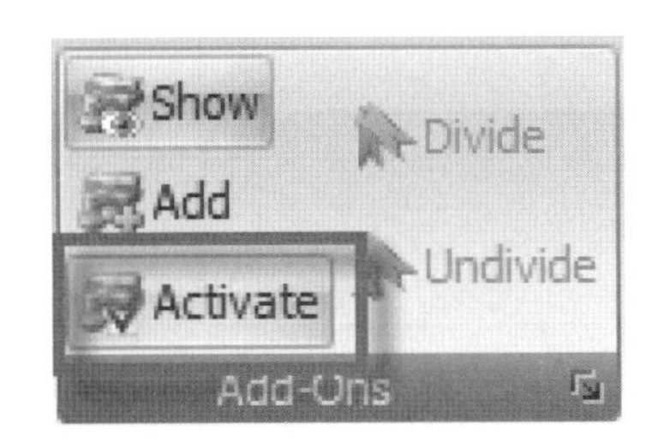

图 10-66

Markup	MarkupValue	BidPrice
0.36 %	254.10	73,779.52
Margin %	Margin	
5.00 %	3,501.21	3,501.21
3.00 %	254.10	8,724.10
0.00 %	0.00	0.00
0.00 %	0.00	0.00

图 10-67

(8) 定义的 Add-On 现在是计算项目的 Bid Price 的一部分，并可用于投标报告的准备，如图 10-67 所示。

10.2.15　分配附加项

用户可以将定义的 Add-On 值纳入项目的 Component 中，这使得定义的利润和补偿作为 Assembly/Component 成本结构的一部分，并且不再使其分开。分配 Add-On 的值可以在每个单独的 Add-On 中完成，如果需要的话，Add-On 值可以很容易地再次被未分配。将 Add-Ons 的值均分给项目中激活的 Component 的具体步骤如下。

(1) 通过点击功能区 Add-Ons 部分的 Show 按钮，激活 Plan Cost 视图下的 Add-Ons 区域。

(2) 选择想要分割在项目中激活的 Component 上的 Add-On。

(3) 在功能区的 Add-Ons 区域，点击 Divide 按钮。

(4) 基于在项目总造价中 Component 价格的份额，Vico Office 根据所有激活的 Component 的比例分配定义的 Add-On 值。

(5) 使用 Column Chooser 激活 Add-On 列，查看 Add-On 值或者添加到 Component 中的分配的 Add-On 值的总和。

10.3 成本计划参考浏览器

成本计划参考浏览器如图 10-68 所示。

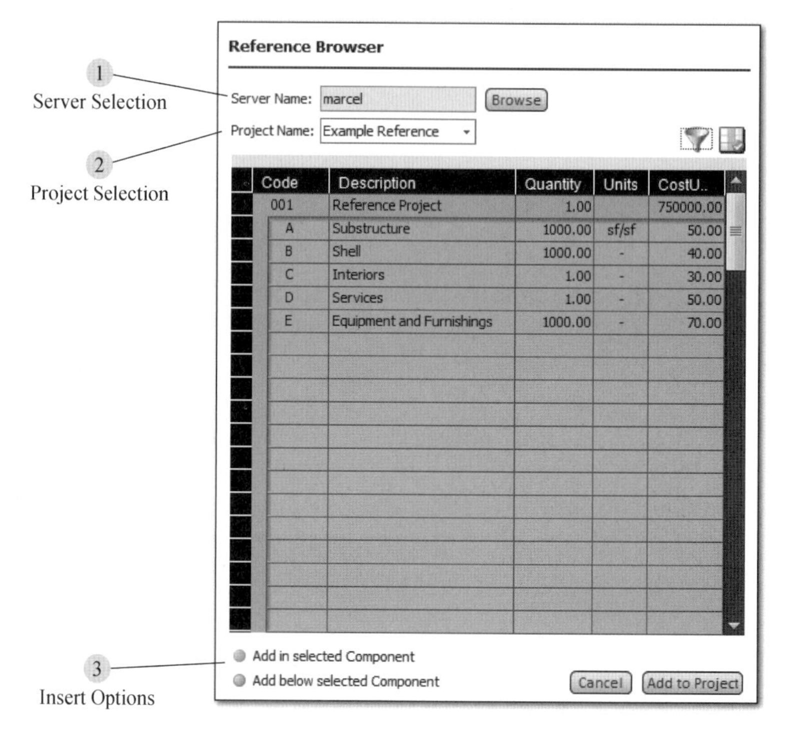

图 10-68

① Server Selection

Server Name 设置允许用户选择一台网络中的计算机，该计算机包含要复制到当前项目中的 Assembly 和 Component。

② Project Selection

The Project Name 设置表示参照浏览器中显示的 Assembly 和 Component 内容所属的项目。默认情况下，Define Settings 视图中选择的 Default Reference(默认参考)是打开的。

③ Insert Options

选定的内容可以作为 Sub Component 添加到选定的 Component 中，或者在 Assembly/Component 结构中作为同一级别添加到选定的 Component 下方。

10.3.1 成本计划项目和参考用户界面

成本计划项目和参考用户界面如图 10-69 所示。

① Reference

Project and Reference 视图集中的左视图是参照。当用户激活此视图集，将默认加载 Project Settings 中选择作为参照的项目。

② Project

右视图显示用户当前从事的项目的内容。显示的列的子集为内容提供更合适的视图。

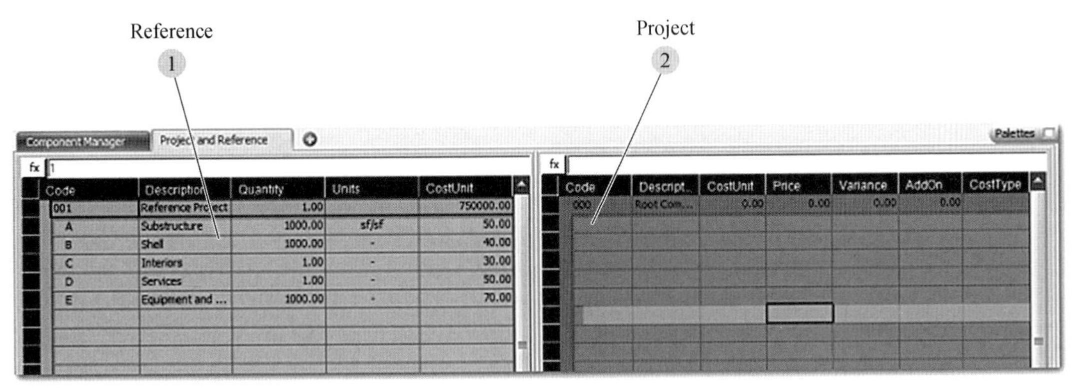

图 10-69

10.3.2 复制参照内容到项目中

Project and Reference 视图提供了一种快速从参照中复制多个 Assembly 和 Component 到项目中的简单方法。具体步骤如下。

(1) 当设定好需要的 Active Copy Mode 后，选择想要添加到当前项目中的 Assembly 和 Component。

(2) 点击行指示器，按住鼠标将 Assembly 和 Component 拖动到项目中。

(3) 在拖动复制内容的位置会出现一个箭头，表示它将被复制到该处。Arrow down (向下箭头)是指复制到用户所指 Component 的下方；Arrow left(向左箭头)是指复制到用户所指 Component 的内部。

(4) 松开鼠标按键完成复制操作。

10.4 成本计划公式编辑器

Formula Editor(成本计划公式编辑器)如图 10-70 所示。

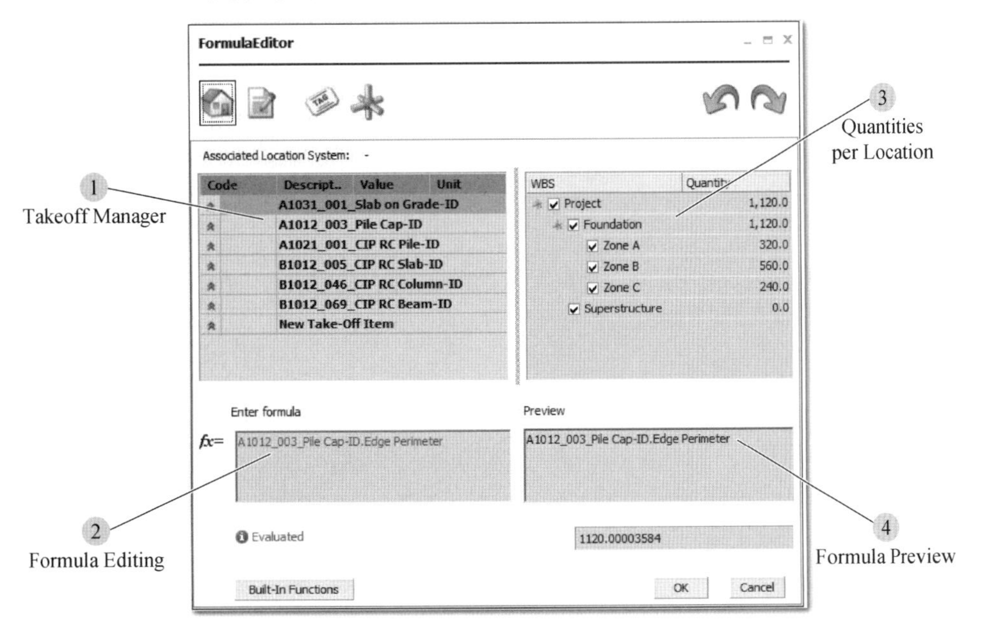

图 10-70

① Takeoff Manager

Takeoff Manager(算量管理器)模块如图 10-71 所示。

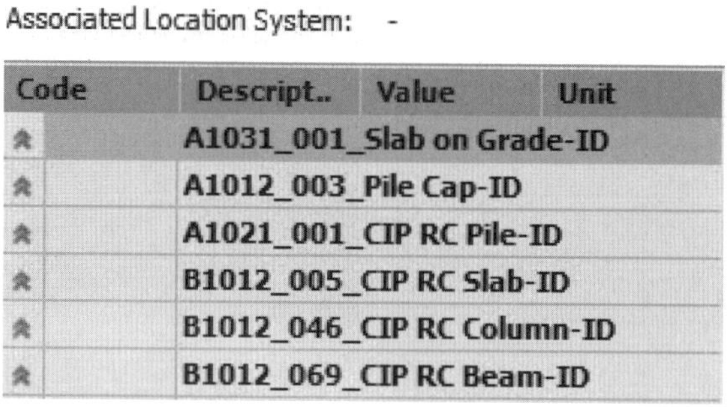

Associated Location System: -

Code	Descript..	Value	Unit
	A1031_001_Slab on Grade-ID		
	A1012_003_Pile Cap-ID		
	A1021_001_CIP RC Pile-ID		
	B1012_005_CIP RC Slab-ID		
	B1012_046_CIP RC Column-ID		
	B1012_069_CIP RC Beam-ID		

图 10-71

显示在 Formula Editor(公式编辑器)中的 Takeoff Manager 部分来自算量管理器模块中定义的 Takeoff Item 和 Takeoff Quantity 列表。

② Formula Editing

Formula Editing(公式编辑)如图 10-72 所示。

Formula Editing 区显示选定的 Takeoff Item 和 Takeoff Quantity,并允许使用数学函数和符号编辑公式。

A1012_003_Pile Cap-ID.Edge Perimeter

图 10-72

③ Quantities per Location

Quantities per Location(每个位置的工程量)如图 10-73 所示。

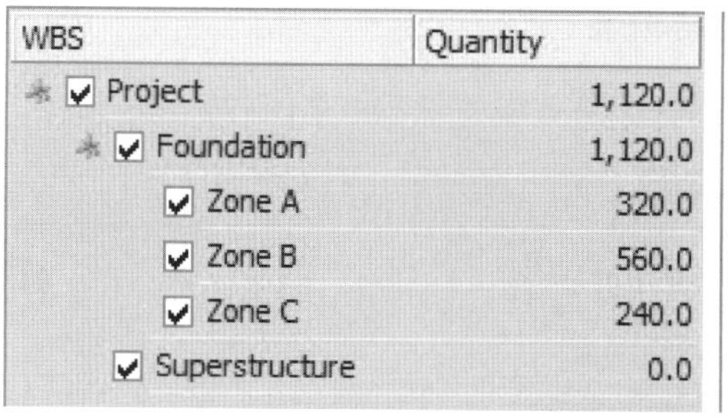

WBS	Quantity
Project	1,120.0
Foundation	1,120.0
Zone A	320.0
Zone B	560.0
Zone C	240.0
Superstructure	0.0

图 10-73

每个位置的工程量显示了每个位置定义的公式的运算结果。定义的公式按位置计算,然后汇总到项目级别。

④ Formula Preview

Formula Preview(公式预览)如图 10-74 所示。

A1012_003_Pile Cap-ID.Edge Perimeter

图 10-74

公式编辑器自动修正公式编辑区输入的公式。在公式中加入括号从而保证公式正确计算,自动修正的结果会在 Formula Preview 中显示。

10.4.1 使用算量项进行成本规划

Vico Office 提供的整合环境可以实现某个模块或视图下创建的信息，作为其他模块或视图的信息输入。

Cost Planner 能够使用 Takeoff Manager 计算出的 Takeoff Quantity 信息，作为 Cost Planner 的 Component 的工程量输入，如图 10-75 所示。

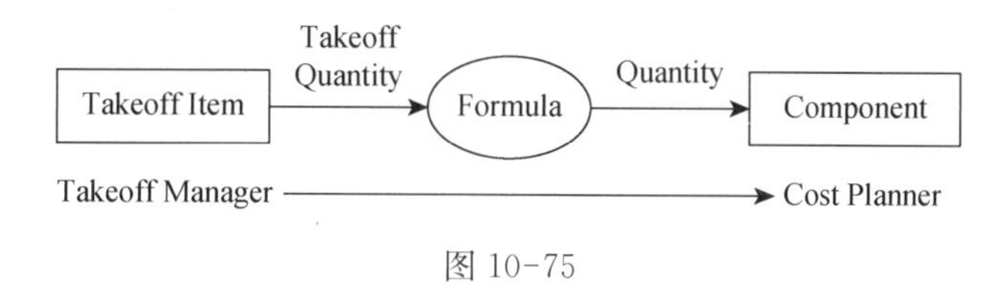

图 10-75

在 Cost Plan 中用户可以通过 Quantity 单元格中的公式输入使用 Takeoff Item 和 Takeoff Quantity。使用 Takeoff Item 和 Takeoff Quantiy 作为工程量输入，使得工程量管理、更改项目变量以及多次使用某个特定的工程量变得更加简单。使用 Takeoff Item 作为工程量输入的具体步骤如下。

(1) 选择 Component 中用户想要使用 Takeoff Manager 定义的工程量的 Quantity 单元格。

(2) Vico Office 在 Quantity 单元格中显示小型弹出按钮 fx。单击该按钮打开 Formula Editor。

(3) Formula Editor 显示项目中通过 Takeoff Manager 定义的 Takeoff Item 和 Takeoff Quantity 的列表，如图 10-76 所示。

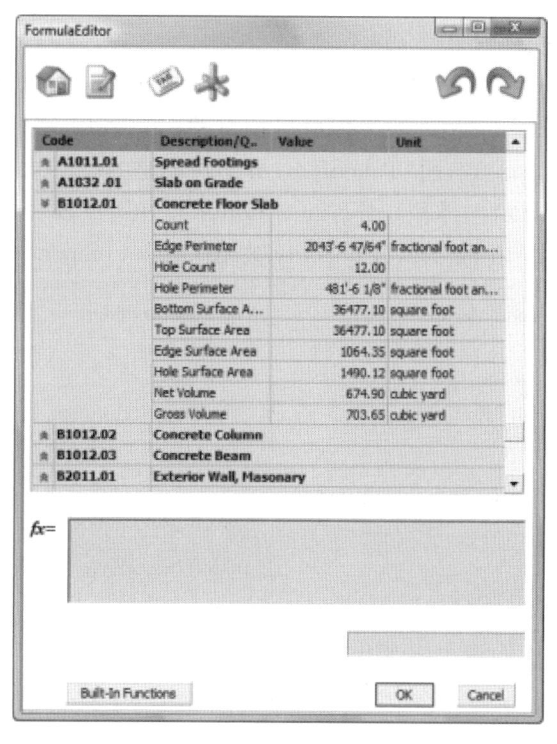

图 10-76

(4) 展开包含用户想作为选定 Component 的输入工程量的 Takeoff Item。Formula Editor 显示可用的 Takeoff Quantity。

(5) 选择所需的 Quantity 并点击按钮，将该值作为公式栏中的变量，如图 10-77 所示。

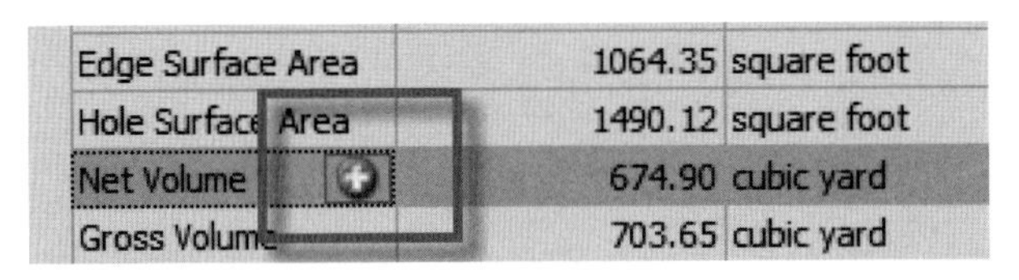

图 10-77

(6) Vico Office 公式栏中显示所选的 Takeoff Item 和 Takeoff Quantity，并在预览框中显示计算结果，如图 10-78 所示。

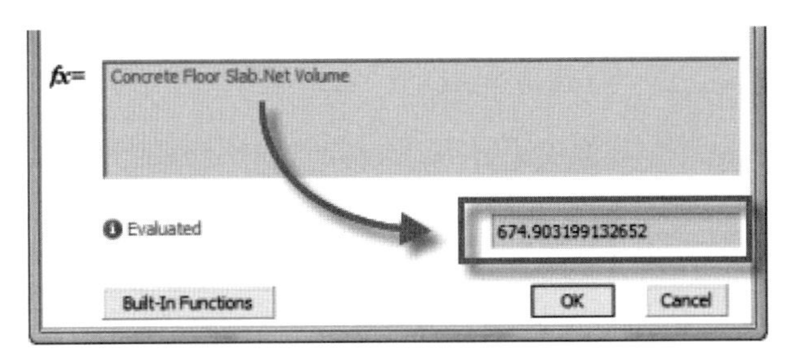

图 10-78

10.4.2 合并多个估算量

Cost Planner 中的 Formula Editor 允许用户将多个手动定义或从 BIM 构件中提取且存储在不同的 Takeoff Items 之中的工程量进行合并，如图 10-79 所示。图中的“Takeoff Item 1”可能是“Wall Type A”，而“Takeoff Item 2”可能是“Wall Type B”。Takeoff Quantity A 和 B 可能是 Net Volume(净体积)。Formula Editor 允许用户以一个 Quantity 来计算两种 Wall Type 的 Net Volume 值的总和，该 quantity 被用作成本 Component 中的输入。

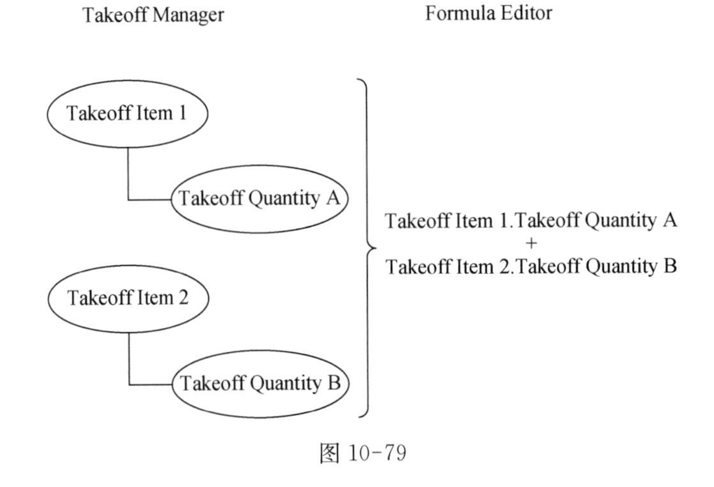

图 10-79

将多个 Takeoff Quantity 合并到单一的公式中的具体步骤如下。

(1) 选择用户想要定义新公式的 Component 的 Quantity 单元格。

(2) 单击单元格里的弹出按钮 fx ,打开 Formula Editor。

(3) 从所提供 Takeoff Item 和 Takeoff Quantity 的列表中,选择第一个用户想在公式中使用的 quantity,然后点击按钮来添加,如图 10-80 所示。

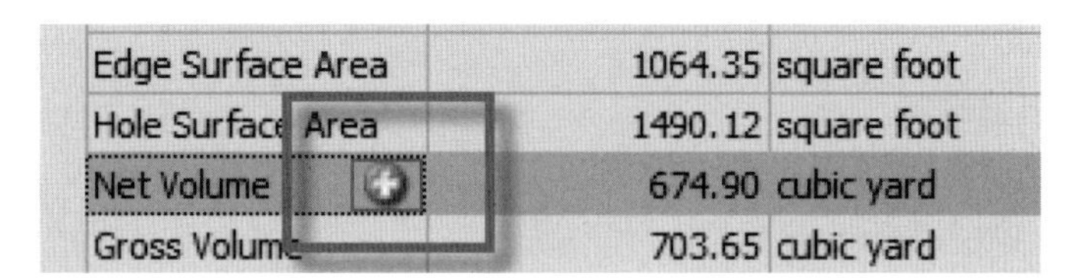

图 10-80

(4) Takeoff Item 和 Takeoff Quantity 显示在公式栏中。

(5) 在公式栏里单击以激活光标,然后将光标移动到公式底部,如图 10-81 所示。

图 10-81

(6) 键入"+"符号 Vico Office 将公式字体颜色改变为红色,因为公式不完整。在键入符号"+"之后丢失一个变量,如图 10-82 所示。

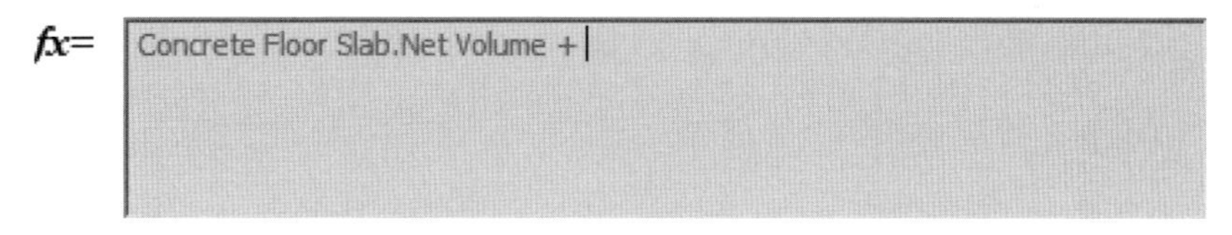

图 10-82

(7) 键入"+"号之后离开光标,通过选择 Takeoff Quantity 并单击按钮,将新的 Takeoff Quantity 添加到公式栏,如图 10-83 所示。

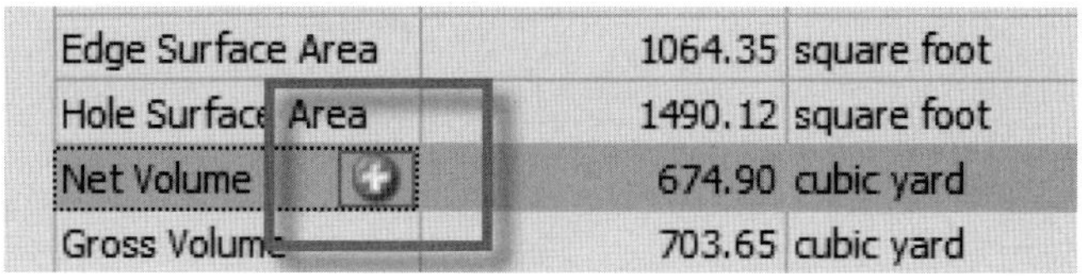

图 10-83

(8) 该 Takeoff Quantity 被添加到公式中,并显示计算结果的预览。公式再次以绿色的字体显示,如图 10-84 所示。

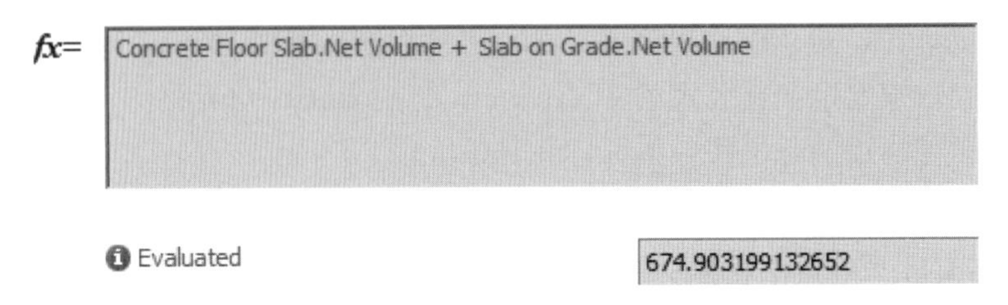

图 10-84

10.4.3 定义高级公式

如何使用 Formula Editor 中的高级函数

Cost Planner 中的 Formula Editor 有一系列高级函数，可以嵌入到用户创建的公式当中。公式可将 Takeoff Quantity 合并到一起，以便在 Component 中进行成本计算。

可用的函数分为三类。

Standard(标准)：包括一些基本的数学函数，如"＋""－"和"/"；Math(数学)：包含几何函数，如"SIN""COS"和"TAN"；Logical(逻辑)：有"IF""NOT""TRUE"和"FALSE"语句，允许用户定义条件语算。

(1) 点击 Built-In Functions 按钮来打开内置的函数，如图 10-85 所示。

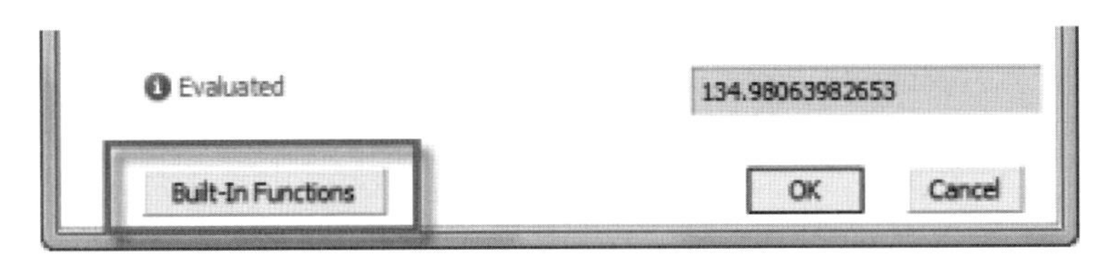

图 10-85

(2) Vico Office 展开 Formula Editor，并显示包含可用函数的区域，如图 10-86 所示。

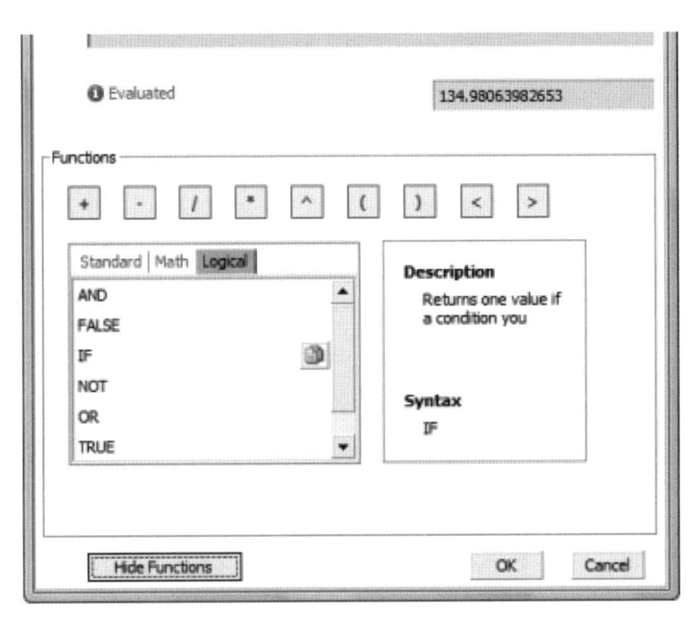

图 10-86

(3) 选择用户想在公式中使用的函数然后点击图标复制函数,如图 10-87 所示。

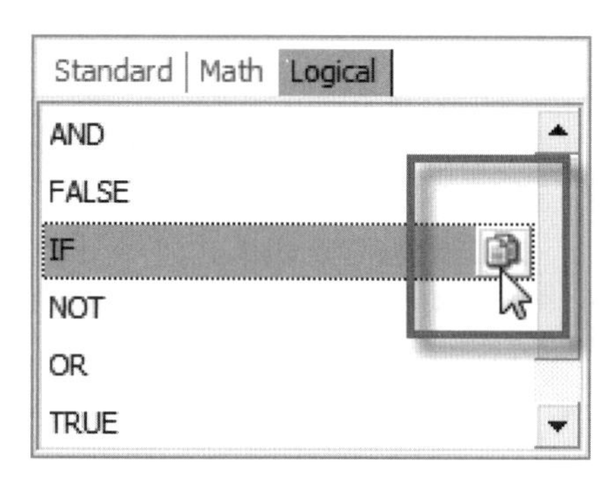

图 10-87

(4) 在公式栏内点击,并将光标移动到插入函数的位置。然后按下 Ctrl+V 来插入该函数。由于公式不完整,所以字体颜色将会变为红色,同时显示"Error within the formula"(公式中的错误)的信息条,如图 10-88 所示。

图 10-88

(5) 添加括号、数学函数以及 Takeoff Quantity 完成函数。当公式完整时,会显示预览值,并显示 Evaluated(评估)的消息,如图 10-89 所示。

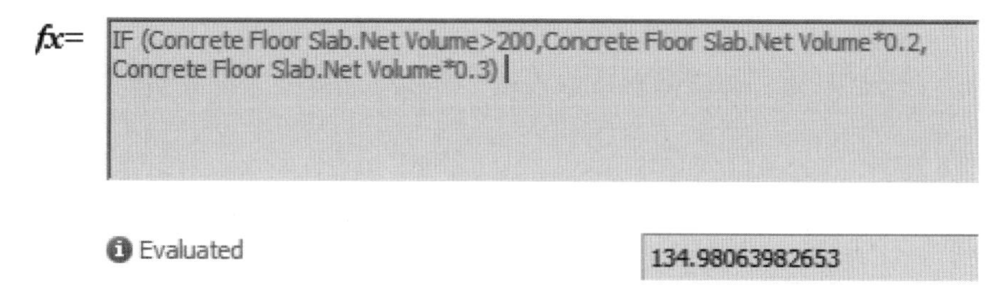

图 10-89

10.4.4　添加常数

默认情况下,Formula Editor 会把公式所添加的常数分给所有公式计算结果大于 0 的位置。例如,Wall. Count 的 Takeoff Item 和 Takeoff Quantity 可能以图 10-90 所示方式出现在项目中。

Project	30.0 PCS
Floor 1	10.0 PCS
Floor 2	0.0 PCS
Floor 3	20.0 PCS

图 10-90

如果公式被定义为 Wall. Count,那么每个位置的计算结果将会与这些值相同。之后,如果添加一个常数,该值将会细分到所有的位置,每个位置的公式结果大于 0。

例如,公式:Wall. Count+10 的结果是如图 10-91 所示。

		Constant Value	Formula Total
Project	30.0 PCS	*10.0*	**40.0**
Floor 1	10.0 PCS	*3.3*	**13.3**
Floor 2	0.0 PCS	*0.0*	**0.0**
Floor 3	20.0 PCS	*6.7*	**26.7**

图 10-91

如果不希望常数被分散,可以使用 FOREACHLOC 函数,具体步骤如下。

(1) 在 Formula Editor 中,输入想要使用的 Takeoff Item 和 Takeoff Quantity 的名称,以及想要使用的数学表达式和函数,如图 10-92 所示。

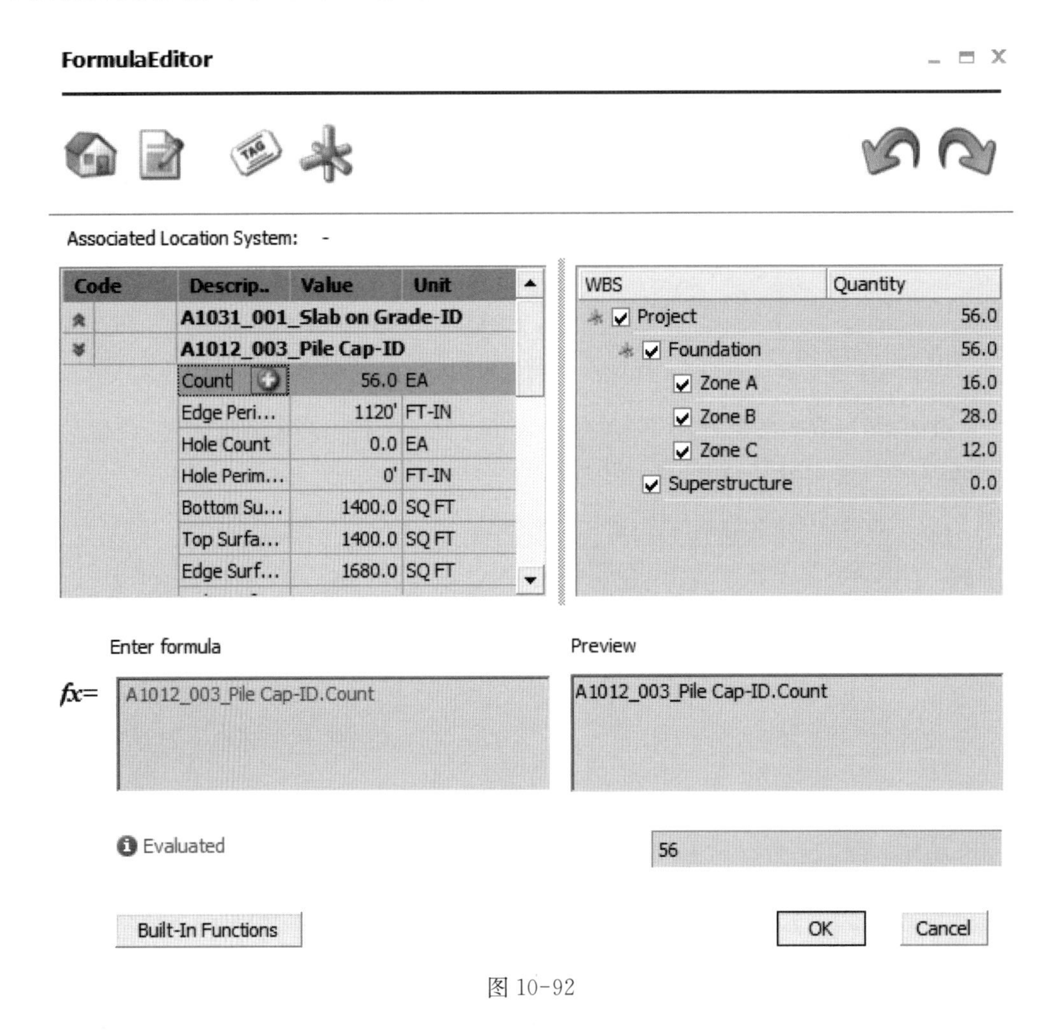

图 10-92

(2) 在 Enter formula(输入公式)栏中,添加 FOREACHLOC 函数和一个常数,该常数应被添加到每个位置的计算结果中，如图 10-93 所示。

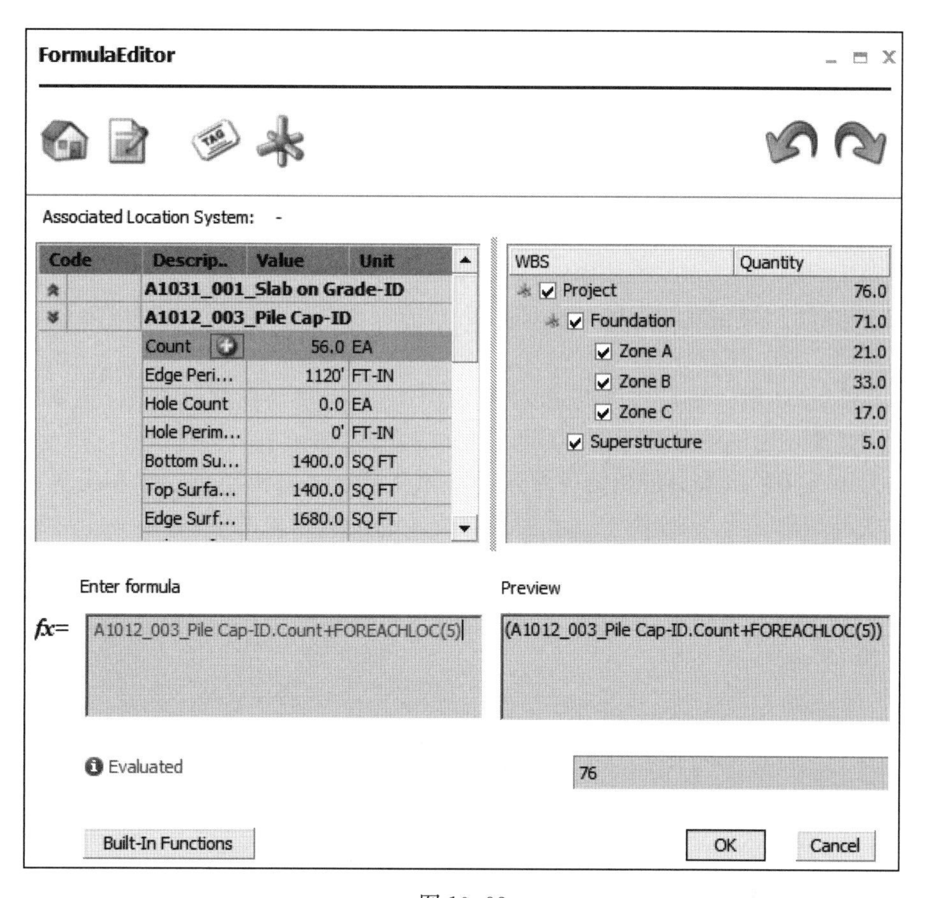

图 10-93

第 11 章　成 本 浏 览

项目团队经常因项目中的成本及成本差异的沟通产生争执。传统的沟通是指打印出的成本估算(不同版本的)以及设计方案,而这二者之间无联系而且数量庞大,从而使得项目工作会议上对于新旧方案版本之间出现成本差异的解释变得十分困难。

因此,项目团队要在项目信息上达成共识,就需要花费大量的时间,导致分析与决策的时间不足。

同时,因为成本对比是在项目级完成的,又对哪个部分的预算有超支难以达成共识这导致无法定义精确的定向的项目变更,以至项目无法重归正轨。

Vico Office 中的成本浏览视图可帮助项目团队显示和分析项目成本和成本差异。颜色编码的成本浏览以及 3D 模型这二者的整合为沟通提供强大的便利:某一组的成本是什么,该组位于项目中的位置以及如何与预算和之前的版本进行对比等,均可一一实现,如图 11-1 所示。

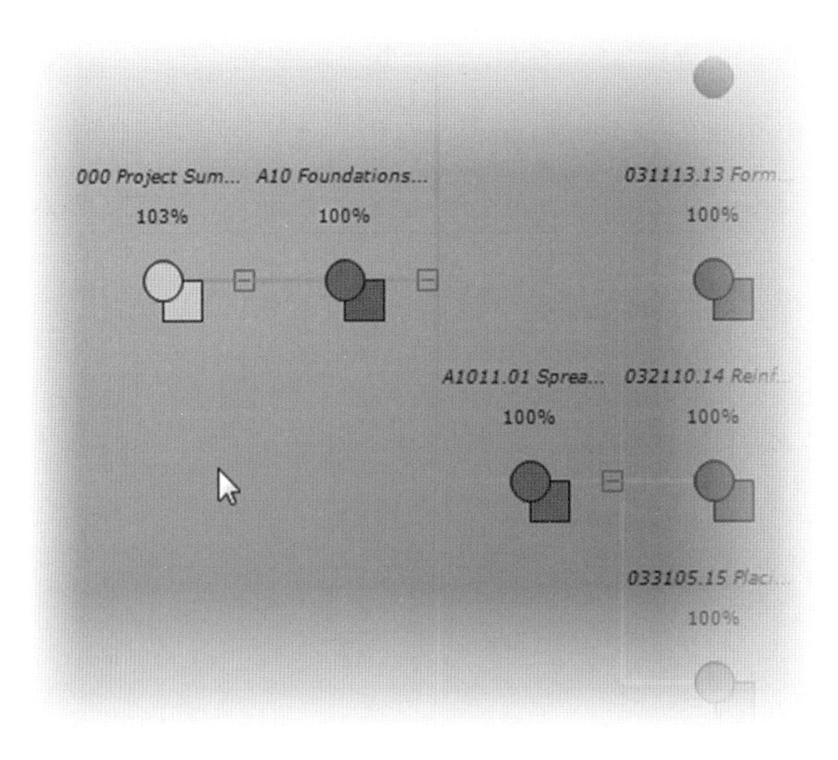

图 11-1 (见彩图十)

11.1　成本浏览用户界面

成本浏览用户界面如图 11-2 所示。

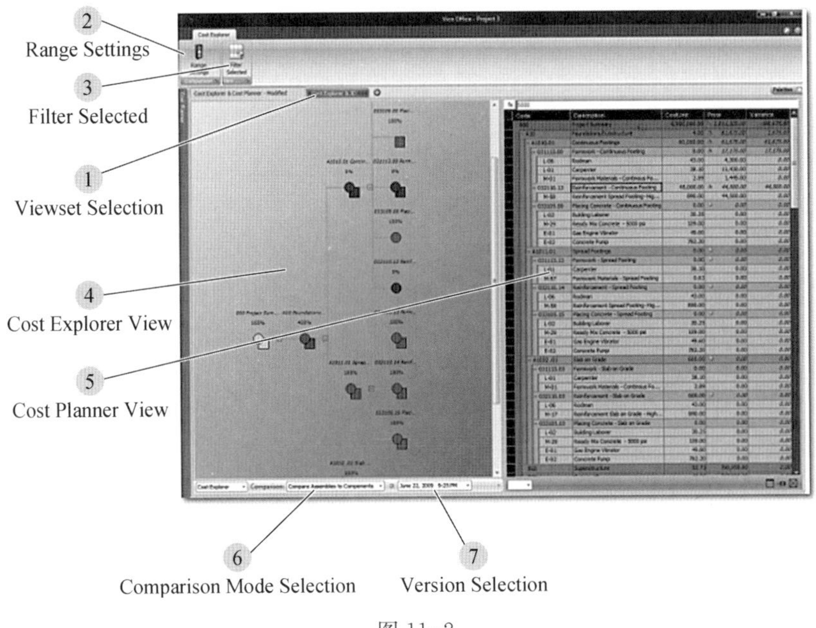

图 11-2

① Viewset Selection

Explore Cost 有两个默认的视图集:Cost Explorer & Cost Planner 视图和 Cost Explorer & 3D View 视图。点击 Viewset Selection(视图选择)选项卡可激活所需的视图集。

② Range Settings

Range Settings(范围设置)允许用户定义对比结果在 Explore Cost 视图中的呈现方式。四种颜色红、黄、绿、蓝分别对应“过高”“有风险”“预算内”以及“太低”。

③ Filter Selected

在 Cost Explorer 视图中,Filter Selected(过滤选定)切换按钮可以改变与选定节点相关的成本数据的显示模式。当 Filter Selected 激活时,属于选定节点的 Assembly 和 Component 将在 Cost Planner 视图中被过滤。当 Filter Selected 未被激活时,属于选定节点的 Assembly 和 Component 将被亮显。

④ Cost Explorer View

Cost Explorer View(成本浏览器视图)提供使用 Assembly 和 Component 定义的成本分解结构的图形化展示。不同颜色表示节点的成本状态:红色表示“高于目标成本”,黄色表示“有超支风险”,绿色表示“在目标成本范围内”,蓝色表示“远低于目标成本”。

两个版本的成本方案(以及一个 target,根据所选择的模式)可以同时激活。

⑤ Cost Planner View

只读的 Cost Planner View(成本计划器视图)显示出一组用于计算项目成本的 Assembly 和 Component。内容储存于每一个 Cost Plan 版本中,选择“圆形”或“正方形”会打开相应的成本数据。

⑥ Comparison Mode Selection

Comparison Mode Selection(对比模式选择)为对比 Cost Plan 版本提供了两种方式。

• Assemblies to Components:选择“Assemblies to Components”允许用户比较至多两个版本的 Cost Plan。

• Cost to Targets:选择“Cost to Targets”模式能够让用户将选择的目标成本与选定的 Cost Plan 版本进行对比。

⑦ Version Selection

两个 Version Selection(版本选择)对话框允许用户从 Plan Cost 视图中保存的一组 Cost Plan 版本中选择需要的版本。

11.2 选择对比模式以及版本

Cost Explorer 有两种对比模式:Assemblies to Components(组件与构件)以及 Cost to Target(成本与目标成本)。

激活的对比模式可以进行交互式更改。因为对于这两种对比模式,用户都可以选择一个或两个版本的 Cost Plan 使其包括在对比中。对于 Cost to Target 对比模式,用户也可以选择项目 Target Cost Set(目标成本设置)或者用户比较的另一个 Cost Plan 版本。

(1) 在 Explore Cost 视图中,使用 Comparison Mode Selector 来选择所需的对比模式,如图 11-3 所示。

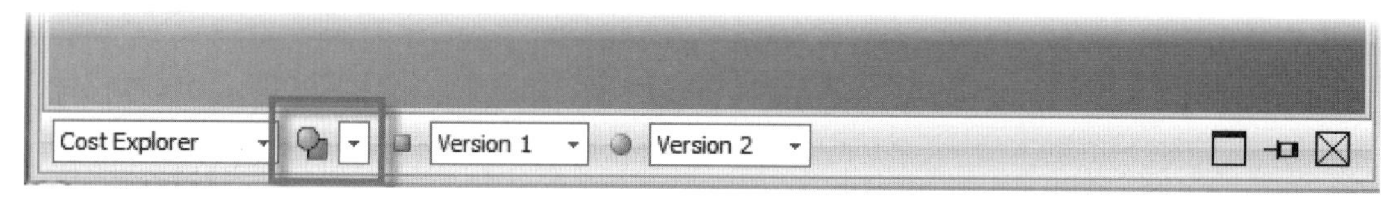

图 11-3

(2) 根据选择的对比模式,Cost Explorer 将会显示出两个(Assemblies to Components)或三个(Cost to Target)版本选择的组合对话框。

(3) 在 Version Selector 的组合对话框中选择用户希望进行对比的 Cost Plan 版本,如图 11-4 所示。

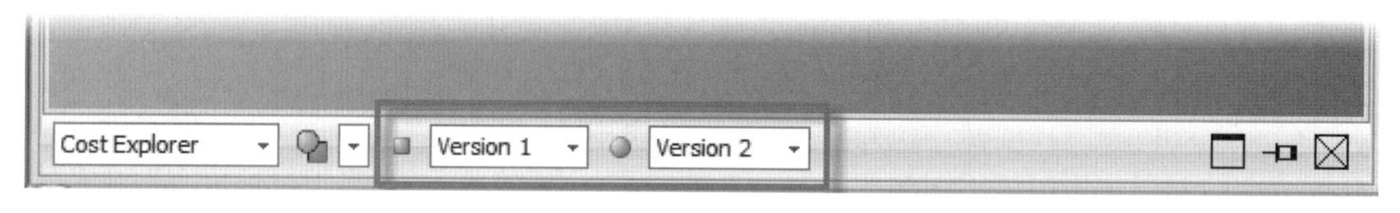

图 11-4

11.3 组件成本与构件成本的对比

在 Assembly to Component 对比模式中,每一个 Assembly 计算出的成本将会与下一级的 Components 和(或)Assemblies 的成本总和进行对比。每一个 Assembly 都作为一个 Cost Explorer Tree(成本浏览器树)的节点出现,并根据对比结果以不同颜色表示:如果一个 Assembly 中的 Assembly 与 Component 的总和大于该 Assembly 的原成本，它会被标记为红色；如果总和在设定的"有超支风险"的范围内，则标记为黄色；当总和在目标范围内时，则标记为绿色；如果下一级 Assemblies 与 Components 的成本太低，Assembly 的节点将被标记为蓝色。

例如："项目""A"和"B"是 Assembly，并会出现在 Cost Explorer Tree。

- "项目"成本值将会与"A"和"B"的总和进行比较。
- "A"中的成本将会与"A10"以及"A20"的总和进行比较。
- "B"中的成本将会与"B10"以及"B20"的总和进行比较，如图 11-5 所示。

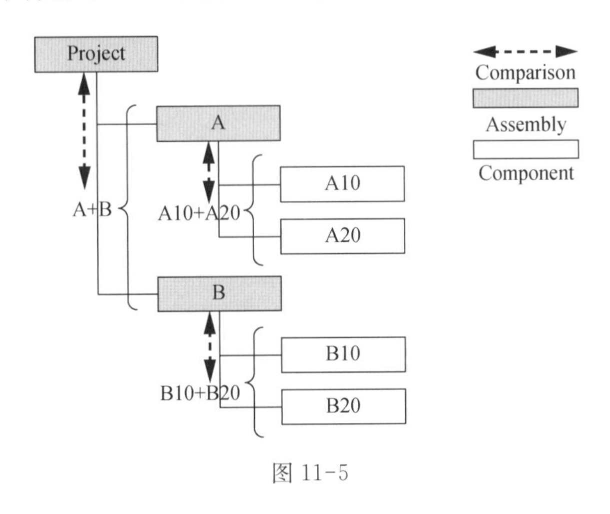

图 11-5

使用 Assembly to Component 的具体步骤如下。

(1) 在 Comparison Mode Selector 中选择 Assembly to Component 对比模式。

(2) 使用 Version Selectors 选择想探究的一个或两个 Cost Plan 版本。选择 Current Version(当前版本)选项，在比较中显示当前状态的 Cost Plan，如图 11-6 所示。

图 11-6

(3) Cost Explorer 在 Cost Explorer Tree 中显示已激活的 Cost Plan 版本的组合的 Assembly 结构。圆形表示较新版本的 Assemblies。正方形表示较早版本的 Assemblies，如图 11-7 所示。

项目(000 项目总结)中所有 Assembly 以及 Component 的总和与为项目级 Assembly 的所定义的项目成本进行比较时为"有超支风险"。"A10-Foundations"Assembly 的内容的成本计算总和与最初为基础输入的分配额进行对比时为"过高"。同理，"B10-Superstructure"的内容所计算出的成本被认为是"过低"，而"B20-Exterior Closure"计算出的成本则是"在预算范围内"。

(4) 在 Cost Planner 视图下，从 Cost Explorer Tree 中选择一个圆形或正方形来分析它下面的成本结构；切换到 Isolate and Highlight Mode 获得数据的最优视图，如图 11-8 所示。

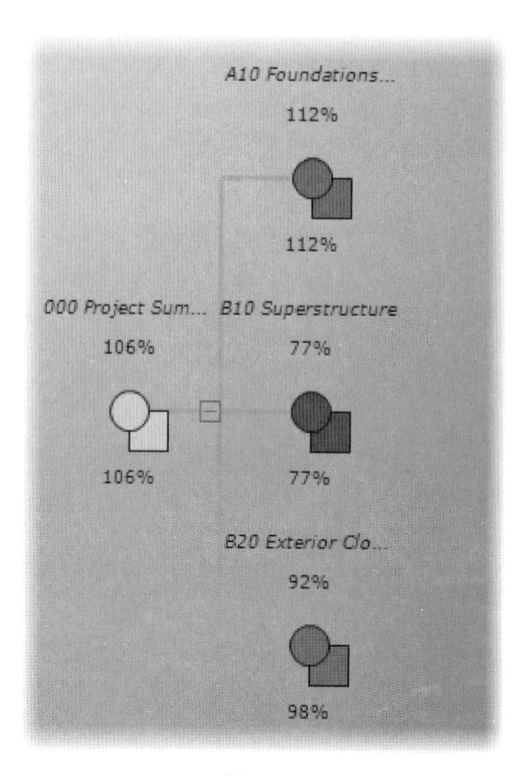

图 11-7

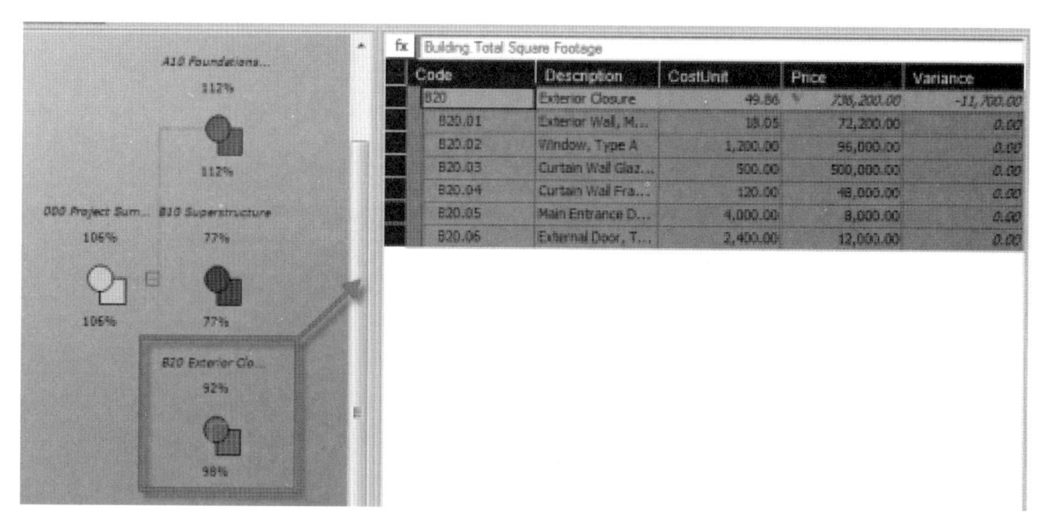

图 11-8

Cost Explorer tree 中一个 Assembly 的所选版本的内容将显示在 Cost planner 视图中。

11.4 使用亮显与过滤模式探究成本

Cost Explorer 在 Plan Cost 视图下以及 3D 视图下均有两种工作模式：Highlight 模式

以及 Isolate 模式。Highlight 模式会在 Cost Explorer Tree 中标记与选定的 Assembly 有关项;Isolate 模式将隐藏所有与选定的 Assembly 不相关项。使用亮显与过滤模式探究成本的具体步骤如下。

(1) 单击 Filter Selected 按钮 ,激活过滤模式。

(2) 在 Cost Explorer Tree 中选择一个 Assembly——属于已选择的 Assembly 中的 Assembly 和 Component 在 Cost Planner 视图中将会被过滤掉,如图 11-9 所示。

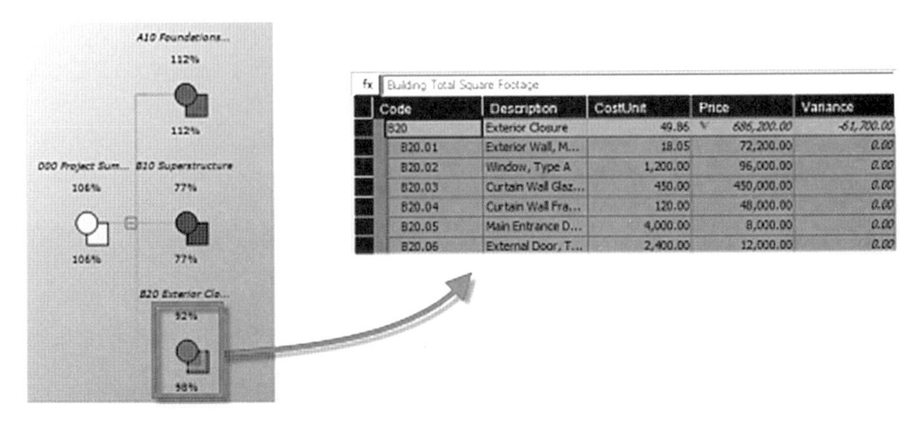

图 11-9

(3) 单击 Filter Selected 按钮  ,停止过滤模式(间接激活 Highlight 模式)。

(4) 在 Cost Explorer Tree 中选择一个 Assembly 的版本——该 Assembly 在未过滤的 Cost Planner 视图中被高亮显示,如图 11-10 所示。

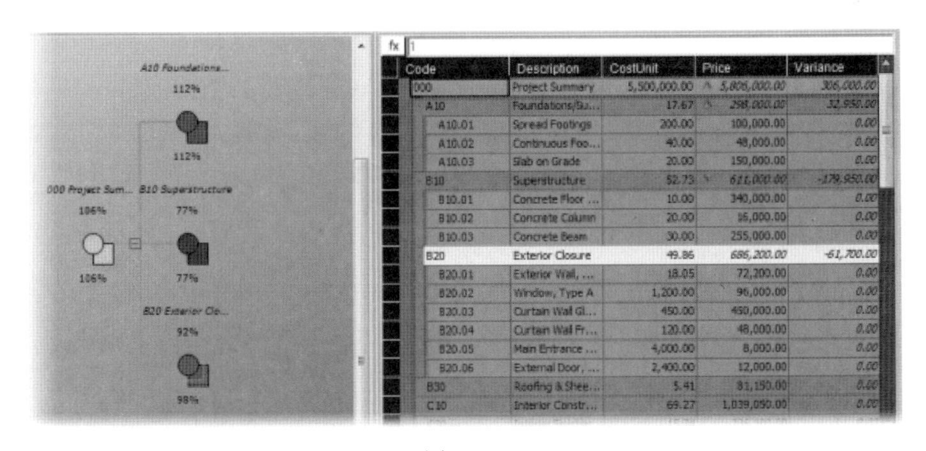

图 11-10

11.5　定义目标成本集

Target Cost Set 的结构是根据 Assembly/Component 结构自动创建的,并允许用户为

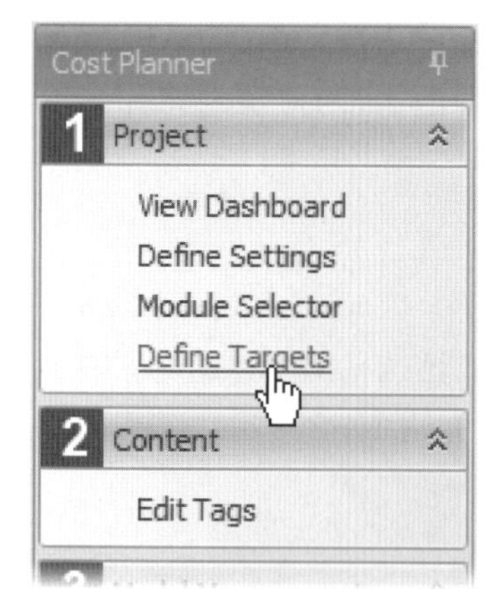

图 11-11

项目定义一个总预算，该预算随后可被分配到用户以 Assembly/Component 结构定义的项目的多个成本分配项中，具体步骤如下。

(1) 从 Workflow Panel 中打开 Define Targets(定义目标)工作流程项，如图 11-11 所示。

(2) Vico Office 将打开 Target Editor(目标编辑器)，同时显示用户在 Plan Cost 视图中定义的 Assembly/Component 结构。

(3) 在 Project Summary 行中为项目定义一个 Overall Target(总体目标)——在 Cost 单元格中输入一个值，如图 11-12 所示。

Target Cost Editor

Code	Description	Rate	Cost
000	Project Summary	100.00 %	6000000
A10	Foundations/Substructure	10.00 %	600000
B10	Superstructure	6.92 %	100
B20	Exterior Closure	6.92 %	415384.615384615
B30	Roofing & Sheet Metal	6.92 %	415384.615384615
C10	Interior Construction	6.92 %	415384.615384615
C30	Interior Finishes	6.92 %	415384.615384615
D10	Conveying Systems	6.92 %	415384.615384615
D20	Plumbing	6.92 %	415384.615384615
D30	H.V.A.C.	6.92 %	415384.615384615
D40	Fire Protection	6.92 %	415384.615384615
D50	Electical Systems	6.92 %	415384.615384615
E10	Equipment	6.92 %	415384.615384615
F10	Special Construction	6.92 %	415384.615384615
Z10	General Requirements	6.92 %	415384.615384615

图 11-12

(4) 分配预算(自上而下)到项目的 Assembly/Component 结构的各部分。一个层级上的预算分配有 2 种方法：输入预算的百分比，输入货币价值。完成的 Target Cost Set 可被立即使用，Target Cost Set 中的变化会直接反映在 Target to Cost 的对比之中。

11.6 组件成本与目标成本的对比

在 Cost Explorer 的 Cost to Target 对比模式中，可以进行项目中的 Assembly 的成本总和与 Target Cost Set 中为相匹配的 Assembly 定义的目标值的比较，如图 11-13 所示。Cost to Target 可以在 Define Targets 视图中进行定义。

在 Cost to Target 对比模式中，项目 Assembly 成本会与 Assembly 的目标值进行对比。

- Cost Plan 版本中的“Project”与 Target Cost Set 中的“Project”进行对比。
- Cost Plan 版本中的“A”与 Target Cost Set 中的“A”进行对比。
- Cost Plan 版本中的“B”与 Target Cost Set 中的“B”进行对比。

Cost to Target 对比具体步骤如下。

(1) 在 Comparison Mode Selector 中选择 Cost to Target 对比模式，如图 11-14 所示。

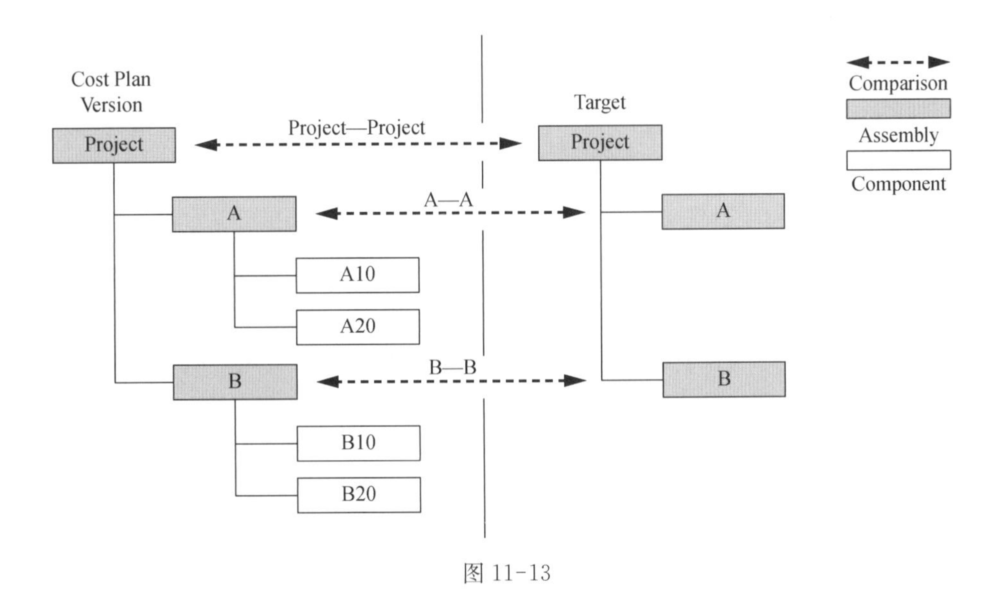

图 11-13

(2) 使用 Version Selectors 选择想探究的一个或两个 Cost Plan 版本。选择 Current Version 选项，在比较中显示当前状态的 Cost Plan，如图 11-15 所示。

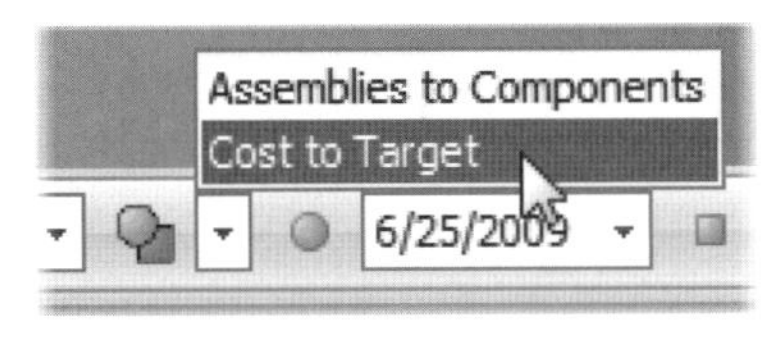

图 11-14

图 11-15

(3) 选择已定义的 Target Cost Set 或另一个 Cost Plan 版本作为 Target 进行对比，如图 11-16 所示。

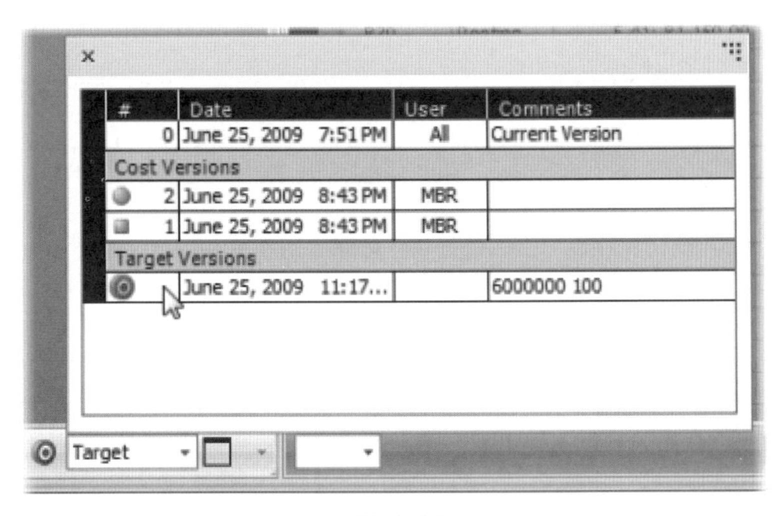

图 11-16

(4) Cost Explorer 将选定的两个 Cost Plan 版本的 Assembly 与选定的 Target 的 Assembly 进行对比,并以不同的颜色显示在 Cost Explorer's tree 中,而这些颜色分别对应着为每个 Assembly 计算出的差异百分比。

11.7 定义对比范围

对比范围决定 Assembly 的颜色,在 Cost Explorer tree 中显示为“正方形”和“圆形”。

一个 Assembly 的差异是以百分比的形式计算出来的。该百分比既可以是包含 Components(Assembly to Components 对比模式)的总和,也可是 Target(Cost to Target 模式)。百分比可以是以下四种对比范围中的一种:过高(红色),有风险(黄色),预算范围内(绿色),过低(蓝色)。

这些范围的区间可以用 Comparison Range Settings(对比范围设置)来进行定义,具体步骤如下。

(1) 单击功能区的 Range Settings 按钮 ,打开 Comparison Range Settings。

(2) Vico Office 会打开 Cost Comparison Range Settings(成本对比范围设置)对话框,从中用户可以为可用的对比范围设定各自的区间值,如图 11-17 所示。

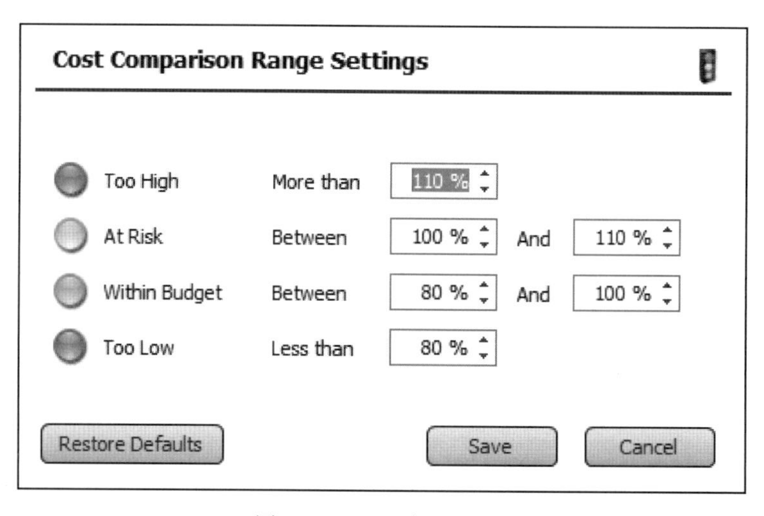

图 11-17 (见彩图十一)

(3) 单击 Save 按钮保存后,用户的变更会立即应用在 Cost Explorer tree 中。

第12章　定 义 位 置

Vico LBS Manager 允许用户在 Vico Office 内部环境中定义位置，以推动基于位置的 Quantity Takeoff，以及基于位置的成本和进度计划的起始点。Vico Office 中的成本和进度计划模块使用每个位置的工程量来计算人工、材料和设备数量，用以决定每个位置的工作时间。

在 Vico Office 中，LBS Manager 让改变位置（楼层和分区）成为可能，而无需回到建模的源 BIM 程序，如图 12-1 所示。在位置编辑过程结束时，工程量会进行更新和重新计算，因而可以分析和优化项目的阶段划分和区域划分，以得到最好的项目进度计划。

位置系统能够创建可选的位置分解结构，定义每个专业，而不需要维持单独的进度计划或者模型。

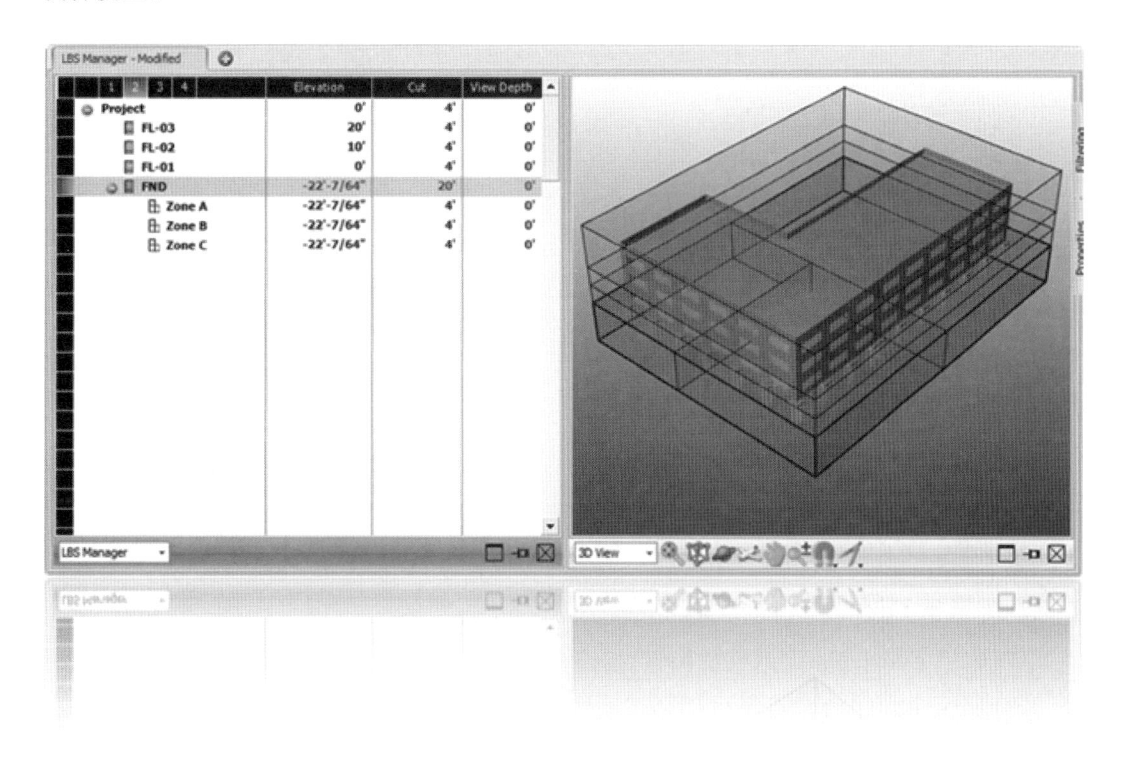

图 12-1

12.1　位置系统管理器用户界面

LBS Manager（位置系统管理器）用户界面如图 12-2 所示。

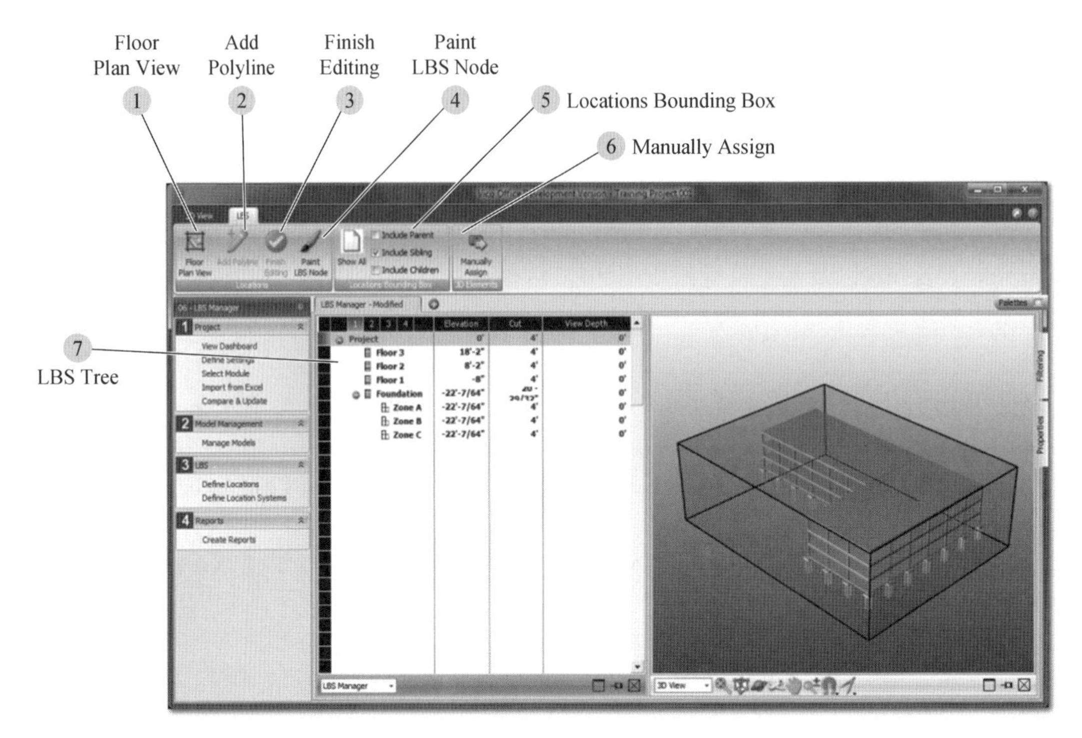

图 12-2

1 Floor Plan View

点击 Floor Plan View(平面规划视图)按钮激活位置编辑模式,同时也激活了在用户界面中编辑位置需要的一系列工具。在位置编辑过程结束时,所有受影响的构件都被分配到恰当的位置,并在重新激活项目模型时根据需要进行分离。

2 Add Polyline

在选择 Floor Plan View 后,Add Polyline(添加多线段)被激活,用户可定义所选楼层的分区边界。

3 Finish Editing

Finish Editing(完成编辑)按钮在开始使用 Floor Plan View 后被激活。按下此按钮将回到 3D 模型视图中,并应用于 Floor Plan View 中做出的更改。

4 Paint LBS Node

使用 Paint LBS Node(分配 LBS 节点),Location Bounding Boxes(位置边界框)可以被分配到位置中。

⑤ Locations Bounding Box

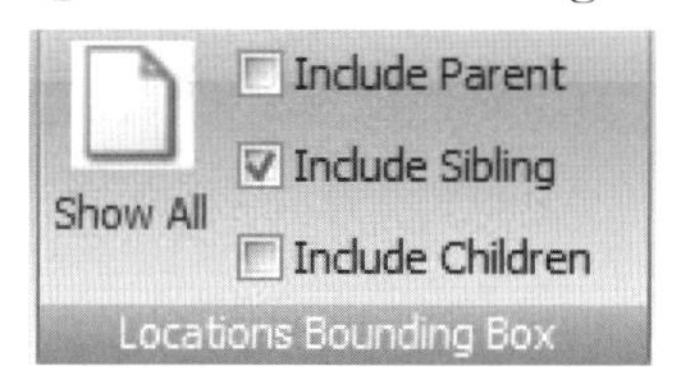

Locations Bounding Box(位置边界框)的可视性可以通过选择位置分解结构的层级来进行管理,选中的位置结构在三维视图中呈现半透明边框。

- 勾选 Include Parent(包括父项),会显示所选位置的父位置的边界框。
- 勾选 Include Sibling(包括同级项)之后,会显示所有与当前所选位置同一层级的位置的边界框。
- 勾选 Include Children(包括子项)之后,会显示所选位置下面所有的位置边界框。
- 勾选 Show All(显示全部)之后会显示项目中所有位置的边界框,而不管当前选择的位置是什么。

⑥ Manually Assign

Manuall Assign(手动分配)功能用来覆盖自动分配到位置中的 3D 构件,先选中位置,然后选择应包含的 3D 构件。

⑦ LBS Tree

1 2 3 4	Elevation	Cut	View Depth
Project	0'	4'	0'
Floor 3	18'-2"	4'	0'
Floor 2	8'-2"	4'	0'
Floor 1	-8"	4'	0'
Foundation	-22'-7/64"	20 - 29/32"	0'
Zone A	-22'-7/64"	4'	0'
Zone B	-22'-7/64"	4'	0'
Zone C	-22'-7/64"	4'	0'

LBS 树状图包括下面四列。

(1) Location,根据位置分解结构中的位置层级来对齐。列标题的数字表明 LBS 的层级。

(2) Elevation(高程)值显示高于项目原点的位置的标高。分区通常会跟它们的父项"楼层"位置处于同一标高。改变标高将导致所选位置的边界框底部向上移动,同时所选位置下面的位置边界框的上部也将向上移动。

(3) Cut(剪切)列的值表明了在 Floor Plan View 中看到的二维剖面在所定义的楼层标高上方的距离,默认值是 4′或 1.2 m。

(4) 通过 View Depth(查看深度),定义 Floor Plan View 到剖切高度的视图距离。默认值是 0 或 0 m,高于定义的楼层标高;提高此值将减少视图的深度,减少此值将会增加 Floor Plan View 的深度。

12.2 定义项目的空间边界

Project Bounding Box(项目的空间边界)需要详细指明,以决定需要由 Vico Office 分析的立体空间,并找到应该被计算工程量的三维构件。推荐在项目开始时定义 Project Bounding Box,并且选择适合整个项目,确保当项目添加额外的模型时不需要另外调整。

通过定义左下角和右上角的 XYZ 坐标系定义项目边界框,使一栋四层建筑被完全包含在第一个位置上,如图 12-3 所示。

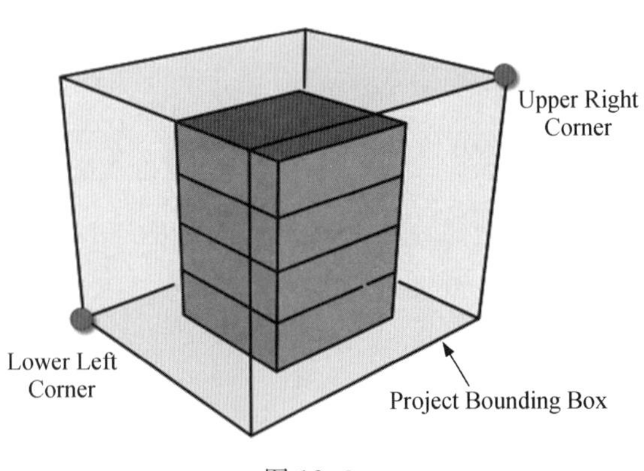

图 12-3

Project Bounding Box:四层建筑被完全包含在第一个位置上。

(1) 激活 LBS Manager 工作流程面板,如图 12-4 所示。

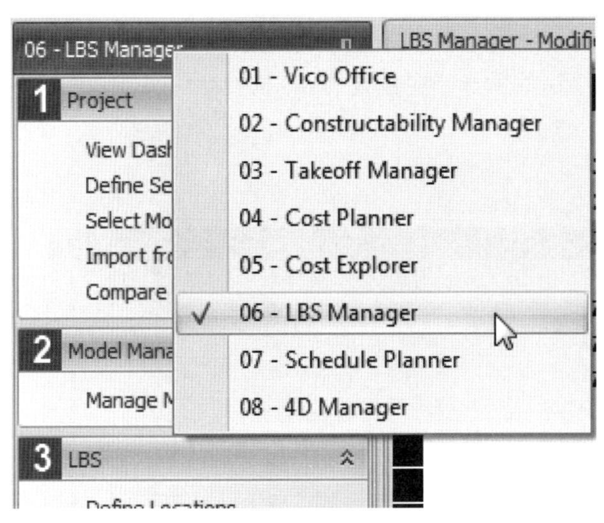

图 12-4

(2) 选择 Define Locations(定义位置)工作流程项,打开 LBS Manager。

(3) 右击 Project node(项目节点)并选择 Set Bounding Box Coordinates(设置边界框坐标),如图 12-5 所示。

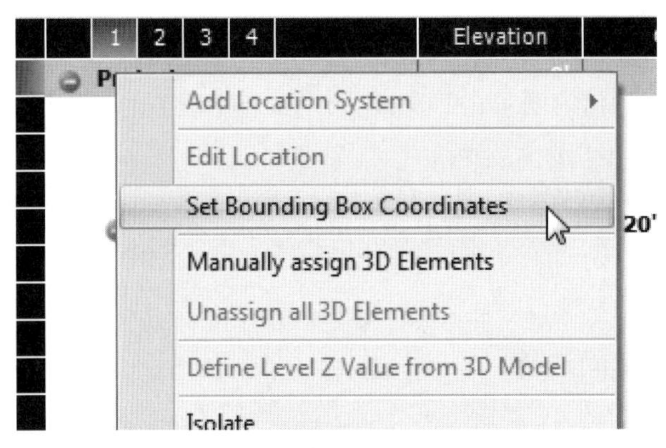

图 12-5

(4) 出现 Project Bounding Box(项目边界框)对话框,如图 12-6 所示。

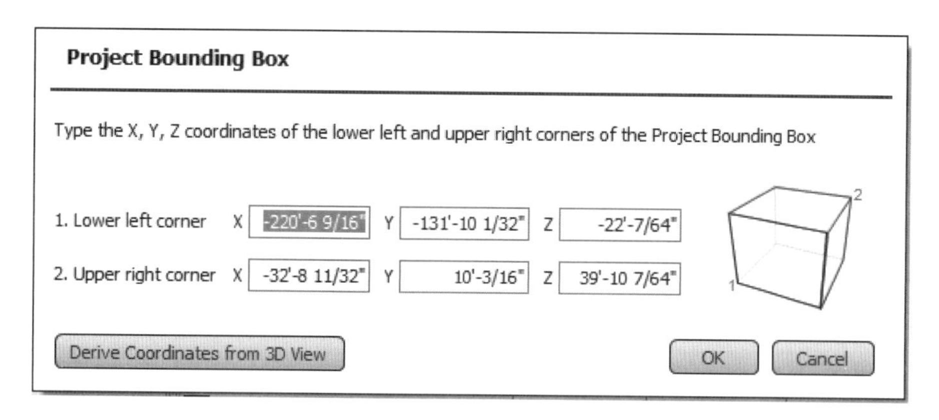

图 12-6

(5) 在对话框中,输入 Lower left corner(左下角)和(Upper right corner)右上角的 X、Y 和 Z 坐标,或者单击 Derive Coordinates from 3D View(从 3D 视图中导出坐标)按钮,将会在激活的模型中从其最高点和最低点向外偏移 30 ft/10 m 的位置返回一组坐标值。

【注】 如果不是所有模型都已被公布和/或者被激活,使用从三维视图中导出坐标功能时,边界框可能在后面需要重新定义,这通常会导致已经定义的 LBS 重新组织。

12.3 添加楼层

在 Vico Office 中,通过把项目的 Bounding Box 虚拟切割成较小的边框来定义位置。每个位置都有一个边界框,如果构件位于边界框的空间边界内,那么它将会被包含在一个位置中,如图 12-7 所示。

Project Bounding Box 包含全部的模型并可以自动生成。它与"项目"位置的默认值相关,并且当选择"项目"的 LBS node 后会变的可见。图 12-7 为初始项目边界框,一个四层建筑被完全包含在第一个位置上。

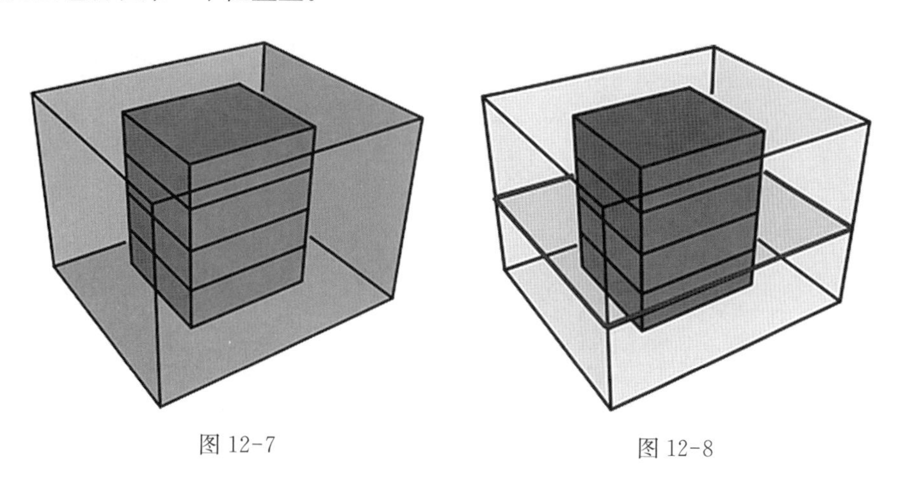

图 12-7　　　　图 12-8

通过在项目中添加楼层,项目边界框会分成两部分:下半部分包括下面的两层,上半部分包含上两层。重复这个过程,正确设置标高,楼层就被定义为 Vico Office 的位置分解结构，如图 12-8 所示。

Project Bounding Box 分成了两层。构件被自动分配到包含它们的位置中。

在项目中定义楼层位置的具体步骤如下。

（1）激活 06-LBS Manager 工作流程面板，如图 12-9 所示。

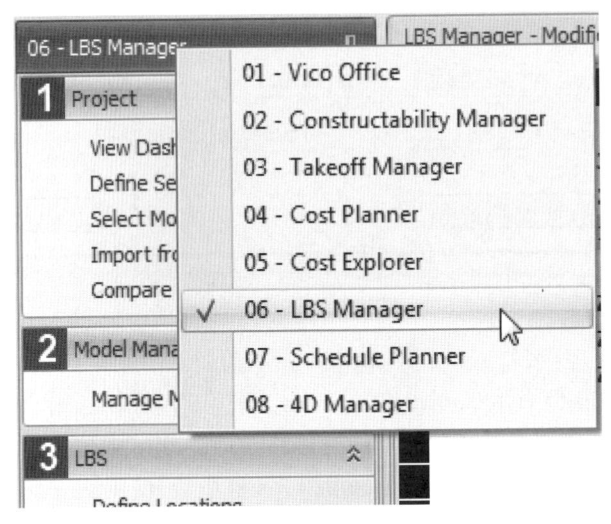

图 12-9

（2）选择 Define Locations 工作流程项打开 LBS Manager。

（3）右击 Project node，选择 Floor Split（层拆分），如图 12-10 所示。

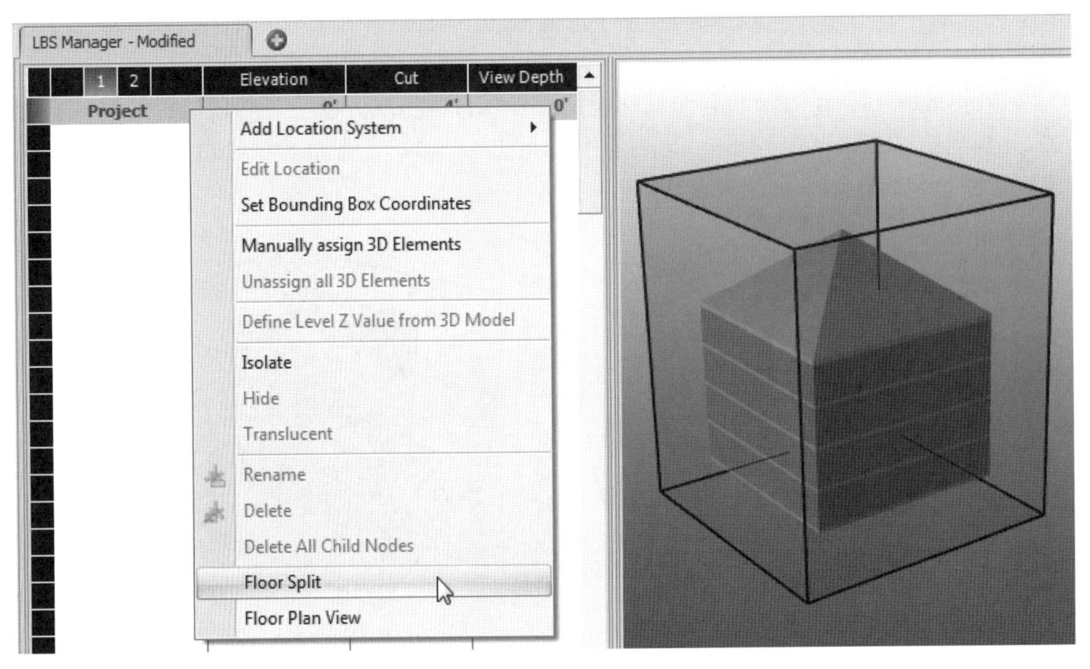

图 12-10

（4）两个新楼层位置被创建。按要求改变标高，如图 12-11 所示。

(5) 在为新的 Unnamed(未命名)位置改变名字之后,在 Edit Locations(编辑位置)区域单击 Finish Editing 按钮保存新的位置。单击 Cancel & Exit(取消 & 退出)放弃更改,如图 12-12 所示。

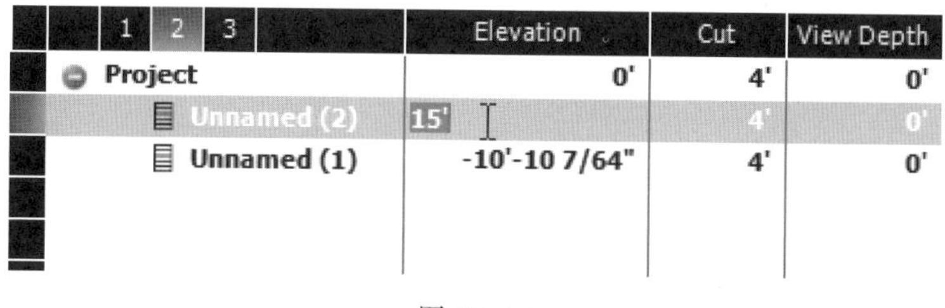

1 2 3	Elevation	Cut	View Depth
Project	0'	4'	0'
Unnamed (2)	15'	4'	0'
Unnamed (1)	-10'-10 7/64"	4'	0'

图 12-11

图 12-12

12.4 定义施工分区

LBS Manager 允许在楼层上绘制水平边界为上一级位置定义细分区域。边界是在 Floor Plan View 中定义的,这样易于在选定的位置画线。

当 Floor Plan View 被激活之后,会动态创建一个二维截面。二维截面有下列参数。

- Elevation:楼层的垂直(Z)位置,表示楼层边界框的底部。
- Cut:为了创建 Floor Plan View 而生成的截面在标高上方的距离,默认值是 4 ft/1.2 m。在 Floor Plan View 中,Cut 高度可以通过使用 Shift+滚轮进行动态调整。
- View Depth:标高下方的距离,定义 Floor Plan View 应延伸到标高以下的距离。增加该值意味着楼层下方的构件,楼板洞口将变得可见。在 Floor Plan View 中,View Depth 可以通过使用 Ctrl+滚轮进行动态调整,如图 12-13 所示。

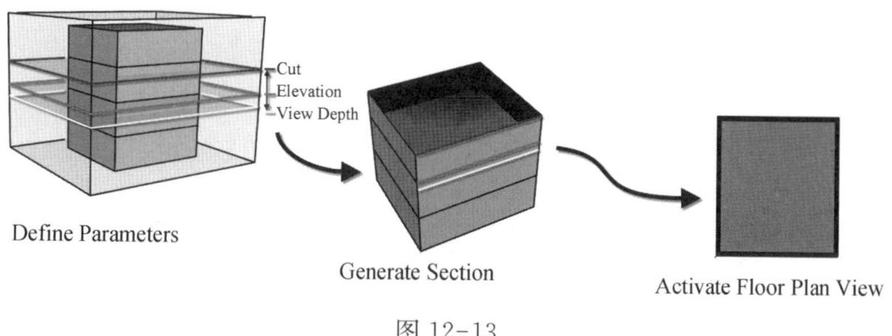

图 12-13

LBS 定义参数的一部分,如图 12-14 所示。

1 2 3 4	Elevation	Cut	View Depth
Project	0'	4'	0'
Floor 3	18'-2"	4'	0'
Floor 2	8'-2"	4'	1'
Floor 1	-8"	4'	0'
Foundation	-22'-7/64"	20'-29/32"	0'
Zone A	-22'-7/64"	4'	0'
Zone B	-22'-7/64"	4'	0'
Zone C	-22'-7/64"	4'	0'

图 12-14

定义施工分区的具体步骤如下。

(1) 激活 06-LBS Manager 工作流程面板，如图 12-15 所示。

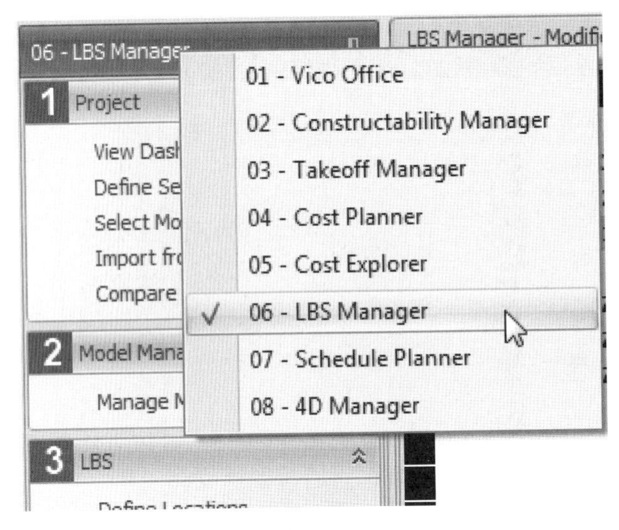

图 12-15

(2) 选择需要创建 zone(区)的 Location(Floor 或 zone)。为了 Floor Plan View 能正确表示，一定要检查 Elevation、cut 和 View Depth 参数。

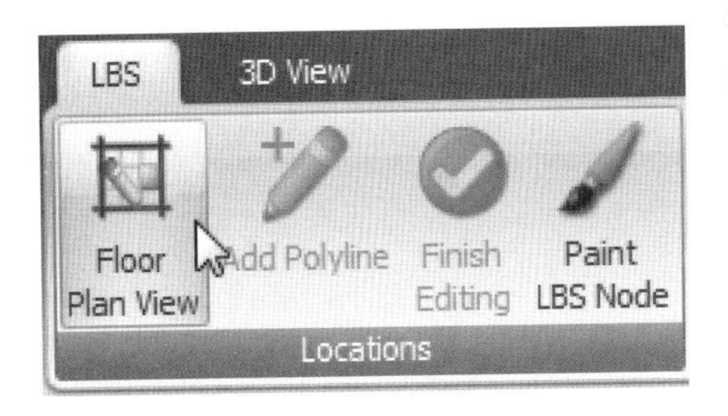

图 12-16

(3) 在 LBS 功能区中单击 Floor Plan View，或者右击从快捷菜单中选择 Floor Plan View，如图 12-16 所示。

(4) 在所选位置以及定义的 Elevation、cut 和 View Depth 参数的基础上，三维视图转变为 Floor Plan View，如图 12-17 所示。

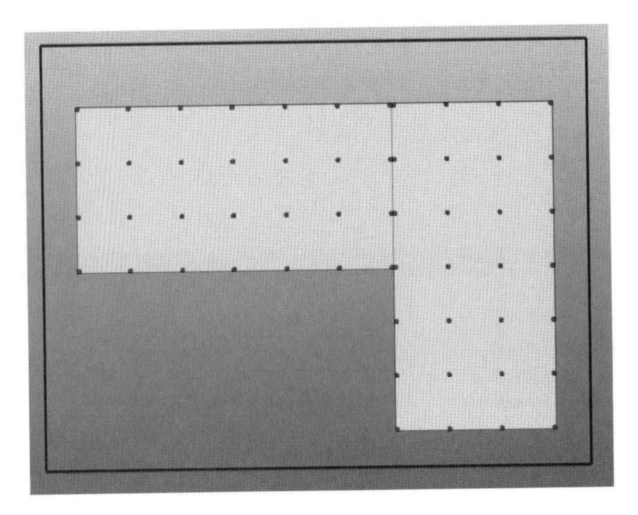

图 12-17

(5) 接着单击 Add Polyline 按钮。三维视图中的光标会变成铅笔,如图 12-18 所示。

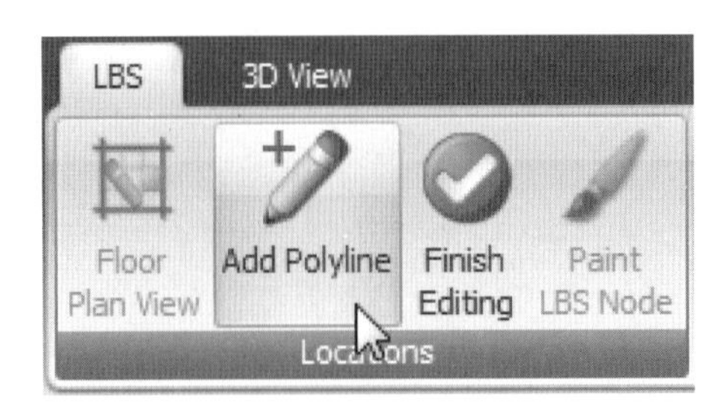

图 12-18

(6) 从三维视图中的 Snap Settings(捕捉设置)中选择想要的捕捉工具,如图 12-19 所示。

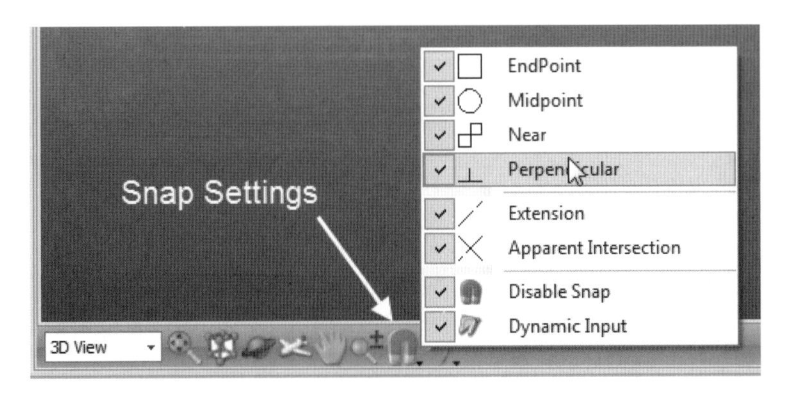

图 12-19

(7) 在位置边界外或者边界上绘制新的多线段,确保通过拆分父位置可以生成新的分区。操作失败将导致完成二维编辑工作后有废弃的多线段,如图 12-20 所示。

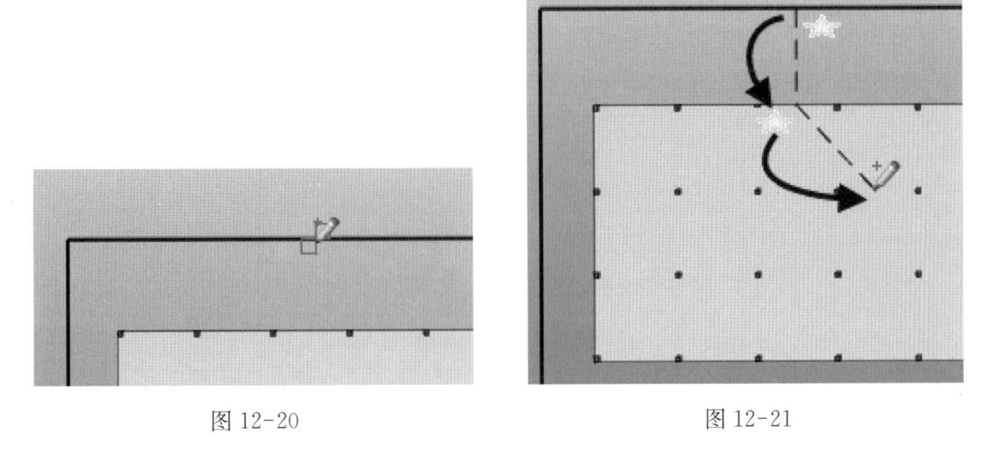

图 12-20　　　　图 12-21

(8) Floor Plan View 中,通过单击 Polyline 添加后续点来定义新的分区边界,按照需要捕捉模型的几何信息,如图 12-21 所示。

（9）通过在父位置的边界上或边界外单击并按下回车键完成新分区的创建。

注意新的位置已被添加在 LBS 树状图中。通过右击并选择快捷菜单中的 Rename 来对其进行重命名，如图 12-22 所示。

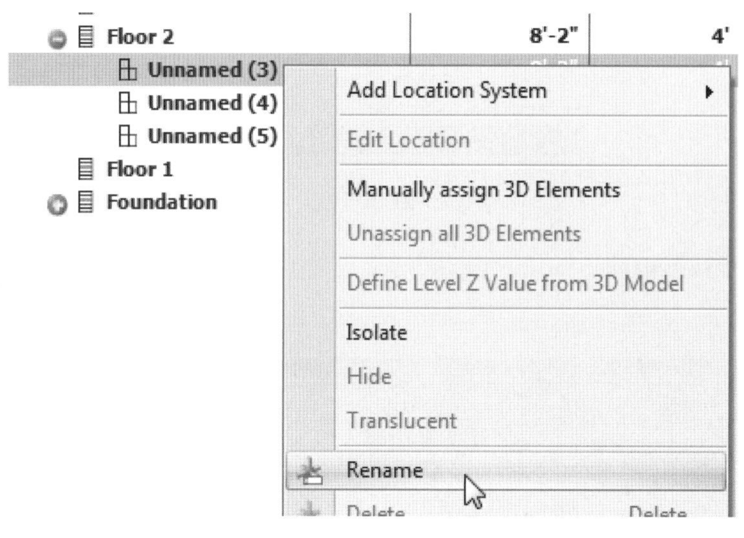

图 12-22

（10）根据需要重复（7）（8）（9）三个步骤，定义追加的分区边界。追加的多线段可以与新添加的多线段相连。

（11）完成所有要求的分区边界多线段之后，单击 Finish Editing 按钮，保存所定义的分区边界多线段，并保存三维模型，如图 12-23 所示。

图 12-23

【提示】 关于如何激活新分区和更新项目工程量的说明，请参阅更新项目主题。

【注】 除了定义跟其他多线段或者父位置边界相连的区域边界多线段之外，还可以定义“Islands”，如图 12-24 所示。

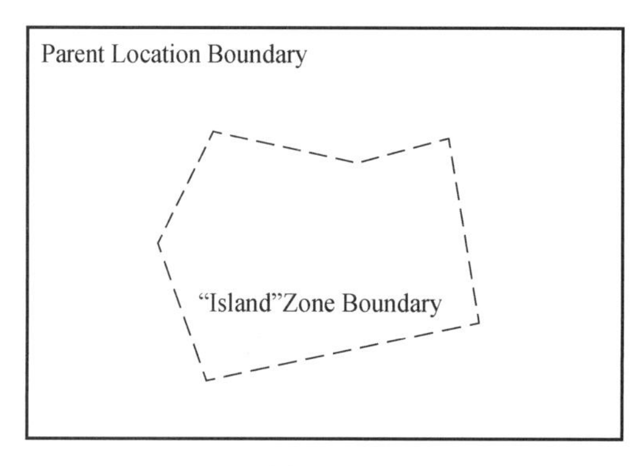

图 12-24

12.5　编辑分区

基于位置的进度计划的优化过程的一部分，就是用一种可以实现连续工作的方式优化工作位置的范围。通过在 LBS Manager 中添加或者移动楼层或区域，或者改变既有区域的边界，可以实现位置优化。

修改之前定义的分区边界的具体步骤如下。

(1) 在 Define Locations 视图中，选择包含应该被编辑的区域边界的位置并激活 Floor Plan View，如图 12-25 所示。

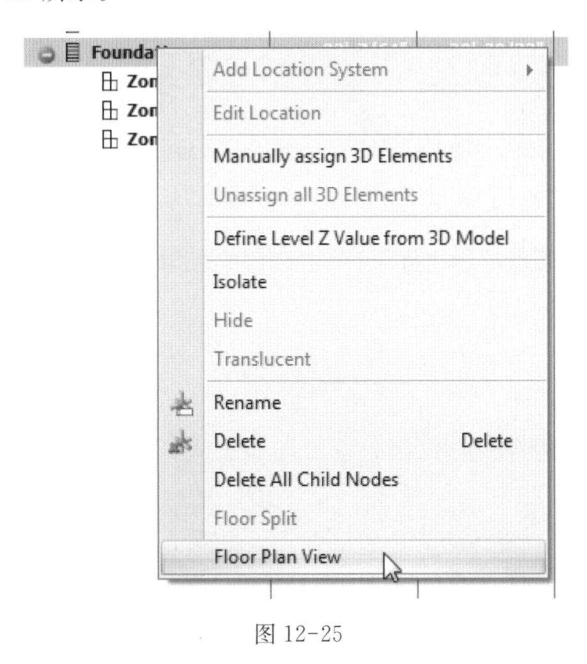

图 12-25

(2) 在 Floor Plan View 中，将光标悬停在先前定义的区域边界多线段上。多线段将被高亮显示，如图 12-26 所示。

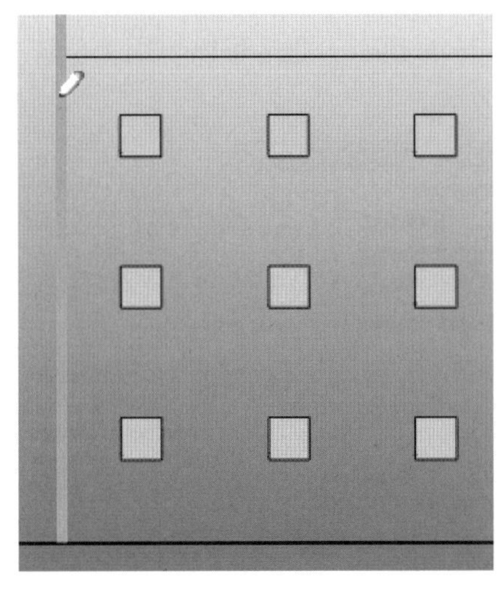

图 12-26

(3) 单击选择高亮的多线段。将会出现三个控制点,如图 12-27 所示。

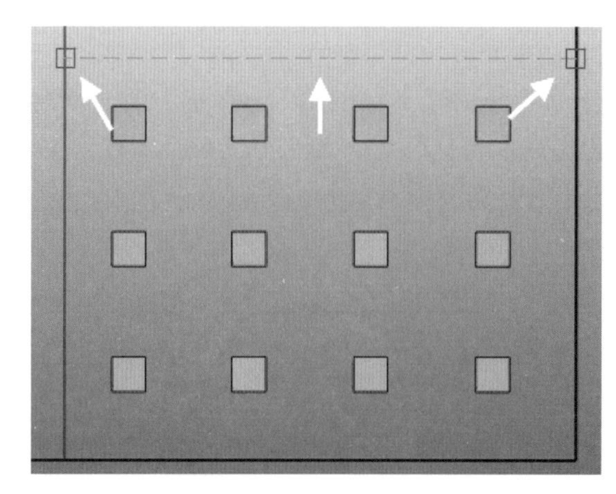

图 12-27 (见彩图十二)

(4) 单击蓝色的控制点扩展边界线;单击红色的控制点移动边界线。再次单击确定新的控制点位置,如图 12-28 所示。

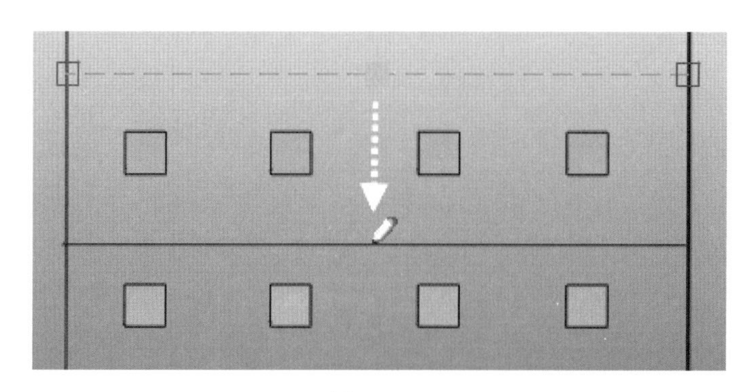

图 12-28

(5) 由多线段位置移动之前定义的所有既有区域将变成非空间位置,在 LBS 中这些位置名称会以斜体表示,如图 12-29 所示。之后可以使用为位置分配边界框部分中说明的步骤予以修正。

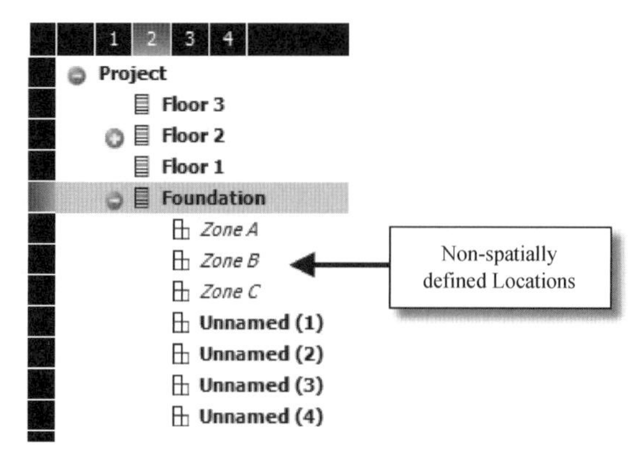

图 12-29

（6）按照 t 更新项目中的步骤，冻结和重新激活项目模型，以更新基于位置的工程量。

12.6　更新项目

在项目中添加了新的位置之后，项目中的构件需要重新激活以确定它们属于哪一个位置或者哪几个位置。这种重新激活是由 Manage Models 视图集完成的，具体步骤如下。

（1）从 Workflow Panel 中选择 Manage Models 工作流程项，如图 12-30 所示。

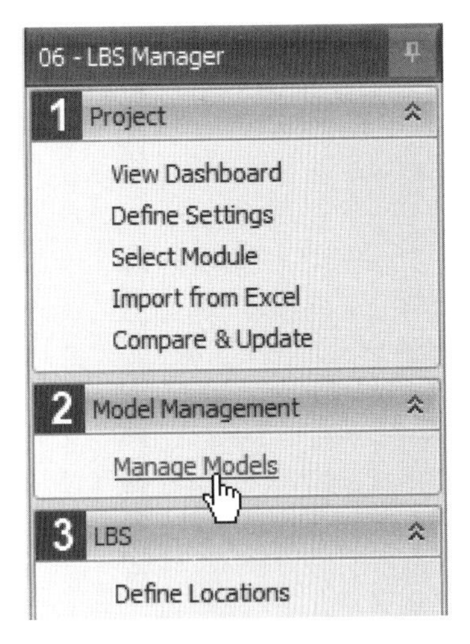

图 12-30

（2）冻结项目中所有的模型（至少是所有受位置编辑影响的模型）。右击模型从快捷菜单中选择 Deactivate，或者选择模型后单击功能区中的 Deactivate 按钮，如图 12-31 所示。

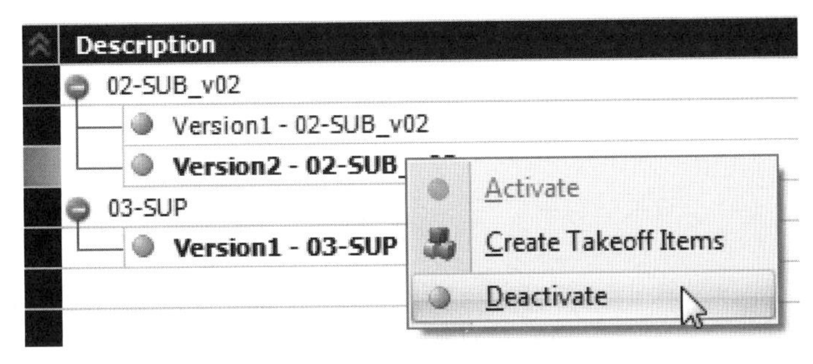

图 12-31

（3）在冻结过程完成之后，通过使用快捷菜单中的 Activate 选项重新激活模型，如图 12-32 所示。

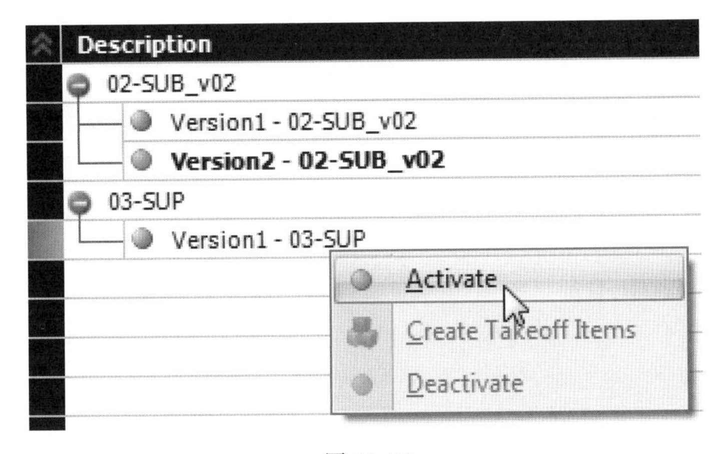

图 12-32

（4）选择 Define Locations 工作流程项，选择一个新区域。右击选择 Isolate 对包含在新位置中的构件进行重新检查和拆分，如图 12-33 所示。

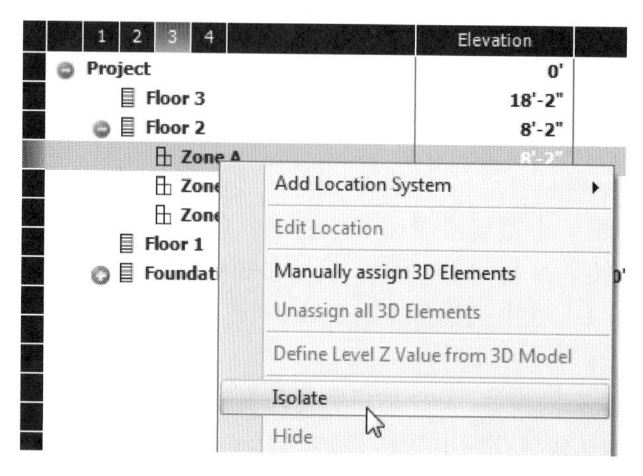

图 12-33

(5) 3D 视图中会显示新区域的边界框,包含隔离构件,如图 12-34 所示。

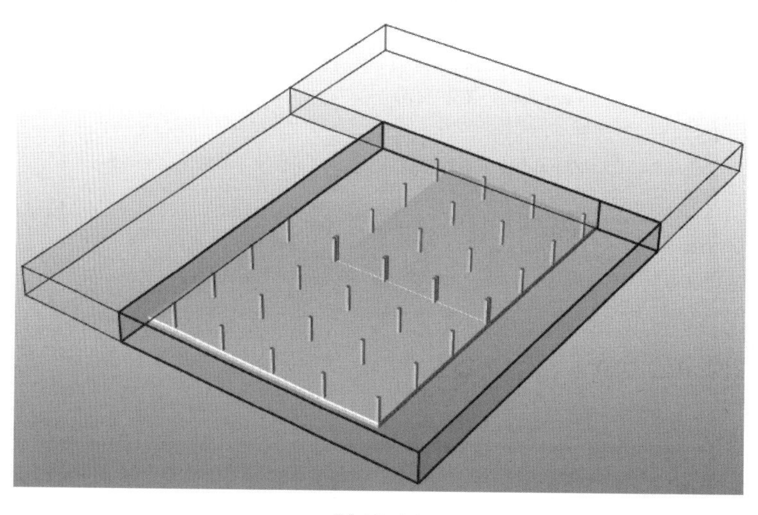

图 12-34

12.7 手动分配构件

在某些情况下,理想的情况是不拆分构件,而是将整个构件分配给特定的位置。手动分配构件能够提供此功能,具体步骤如下。

(1) 在 Define Locations 视图集中,在 LBS 中选择你想要分配构件的位置。相应的边界框在三维视图中会高亮显示,如图 12-35 所示。

(2) 在 LBS 功能区单击 Manually Assign 按钮 

,或者从快捷菜单中选择 Manually Assign 3D Elements(手动分配 3D 构件)选项。

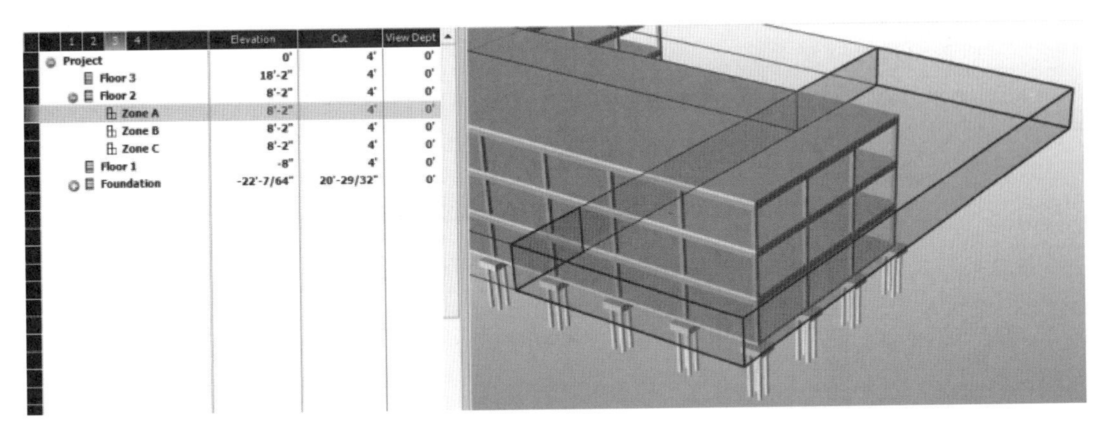

图 12-35

(3) 选择应该在三维模型的选择位置中分配的一个或者多个构件。当光标悬停在构件上时，构件会预高亮显示，以帮助选择正确的构件。单击左键进行选择，如图 12-36 所示。

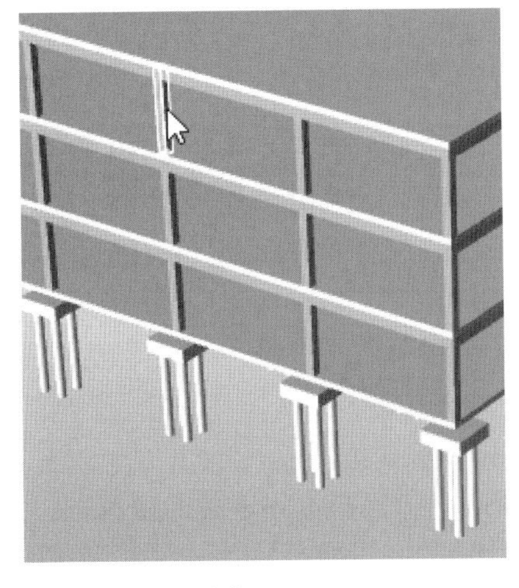

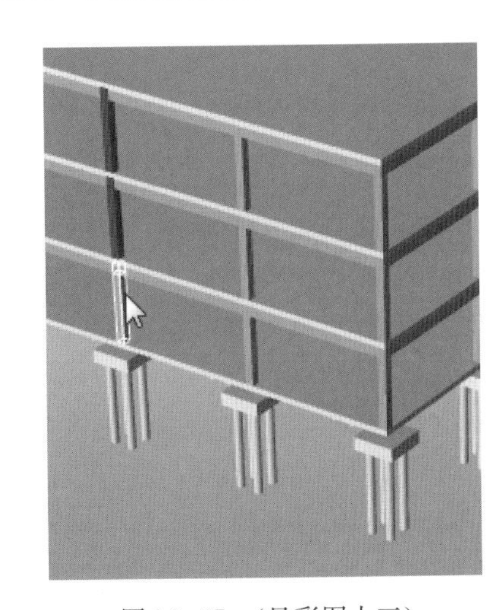

图 12-36　　图 12-37 （见彩图十三）

(4) 被选构件显示为红色，如图 12-37 所示。

(5) 按下回车键完成选择。LBS 树状图上将出现一个通知图标，表明该位置有手动分配的 3D 构件，如图 12-38 所示。

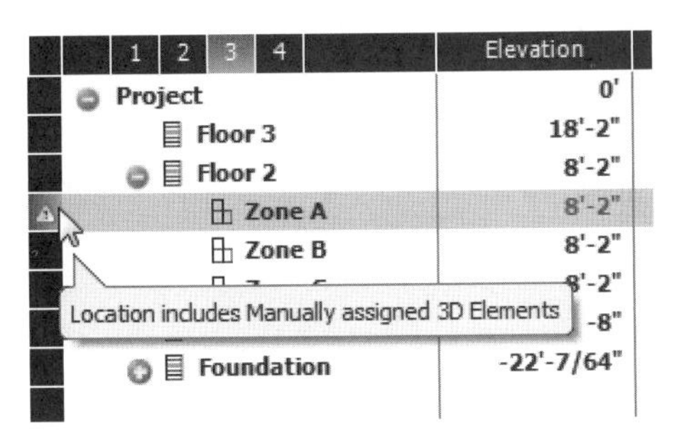

图 12-38

(6) 冻结和重新激活项目模型，来重新计算该项目中基于位置的工程量。(参阅本书“12.6　更新项目”)

(7) 为了移除位置上手动分配的构件，在位置上右击，从快捷菜单中选择 Unassign all 3D Elements(取消全部 3D 构件的分配)，如图 12-39 所示。

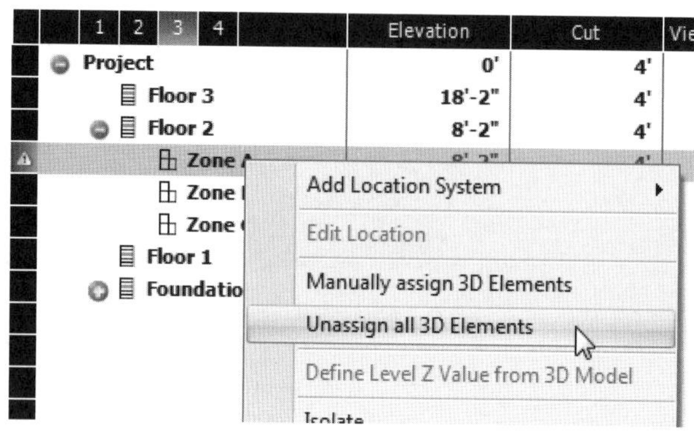

图 12-39

12.8　为位置分配边界框

位置可以作为 non-spatially defined(非空间定义)位置添加到 VicoOffice 项目中，这意味着 LBS 中包含该位置名称，但楼层或区域的定义不与之相关。非空间定义的位置可以从 Manage Takeoff 视图或从 Plan Schedule(进度计划)视图中添加，也可以通过移动边界改变现有区域位置获得(参阅本书“12.5　编辑分区”)。

【注】 强烈建议在打开 Plan Schedule 工作流程项之前完成这一步，因为如果工程量为零，Activity(在 LBS 位置中的任务)将会从进度计划中删除。

在非空间定义的位置分配位置边界框的具体步骤如下。

(1) 在 Define Locations 视图集中，打开 LBS 中包含非空间定义的位置，通过位置名称的斜体进行识别，如图 12-40 所示。

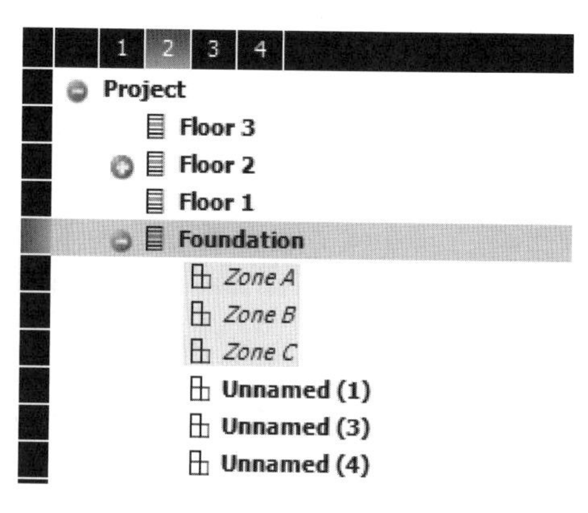

图 12-40

(2) 审查新 unnamed 的位置，并决定哪个未命名位置的边界框应该被分配到已选定的、既有但非空间的区域中，然后从 LBS 功能区单击 Paint LBS Node，如图 12-41 所示。

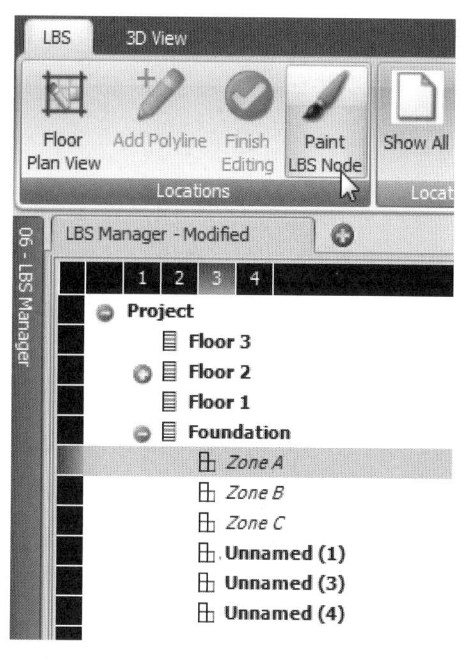

图 12-41

(3) 将光标悬停在可用的边界框上，光标会变成画笔刷。边界框 pre-highlighted(预高亮)显示，提示条显示 pre-highlighted 边框的名字。单击选中应分配给选定的非空间定义的位置的边界框，如图 12-42 所示。

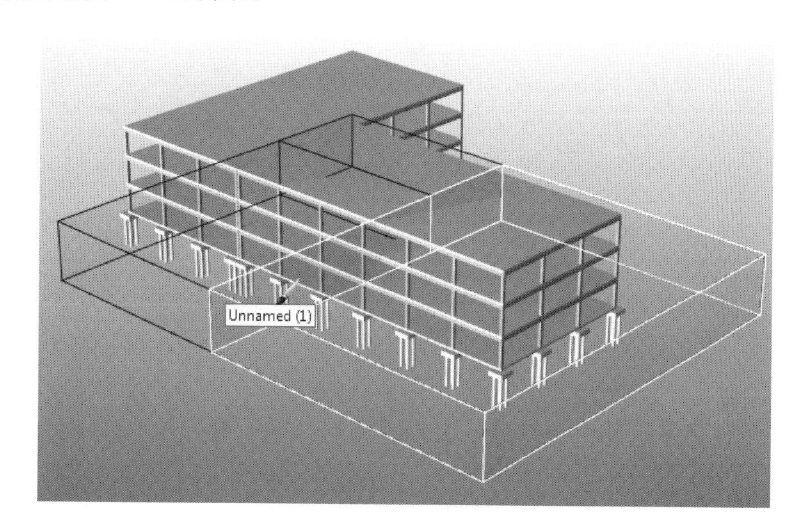

图 12-42

(4) 之前定义的非空间位置现在以粗体显示，得到边界框的位置以斜体显示。

第13章　任务管理

Task Manager(任务管理)作为 Schedule Planner 模块的一部分,通过映射成本 Assembly 和 Component 到已经定义的任务上来建立成本和进度信息之间的联系,如图 13-1 所示。成本 Assembly 和 Component 包括人工、材料和设备的工程量;Task Manager 可以使用该信息计算与任务相关的工作量,计算方法是运用以下公式将 Production Rate (生产率)应用于一个或者多个映射的 Assembly 或者 Component。

Component Quantity(工程量)×Production Rate(生产率)=(Haurs of Work)工时

Task Manager - Modified

Code	Name	Quantity	Unit	Hrs/Unit	Units/Hr	Work	Crew	Duration
+ 01-SUB-001	Layout Piles					112.00	Unnamed Crew	14.00
− 01-SUB-002	Drill, sink cage + cast piles					392.00	Unnamed Crew	16.33
− 31.63.00.010.0	CIP RC Pile	224.00	EA					
LPIL001	Piling Labor	392.00	HR	1.00	1.00	392.00		
M31.63.00...	CIP RC Pile - M...	2,352.00	FT					
+ 01-SUB-003	Grading for pilecaps					7.00	Unnamed Crew	0.88
+ 01-SUB-004	Layout Pile Caps					22.40	Unnamed Crew	2.80
+ 01-SUB-005	Form Pile Caps					235.20	Unnamed Crew	14.70
− 01-SUB-006	Rebar to Pile Caps					124.44	Unnamed Crew	15.56
− 03.21.00.060.0	Reinforcement ...	7.78	TON					
LCON004	Rodman	124.44	HR	1.00	1.00	124.44		
M03.21.00...	Re Steel - Pile ...	8.17	TONS					
+ 01-SUB-007	Concrete Pile Caps					46.67	Unnamed Crew	5.83
+ 01-SUB-008	Strip + Finish Pile Caps							0.00
− 01-SUB-011	Form Slab on Grade							0.00
− 03.11.00.160.0	Erect Forms to ...	364.22	SF					
LCON003	Formwork Carp...	50.99	HR					
M03.11.00...	Erect Forms - S...	364.22	SF					
+ 01-SUB-012	Rebar to Slab on Grade							0.00
+ 01-SUB-013	Concrete Slab on Grade							0.00
+ 01-SUB-014	Strip + Finish Slab on Grade							0.00

图 13-1

13.1　任务管理用户界面

任务管理用户界面如图 13-2 所示。

① New Task

所有的项目开始于一个空的任务列表。通过点击 New Task(新建任务)按钮添加一个任务内容到项目的任务集合。

② New Summary Task

Summary Task(汇总任务)包含了一组任务并且能够用于定义项目的工作分解结构(WBS)。New Summary Task(新建汇总任务)可向项目增加一个新的空的 Summary Task,从而可以通过拖放分配任务。创建新的 Summary Task 时所选择的任务将被自动包含在其中。

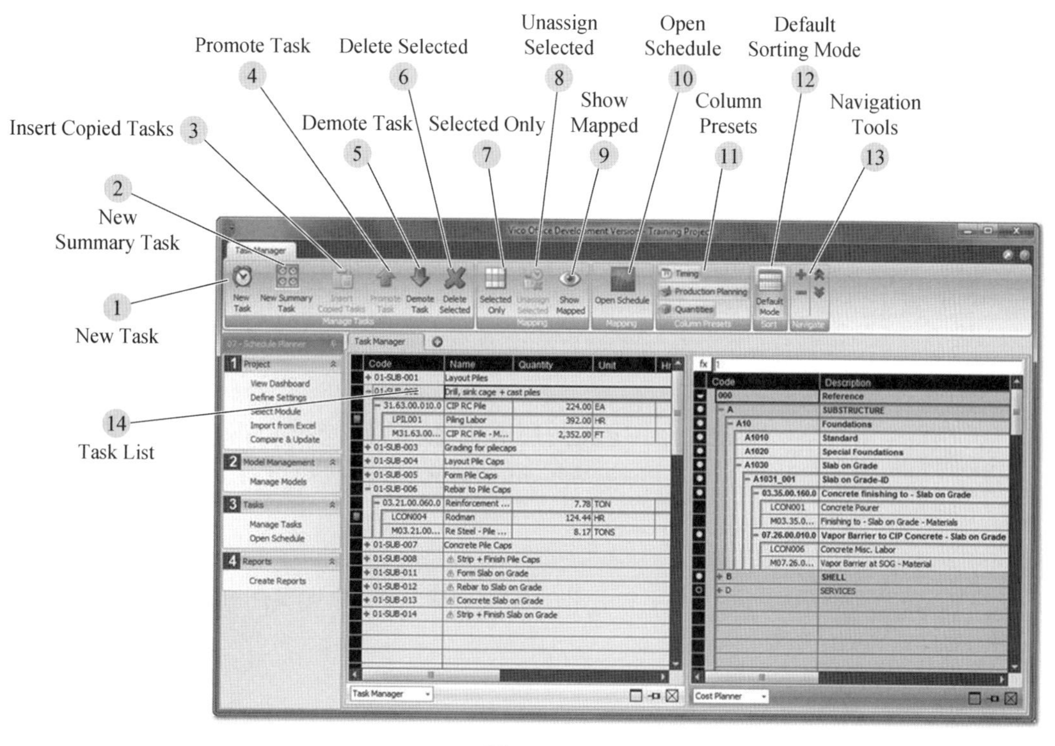

图 13-2

③ Insert Copied Tasks

从现有进度计划或者电子表格中复制任务内容能够快速启动新的 Vico Office 进度表。将任务内容复制于系统剪贴板之后，用 Insert Copied Tasks（插入复制任务）按钮将其插入到项目任务列表中。

④ Promote Task

Promote Task（升级任务）可将任务或者 Summary Task 移至 WBS 的上一层级，可一直升级直至达到“项目”层级。

⑤ Demote Task

Demote Task（降级任务）可将任务或者 Summary Task 移至 WBS 的下一层级。当任务从最高级降级时，它会自动包含在上面的任务中，这时上一任务转换为 Summary Task。

⑥ Delete Selected

Delete Selected 可删除当前选定的任务和/或 Summary Task。

⑦ Selected Only

当 Selected Only（仅选定）模式被激活时，只有选定的 Assembly 被映射到目标任务上，任何包含的 Component 都会被排除在外。

⑧ Unassign Selected

Unassign Selected（未分配选定）按钮可从一个任务中移除被选定的 Assembly 和 Component，并且将他们移回 Cost Planner view。

⑨ Show Mapped

在 Cost Planner 中的多层 Assembly/Component 成本结构能够为已经映射到任务的 Assembly 和 Component 提供有用的内容，并在 Cost Planner 视图中隐藏。Show Mapped（显示映射）模式能够显示这些 Assembly 和 Component 在成本规划中的原始位置，并标为灰色字体以表明这些项已经被映射到任务。

⑩ Open Schedule

在 Task Manager 中定义的所有任务可用于 Schedule Planner 模块下的 scheduling。点击 Open Schedule（打开进度）按钮可打开 Schedule Planner 视图。

⑪ Column Presets

Column Presets 提供预定义设置，能开启或关闭列的可见性。

⑫ Default Sorting Mode

Task Manager 视图中所有的列是可分类的，点击 Default Mode 按钮可恢复原始的顺序。

⑬ Navigation Tools

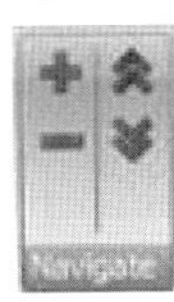

使用 Navigation Tools 按钮，任务列表可以按 WBS 层级来展开或收起（“＋”和“－”按钮），或者全部收起/展开（双箭头按钮）。

⑭ Task List

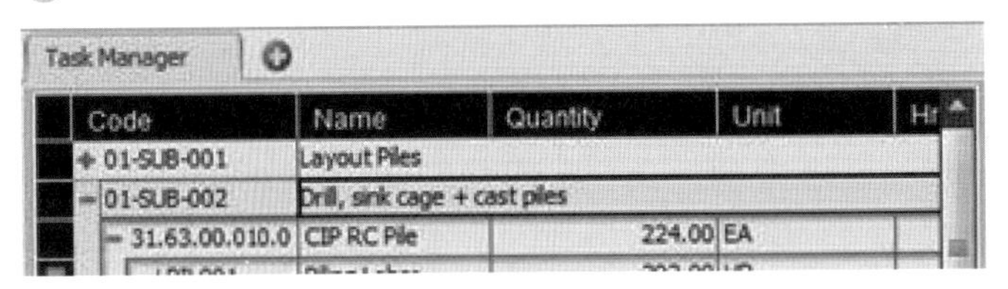

Task List（任务列表）是一个数据网格，从中可以定义项目的任务和 Summary Task 的集合。通过拖放操作，Component 和 Assembly 能够被映射到任务。通过为相关的 Assembly 和/或 Component 定义生产速率，可计算出一个任务的“工时”。

13.2 创建任务和映射成本项

Task Manager 创建任务的过程分为两步：①定义任务；②映射成本 Assembly/Component。具体步骤如下。

（1）激活 Schedule Planner 工作流程面板，如图 13-3 所示。

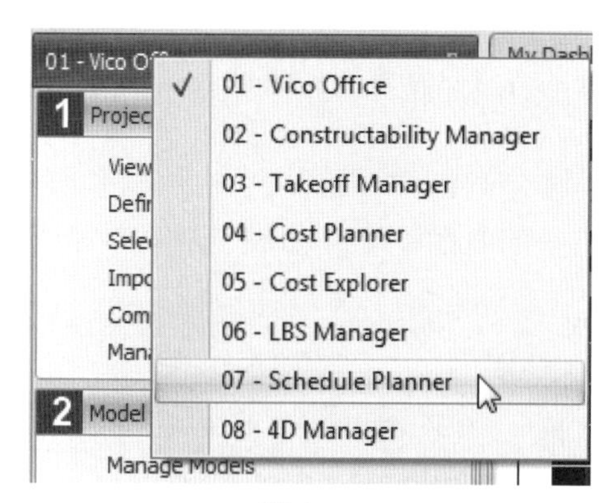

图 13-3

（2）从工作流程面板中，选择 Manage Tasks 工作流程项。

（3）在 Name 列中为新任务输入名字然后按回车键，如图 13-4 所示。

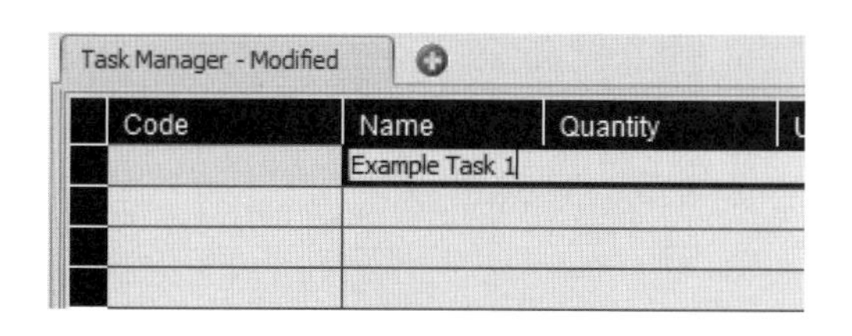

图 13-4

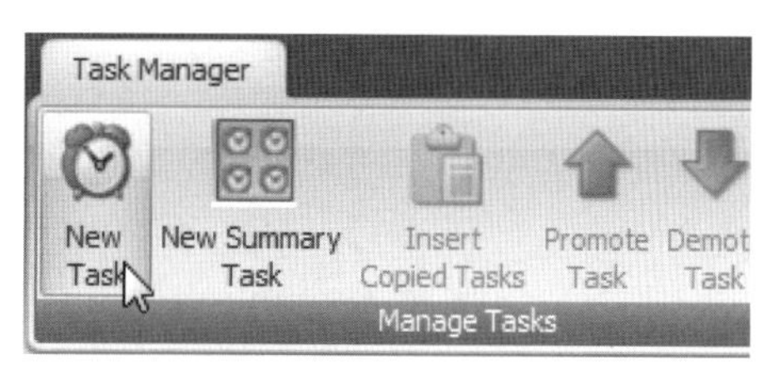

图 13-5

或者单击功能区中的 New Task 按钮，如图 13-5 所示。

（4）创建所需的任务集之后，计算 Assembly 和 Component 的人工、材料和设备数据即可被分配。这样做首先要查找相关的 Component 和 Assembly，并把它们拖放到适当的任务中，如图 13-6 所示。

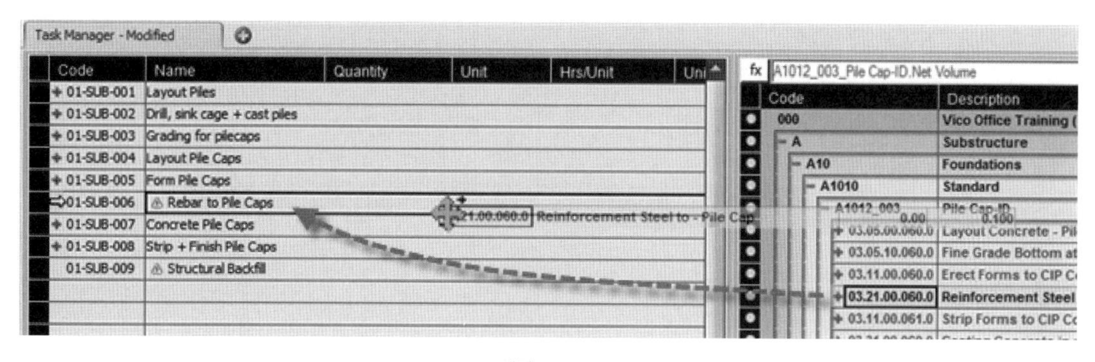

图 13-6

（5）为了确保所有的人工、材料和设备是进度计划中的一部分，重复步骤 1 到 4，直到视图集右侧的 Cost Planner 视图是空的。

（6）完成 Assembly 和 Component 跟任务列表的映射后，人工、材料和设备数据能用于计算完成任务所要求的工时。详细解释参阅计算工时。

13.3 复制任务

快速创建项目任务列表的方法是从现有的进度表或者电子表格中的任务名称标准列表中复制内容,具体步骤如下。

(1) 在包含一系列需要被复制的任务信息的程序中,选择 Task Name(任务名称)或 Task Code(任务编码),将选中的内容放置到系统剪贴板上,如图 13-7 所示。

	A	B	C
1	LS	CODE	TASK
2	SUB	01-SUB-001	Layout Piles
3		01-SUB-002	Drill, sink cage + cast piles
4		01-SUB-003	Grading for pilecaps
5		01-SUB-004	Layout Pile Caps
6		01-SUB-005	Form Pile Caps
7		01-SUB-006	Rebar to Pile Caps
8		01-SUB-007	Concrete Pile Caps
9		01-SUB-008	Strip + Finish Pile Caps
10		01-SUB-009	Structural Backfill
11		01-SUB-010	Install Vapour Barrier
12		01-SUB-011	Form Slab on Grade
13		01-SUB-012	
14		01-SUB-013	
15		01-SUB-014	
16	SUP	02-SUP-001	
17		02-SUP-002	
18		02-SUP-003	
19		02-SUP-004	
20		02-SUP-005	

Calibri 11
Cut
Copy
Paste
Paste Special...

图 13-7

(2) 在 Manage Tasks 工作流程项中,选择被复制的内容需要插入的位置,点击 Insert Copied Tasks 按钮,如图 13-8 所示。

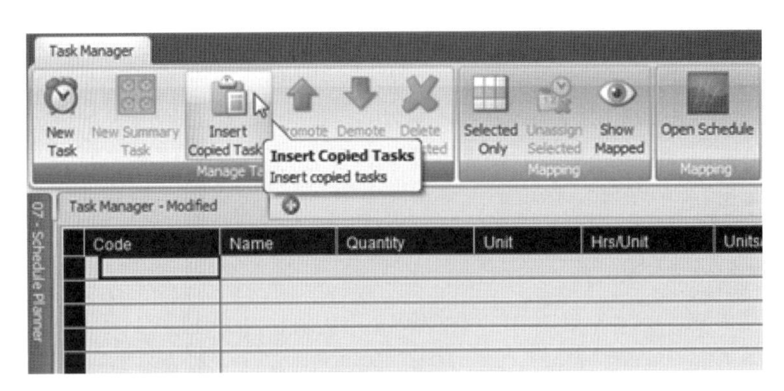

图 13-8

13.4 创建汇总任务

任务可以被归并到 Summary Task(汇总任务)来组织进度信息。Summary Level 的数目是不受限制的,任务可以自由地被纳入或者从 Summary Task 中排除。创建 Summary

Task 的方法有两种。

方法 1

(1) 在 Manage Tasks 工作流程项中,选择要被纳入 Summary Task 的任务,如图 13-9 所示。请确保 Summary Task 位于选定的任务之上。

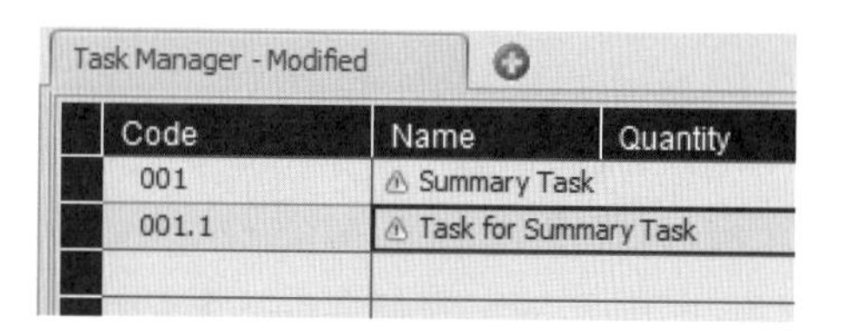

图 13-9

(2) 单击功能区的 Demote Tasks 按钮:任务被缩进,并且将被纳入位于它之上的自动转换成 Summary Task 的任务中,如图 13-10 所示。

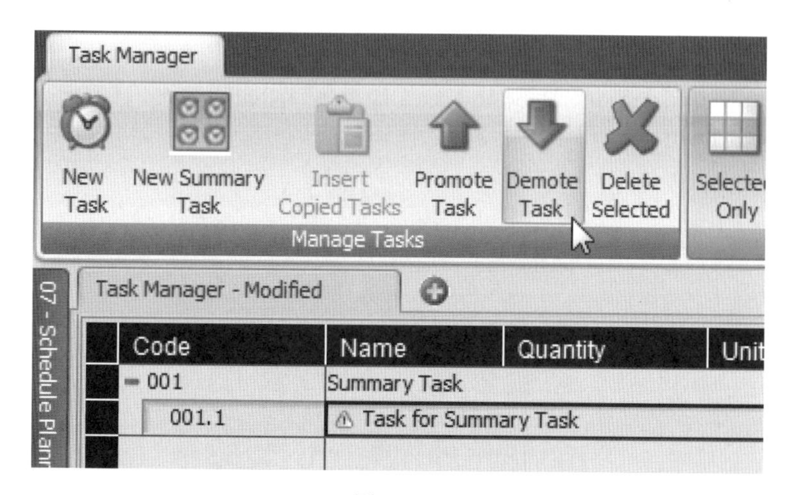

图 13-10

【注】 Summary Task 不能包含任何任务的工期计算。当一个任务被转换成 Summary Task 时任何现有的计算都会被移除。

方法 2

(1) 在 Manage Tasks 工作流程项中,选择要被纳入 Summary Task 的任务。

(2) 单击功能区的 New Summary Task 按钮,如图 13-11 所示。

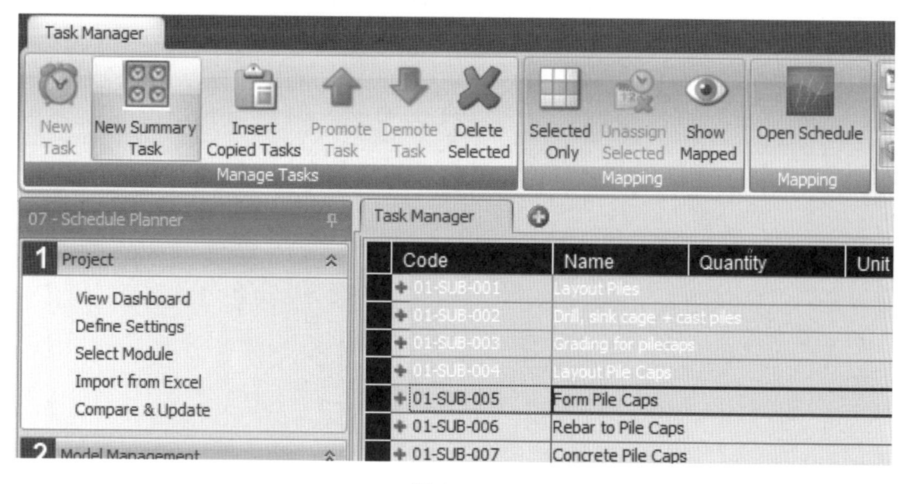

图 13-11

(3) 一个新的 Summary Task 被创建，被选中的任务也已经纳入其中。

13.5 计算工时

如何使用 Assembly/Component 的工程量来计算任务的工时

在 Vico Office Schedule Planner 中，通过分配给任务的 Component 或 Assembly 的总工时，可计算出任务的工作量，这被认为是 Task Driver（任务驱动）。一个任务驱动 Component 的工程量乘以一个 Production Rate，会得出完成任务驱动 Component 范围需要的工时。简单地说：

任务的工时＝所有任务驱动 Component 的总和＝Component 工程量×Production Rate

例如，任务"Reinforcement of Foundation Beams"（加固基础梁）有两个 Assembly 映射到它，每个 Assembly 中有两个 Component，可用于计算 Assembly 需要的人工和材料。

Task: Reinforcement of Foundation Beams	
Assembly: Foundation Beam A Rebar	10.0
Component: Rebar Labor	50.0
Component: Rebar Steel	0.4
Assembly: Foundation Beam B Rebar	10.0
Component: Rebar Labor	50.0
Component: Rebar Steel	0.4

图 13-12

人工 Component 被认为是任务驱动，因此被分配了一个 Production Rate。此 Production Rate 乘以 Component 的工程量得到工时。对这些工时求和，就得到了任务的工时，如图 13-13 所示。

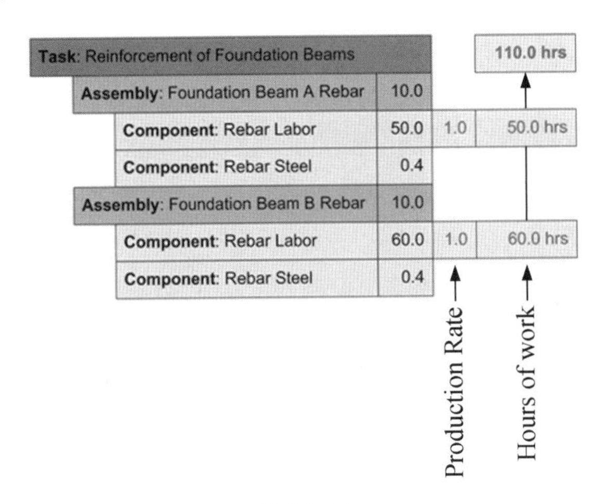

图 13-13

在 Schedule Planner 中工时的值除以被分配的班组数，得到任务的 Duration（工期）。

(1) 在 Manage Tasks 工作流程项中，首先创建任务和映射成本 Assembly/Component。

(2) Task Manager 用通知图标 ⚠ 来表明成功计算任务工期需要的信息丢失，如图 13-14 所示。将鼠标悬停在该图标以获取丢失信息的有关信息：in this case, no Production Rate has been defined, yet(在这种情况下，尚未定义生产率)。

Task Manager - Modified

Code	Name	Quan..	Unit	Hrs/Unit	Units/Hr	Work
+ 01-SUB-001	Layout Piles					28.00
+ 01-SUB-002	Drill, sink cage + cast piles					392.00
+ 01-SUB-003	Grading for pilecaps					7.00
+ 01-SUB-004	Layout Pile Caps					22.40
+ 01-SUB-005	Form Pile Caps					235.20
− 01-SUB-006	⚠ Rebar to Pile Caps					
− 03.21.00.060.0	Reinforcement Steel to - Pil...	7.78	TON			
LCON004	Rodman	124.44	HR			
M03.21.00...	Re Steel - Pile Cap - Materials	8.17	TONS			
+ 01-SUB-007	Concrete Pile Caps					46.67

图 13-14

(3) 单击 Hrs/Unit(小时/工时)或者 Units/Hr(工时/小时)列表来定义认定为任务驱动的 Component 的 Production Rate，并输入经验值，如图 13-15 所示。假如人工以“小时”计算，Production Rate 可以为“1”，因为人工的工时数已经在 Cost Plan 中计算过。

Task Manager - Modified

Code	Name	Quan..	Unit	Hrs/Unit	Units/Hr	Work
+ 01-SUB-001	Layout Piles					28.00
+ 01-SUB-002	Drill, sink cage + cast piles					392.00
+ 01-SUB-003	Grading for pilecaps					7.00
+ 01-SUB-004	Layout Pile Caps					22.40
+ 01-SUB-005	Form Pile Caps					235.20
− 01-SUB-006	⚠ Rebar to Pile Caps					
− 03.21.00.060.0	Reinforcement Steel to - Pil...	7.78	TON			
LCON004	Rodman	124.44	HR	1		
M03.21.00...	Re Steel - Pile Cap - Materials	8.17	TONS			

图 13-15

(4) Task Manager 现在开始计算 Component 的工时量，并且汇总到任务层级。row indicator 的图标显示哪个 Component 被用作任务驱动，如图 13-16 所示。

Code	Name	Quan..	Unit	Hrs/Unit	Units/Hr	Work
− 01-SUB-006	Rebar to Pile Caps					124.44
− 03.21.00.060.0	Reinforcement ...	7.78	TON			
LCON004	Rodman	124.44	HR	1.00	1.00	124.44
M03.21.00...	Re Steel - Pile ...	8.17	TONS			
+ 01-SUB-007	Concrete Pile Caps					46.67

图 13-16

(5) 完成上述步骤后，任务会有许多工时数。现在缺少的是进度计划的逻辑、班组分配和进度优化，这些会在 Schedule Planner 视图中完成。

第14章　进度计划

Schedule Planner 是 Vico 的基于位置的进度计划程序，能够为工程项目快速地创建进度计划，制定明确直观的进度安排，显著提高项目计划。由此产生的项目计划将提供用于生产工作控制流程的输入，进一步在生产阶段大幅度提高生产力。Schedule Planner 通过创新控制和过程中的项目风险管理帮助提高项目的管理水平。

Schedule Planner 支持强大的管理工程项目的方法，这基于 Vico Office 中位置分解结构(LBS)定义的基于位置的工程量信息。基于位置的管理方法允许复杂的计划和排程，包括任务计划、前瞻性的详细计划、风险管理、资源管理和平衡、采购计划、物流以及成本规划，如图 14-1 所示。基于位置的管理系统(Location-Based Management System，LBMS)帮助监控进展，识别问题，开始控制行为，以及在最有利的时候提供管理项目需要的信息。

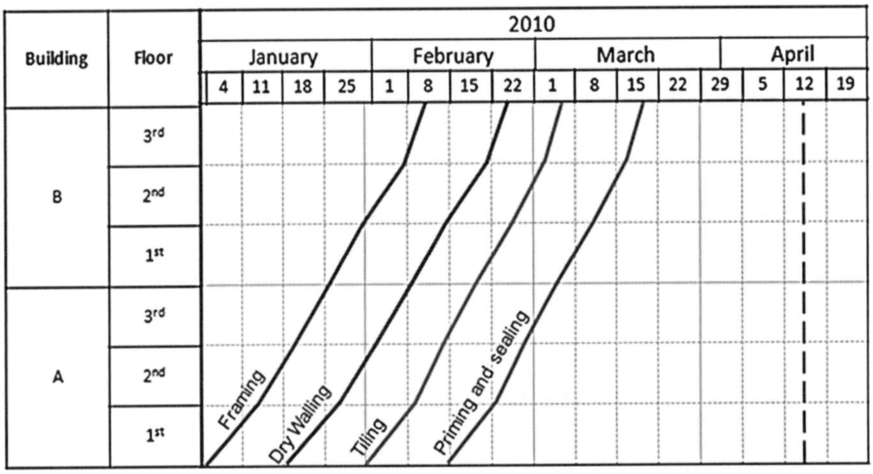

图 14-1

14.1　项目设置

项目设置界面如图 14-2 所示。

① Project Name

Project Name(项目名称)指的是 Vico Office Dashboard 赋予的项目名字。

② Start

Start(启动)代表项目计划开始日期。

③ Deadline

Deadline(最后期限)代表项目的计划结束时间。

④ Shift Length

使用 Shift Length(班次长度)可以定义项目默认的工日长度。班组的总工时除以此数

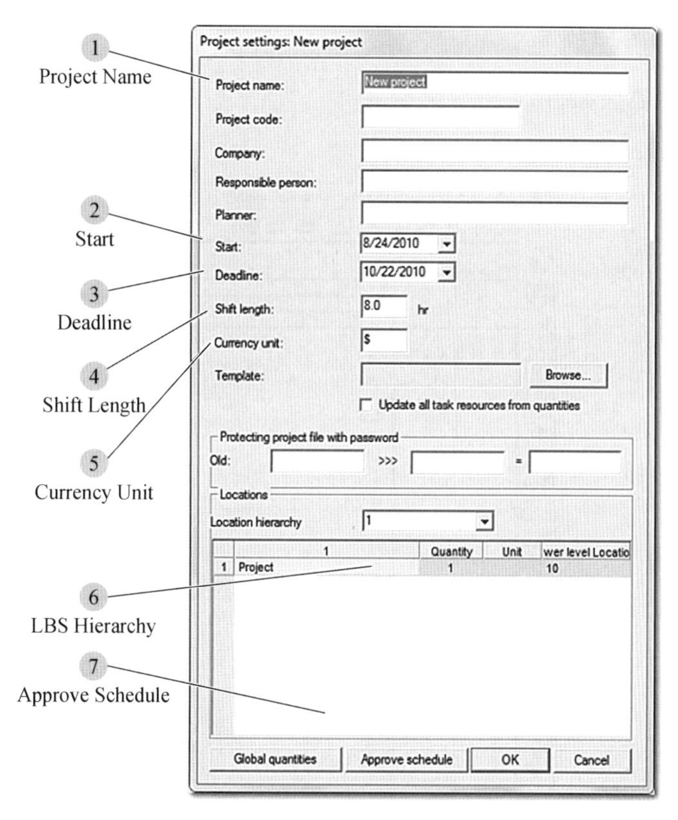

图 14-2

可以确定班组的工作班次。

⑤ Currency Unit

Currency Unit(当前单位)定义了项目中所有成本计算的单位。

⑥ LBS Hierarchy

LBS Hierarchy(位置等级层次)显示 LBS Manager 定义的 Location Breakdown Structure(位置分解结构)。

⑦ Approve Schedule

通过 Approving the Schedule(批准进度)可为项目创建一个基准。

启动 Schedule Planner 视图后定义进度属性的具体步骤如下。

(1) 从 Project 菜单列表中选择 Project settings...,如图 14-3 所示。

(2) 在 Project Settings 对话框中,按要求改变 Start Date、Deadline 和 Shift Length、Project Name 和 Project Code 在 Vico Office Dashboard 视图中的定义。

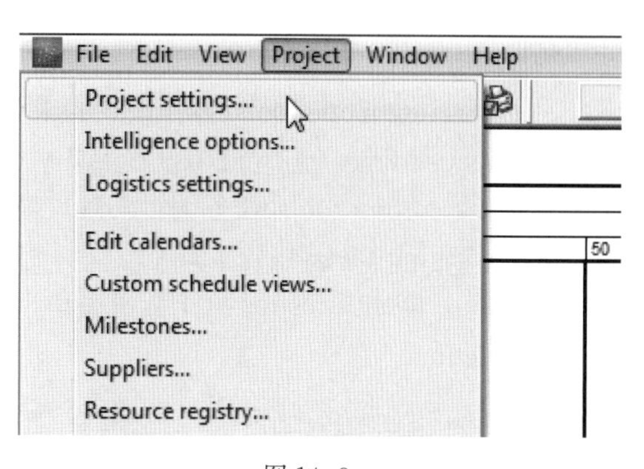

图 14-3

14.2 进度计划用户界面

进度计划用户界面如图 14-4 所示。

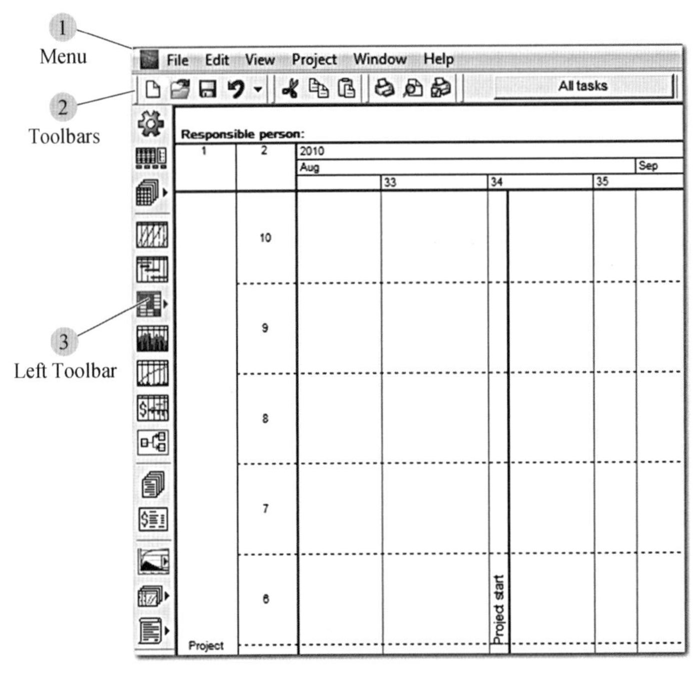

图 14-4

Schedule Planner 的大部分特性被归并于工具栏。工具栏可通过 View-menu-Toolbars(窗口—菜单—工具栏)开启/关闭。

工具栏和其主要功能如下。

- Tools:上图在左边的工具栏。
- Basic tools(基本工具):新建项目,打开文件,保存项目,等等。
- View Control tools(视图控制工具):进度选择器,缩放。
- Printing tools(打印工具):预览,打印。
- Flowline tools(流线图工具):新任务,拆分,画图,创建逻辑关系,等等。
- Gantt chart tools(甘特图工具):编辑层级,升级/降级任务,等等。
- Operating mode tools(操作模式的工具):计划/控制/历史模式选择器。
- View settings tools(视图设置工具):显示预测,实际,周末,等等。
- Task editing tools(任务编辑工具):复制,粘贴,等等。
- Reporting tools(报告工具)。
- Bill-of-Quantities tools(工程量清单工具)。

① Menu

File Edit View Project Window Help

② Toolbars

③ Left Toolbar

左边的工具栏用于打开为控制项目安排进度时最需要的视图。菜单有一些大多数用户不经常使用的功能。工具栏有用户编辑任务、逻辑关系或者视图时需要的特性。

• Project settings:用来设置项目基本数据

• Spreadsheet menu(电子表格菜单):

▲ Risk levels(风险等级)
▲ Milestones(里程碑)
▲ Resource Registry(风险注册)
▲ Suppliers(供应商)
▲ Task lists(任务列表)
▲ Quality Report(工程量报告)
▲ Inspection Report(检查报告)

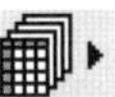

• Flowline view(流线图):进度计划的平衡线法工具

• Gantt chart(甘特图):用于报告和进度的传统条形图

• Control Chart(控制图):可将实际数据插入项目中

• Resource view(资源图):可随时监控现场的实力

• Histogram view(直方图):可通过直方图或者累积曲线报告材料、成本或资源的使用情况

• Cash Flow view(现金流图):可计划现金流

• Network view(网络图):可检查项目的逻辑

• Reports view(报告视图):可查看进度计划报告

• Payment tables(付款表):可查看供应商和 Schedule Planner 成本类型特定的付款表

• Risk simulation menu(风险模拟菜单):进度风险分析工具

• Schedule menu(进度菜单):可在模拟和计划两种进度模式之间进行选择

• Log menu(日志菜单):记录项目信息——项目可行性和干扰

• Reset Toolbars(重置工具栏)按钮(在 File-Program 设置里)——单击将重置

工具栏到初始状态。

14.2.1 手动添加任务

除了 Cost Planner 驱动任务外,也可以通过在 Flowline View 中"绘制"一个任务来将它手动添加到流线图中,具体步骤如下。

(1) 在 Schedule Planner 工作流程项中点击 Open Schedule 工作流程项。

(2) 在 Flowline View 中,点击 Task drawing mode(任务绘制模式)按钮。光标将变成一只铅笔,如图 14-5 所示。

图 14-5

(3) 在 Flowline View 中,点击新任务应该开始的位置,按住鼠标左键画一条线,反映任务完成的工期和位置,如图 14-6 所示。

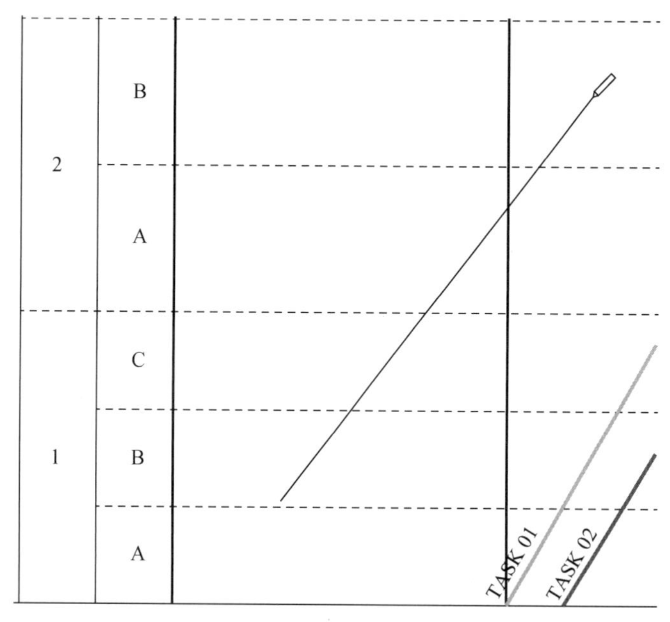

图 14-6

(4) 松开鼠标左键完成任务定义。

(5) 新的手动的任务以一条细线显示,以表明工期不是工程量驱动的。可以拖动黄点来设置每个位置的估计工期,如图 14-7 所示。新任务会出现在 Task Manager 视图中,该视图下 Assembly/Component 能够被映射到新任务。

14.2.2 定义位置完成顺序

定义位置完成顺序是获得持续的工作流的重要一步。通过为连续班组定义项目路径,班组在继续下一个位置的工作之前无需等待其他班组完成任务,这预防了项目的中止和重启,并减少项目风险。具体步骤如下。

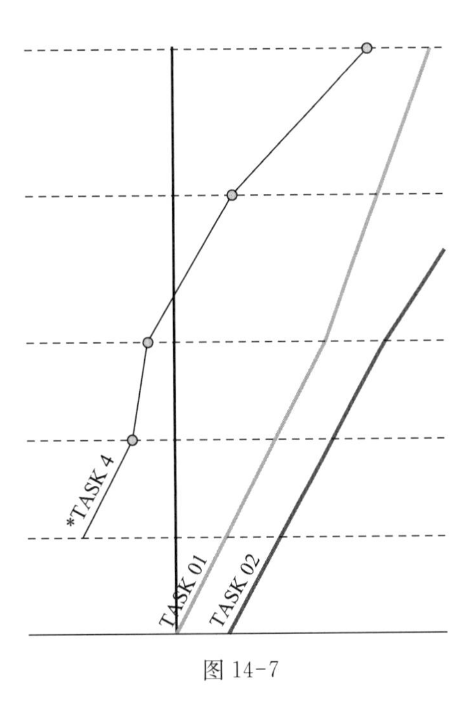

图 14-7

(1) 通过点击 Schedule Planner 工作流程面板上的 Open Schedule 工作流程项来打开 Schedule Planner 视图,如图 14-8 所示。

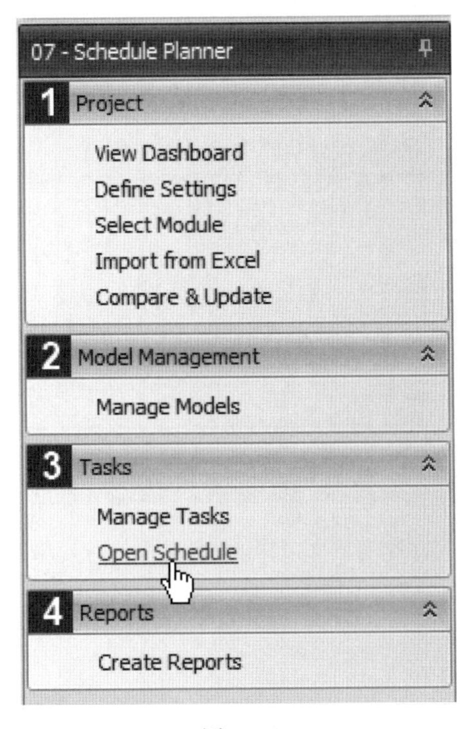

图 14-8

(2) 当前的进度计划被打开,并且包含所有定义的任务,任务详细说明参照"13.2 创建任务和映射成本项”。位置在纵轴上显示，并反映由 Floor 和 Zone 定义的位置。

（3）检查项目中的任务集，并且选择一个非最优位置完成顺序的任务。

（4）右击打开快捷菜单并选择 Change Location completion order（更改位置完成订单），如图 14-9 所示。

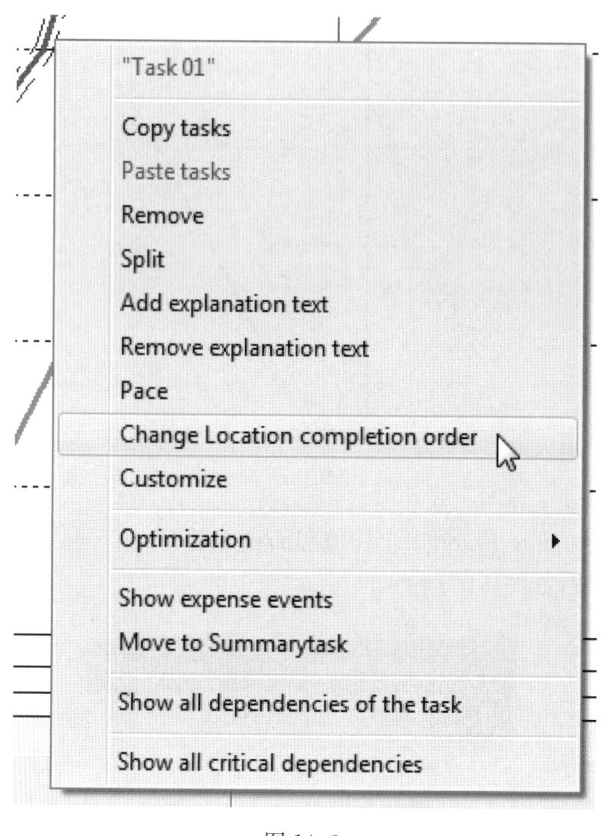

图 14-9

（5）在出现的对话框中选择一个或者多个位置，然后点击 Up、Down 或者 Reverse 来改变顺序，工作将以任务发生的位置顺序完成，如图 14-10 所示。

图 14-10

（6）点击 OK 确认更改并在 Flowline View 中检查结果。

14.2.3　在网络视图中定义进度逻辑

为了定义进度计划中的逻辑，必须要先定义任务间的限制。Schedule Planner 的 Network View(网络图)为快速定义任务间的主要逻辑提供了强大的方法。

【注】 Activity 是发生在某个位置的任务，为任务的所有活动自动定义任务限制(相关性关系)。因此，如果任务 A 有 10 个位置，并且通过一个相关性关系被同样有 10 个位置的任务 B 所限制，那么当任务 A 和任务 B 之间定义为相关性关系时，这两个任务中的活动会自动关联，形成相关性关系，如图 14-11 所示。

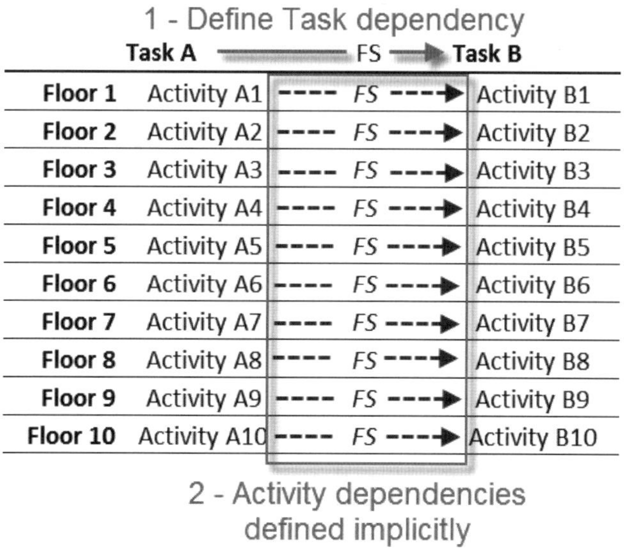

1 - Define Task dependency
Task A
FS
Task B
Floor 1
Activity A1
FS
Activity B1
Floor 2
Activity A2
FS
Activity B2
Floor 3
Activity A3
FS
Activity B3
Floor 4
Activity A4
FS
Activity B4
Floor 5
Activity A5
FS
Activity B5
Floor 6
Activity A6
FS
Activity B6
Floor 7
Activity A7
FS
Activity B7
Floor 8
Activity A8
FS
Activity B8
Floor 9
Activity A9
FS
Activity B9
Floor 10
Activity A10
FS
Activity B10
2 - Activity dependencies
defined implicitly

图 14-11

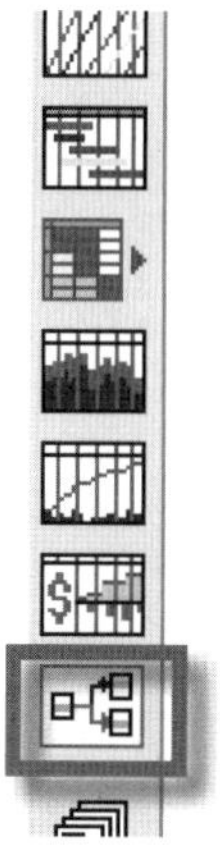

图 14-12

(1) 在工具栏，点击 Network view 按钮，如图 14-12 所示。

(2) 为项目定义的任务用方框来表示，通过单击任务框的上边缘可以四处移动，并拖放到想要的位置来组织任务集，如图 14-13 所示。

Click and drag to move
TASK 01
TASK 01
TASK 02

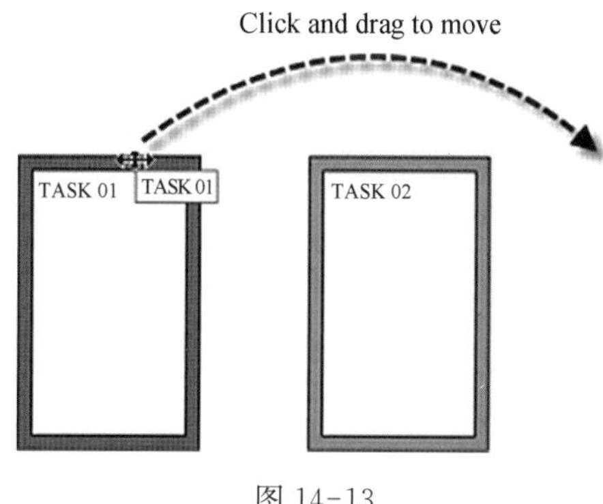

图 14-13

(3) 点击任务框内部并把它拖动到另一个任务框的上面，可以定义任务关系，即限制。拖动一个任务框到另一个之上，会出现一个红色的箭头，表明定义了一项任务结束到另一项任务开始的限制，如图 14-14 所示。

1
TASK 01
TASK 01
TASK 02
2
TASK 01
TASK 02
3
TASK 01
TASK 02

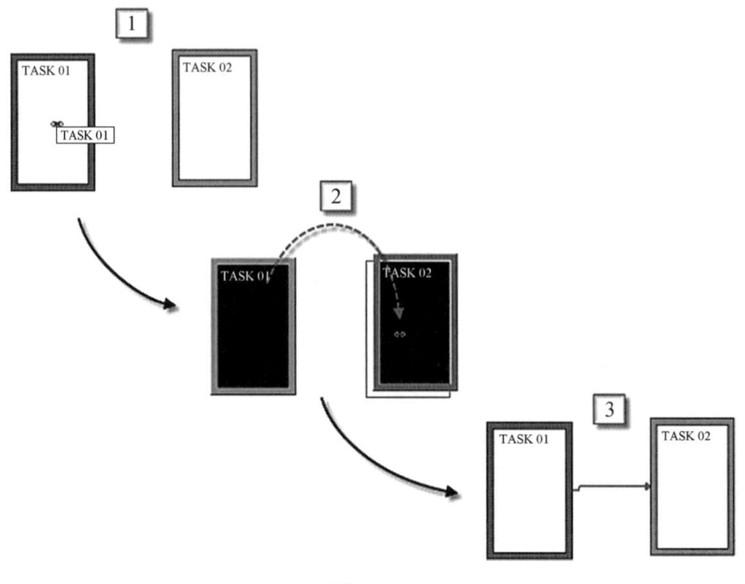

图 14-14

(4) 右击逻辑关系箭头可编辑其属性,如图 14-15 所示。

TASK 01
TASK 02
Dependency
Edit
Remove

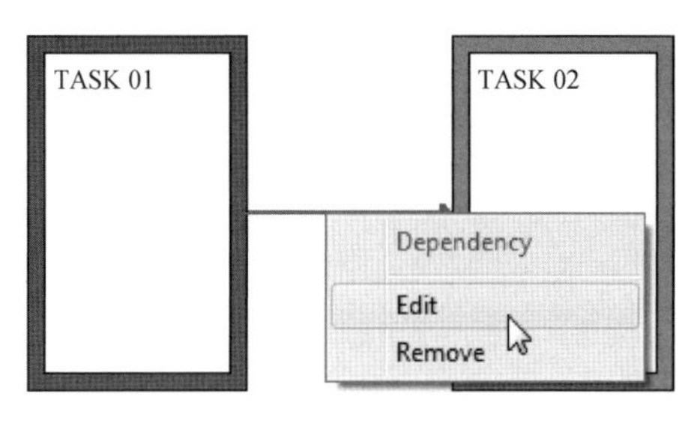

图 14-15

(5) Edit dependency(编辑相关性)对话框会出现,如图 14-16 所示。

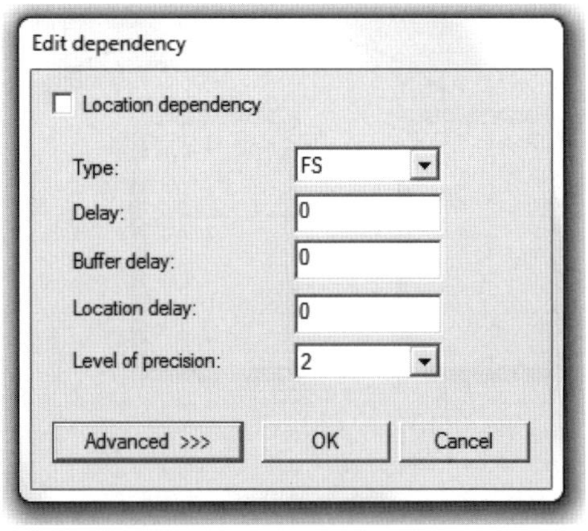

Edit dependency
Location dependency
Type:
FS
Delay:
0
Buffer delay:
0
Location delay:
0
Level of precision:
2
Advanced >>>
OK
Cancel

图 14-16

• Type(类型):在进度计划中有5种类型的逻辑关系,分别是FF(完成—完成)、SF(开始—完成)、FS(完成—开始,默认)、SS(开始—开始)、SS+FF(开始—开始与完成—完成)

• Delay(延迟):进度延误(例如,开始时间不得早于前置任务完成后的两天),由日历日定义。

• Buffer delay(延迟缓冲):由工作日定义。

• Location delay(位置延迟):后续任务开始之前必须完工的位置数量(按照顺序)。

• Level of precision(精度水平):定义逻辑关系的LBS层级。对于位置延误,它指定哪个位置分组被用于计算位置滞后。

14.2.4 在流线图中定义任务限制

任务之间的相关性关系可以通过在Flowline View(流线图)中使用Dependency mode(相关性关系模式)绘制活动间的关系来生动地定义。

(1) 通过点击左工具条的相应按钮来激活Flowline view,如图14-17所示。

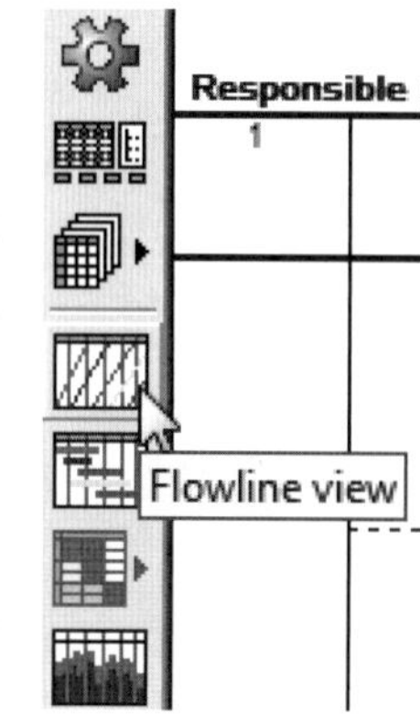

图14-17

(2) 通过点击工具栏中的Dependency mode按钮来启动相关性关系模式,如图14-18所示。

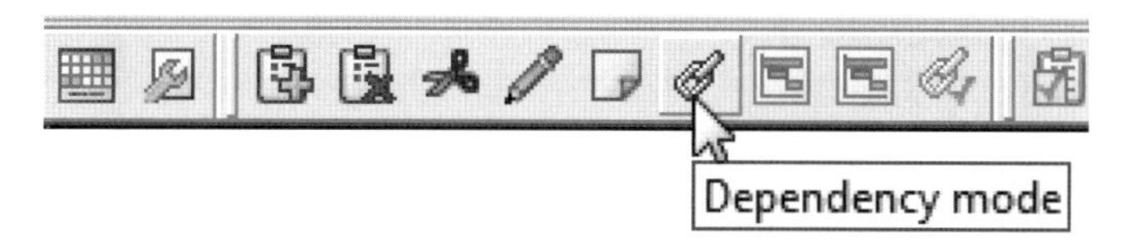

图14-18

(3) 所有任务的各个活动将出现绿色节点,如图14-19所示。

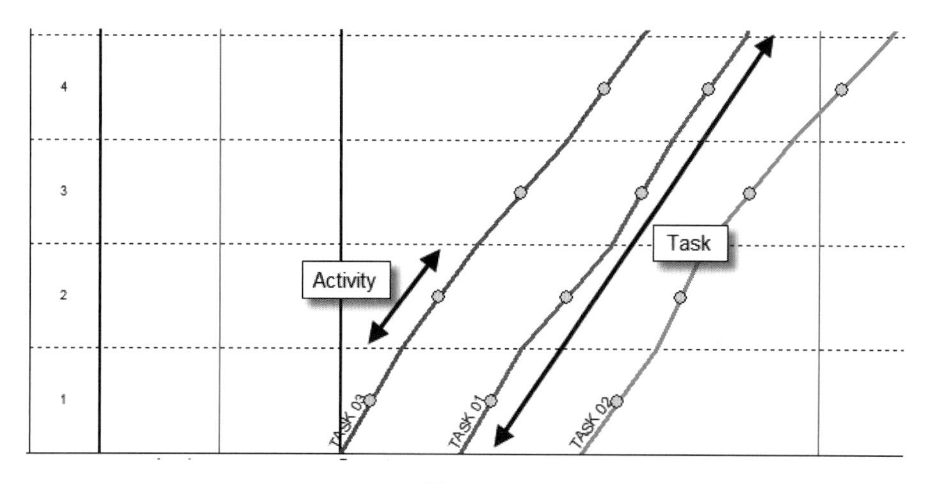

图14-19

(4) 按住鼠标左键连接绿色节点来定义活动之间的相关性关系,如图14-20所示。

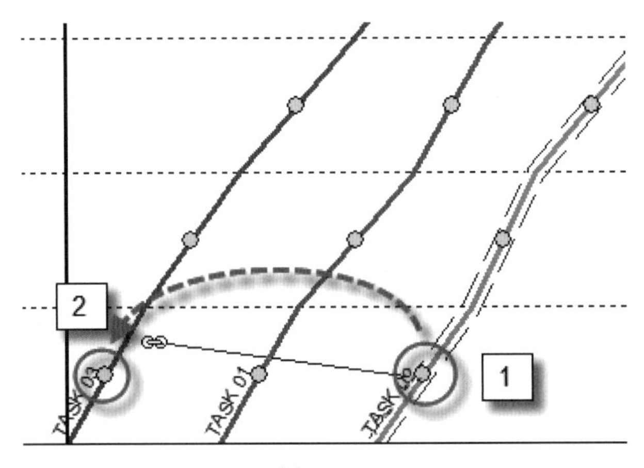

图 14-20

(5) 连到第二个绿色节点后松开鼠标左键,会出现 New dependency(新建相关性)对话框。根据需要详细定义相关性关系。如果相关性关系只能应用于相连接的活动而非任务中的所有活动,选择 Location dependency(位置相关性)选项。如果不勾选该复选框,此相关性关系将自动应用于任务的所有活动中,如图 14-21 所示。

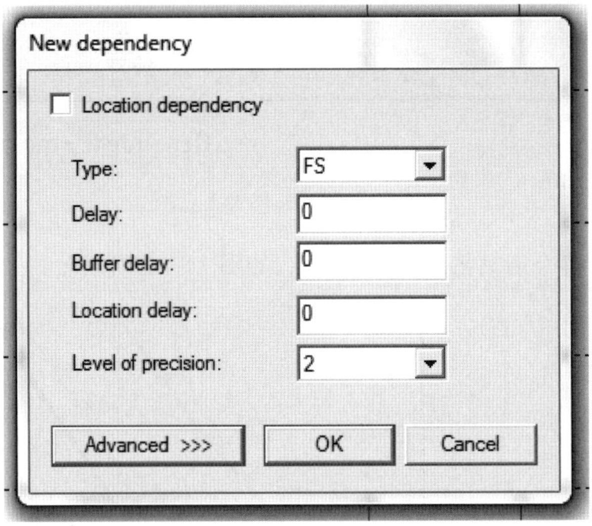

New dependency
Location dependency
Type: FS
Delay: 0
Buffer delay: 0
Location delay: 0
Level of precision: 2
Advanced >>> OK Cancel

图 14-21

Delay:进度延误(例如,开始时间不得早于前置任务完成后的两天),由日历日定义。

Buffer delay:由工作日定义。

Location delay:后续任务开始之前必须完工的位置数量(按照顺序)。

Level of precision:定义相关性关系的 LBS 层级。对于位置延误,它指定哪个位置分组被用于计算位置滞后。

(6) 点击 OK 后,流线将会被重组,以反映新定义的限制。

14.2.5 使用"步调协同"和"尽快完成"

除了 CPM 进度工具中的"尽早开始"限制外,Schedule Planner 中还包含一个选项来强制执行任务的连续流程，以防止停工或重启给项目带来的额外的成本和风险。

图 14-22 为一个非连续案例，可以看出，负责任务 3 的班组在位置 1 上的工作全部做完以后必须停工、等待，然后在位置 2 重新开工，位置 2 上的工作完成以后又必须停工。

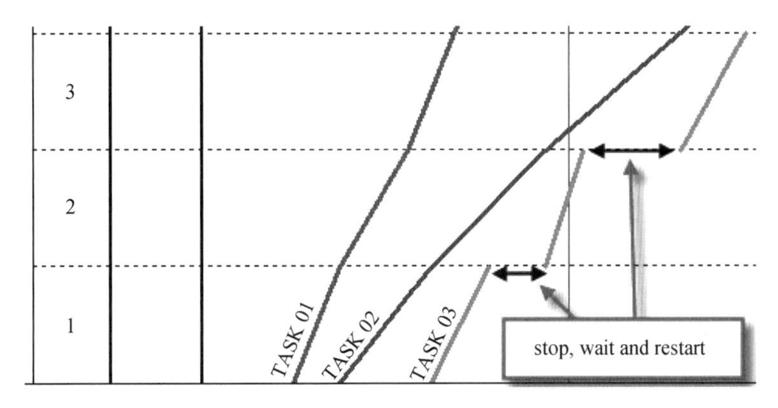

图 14-22

Schedule Planner 在计划中使用两种内部限制“pace”(步调协同)和“ASAP”(尽快完成)来预防上述情况的发生，以使任务尽早完成并持续。具体如下。

(1) 在流线图中，双击想要更改的任务，会出现“Edit task(编辑任务)”对话框，如图 14-23 所示。

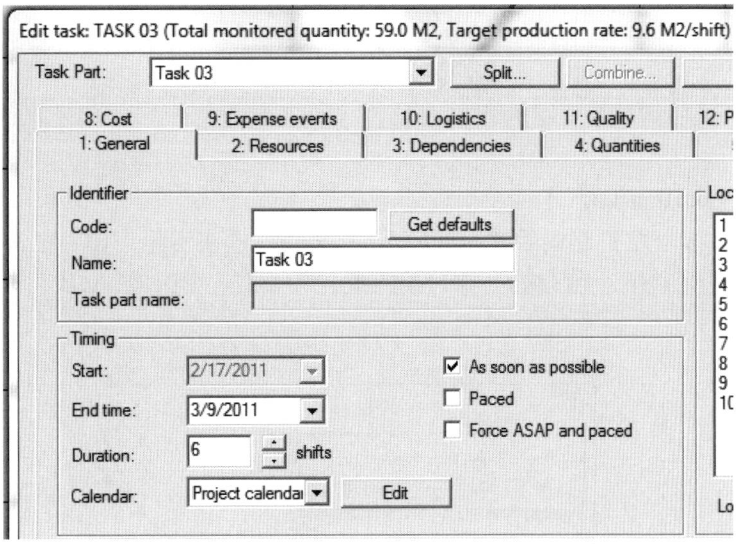

图 14-23

(2) Edit task 对话框中有两个选项用来定义任务行为，一个是关于何时开始，另一个是关于能否停工或者重启。“As soon as possible”(尽快)选项强制使某项活动在紧前活动完成之后直接开始。“Paced”不选择“As soon as possible”和“Paced”两个选项，能够自由地将任务移动到希望开始的日期，从而避免停工和重启，如图 14-24 所示。

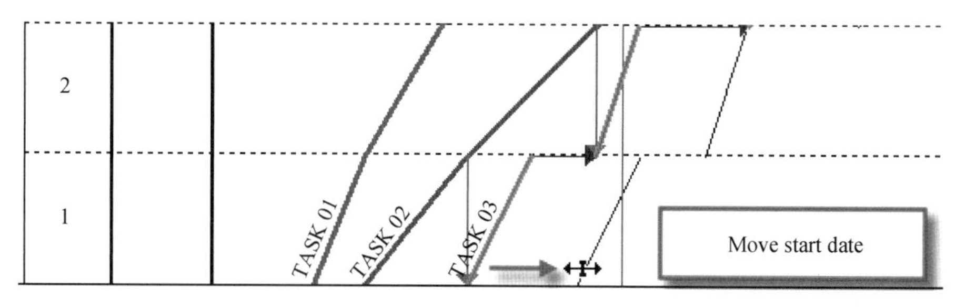

图 14-24

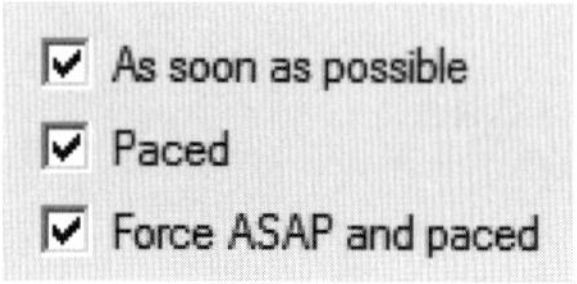

As soon as possible
Paced
Force ASAP and paced

图 14-25

（3）若勾选 As soon as possible 和 Paced 选项，可使任务尽早开始并且能够使工作连续。此时任务将在不间断工作的情况下最早时间开始，如图 14-25 所示。

（4）图 14-26 所示为一个任务连续案例。任务 03 开始时间向后推迟，但完工时间与原计划相同，这样可以保证 03 任务连续，避免了停工和重启的情况。

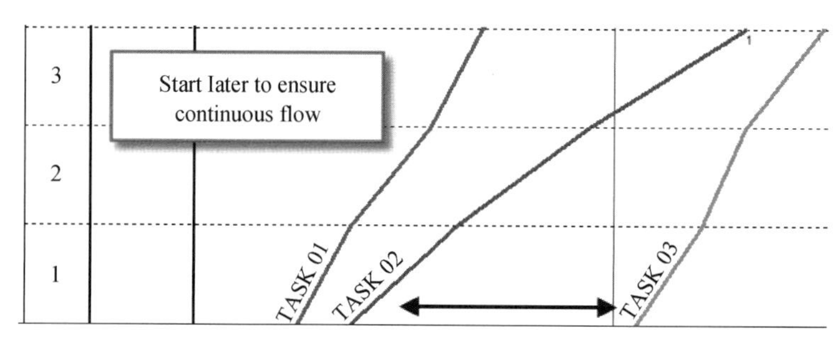

图 14-26

14.2.6 定义 Location Lag

一个任务在多个位置完成后才能开始下一个任务，这在实际工作中很常见。图 14-27 所示例子显示楼层 1 有三个区域，工作班组完成任务 2 的三个区域（A、B 和 C）后，才能开始任务 3 的工作。

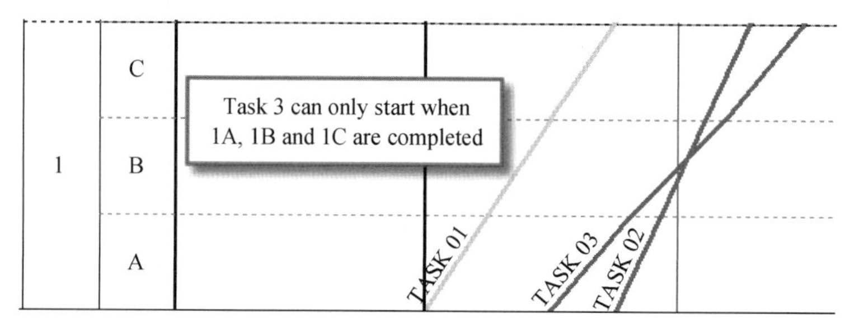

图 14-27

定义不同位置活动之间的约束的具体步骤如下。

（1）从顶部工具栏中激活 Dependency 模式，如图 14-28 所示。

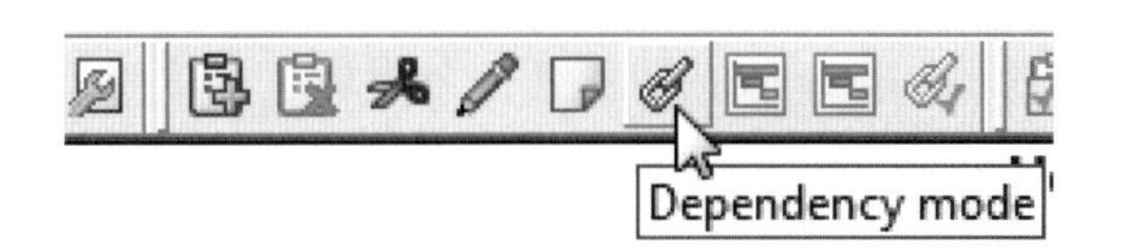

图 14-28

(2) 按住鼠标左键绘制两个任务间的相关性关系，起点是前置任务最后一个活动的区域，终点是后续任务开始的第一个区域，前置任务完成后才能进行后续任务，如图 14-29 所示。

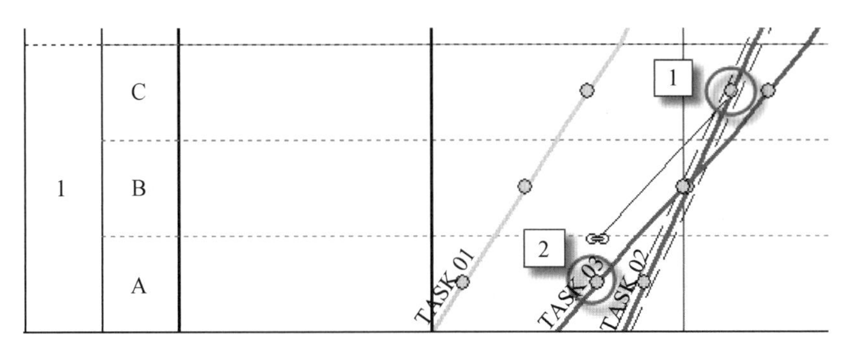

图 14-29

(3) 松开鼠标左键，New dependency 对话框就会出现。Location delay 参数表示应用的位置关系向前或向后(使用位置关系)的位置数量。Level of precision 表示 LBS 中所定义的约束层级(例如，level 3：项目—楼层—区域)，如图 14-30 所示。

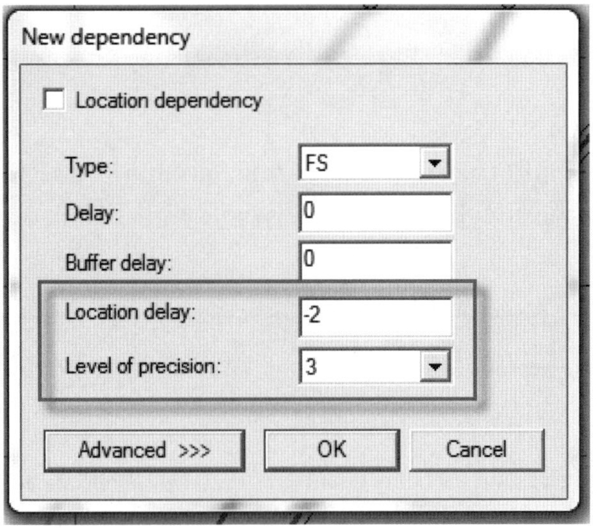

图 14-30

(4) 如果只把约束应用在选定的活动中则勾选 Location dependency 选项。如果不选该项，此相关性关系就会被应用在相关任务的所有活动中。

14.2.7 根据人工要素分配班组

如何从计算出的人工 Component 为进度任务分配班组

任务工期由从事该任务的班组的 production rate 来定义，计算公式如下：

Duration=(Units of Work)/(班组每小时的劳动产量×班组数量)

公式按工作量存在的每个位置(即活动)估算。

当那些被映射到任务上的 Assembly 中包含“人工”Component 时(参阅“13.2 创建任务和映射成本项”)，可以自动生成班组项，具体步骤如下。

(1) 定义任务，并为 Assembly 和 Component 分配人工 Component，详细说明见 创建任务和映射成本项。确保人工 Component 是任务驱动，详细说明见 计算工时。

(2) 点击 Open Schedule 工作流程项，打开进度计划。

(3) 在 Schedule Planner 视图下，从项目菜单选择 Resource registry(资源注册)选项，如图 14-31 所示。

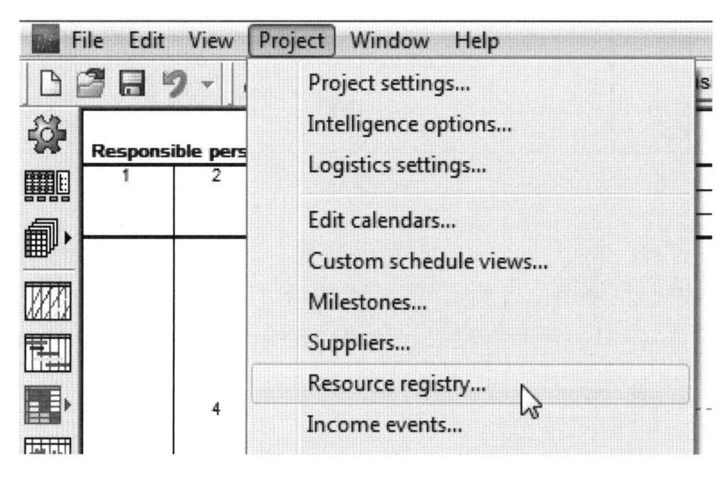

图 14-31

(4) 点击底部左下角的 Update resources from quantities(更新工程量中资源)按钮来生成人工资源和班组，如图 14-32 所示。

图 14-32

(5) 出现 Mapping resources from quantities(工程量中的映射资源)对话框。从 Cost Plan 的 Component 中选择资源，这些 Component 在 Schedule Planning 中被视为人工资源，然后点击 Next，如图 14-33 所示。

(6) 选择所选定的人工资源应分配给的任务。资源映射的基础是 Assembly/Component 到任务的映射，详细说明见 创建任务和映射成本项。点击“Next”来完成资源映射，如图 14-34 所示。

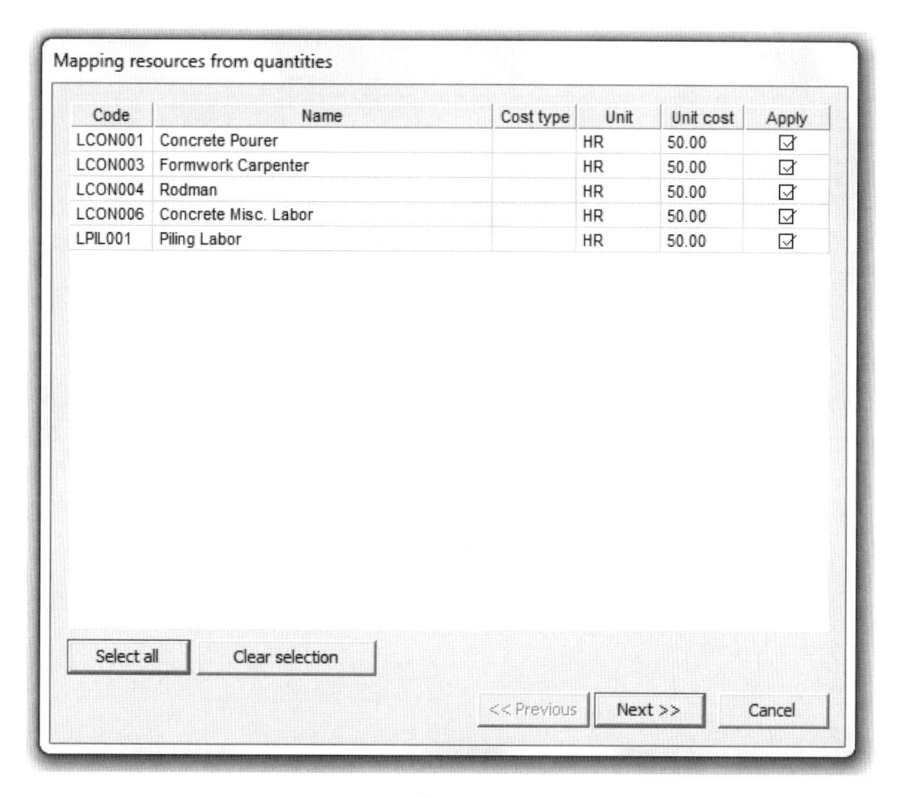
Mapping resources from quantities

Code	Name	Cost type	Unit	Unit cost	Apply
LCON001	Concrete Pourer		HR	50.00	☑
LCON003	Formwork Carpenter		HR	50.00	☑
LCON004	Rodman		HR	50.00	☑
LCON006	Concrete Misc. Labor		HR	50.00	☑
LPIL001	Piling Labor		HR	50.00	☑

Select all　Clear selection

<< Previous　Next >>　Cancel

图 14-33

Mapping resources from quantities

Code	Name	Apply
01-SUB-001	Layout Piles	☑
01-SUB-002	Drill, sink cage + cast piles	☑
01-SUB-003	Grading for pilecaps	☑
01-SUB-004	Layout Pile Caps	☑
01-SUB-005	Form Pile Caps	☑
01-SUB-006	Rebar to Pile Caps	☑
01-SUB-007	Concrete Pile Caps	☑
01-SUB-008	Strip + Finish Pile Caps	☑
01-SUB-010	Install Vapour Barrier	☑
01-SUB-011	Form Slab on Grade	☑
01-SUB-012	Rebar to Slab on Grade	☑
01-SUB-013	Concrete Slab on Grade	☑
01-SUB-014	Strip + Finish Slab on Grade	☑

Select all　Clear selection

<< Previous　Next >>　Cancel

图 14-34

(7) 包括单价在内的人工资源,已列入 Resource Registry 中,如图 14-35 所示。

Hierarchy	Code	Name	No	Maximum usage	Unit cost	Unit	ilization delay	bilization dela	Begin time	End time	Duration
-1	Supplier independent resources		1.2						2/17/2011	12/12/2011	1606 MAN HOURS
1.1	LCON001	Concrete Pourer	1		50.00 $	HR	0	0	7/28/2011	12/12/2011	306 HR
1.2	LCON003	Formwork Carpente	1		50.00 $	HR	0	0	5/23/2011	12/12/2011	333 HR
1.3	LCON004	Rodman	1		50.00 $	HR	0	0	7/7/2011	10/25/2011	409 HR
1.4	LCON006	Concrete Misc. Lab	1		50.00 $	HR	0	0	5/18/2011	8/24/2011	53 HR
1.5	LPIL001	Piling Labor	1		50.00 $	HR	0	0	2/17/2011	5/17/2011	504 HR
Altogether:			*1.2*						*2/17/2011*	*12/12/2011*	*1606 MAN HOURS*
											202.2 Shifts
											292.7 Calendar days

图 14-35

(8) 在进度表中,用户 Cost Plan 中的人工资源将作为班组分配给任务。把人工时数值最大的 Component 设置为"1",可以计算出班组的 composition 此项组成。所有其他的人工资源数量都可以通过与该数值的比得到。

例如,从成本 Component 中为任务分配了以下资源:

混凝土工:220 小时

普通工人:100 小时

班组变为:

混凝土工:1.00

普通工人:0.45

这项任务的最优班组配置为两个混凝土工和一个普通工人。最优进度中涉及标准计算所产生的标准班组数量。

14.2.8 手动分配班组

任务工期由从事该任务的班组的 Production Rate 来定义,计算公示如下:

Duration=(Units of Work)/(班组每小时的劳动产量×班组数量)

公式按工作量存在的每个位置(即活动)估算。

当项目成本没有计算到人工资源层级时,可以手动定义任务班组,具体步骤如下。

(1) 在流线图或者甘特图中双击进度任务将其打开。

(2) 点击 Resources(资源)选项卡,如图 14-36 所示。

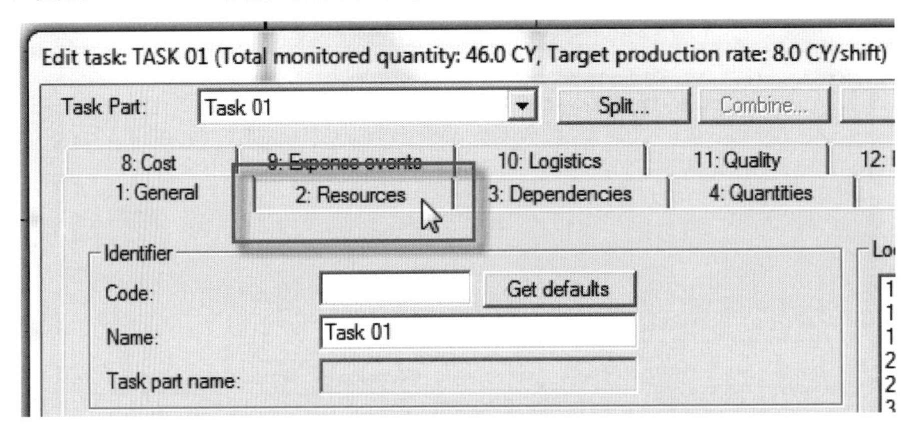

图 14-36

(3) 在 Crew composition(班组组成)部分,点击下拉按钮并选择〈new〉,如图 14-37 所示。

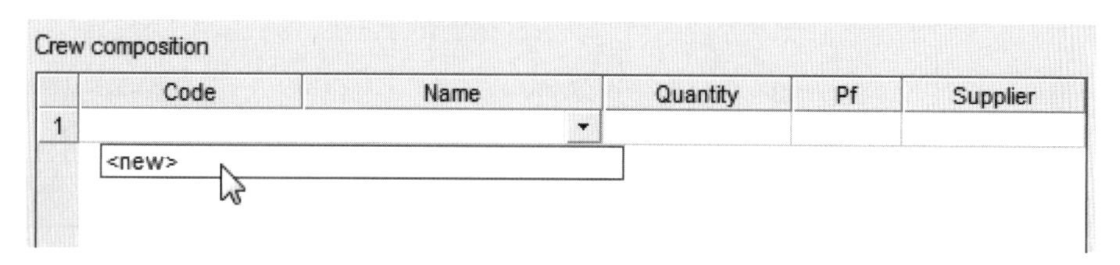

图 14-37

(4) 在 Code and name editing(编码和名称编辑)中输入所需的值并点击 OK,如图14-38 所示。

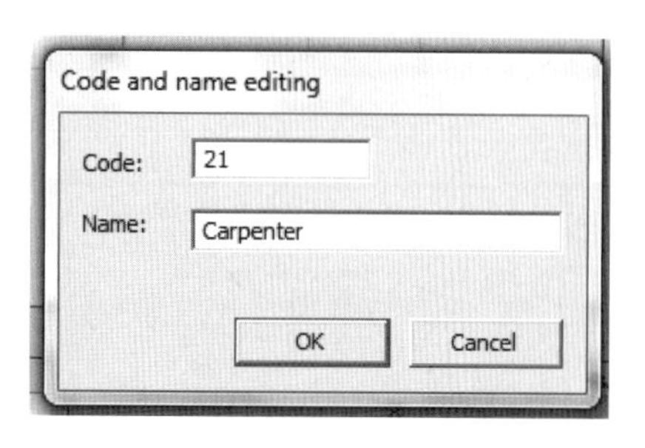

图 14-38

(5) 在 Consumption 部分中定义 Production rate units/shift,该数值表示每个轮班所能完成的工作量。每个标准轮班与一天的工作时间相同(8 小时),如图 14-39 所示。

(6) 用户点击 OK 确认更改,要注意流线斜率已经改变。

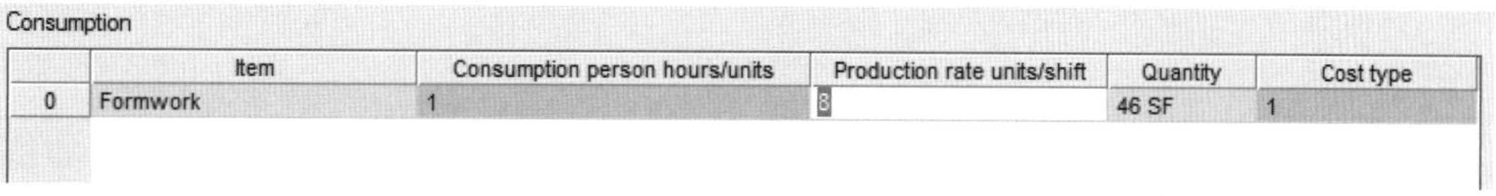

Consumption

	Item	Consumption person hours/units	Production rate units/shift	Quantity	Cost type
0	Formwork	1	8	46 SF	1

图 14-39

(7) 用户可以从左工具栏激活 Resource graph(资源图),可以立即显示资源使用情况,如图 14-40 所示。

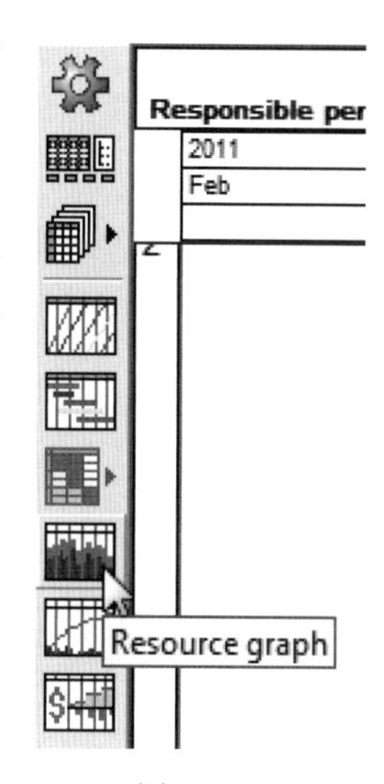

图 14-40

14.2.9　改变每个位置的生产率和班组

相同任务的活动在项目中某些特定位置的工期可能更长,原因是这些位置暂不可进入或有较高的复杂性。为了能解释完成这些位置需要增加的时间,可以改变每个位置的生产率。例如:浇筑相同的混凝土,第四十层比第三层花费的时间更长。

为每个位置不同的生产率做计划的具体步骤如下。

(1) 双击想要改变指定位置生产率的任务,打开该任务。

(2) 点击 Duration 选项卡,如图 14-41 所示。

(3) Production factor(效率因子)的默认值为 1,用户可按要求编辑默认值。如果项目的复杂性和工作量有要求,为了得到最优工作流,需要的话,可以为每个位置增加额外的班组,如图 14-42 所示。

14.2.10　使用视图过滤设置

大型项目会包括很多任务、位置以及相关性关系。视图过滤设置允许用户定义进度信息的目标视图,具体步骤如下。

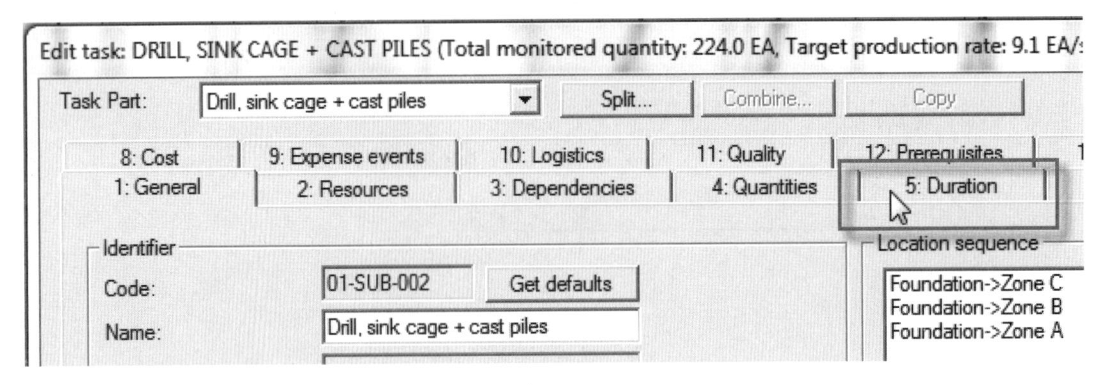

图 14-41

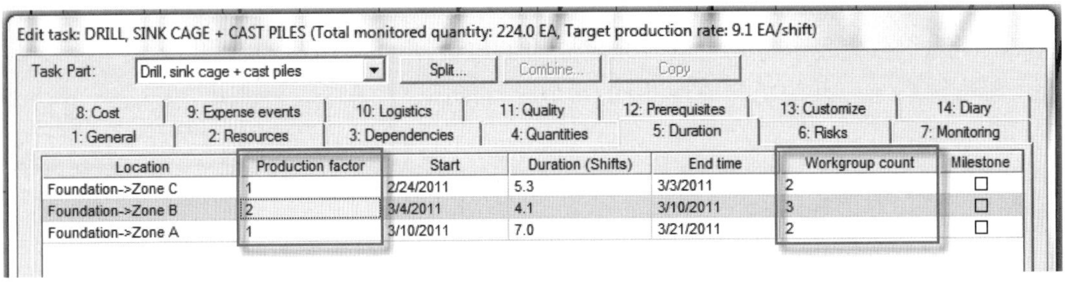

Edit task: DRILL, SINK CAGE + CAST PILES (Total monitored quantity: 224.0 EA, Target production rate: 9.1 EA/shift)

Task Part: Drill, sink cage + cast piles　Split...　Combine...　Copy

8: Cost　9: Expense events　10: Logistics　11: Quality　12: Prerequisites　13: Customize　14: Diary
1: General　2: Resources　3: Dependencies　4: Quantities　5: Duration　6: Risks　7: Monitoring

Location	Production factor	Start	Duration (Shifts)	End time	Workgroup count	Milestone
Foundation->Zone C	1	2/24/2011	5.3	3/3/2011	2	☐
Foundation->Zone B	2	3/4/2011	4.1	3/10/2011	3	☐
Foundation->Zone A	1	3/10/2011	7.0	3/21/2011	2	☐

图 14-42

（1）从 View 菜单中选择 View settings... 选项，打开 View settings 对话框，如图 14-43 所示。

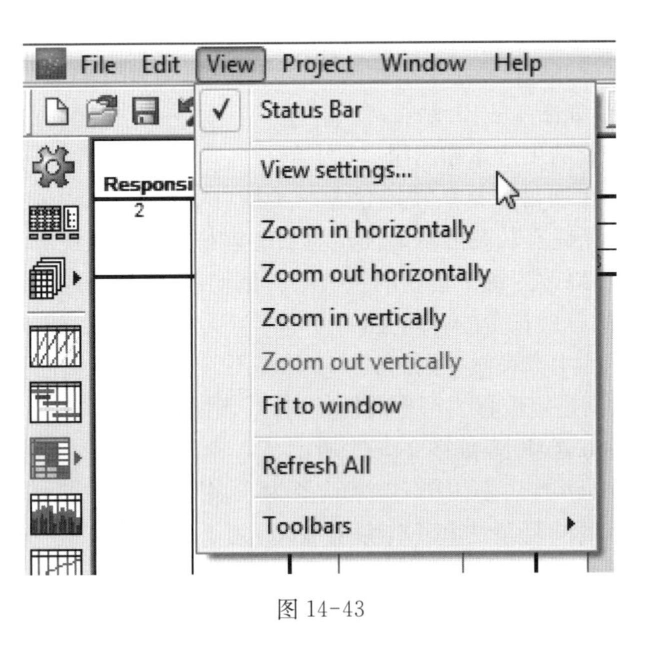

图 14-43

（2）该对话框包含对于位置、任务、时间和进度数据的过滤与可见设置。用户可以按住 Shift 键或者 Ctrl 键进行多选，选定的项将可见，如图 14-44 所示。

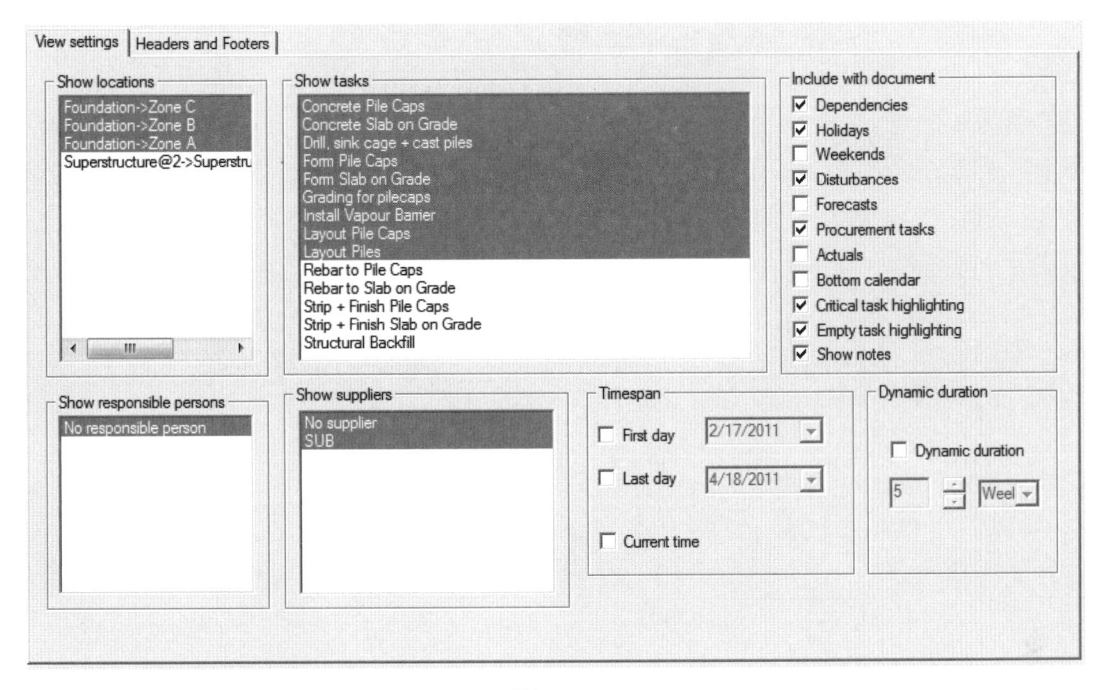

图 14-44

14.2.11 优化班组配置

通过一些方法,可以使生产最优:①调整班组;②调整班组配置;③拆分工作以使多个活动同时进行。优化班组配置的方法主要有以下三种。

方法一:用户可以在 Edit task Resources(编辑任务资源)子对话窗口中把班组数量改为要求数量,以得到所要求的较高或者较低的 Production Rate。

方法二:在流线图中,点击任务顶部(在点击前光标会变成右箭头),拖动流线直到它的斜度与相匹配的任务相同。这时会出现 Set duration(工期设置)对话框,用户可以改变 Production Factor(与 Edit task 对话框中 duration 选项卡的 Production Factor 相同)、班组[数量或者构成(资源量)]或者 Consumption。

方法三:用户可以在 Edit task-Durations(编辑任务工期)选项卡中改变每个位置的班组数。所有位置班组的 composition 均相同,但是数量不一定相同。因此,用户可以通过增加班组数来加速施工或减少班组数和工作空间来放慢施工速度。

14.2.12 通过拆分任务优化进度

Schedule Planner 允许拆分任务以实现平行工作,即两组或两组以上的班组在相同任务上同时工作。任务可按位置拆分,这样一来,不同位置追加的班组不会互相干扰。具体实现步骤如下。

(1) 在 Schedule Planner 的流程图中激活 Split schedule tasks(拆分计划任务)模式,如图 14-45 所示。

(2) 流线上出现蓝色节点,这些节点是任务可以被拆分的点,如图 14-46 所示。

(3) 将光标移到某个蓝点上,单击进行拆分操作,在出现的 Select locations for new part(选择新任务位置)对话框中,确认两个新任务的位置。点击 OK 来确认,如图 14-47 所示。

图 14-45

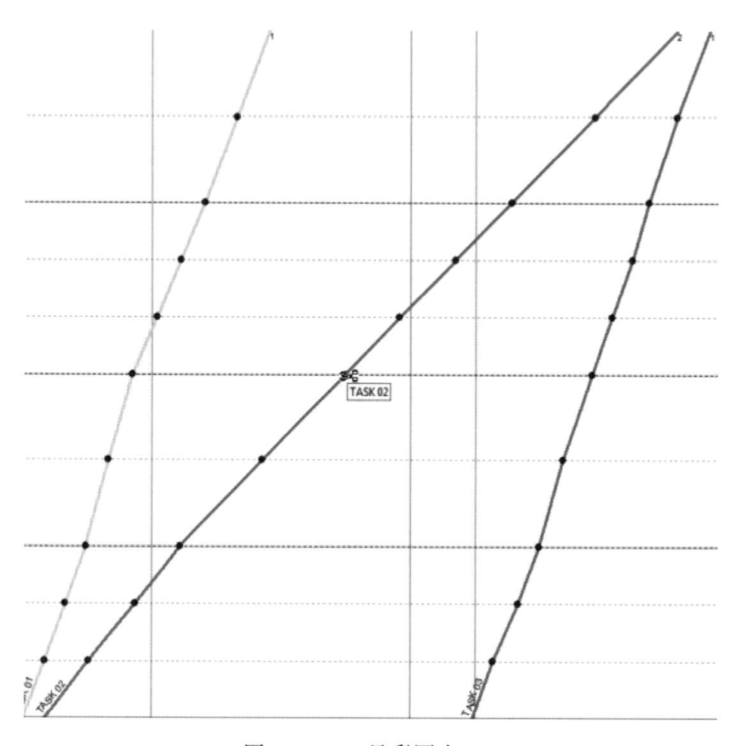

图 14-46 （见彩图十四）

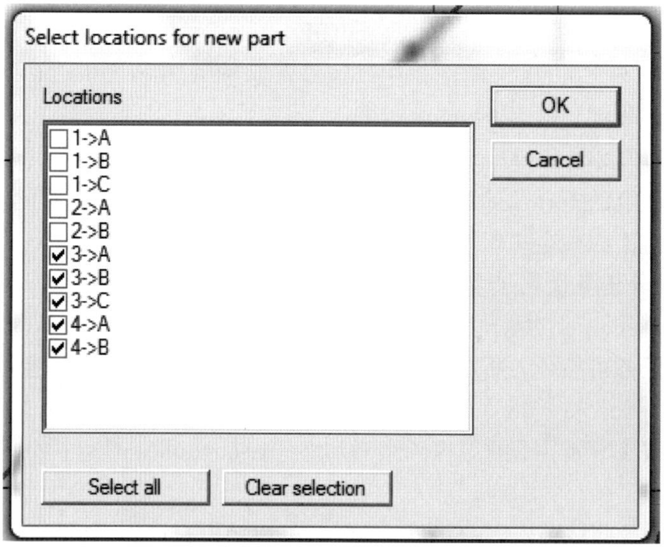

Select locations for new part

Locations

- [ ] 1->A
- [ ] 1->B
- [ ] 1->C
- [ ] 2->A
- [ ] 2->B
- [x] 3->A
- [x] 3->B
- [x] 3->C
- [x] 4->A
- [x] 4->B

OK

Cancel

Select all

Clear selection

图 14-47

(4) 原来的任务被拆分成两个新任务，新任务可以用于定义平行工作，并分配不同的人工资源以达到最优进度计划，如图 14-48 所示。

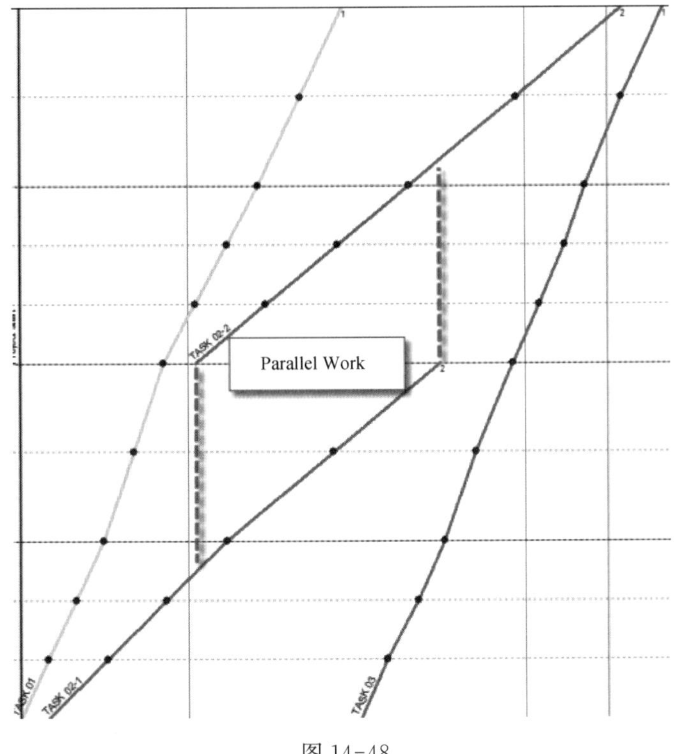

图 14-48

14.2.13　添加缓冲区

为了降低前置任务干扰到后续任务的风险，或者是安排活动后的养护时间，用户可以为其添加缓冲区作为定义的相关性关系的一部分。具体步骤如下。

(1) 在流线图中选择应定义缓冲的任务，可以显示该任务所有的相关性关系。(如未显示，请参照使用视图过滤设置，如何使相关性关系可见。)蓝色相关性线代表活动(特定位置)相关性关系；红色相关性线代表关键的依赖关系。

关于怎样定义相关性关系，详见在网络视图中定义进度逻辑和在流线视图中定义任务限制。

(2) 右击相关性关系，选择 Edit，如图 14-49 所示。

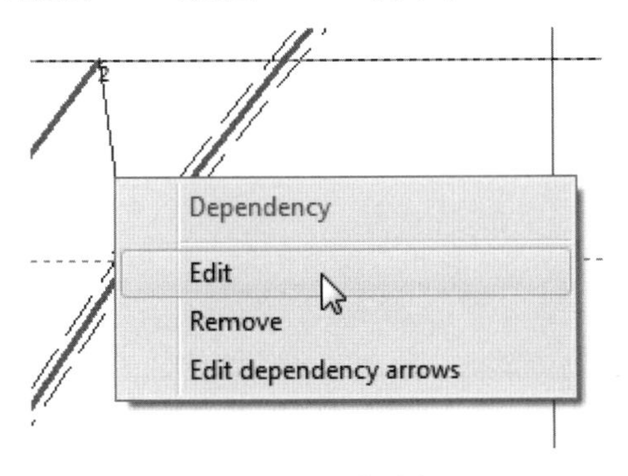

图 14-49　(见彩图十五)

（3）在 Delay 字段中输入缓冲的日历天数或者在 Buffer delay 字段中输入工作天数，也可以同时输入，如图 14-50 所示。

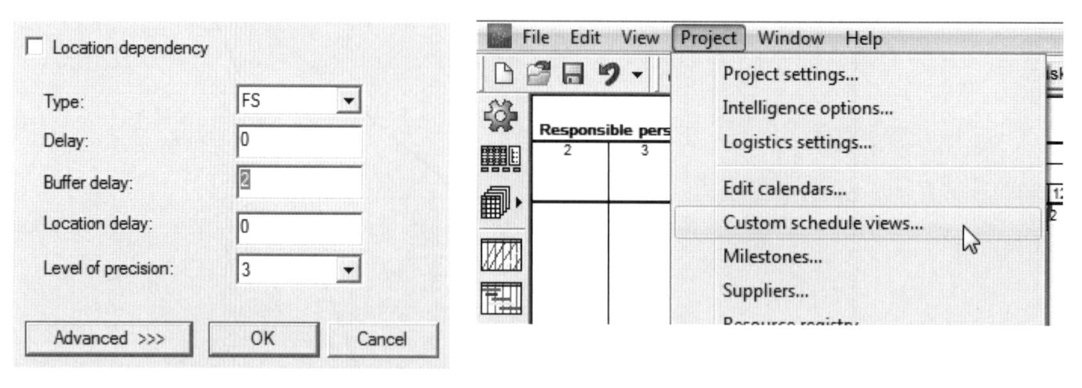

图 14-50　　　　图 14-51

14.2.14　创造自定义的进度图

用户可以从工具栏中打开 Custom schedule views(用户进度视图)，又为过滤器来自定义进度图，具体步骤如下。

（1）在项目菜单中点击 Custom schedule views... 来定义新的 Custom schedule view，如图 14-51 所示。

（2）在 Custom schedules 对话框中点击 Add，如图 14-52 所示。

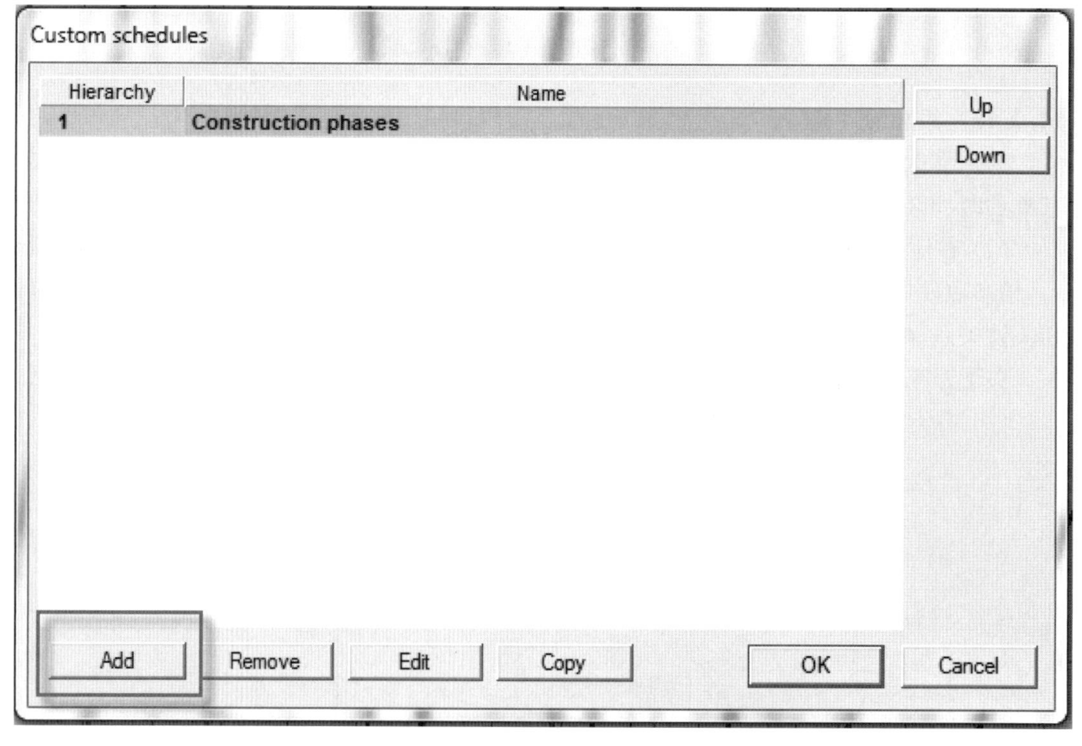

图 14-52

（3）在 Custom schedules 对话框中，指定新的自定义视图应被列出的进度组、位置和任务，点击 OK 保存新建的自定义视图，如图 14-53 所示。

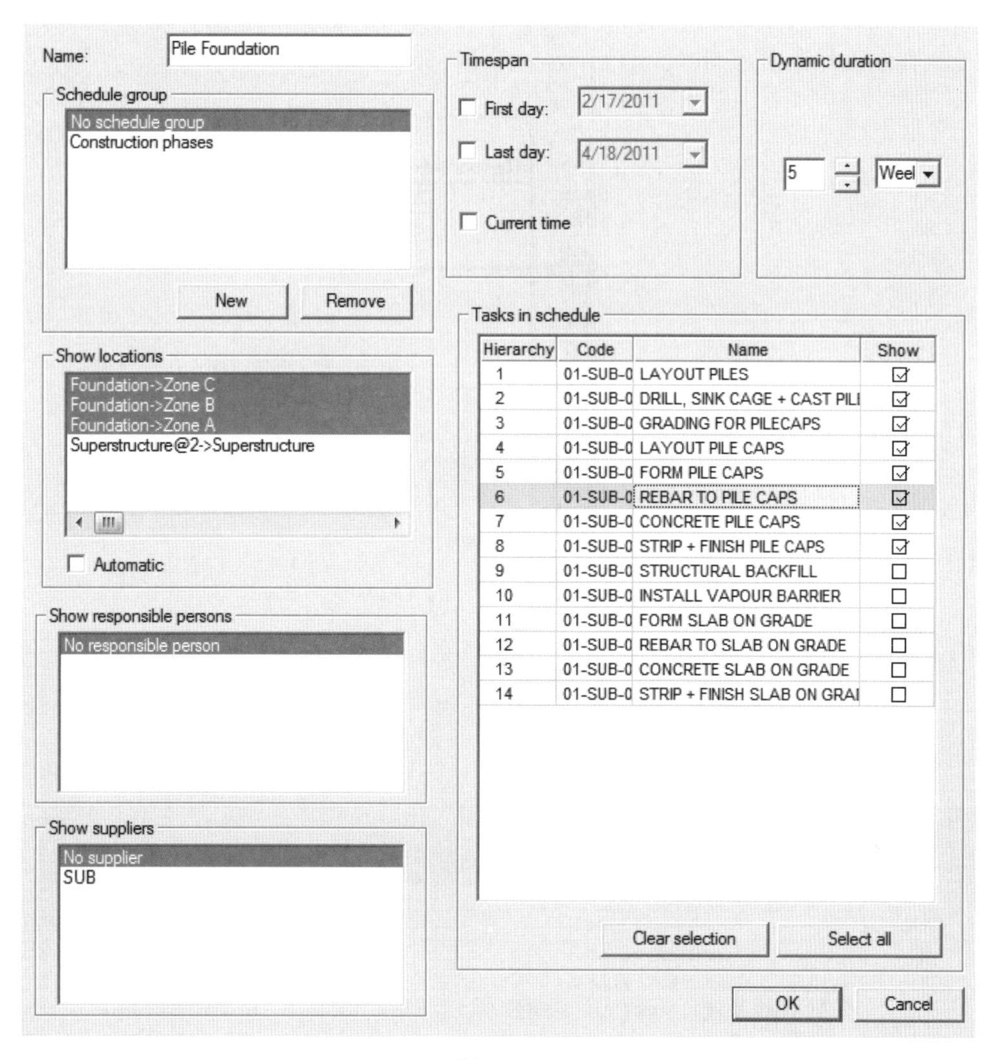

图 14-53

（4）从工具栏中的 view selector（视图选择器）中激活新建的自定义视图，如图 14-54 所示。

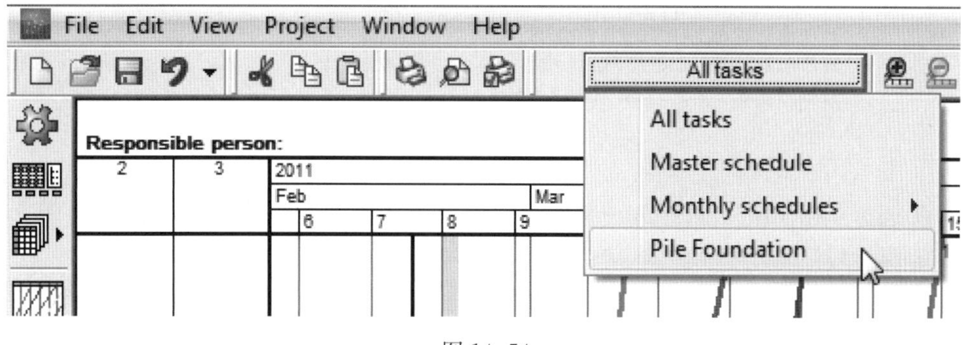

图 14-54

14.2.15 查看并整理甘特图

除了流线图,Schedule Planner 也提供甘特图。通过使用甘特图,用户可以用传统的条形图格式查看进度计划。具体使用步骤如下。

(1) 在左工具栏中,点击 Gantt view,如图 14-55 所示。

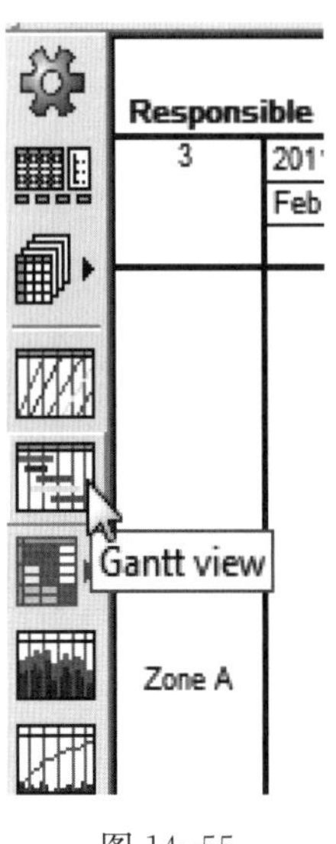

图 14-55

(2) 默认情况下,任务显示在任务层级的最高层,而活动(每个位置的任务)显示在下一层,如图 14-56 所示。

	Hierarchy	Code	Name	Quantity	Unit	Duration	Start	End time
1	-1	01-SUB-001	LAYOUT PILES	224	EA	14	2/17/2011	3/9/2011
2	1.1		Foundation->Zone C	48	EA	3	2/17/2011	2/22/2011
3	1.2		Foundation->Zone B	112	EA	7	2/23/2011	3/3/2011
4	1.3		Foundation->Zone A	64	EA	4	3/3/2011	3/9/2011
5	-2	01-SUB-002	DRILL, SINK CAGE + CAST PILES	224	EA	16.3	2/24/2011	3/21/2011
6	2.1		Foundation->Zone C	48	EA	5.3	2/24/2011	3/3/2011
7	2.2		Foundation->Zone B	112	EA	4.1	3/4/2011	3/10/2011
8	2.3		Foundation->Zone A	64	EA	7	3/10/2011	3/21/2011
9	+3	01-SUB-003	GRADING FOR PILECAPS	1400	LF	15.6	3/4/2011	3/28/2011
13	+4	01-SUB-004	LAYOUT PILE CAPS	1120	LF	17.9	3/16/2011	4/8/2011
17	+5	01-SUB-005	FORM PILE CAPS	1680	SF	29.4	3/24/2011	5/4/2011
21	+6	01-SUB-006	REBAR TO PILE CAPS	7.8	TON	15.6	4/19/2011	5/11/2011
25	+7	01-SUB-007	CONCRETE PILE CAPS	77.8	CY	5.8	5/5/2011	5/13/2011
29	+8	01-SUB-008	STRIP + FINISH PILE CAPS	3080	SF	4.8	5/10/2011	5/17/2011

图 14-56

(3) 通过点击 Edit hierarchy(编辑层次结构)按钮,可以修改默认层级,如图 14-57 所示。

(4) Edit hierarchy order(编辑层次结构顺序)对话框允许按照多重准则来创建自定义层级。点击 OK 进行应用,如图 14-58 所示。

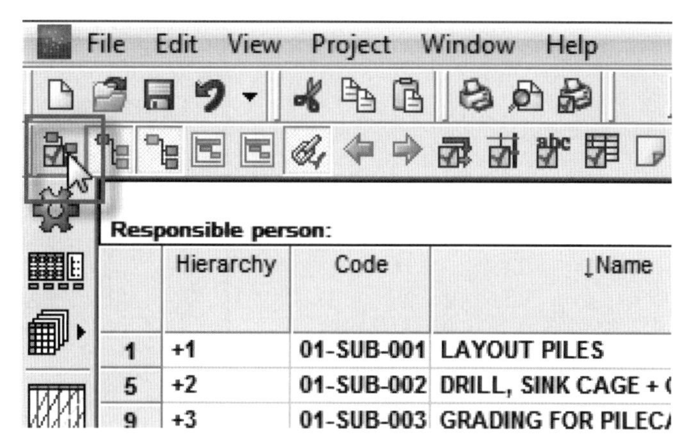

图 14-57

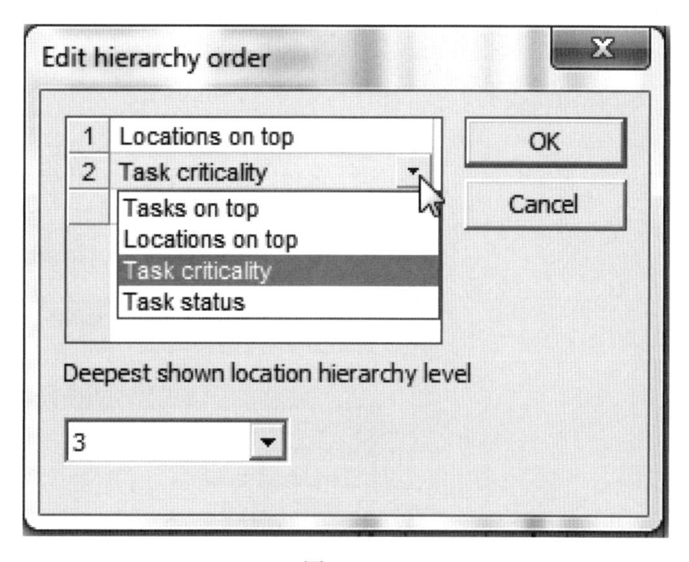

图 14-58

(5) 双击列标题,可根据任何可见属性对进度任务进行排序。箭头表明排序依据的列以及排序顺序,如图 14-59 所示。

	Hierarchy	Code	↓Name
1	+1	01-SUB-008	STRIP + FINISH PILE CAPS
5	+2	01-SUB-006	REBAR TO PILE CAPS
9	-3	01-SUB-001	LAYOUT PILES
10	3.1		Foundation->Zone C

图 14-59

(6) 若要用"waterfall"模式查看甘特图,右击列标题,并选择 Sort schedule view to time order(按时间顺序排列进度视图),如图 14-60 所示。

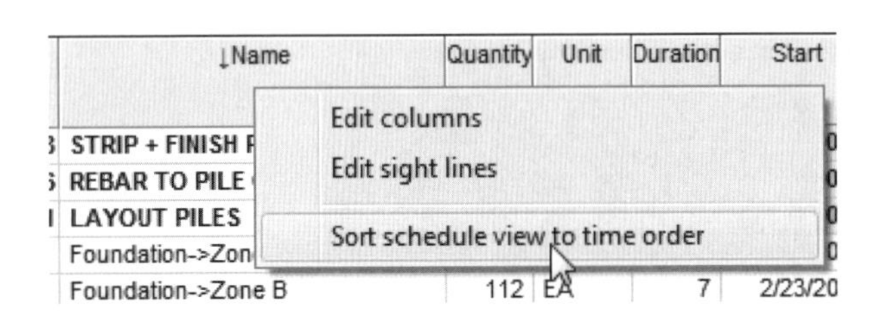

图 14-60

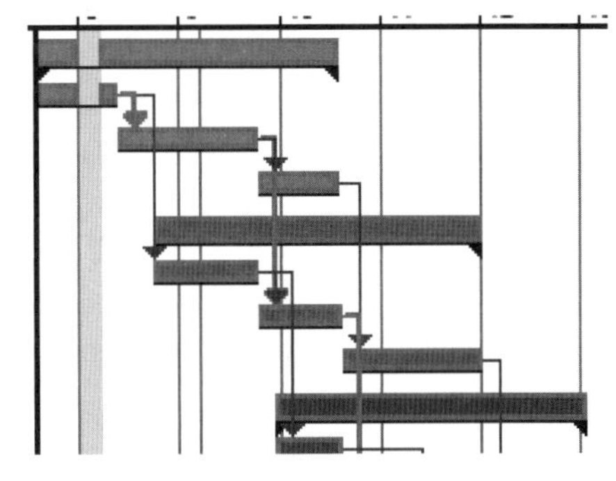

图 14-61 （见彩图十六）

(7) 图表中的红色粗线箭头表示关键的相关性关系，如图 14-61 所示。选择任务名称，从快捷菜单中选择 Customize(定制)，可以更改任务条的颜色。

14.2.16　使用进度报告

使用 Schedule Planner 生成报告的具体步骤如下。

(1) 从左侧工具栏点击 [图标] 打开报告窗口，如图 14-62 所示。

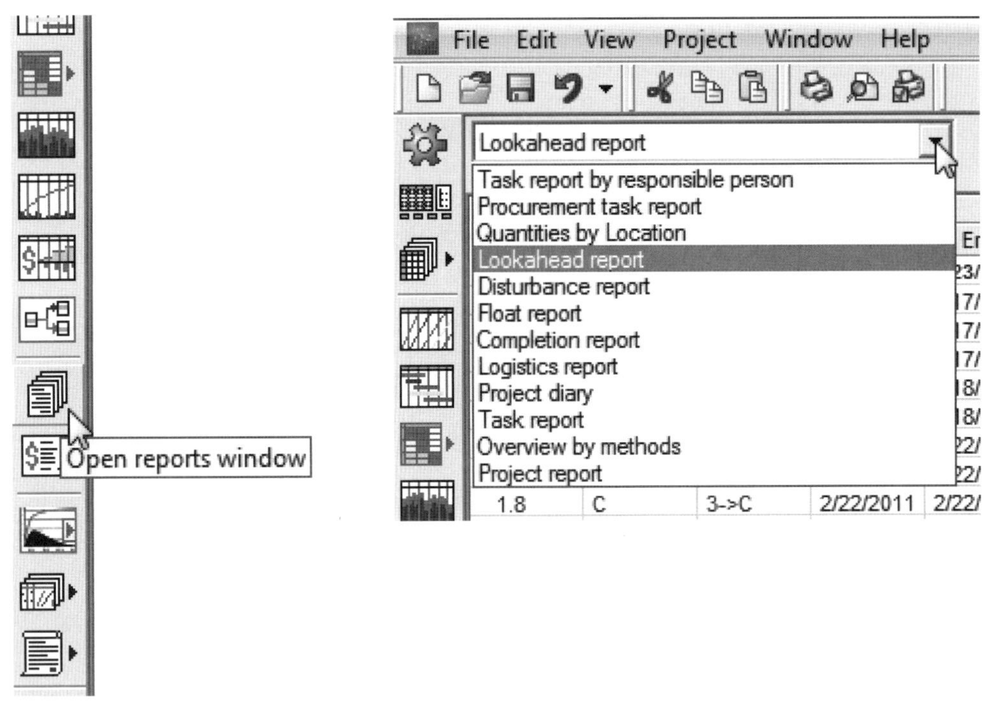

图 14-62　　　　图 14-63

(2) 从 Schedule Planner 视图左上方的报告列表中选择需要生成的报告，如图 14-63 所示。

可选的报告有以下几种。

• Task report by responsible person(责任人的任务报告)：生成按项目责任人划分的任务列表。

- Procurement task report(采购任务报告)：表明定义的采购任务的当前状态，包括每个位置的需求量和“需要的”日期。
- Quantities by Location(按位置的工程量)：按位置提供所有在 Task Manager 视图中被映射到任务上的 Method Assembly 和 Resource Component 的概述。
- Lookahead report(预计报告)：包含有每个位置所需的人工资源的概述，这里的人工资源还包括开始和完工时间以及 production rate。
- Float report(浮动报告)：提供项目中每个任务的浮动(自由浮动和总浮动)的概述。
- Completion report(完成报告)：用每个位置的资源数量表示任务的完工百分比。
- Task report(任务报告)：可得到每个任务的完成以及开始/完工日期。
- Overview by methods(方法概述)：生成一个含有 Method Assemblies 和 Resource Components 的任务概述。
- Project report(项目报告)：提供整个项目概述。

(3) 点击 Settings 按钮勾选需要在报告视图中显示的列，如图 14-64 所示。

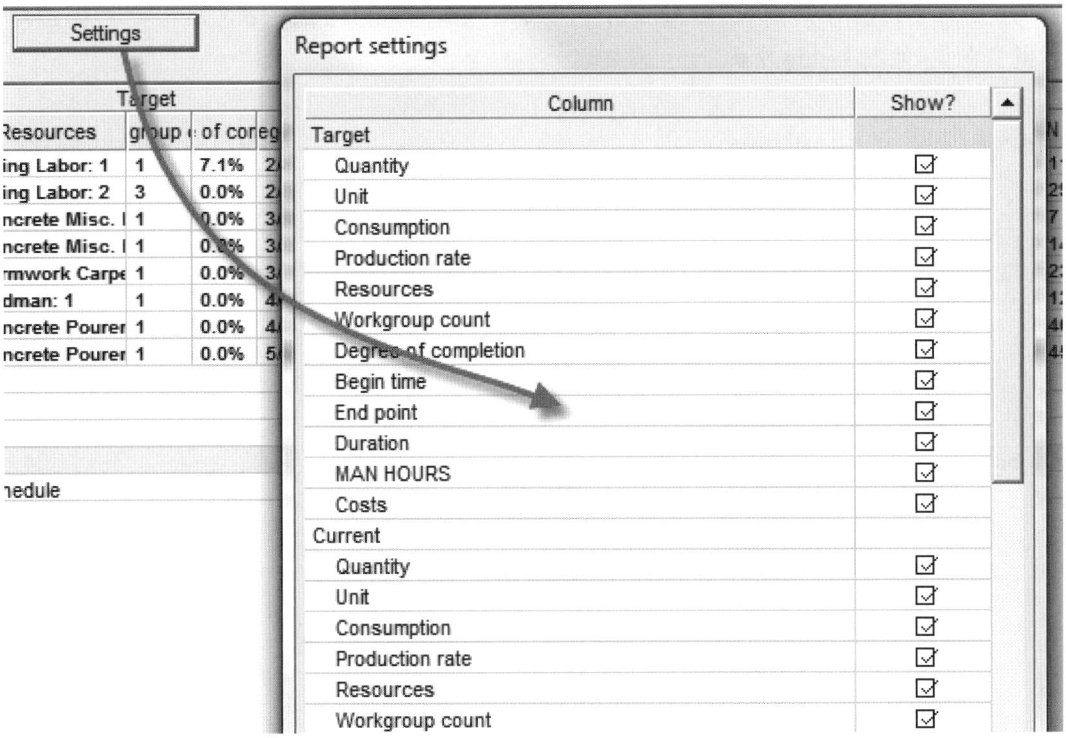

图 14-64

14.2.17　定义采购任务

采购任务用于对实施进度任务所需的人工、材料以及设备进行分组，并且为这些资源创建采购流程。Planned Procurement Events(计划采购事件)可以帮助跟踪记录生产期间的采购过程。为所需资源创建采购任务的具体步骤如下。

(1) 从左工具栏中打开工程量清单视图，如图 14-65 所示。

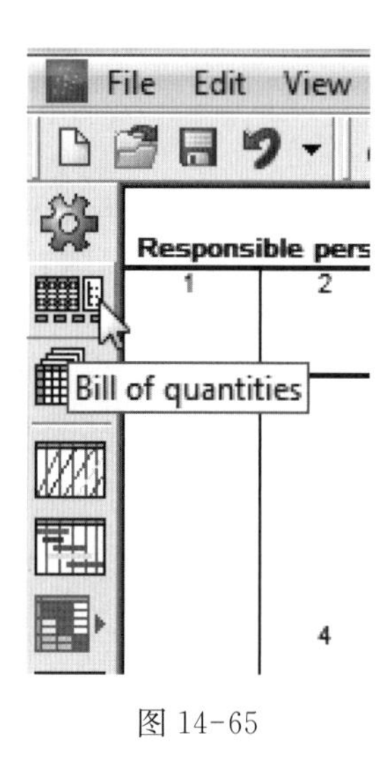

图 14-65

（2）将工程量清单中的活动视图切换为采购视图，再切换到 Resource view，可隔离项目的资源集，如图 14-66 所示。

Target bill of quantities

Task type: Schedule

Schedule
Procurement
Overhead

Structure/method view
Resource view

Hierarch	Appro	Code	Name			Cost ty	$ / units	$
+1	☐	01-SUB	LAYOUT PILES	224	EA		25	5 60

图 14-66

（3）显示资源列表，如图 14-67 所示。

Hierarchy	Approved	Code	Name	Quantity	Unit
-					
-1					
+1.1	☐	LCON001	Concrete Pourer	306.24	HR
+1.2	☐	LCON003	Formwork Carpenter	333.21	HR
+1.3	☐	LCON004	Rodman	408.87	HR
+1.4	☐	LCON006	Concrete Misc. Labor	53.4	HR
+1.5	☐	LPIL001	Piling Labor	504	HR
+1.6	☐	M03.11.00.060	Erect Forms - Pile Cap - Materials	1680	SF
+1.7	☐	M03.11.00.061	Strip Forms - Pile Cap - Materials	1680	SF
+1.8	☐	M03.11.00.160	Erect Forms - Slab on Grade - Materials	364.22	SF
+1.9	☐	M03.11.00.161	Strip Forms - Slab on Grade - Materials	364.22	SF
+1.10	☐	M03.21.00.060	Re Steel - Pile Cap - Materials	8.17	TONS
+1.11	☐	M03.21.00.160	Re Steel - Slab on Grade - Materials	18.67	TONS
+1.12	☐	M03.31.00.060	Concrete - Pile Cap - Materials	81.67	CY
+1.13	☐	M03.31.00.160	Concrete - Slab on Grade - Materials	311.09	CY
+1.14	☐	M03.35.00.060	Finishing to - Pile Cap - Materials	1400	SF
+1.15	☐	M03.35.00.160	Finishing to - Slab on Grade - Materials	11999.17	SF
+1.16	☐	M07.26.00.010	Vapor Barrier at SOG - Material	12599.13	SF
+1.17	☐	M31.63.00.010	CIP RC Pile - Materials	2352	FT

图 14-67

(4) 选择需要打包购买的材料，如图 14-68 所示。

Hierarchy	Approved	Code	Name	Quantity	Unit
-					
-1					
+1.1	☐	LCON001	Concrete Pourer	306.24	HR
+1.2	☐	LCON003	Formwork Carpenter	333.21	HR
+1.3	☐	LCON004	Rodman	408.87	HR
+1.4	☐	LCON006	Concrete Misc. Labor	53.4	HR
+1.5	☐	LPIL001	Piling Labor	504	HR
+1.6	☐	M03.11.00.060	Erect Forms - Pile Cap - Materials	1680	SF
+1.7	☐	M03.11.00.061	Strip Forms - Pile Cap - Materials	1680	SF
+1.8	☐	M03.11.00.160	Erect Forms - Slab on Grade - Materials	364.22	SF
+1.9	☐	M03.11.00.161	Strip Forms - Slab on Grade - Materials	364.22	SF
+1.10	☐	M03.21.00.060	Re Steel - Pile Cap - Materials	8.17	TONS
+1.11	☐	M03.21.00.160	Re Steel - Slab on Grade - Materials	18.67	TONS
+1.12	☐	M03.31.00.060	Concrete - Pile Cap - Materials	81.67	CY
+1.13	☐	M03.31.00.160	Concrete - Slab on Grade - Materials	311.09	CY
+1.14	☐	M03.35.00.060	Finishing to - Pile Cap - Materials	1400	SF

图 14-68

(5) 点击 Create procurement task(创建采购任务)按钮，如图 14-69 所示。

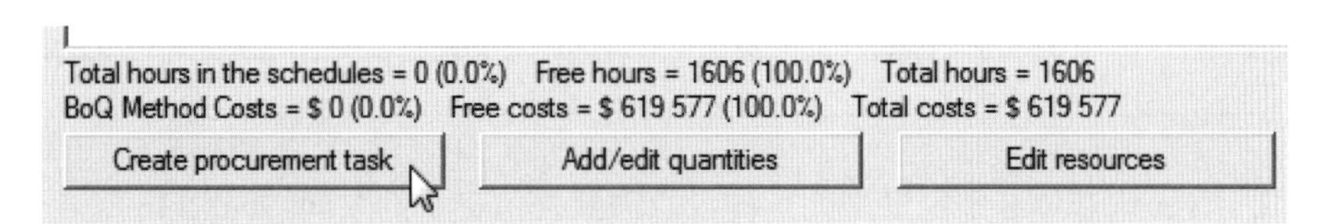

图 14-69

(6) 选择合适的 Procurement task type(采购任务类型)并点击 OK，如图 14-70 所示。

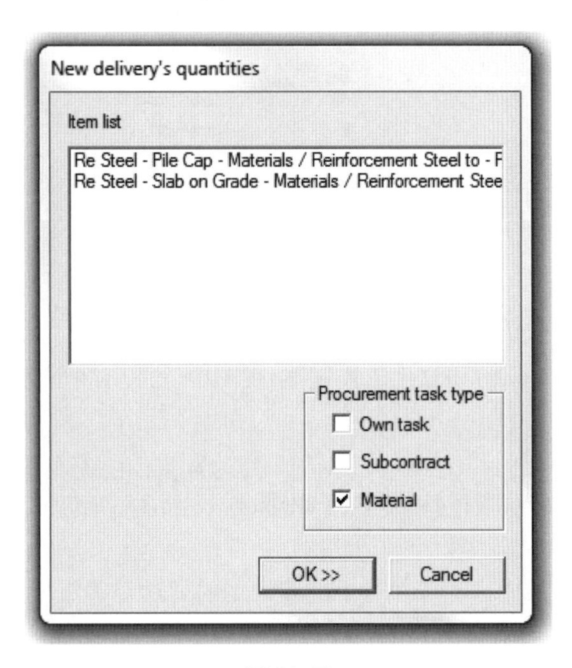

图 14-70

(7) 指定代码、名字并检查自动获得(来自任务信息)的交付日期,如图 14-71 所示。

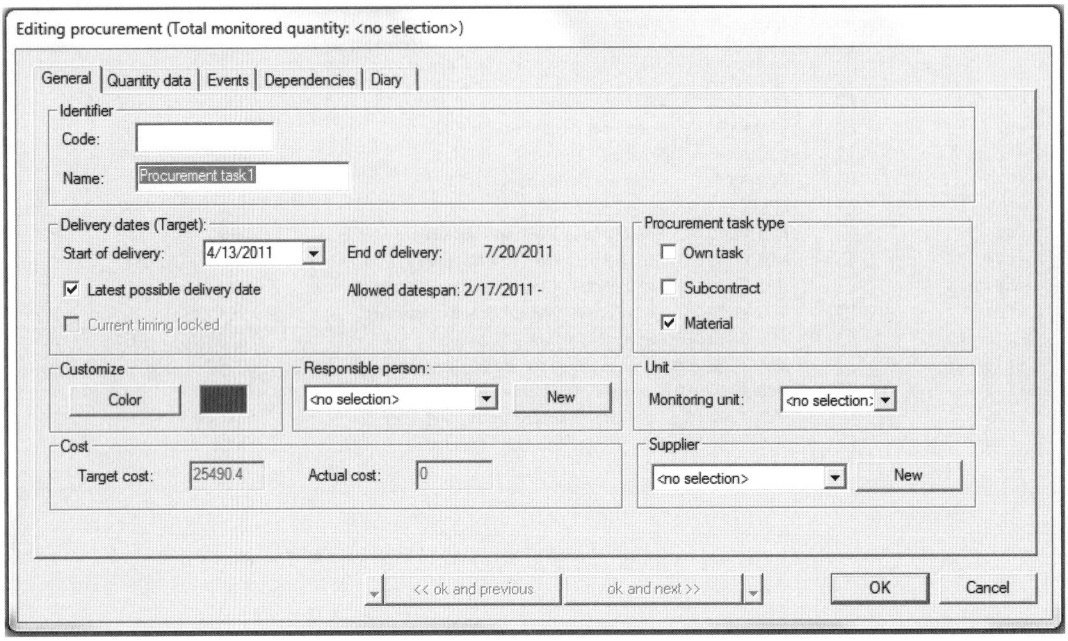

图 14-71

(8) 在 Events 选项卡中定义采购事件以及需要提前订货的时间,如图 14-72 所示。

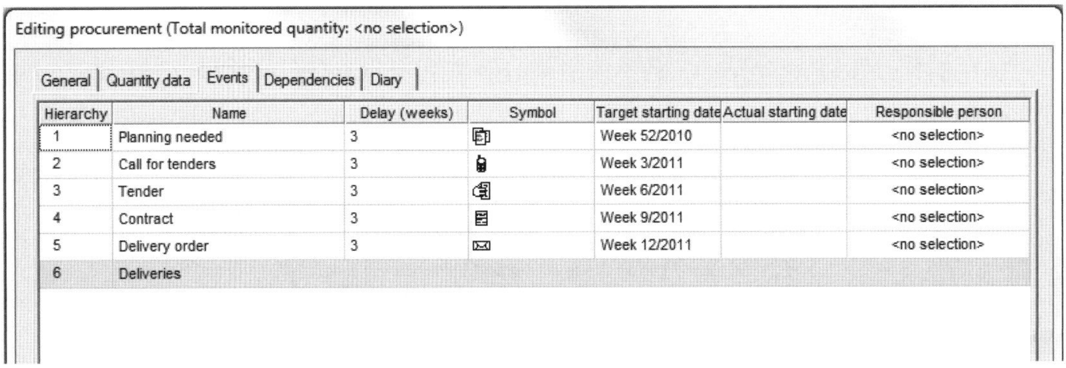

Hierarchy	Name	Delay (weeks)	Symbol	Target starting date	Actual starting date	Responsible person
1	Planning needed	3		Week 52/2010		<no selection>
2	Call for tenders	3		Week 3/2011		<no selection>
3	Tender	3		Week 6/2011		<no selection>
4	Contract	3		Week 9/2011		<no selection>
5	Delivery order	3		Week 12/2011		<no selection>
6	Deliveries					

图 14-72

(9) 在 Production Controller(生成控制器)视图中,可以对采购流程进行监控。

14.3 项目日历

Edit project calendars(项目日历)界面如图 14-73 所示。

14.3.1 建立项目日历

项目日历和任务日历的正确选择对于进度计划的成功至关重要。Schedule Planner 中包含了全球日历、项目日历以及任务日历。全球日历提供了不同地区的区域日历,日历中包含该特定区域的节假日。

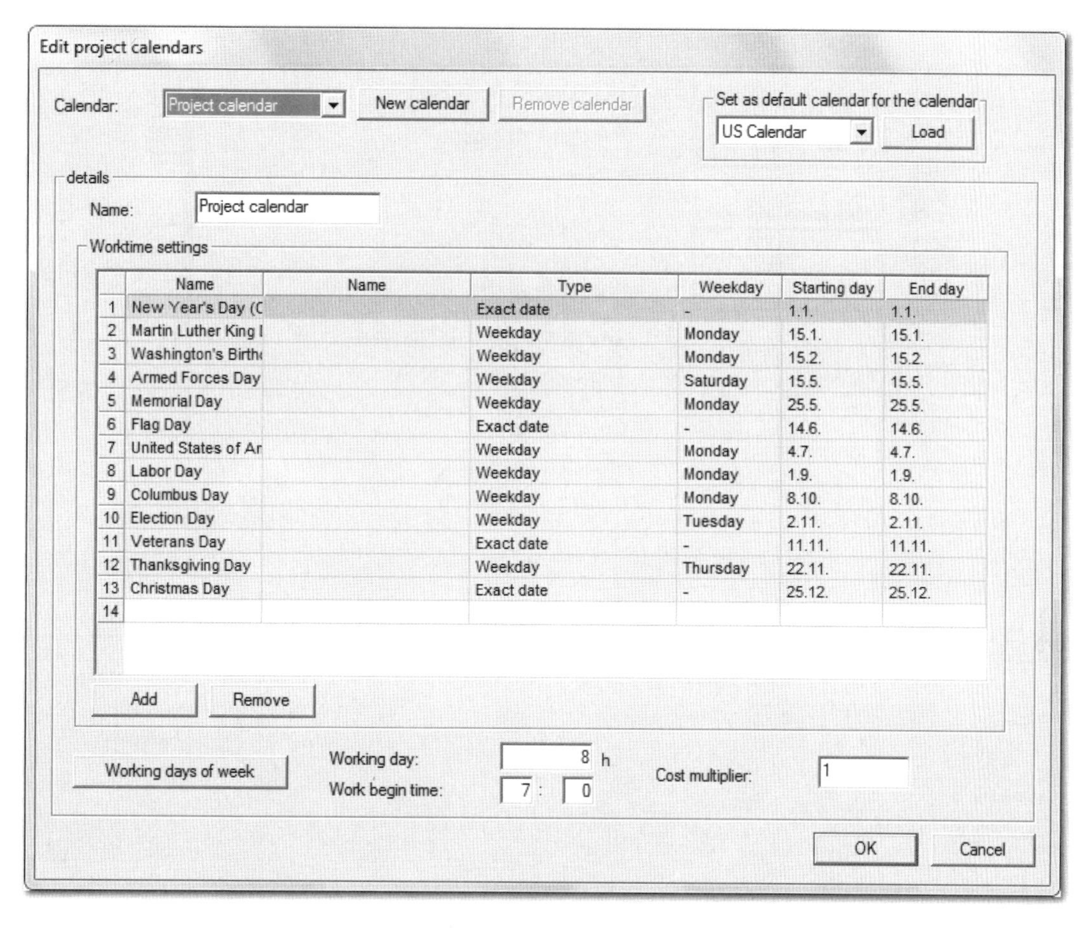

图 14-73

项目日历是一种特殊的任务日历，用作所有项目设置的日历，并在创建时为非工作日和特殊的一次性事件做好计划。除非为任务选择了另一个日历，否则项目日历也是任务默认的日历。项目日历决定了在不同的 Schedule Planner 视图中日历是如何显示的。例如，周末和节假日等非工作日在视图中会显示为阴影区。

可以从任务日历中选择日历指派给单个任务。任务日历的创建使得用户可以使用不同的班次、工作日模式或者假期对工作作出计划。

日历可以通过以下几项组合创建：

- Schedule Planner 中的 Edit Project Calendars(编辑项目日历)对话框；
- Schedule Planner 中的 Task calendars(任务日历)对话框；
- 导入日历模板。

建立项目日历的具体步骤如下。

(1) 从项目菜单中选择 Edit calendars...，如图 14-74 所示。

(2) 出现 Edit Project Calendars 对话框，如图 14-75 所示。

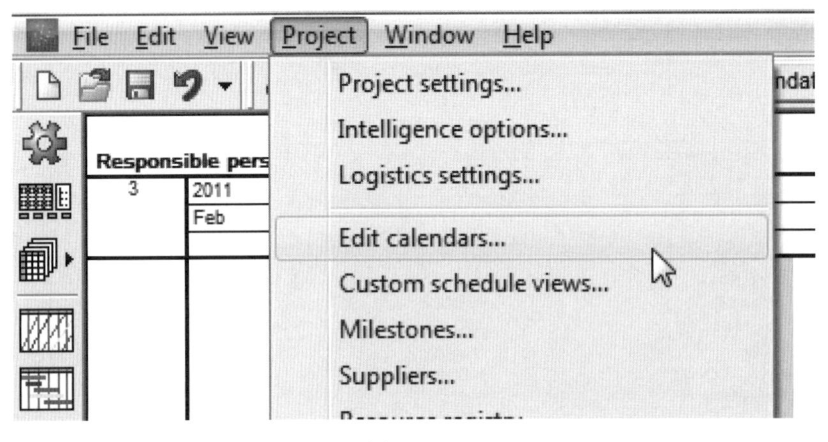

图 14-74

Edit project calendars

Calendar: Project calendar　New calendar　Remove calendar

Set as default calendar for the calendar: US Calendar　Load

details

Name: Project calendar

Worktime settings

	Name	Name	Type	Weekday	Starting day	End day
1	New Year's Day (C		Exact date	-	1.1.	1.1.
2	Martin Luther King I		Weekday	Monday	15.1.	15.1.
3	Washington's Birth		Weekday	Monday	15.2.	15.2.
4	Armed Forces Day		Weekday	Saturday	15.5.	15.5.
5	Memorial Day		Weekday	Monday	25.5.	25.5.
6	Flag Day		Exact date	-	14.6.	14.6.
7	United States of Ar		Weekday	Monday	4.7.	4.7.
8	Labor Day		Weekday	Monday	1.9.	1.9.
9	Columbus Day		Weekday	Monday	8.10.	8.10.
10	Election Day		Weekday	Tuesday	2.11.	2.11.
11	Veterans Day		Exact date	-	11.11.	11.11.
12	Thanksgiving Day		Weekday	Thursday	22.11.	22.11.
13	Christmas Day		Exact date	-	25.12.	25.12.
14						

Add　Remove

Working days of week　Working day: 8 h　Work begin time: 7 : 0　Cost multiplier: 1

OK　Cancel

图 14-75

(3) 项目需要时，可以点击 New calendar 按钮，创建新日历，并在 details 中更改名称，如图 14-76 所示。

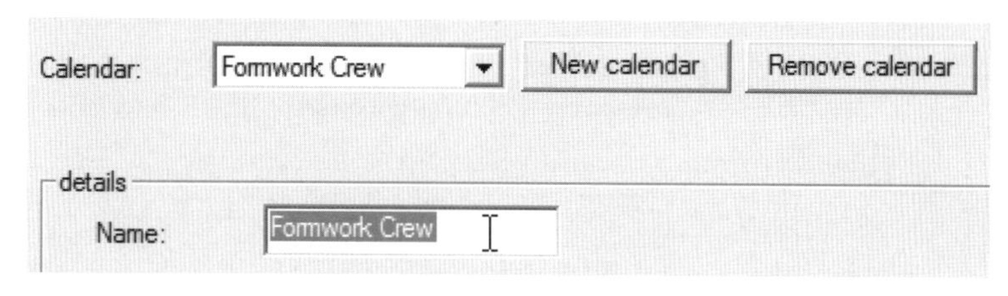

图 14-76

(4) 从 Set as default calendar...（设置为缺省日历）设置中，加载要作为项目基础日历的日历，如图 14-77 所示。

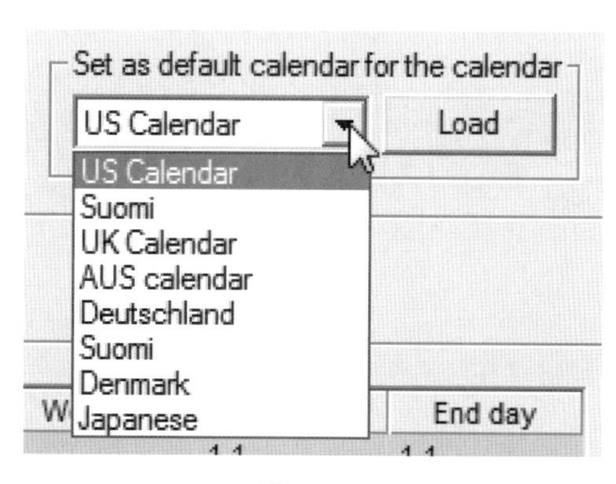

图 14-77

(5) 使用以下类型更改节假日列表。

Tyep	**Every year**: The holiday falls on the same date each year, e. g. Christmas Day—25th December. **Weekday**: The holiday occurs on the same day each year, e. g. the first Tuesday in November. **Exact date**: The holiday falls on the exact date only once
Weekday	Specify the exact weekday when the holiday occurs. (Only available for Weekday type)
Starting day	Specify the first day of the holiday period
End day	Specify the last day of the holiday period

(6) 点击 Working days of the week(一周的工作日)按钮，定义工作周。

(7) 指定每工作日小时数以及工作日开始时间。用户可根据需要在 cost multiplier(成本倍数)框内输入系数，例如加班日历。

14.3.2　为任务分配日历

当某个任务要求有加班或者其他特殊的进度安排时，可以创建新的项目日历，详见本书"14.3.1 建立项目日历"。定义新日历之后，应将其分配给相关任务，具体步骤如下。

(1) 在流线图或甘特图中双击任务，打开任务属性。

(2) 在 Timing 区域，从一些列可用的项目日历中选择自定义日历，如图 14-78 所示。

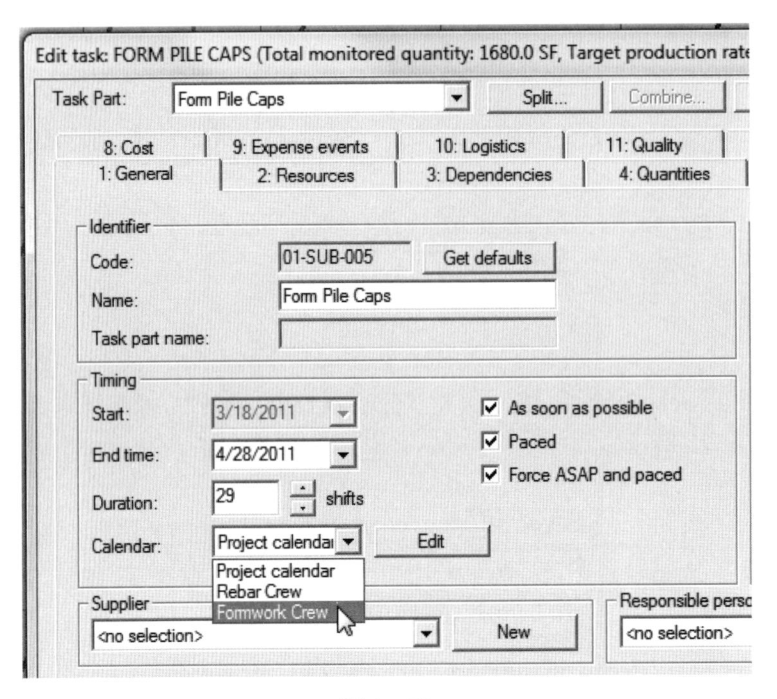

图 14-78

（3）点击 OK 后应用新建日历。

第 15 章　定义位置系统

位置系统是项目位置分解结构中对同一个位置可替换的位置分解结构。在同一个父位置中，维持平行的可替换的位置分解结构，使每个专业使用最佳的位置尺寸成为可能。例如，对于所有和“Concrete”相关的工作，下图的“Floor 1”将会被分解为一个“Zone A”和一个“Zone B”；然而对于地板来说，将“Floor 1”细分到各个房间，会更适合和“Finishes”相关的专业，如图 15-1 所示。

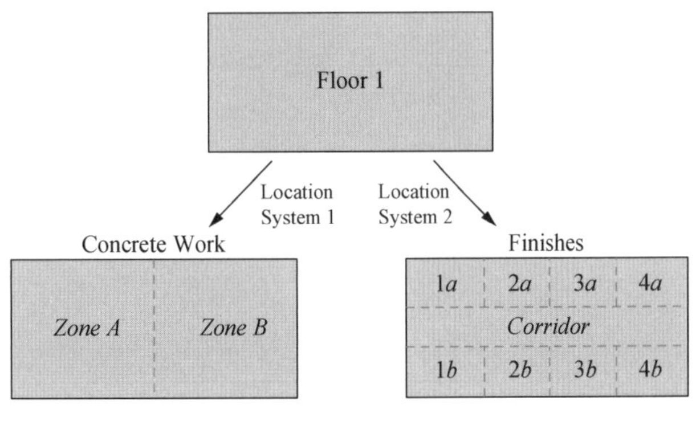

图 15-1

在这种情况下，将会创建两种位置系统：一种是以“Concrete”相关工作最优的方式进行分解；另一种则是以“Finishes”相关工作最优的方式进行分解，如图 15-2 所示。

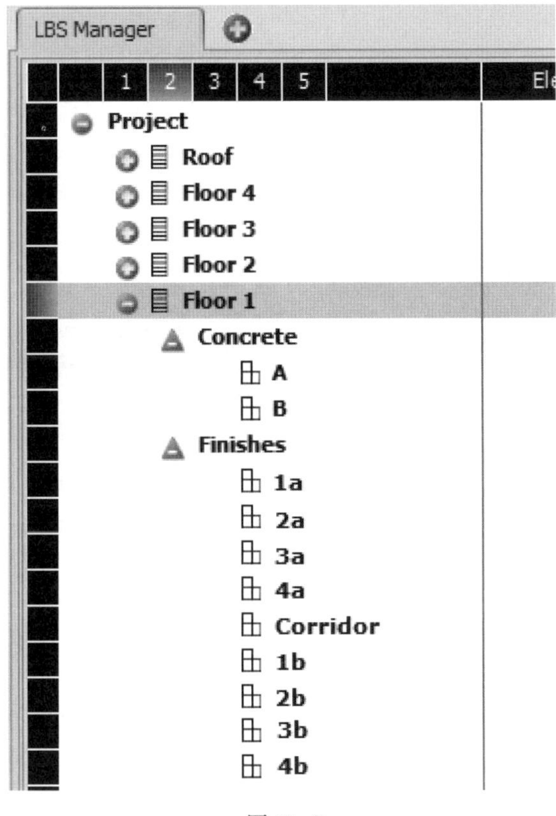

图 15-2

15.1 定义位置系统

创建位置系统来创建特定专业的位置分解结构的具体步骤如下。

(1) 从 LBS Manager 的工作流程面板中选择 Define Location Systems(定义位置系统),如图 15-3 所示。

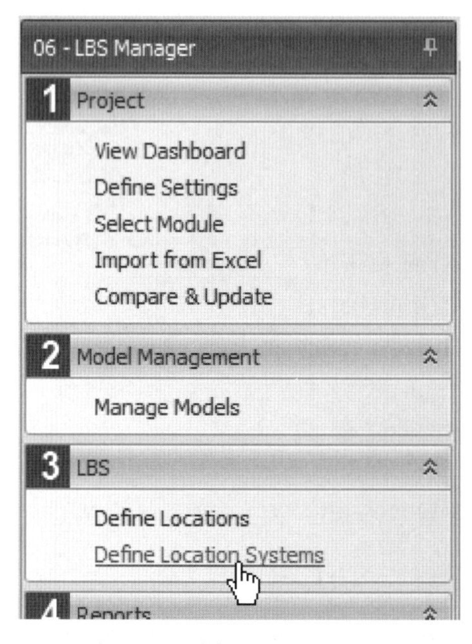

图 15-3

(2) 通过点击在位置系统功能区中的 New Location System(新建位置系统)按钮,针对需要特有的位置分解的专业或专业组,创建新的位置系统,如图 15-4 所示。

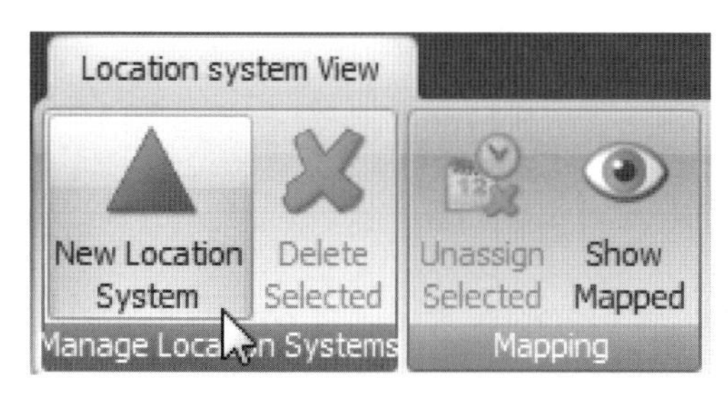

图 15-4

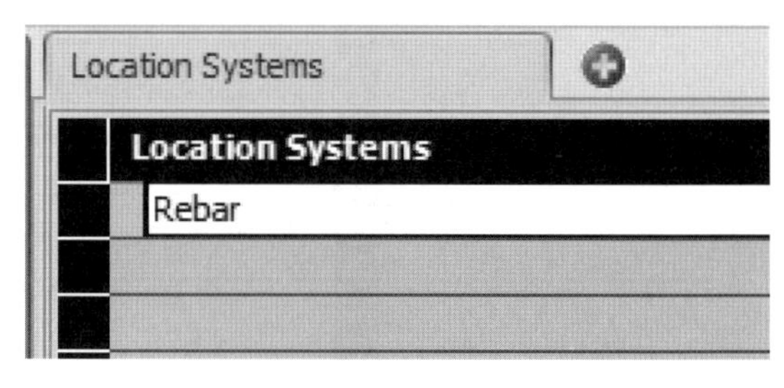

图 15-5

(3) 根据需要改变新的位置系统的名称,如图 15-5 所示。

(4) 将任务与新的位置系统联系起来,以定义如何为映射的任务定义位置。通过将任务拖放到合适的位置系统来实现这项工作,如图 15-6 所示。

(5) 为位置系统映射任务之后,映射到任务上的 Component 的公式就会更新,这样它们只在被指定的位置系统的位置中被估算。用户可以通过公式编辑器来检查 Component,该 Component 被映射到任务中,而任务又被映射到位置系统中。

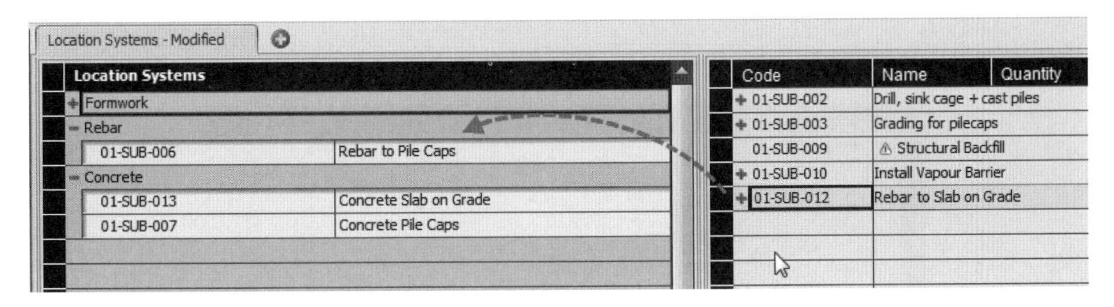

图 15-6

15.2　LBS 中的位置系统

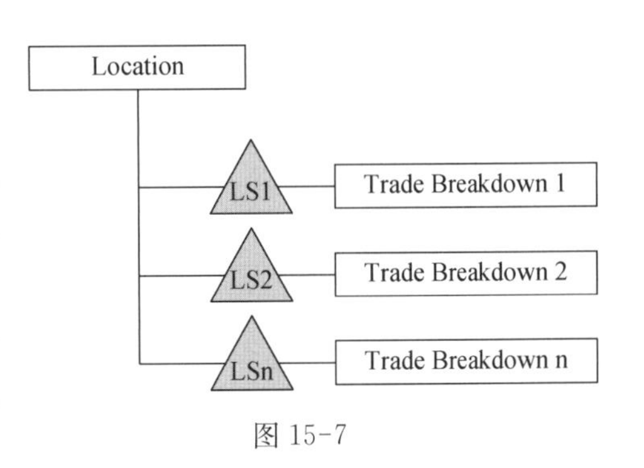

图 15-7

对于所有的专业，当一个位置需要不止一种分解方式以适应最优的位置尺寸时，位置系统节点需要被包含在位置分解结构中，如图 15-7 所示。

由于很多位置系统能够被插入到一个位置下来允许可替换的分解方式，所以每个位置系统会创建父位置的复本。

定义特定专业的位置分解结构的步骤如下。

(1) 在 Define Locations 的视图集下，选择需要定义多个位置分解方式的位置。

(2) 点击鼠标右键，选择 Add Location System(添加位置系统)。用户可以逐个插入期望的位置系统，或者是通过选择 All 来插入所有的位置系统，如图 15-8 所示。

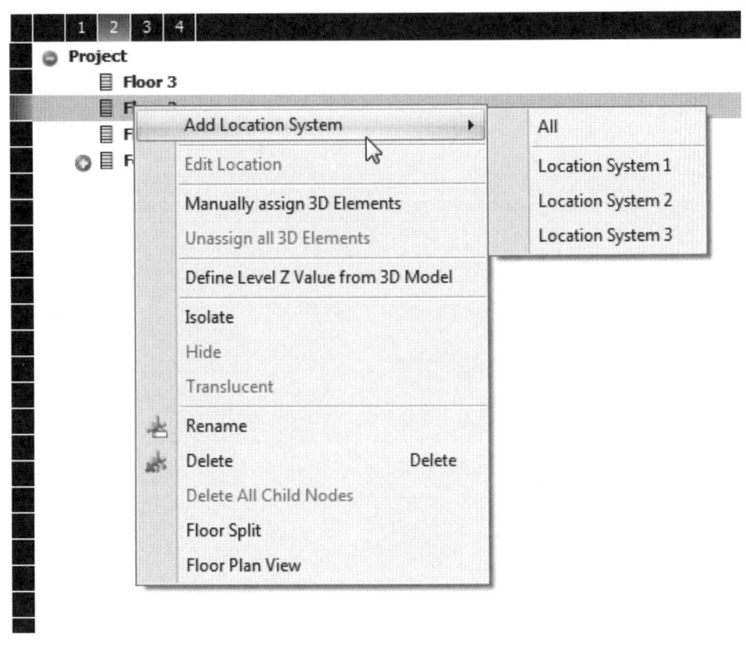

图 15-8

(3) 对于每个被插入的位置系统,现在可以通过在 Floor Plan View 中定义分区或插入楼层来定义位置分解,如图 15-9 所示。

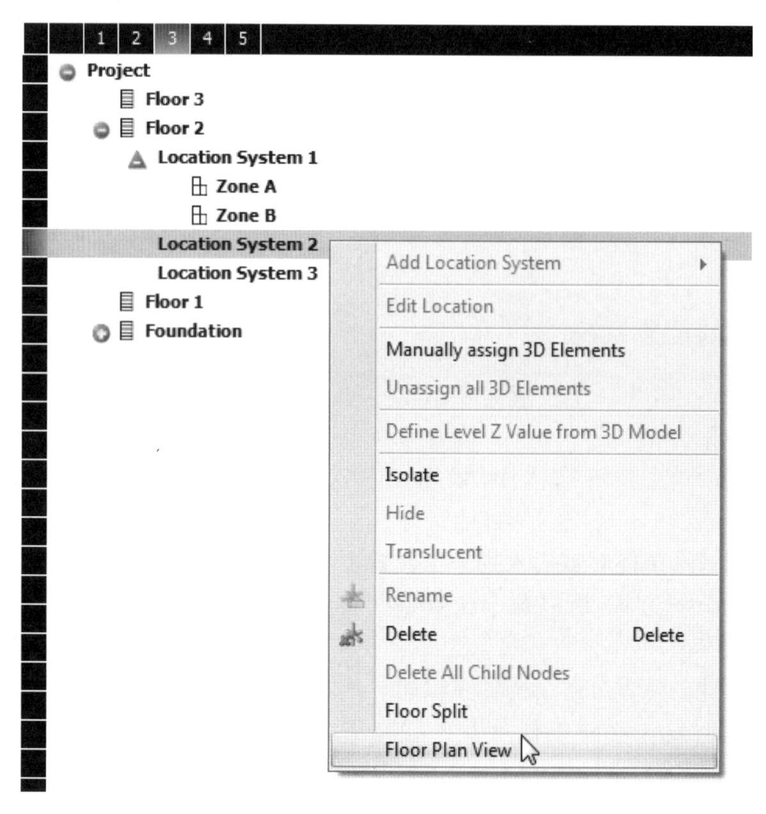

图 15-9

(4) 打开 Manage Takeoff 视图查看位置系统和工程量。

第 16 章　4D 管 理

创建 4D 模拟是 Vico Office 工作流程中的一部分，不需要任何额外的工作。3D 模型构件通过 Takeoff Item 和 Cost Planner Component 与任务相关联，将 Cost Planner 的 Component 和 Assembly 映射到任务之后，4D 模拟也创建好，并能够用于查看和交流所创建的进度计划，如图 16-1 所示。

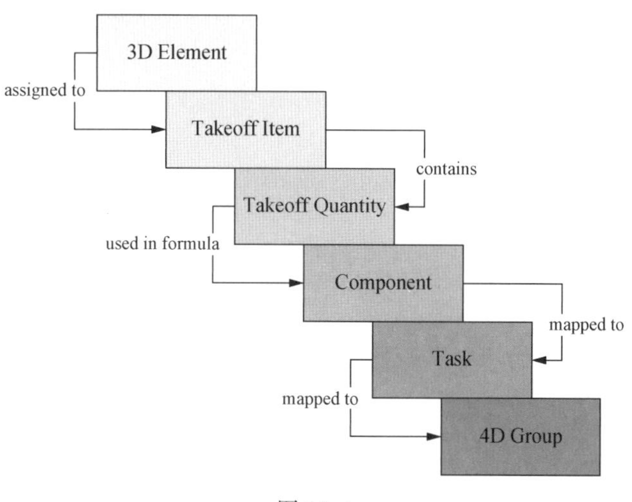

图 16-1

4D Manager 允许将任务定义并且映射到 4D 组中，当任务发生时，用于指定相关构件的行为和表示，从而创建出 4D 模拟。

16.1　4D 管理用户界面

4D 管理用户界面如图 16-2 所示。

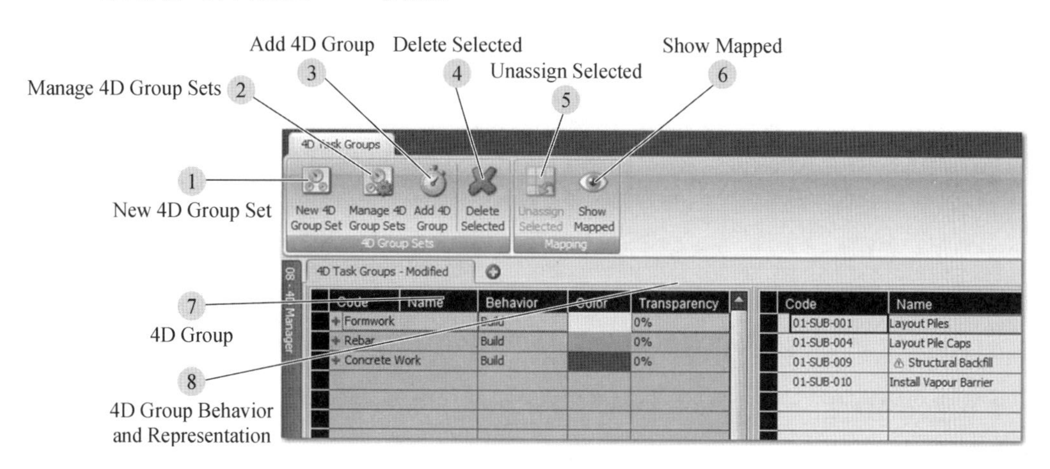

图 16-2

① New 4D Group Set

New 4D Group Set(新建 4D 组集)能够为项目创建一个新的 4D 模拟组集,通过 4D Explorer(4D 浏览)的 4D Representation Mode(4D 演示模式)对话框获得。

② Manage 4D Group Sets

Manage 4D Group Sets(管理 4D 组集)功能让用户能够添加新的 4D 组集,或者移除现存的集合。

③ Add 4D Group

单击"Add 4D Group"(添加 4D 组)按钮可以在项目的 4D 组集中增加一个新的 4D 表示组。

④ Delete Selected

Delete Selected(删除所选)可用于删除 4D 组集。

⑤ Unassign Selected

4D 组中选中的任务能够通过点击 Unassign Selected(解除所选)按钮来解除指定。

⑥ Show Mapped

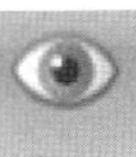

默认情况下,映射到 4D 组中的任务在 Task Manager 视图中被隐藏。点击 Show Mapped(显示映射)使它们再次可见。

⑦ 4D Group

+ Formwork	Build		0%

4D Group 是类似任务的集合,可以定义 4D 模拟的行为和颜色设置。

⑧ 4D Group Behavior and Representation

Code	Name	Behavior	Color	Transparency
+ Formwork		Build		0%
+ Rebar		Build		0%
+ Concrete Work		Build		0%

4D Group Behavior(4D 组行为)是通过选择一个预定义的行为(建造,拆除或临时行为)进行定义的,并为其选择颜色以及设置透明度。

16.2 定义 4D 组

在查看 4D 模拟,并将其用于分析和沟通之前,需要设置 4D 组。Define 4D Simulation

(定义 4D 模拟)工作流程项允许用户建立 4D Group Set 和 4D Group。

- 4D Group Sets:任务到 4D 组的映射和表示设置的集合,并且产生一个 4D 模拟模式。在一个项目中可能存在不止一个 4D Group Sets,通过为不同受众创建不同的 4D 组和 4D 组的表示设置(例如,“面向客户的 4D”和“面向负责人的 4D”),允许定义特定目标的 4D 模拟,如图 16-3 所示。

- 4D Group:在 4D 模拟的回放过程中以同样的方式表示的一组(类似的)任务。4D Group 有颜色和指定的行为,这在项目进度模拟的回放过程中的相关任务发生时才会出现。

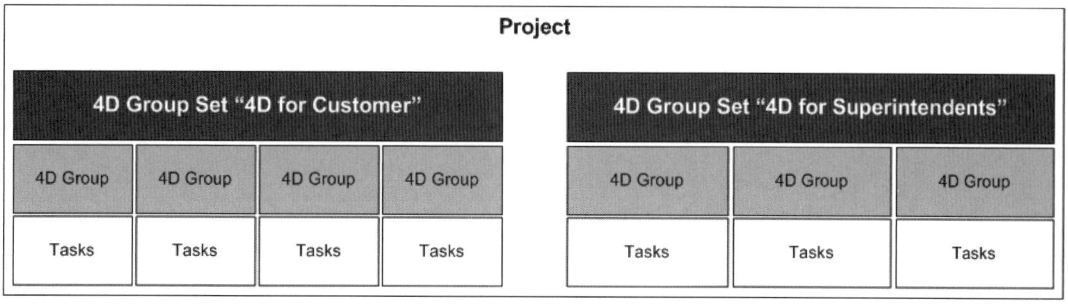

Project

4D Group Set “4D for Customer”

4D Group | 4D Group | 4D Group | 4D Group

Tasks | Tasks | Tasks | Tasks

4D Group Set “4D for Superintendents”

4D Group | 4D Group | 4D Group

Tasks | Tasks | Tasks

图 16-3

4D Group Sets 和 4D Group 用法举例:定义了 2 个 4D 模拟,一个是面向“客户”,另一个是面向“负责人”。

设置 4D 模拟的具体步骤如下。

(1) 从 4D Manager 的工作流程面板中,选择 Define 4D Simulation 工作流程项,如图 16-4 所示。

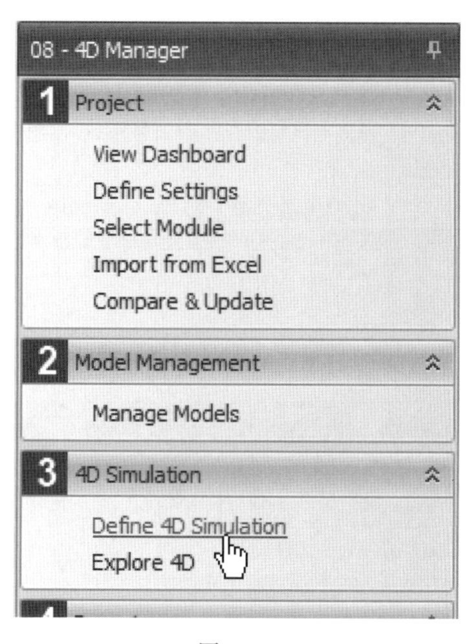

图 16-4

(2) 在功能区中，点击 New 4D Group Set 按钮，如图 16-5 所示。

图 16-5

(3) 为新的 4D Group Set 输入名称，并点击 OK，如图 16-6 所示。

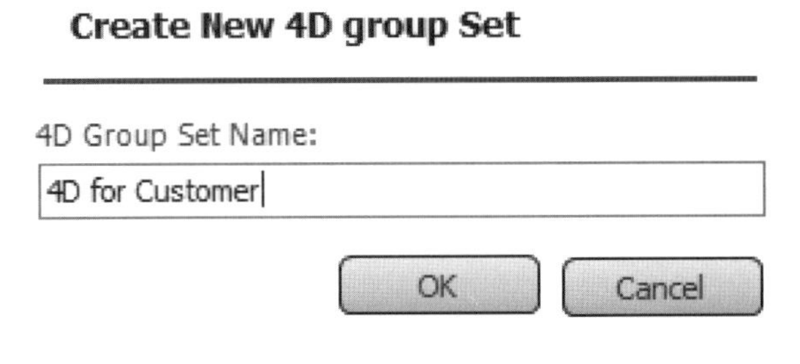

图 16-6

(4) 新的 4D Group Set 被激活，显示 4D Task Groups(4D 任务组)视图状态栏，如图 16-7 所示。

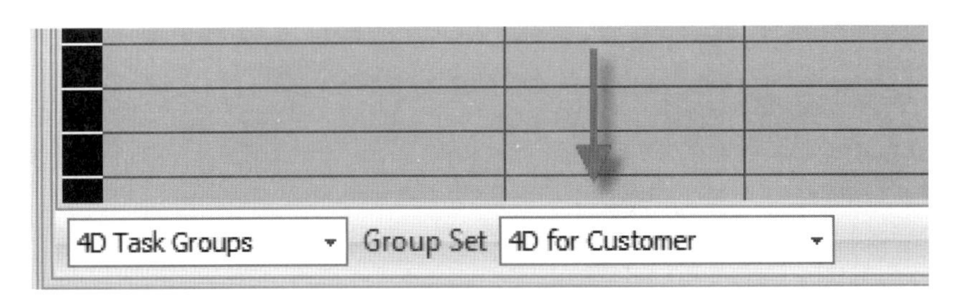

图 16-7

(5) 点击 Add 4D Group 按钮，增加一个新的 4D Group，如图 16-8 所示。

图 16-8

(6) 新的 4D 组在网格中显示。将其名称更改为期望的名称，并且选择应与这个 4D 组相联系的行为类型。

Build(建造)是默认的行为，与任务相联系的构件在 4D 模拟开始时被隐藏，在任务的建设期中以 4D 组的颜色出现，并且在任务完成时可见。关于 Demolish(拆除)行为，和其相关的构件在 4D 模拟开始时可见，在任务的建设期中以 4D 组的颜色出现，并在任务完成时被隐藏。通过选择 Temporary(临时)行为，映射在 4D 组的构件在 4D 模拟开始时隐藏，在任务的执行过程中以 4D 组的颜色出现，并在任务完成时再次被隐藏，如图 16-9 所示。

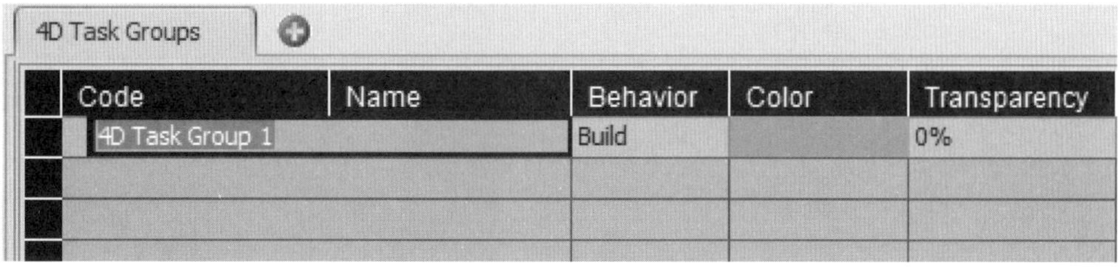

4D Task Groups

Code	Name	Behavior	Color	Transparency
4D Task Group 1		Build		0%

图 16-9

选择颜色单元格来为 4D 组挑选期望的颜色；Transparency(透明度)提供了设置透明度的选项，即任务发生时，相关构件的显示样式。

(7) 然后通过将任务从右侧的 Task Manager 视图中拖放到左侧期望的 4D 组中，可将任务映射到定义好的 4D 组上，如图 16-10 所示。

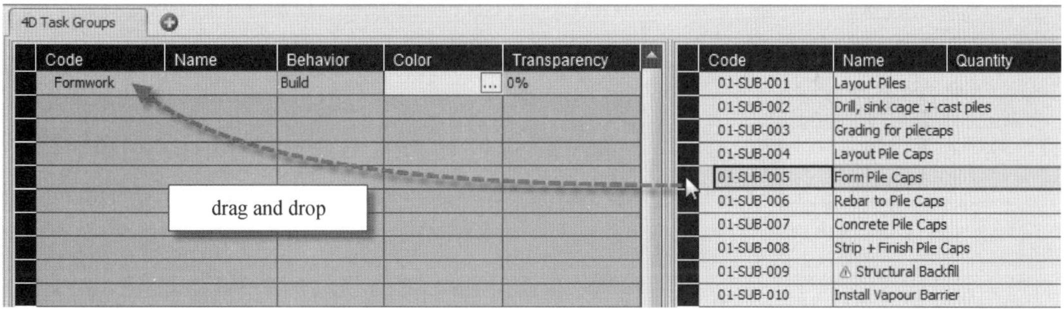

4D Task Groups

Code	Name	Behavior	Color	Transparency
Formwork		Build	...	0%

drag and drop

Code	Name	Quantity
01-SUB-001	Layout Piles	
01-SUB-002	Drill, sink cage + cast piles	
01-SUB-003	Grading for pilecaps	
01-SUB-004	Layout Pile Caps	
01-SUB-005	Form Pile Caps	
01-SUB-006	Rebar to Pile Caps	
01-SUB-007	Concrete Pile Caps	
01-SUB-008	Strip + Finish Pile Caps	
01-SUB-009	Structural Backfill	
01-SUB-010	Install Vapour Barrier	

图 16-10

(8) 重复第(5)(6)和(7)步来为定义的 4D Group Set 创建 4D Group，这也是指定进度的可视化所需要的。

16.3 准备 4D 模拟

通过 4D 组来定义的 4D 模拟能够在 4D Explorer 视图中交互式地查看，它具有回放、日期选择和在模拟的模型上方显示信息的功能。

4D Explorer 视图是 Vico Office 客户端的一部分。准备 4D 模拟的具体步骤如下。

(1) 点击 4D Simulation 工作流程组中的 Explorer 4D 工作流程项，打开 4D Explorer，如图 16-11 所示。

(2) 通过选择 CAD Model Colors(CAD 模型颜色)或者是之前定义的 4D Group sets,来选择 4D 模拟配置,如图 16-12 所示。一旦生产控制信息被输入到项目中之后,Task Status Color(任务状态颜色)模式会变得可用。

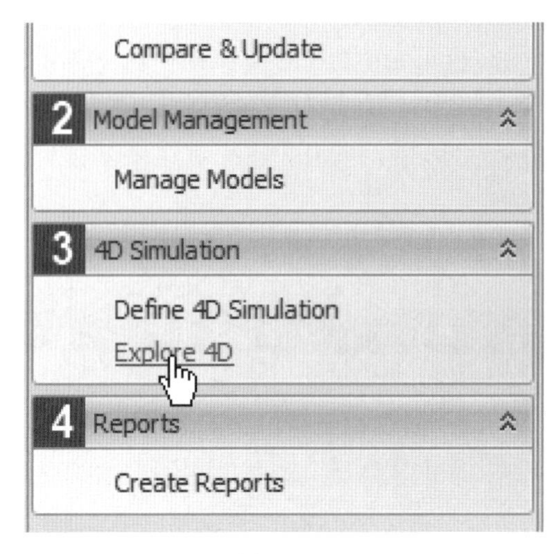

图 16-11

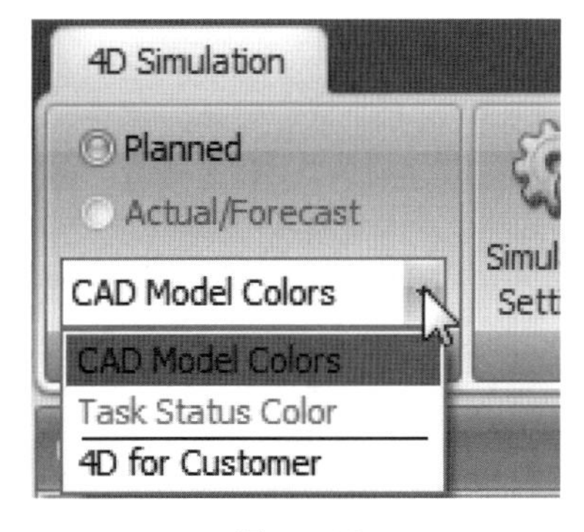

图 16-12

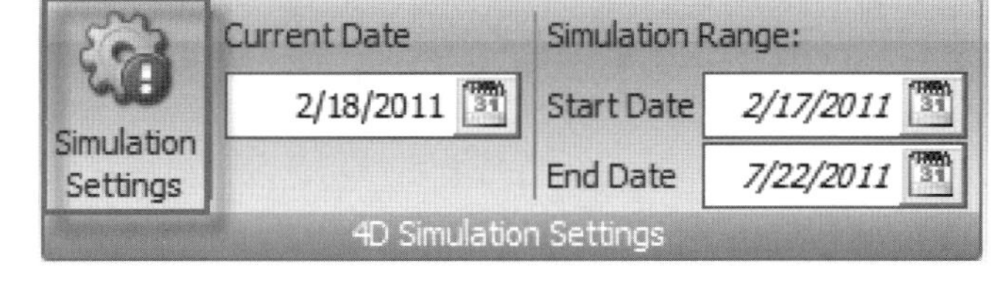

图 16-13

(3) 点击 Simulation Settings(模拟设置)按钮来定义 4D 模拟的表现形式,如图 16-13 所示。

(4) 对话框在 4D 模拟的三个方面提供配置选项,如图 16-14 所示。

• Late Start and Running Late Tolerance(延迟开工和延迟范围):使用户定义构件何时应被标记为"Started Late"和"Running Late"(只有当生产控制被输入在项目中之后才可用)。

• Show/Hide(显示/隐藏):提供了在 4D 视图顶端显示附加信息的设置。

• Date Stamp(日期戳):在模拟的左上角显示当前日期。

• Week Counter(周计数):在模拟的左上角显示当前的周(从模拟/进度计划开始计数)。

• Day Stamp(时间戳—天):在模拟的左上角显示当前的天(从模拟/进度计划开始计数)。

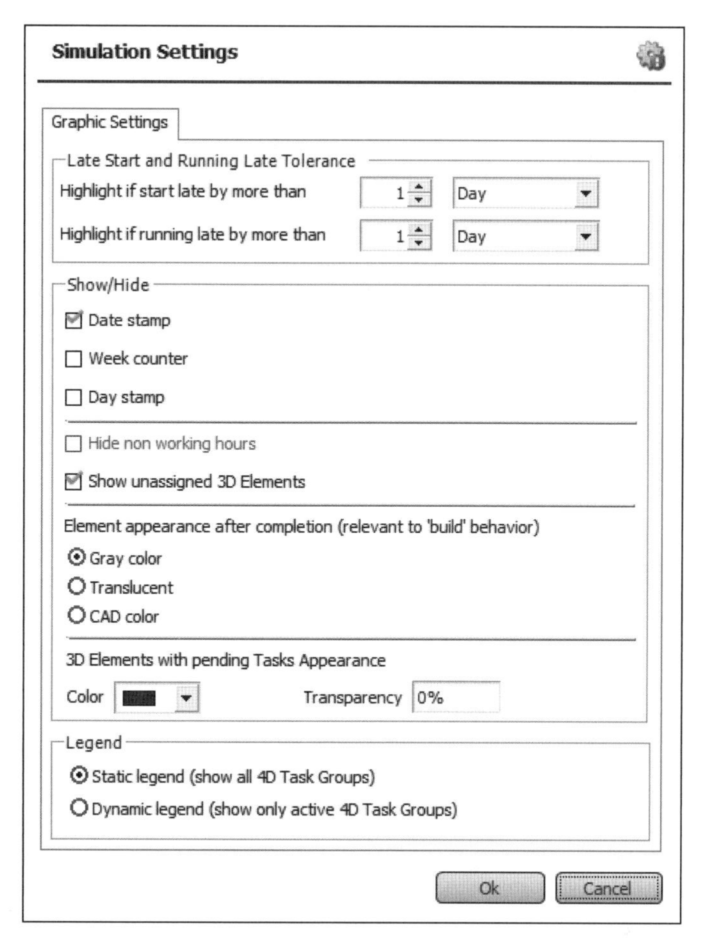

图 16-14

• Show unassigned 3D Elements(显示未分配的 3D 构件):提供了隐藏或者显示与进度计划中不相关的任务的选项。当复选框为空,在模拟回放的过程中只有那些和任务相关联的构件才可见。

• Element appearance after completion(已完成构件外观):只和有“Build”行为的 4D 组相关,正如对话框中指出的,因为这些是仅有的在完成相关任务之后仍然可见的构件。此选项允许用户决定完成的构件的颜色应该是:灰色,透明或者在最初的 CAD 模型中指定的颜色。

• 3D Elements with pending Task Appearance(待完成的 3D 构件外观):让用户设置在两个任务(一个任务已经被完成,第二个任务还没有开始)之间的那些构件的颜色。

• Legend(图例):提供了两种呈现 4D 组颜色说明的选择。静态图例选项显示了所有定义好的 4D 组和颜色的概览,动态图例会在 4D 组中的任务发生时更新。只有在第二步中选择了一个 4D Group Sets,图例才可选。

16.4　演示 4D 模拟

(1) 在演示 4D 模拟之前,用户可以通过选择 Simulation Range(模拟范围)中的日期设置模拟应被展示的日期范围,如图 16-15 所示。

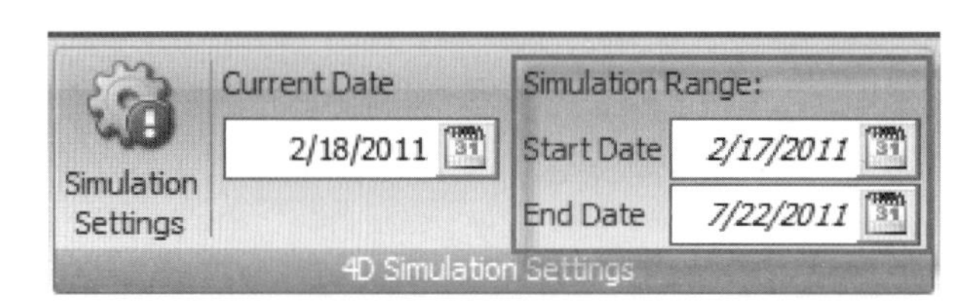

图 16-15

(2) 点击视图工具栏中的 Play 按钮 ,启动 4D 模拟的回放,如图 16-16 所示。

图 16-16

(3) 在模拟的回放过程中,用户可以通过使用视图工具栏中的 VCR 控制键来进行停止、后退、前进、倒退和快进等操作,如图 16-17 所示。

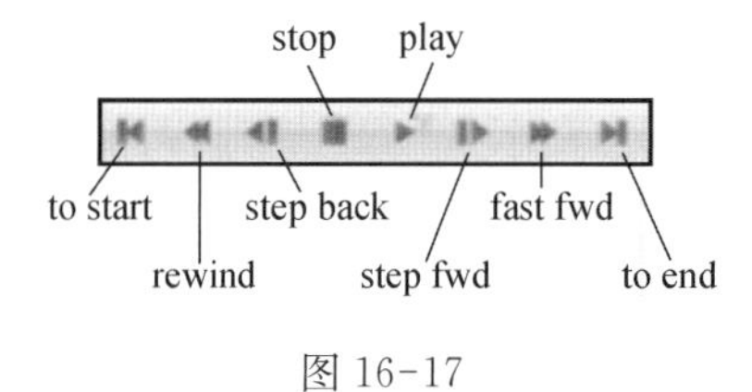

图 16-17

(4) 通过点击 Legend Pane(图例窗)按钮来显示或者隐藏 Legend Pane,如图 16-18 所示。注意,这个按钮只有在一个 4D Group Set 被选择为 4D 表现模式时才可用。

图 16-18

第 17 章　可施工性管理

可施工性是嵌入在工作流程里面的。在 Vico Office 中，通过模型分析和自动的碰撞检查来管理可施工性与用于 Quantity Takeoff 的模型和用于成本规划和施工性分析的模型是一样的，如图 17-1 所示。

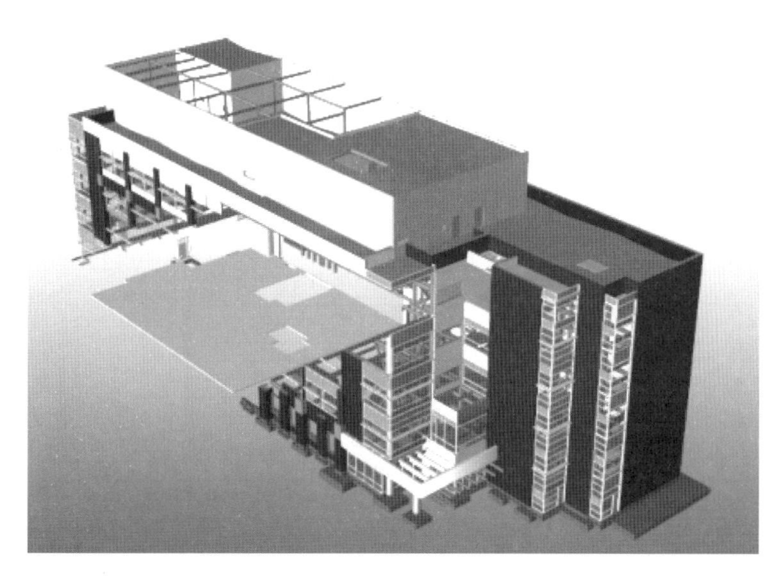

图 17-1

可施工性管理模块提供了可施工性分析，具体可分为以下 3 步。

(1) 检测碰撞

碰撞检查可以通过指定应被分析的构件的标准进行(图层，构件种类)，并且会自动运行检查。检测到的碰撞按每个构件进行分组，因而碰撞的集合变得容易处理。在检查碰撞结果的过程中，如果碰撞能够被归类为"可施工性问题"，就可以将其移到二级清单中，从而从碰撞清单中分离出来。

(2) 管理可施工性问题

可施工性问题的清单可用于会议和可施工性问题追踪。通过保存视点、添加标记和附加文件和图像，能够将更多细节添加到可施工性问题中。评论可以作为"会议记录"。在可施工性问题集合中的所有信息都能够被包含在可施工性报告中。

(3) 管理 RFI's

当一个可施工性问题要求项目各参与方提供更多的信息时，它就能够被升级为一项 RFI。在这种情况下，可施工性问题连同视点和标记，一起被复制到"Manage RFI's"视图中。

通过 Constructability Manager，可施工性管理变成了虚拟施工的整体过程中的一部分，从而允许创建报告和会议需要的材料。

17.1 可施工性管理用户界面

可施工性管理用户界面如图 17-2 所示。

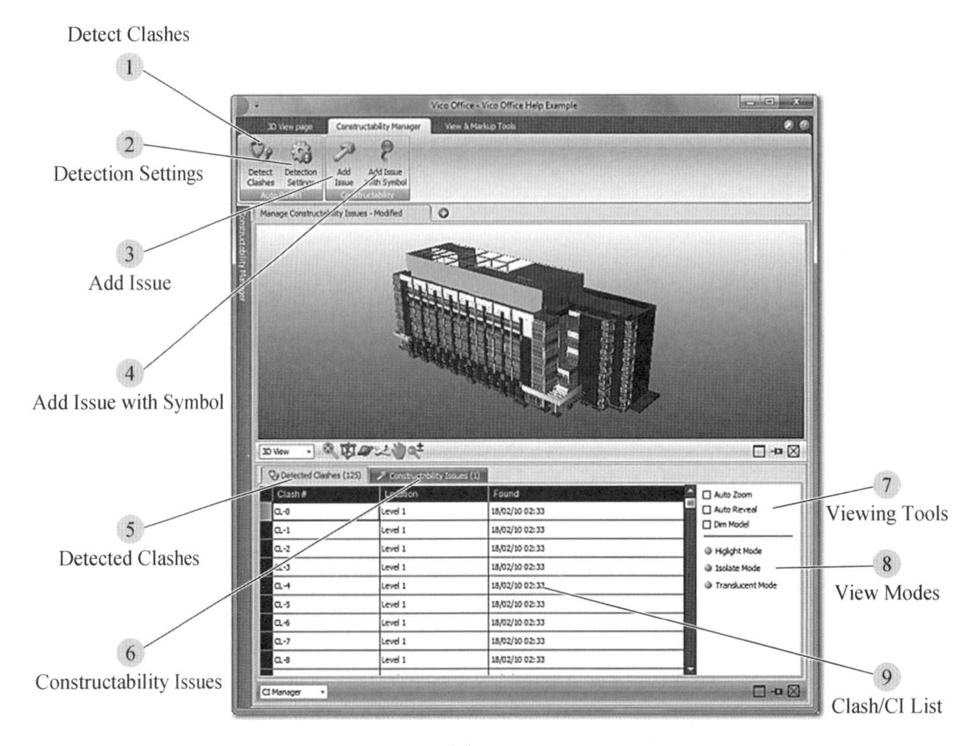

图 17-2

① Detect Clashes

单击 Detect Clashes(检查碰撞)按钮会使用最近使用的设置开始碰撞检查过程。打开 Detect Clashes 来创建一个新的碰撞检测设置。

② Detection Settings

打开“Detection Settings”对话框，可以指定两组相互比较的图层和构件类型。Detection Settings 能够保存在一个用户定义的名称下，以供稍后使用。

③ Add Issue

可施工性问题，既可以通过转化碰撞来创建，也能够手动添加，而不需要以一个碰撞作为起点。当一个可施工性问题存在而几何形状上没有相关联的碰撞时(例如，在模型构件之间存在缝隙的情况)，使用这个功能来添加。

④ Add Issue with Symbol

通过 Add Issue with Symbol(添加一个有标记的可施工性问题)，将 3D 标记放置到模型中，能够帮助在检查阶段找到确认的问题。

⑤ Detected Clashes

Detected Clashes (125)　Detected Clashes(碰撞检查)选项卡包含了一个或多个自动碰撞检测过程的结果。在碰撞检测过程中,新的碰撞被添加到现存的清单中,把碰撞设置为“Ignore”(忽略)状态可将其移除。

⑥ Constructability Issues

Constructability Issues (1)　Constructability Issues(可施工性问题)选项卡包含了所有被归类为“可施工性问题”的碰撞。可施工性问题清单允许添加批注、视点以及标记。

⑦ Viewing Tools

☐ Auto Zoom
☐ Auto Reveal
☐ Dim Model

Viewing Tools 帮助查找和分析选中的碰撞或者可施工性问题。这个工具能够被并行地使用,使查找和检查选中的项目更加容易。参阅“17.5　检查碰撞和可施工性问题”来获得更多的信息。

⑧ View Modes

● Higlight Mode
● Isolate Mode
● Translucent Mode

View Modes 定义了选中的碰撞和可施工性问题是如何呈现在 3D 模型中的。“Highlight”以亮黄色显示和选中的项目相关联的构件,“Isolate”隐藏和选中的项目不相关的构件,“Translucent”使和选中的项目不相关的构件呈半透明。

⑨ Clash/Constructability Issue list

Clash/Constructability Issue list(碰撞/可施工性问题列表)包含了在当前项目中的所有项。过滤器和分类准则能够用来定义这些内容的子集合。参见本书“17.5　检查碰撞和可施工性问题”。

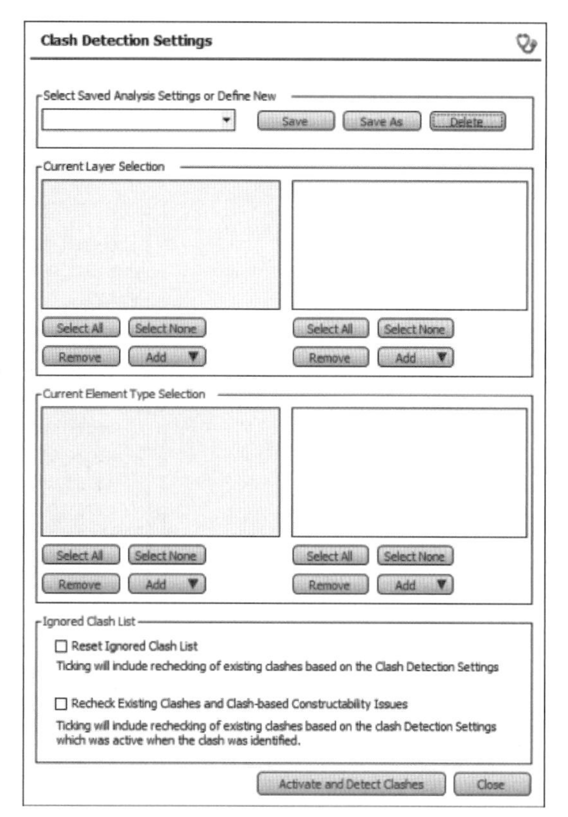

图 17-3

17.2　定义自动碰撞检查设置

(1) 在“Constructability Manager” 功能区选项卡上点击“Detection Settings”按钮打开对话框,如图 17-3 所示。

(2) 碰撞检查设置通过指定两个相互比较的构件集合来定义。该对话框有“左”和“右”两个集合,如图 17-4 所示,“左”集合中的构件将和“右”集合中的构件进行比较。

(3) 构件的集合(左和右)通过指定每个构件应该包括的图层和构件类型来定义。

(4) 通过点击“Add”按钮,为“左”“右”集合应包含的构件选择图层,如图 17-5 所示。

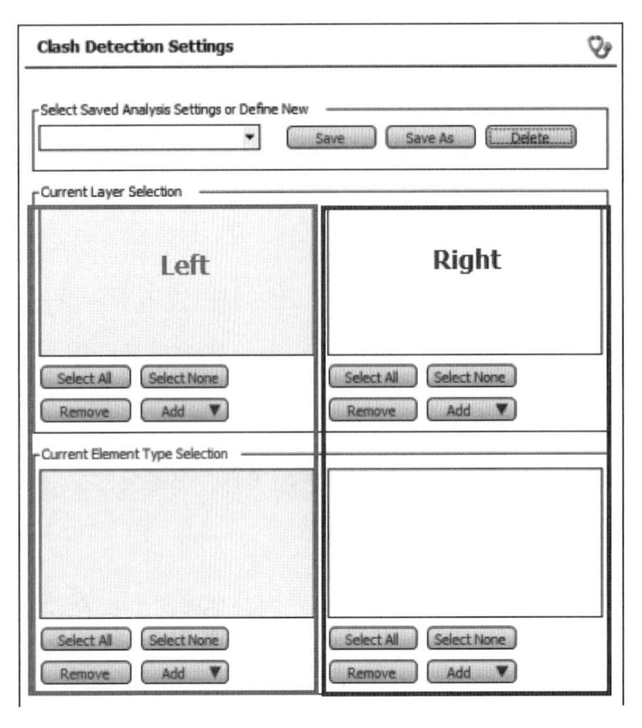

图 17-4

图 17-5

(5) 当前模型中的图层清单被展示。选择应该被包含在“左”“右”集合的图层,点击 OK 键确认,如图 17-6 所示。

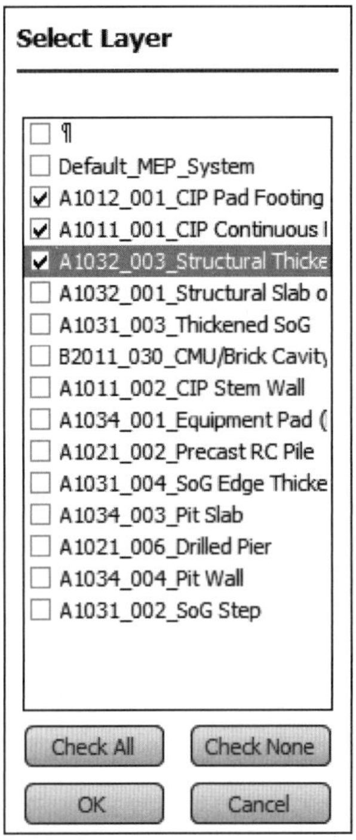

图 17-6

(6) Current Layer Selection(当前图层选择)显示了“左”“右”集合选择的图层,如图 17-7 所示。

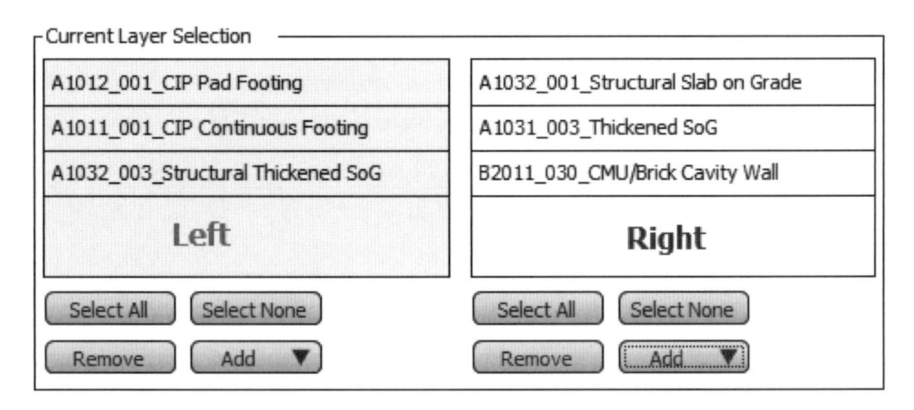

图 17-7

(7) 为了修改当前的图层选择,选择单个图层,并且点击“×”图标,或者使用“Select All”(全选)/“Select None”(不选)按钮移除图层,如图 17-8 所示。

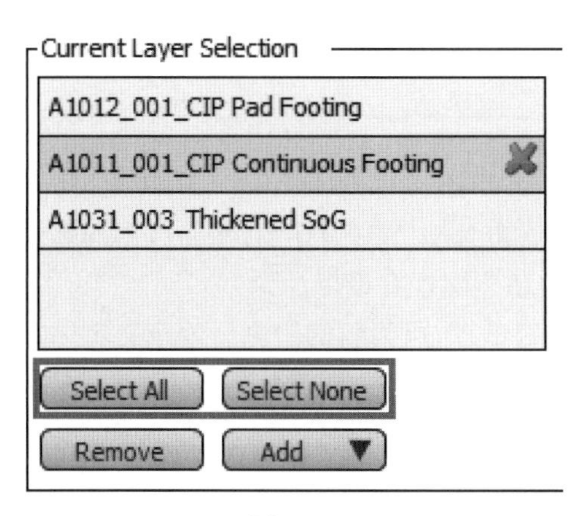

图 17-8

(8) 然后,通过指定构件类型来精炼选中的构件集合。点击 Add 按钮获得构件类型的选择对话框,点击在所需的 Vico Office 构件类型前的复选框,将构件类型包括在选择的集合中,如图 17-9 所示。“左”“右”视窗重复这样的过程。

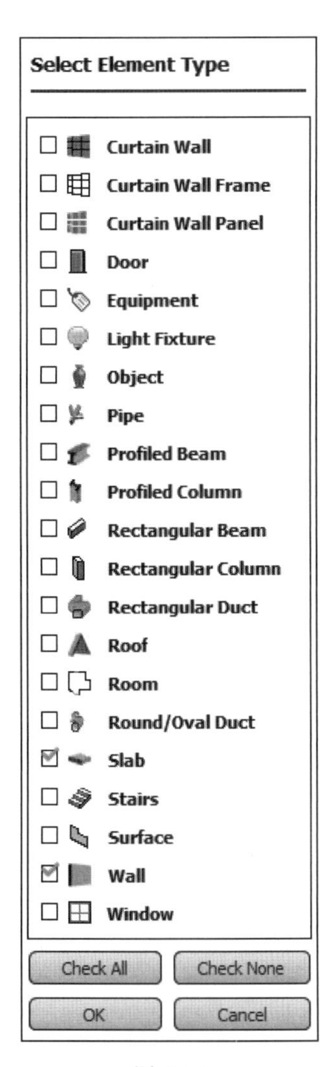

图 17-9

【注】 Revit® 模型不包含图层,因此只有“构件类型”可以用于定义这些模型“左”“右”的对比设置。

(9) 选择现有冲突的处理方式,有两个选项可供选择,如图 17-10 所示。

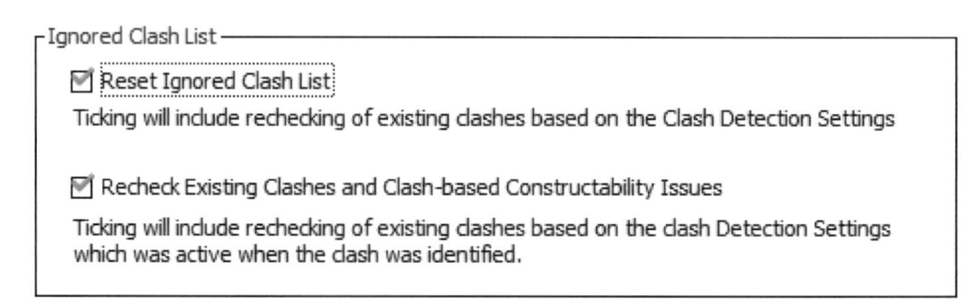

图 17-10

当选择 Reset Ignored Clashed List(重新设定可忽略的碰撞清单)时,先前从碰撞检查结果列表中选择“ignoring”而移除的所有冲突,在检查时将被再次添加到列表中。当选择 Recheck Existing Clashes and Clash-based Constructability(重新检查现有碰撞以及由于碰撞引起的可施工性问题)选项时,将验证所有现有的几何冲突,并确保它们仍然存在于项目中。先前已有碰撞检查,较新版本的项目模型被激活时建议使用此设置。

(10) 完成各项设置后,对话框顶部的 Select Saved Analysis Settings or Define New(选择保存的分析设置或重新定义)文本框显示为红色背景,这表示已定义的设置还未被保存,如图 17-11 所示。

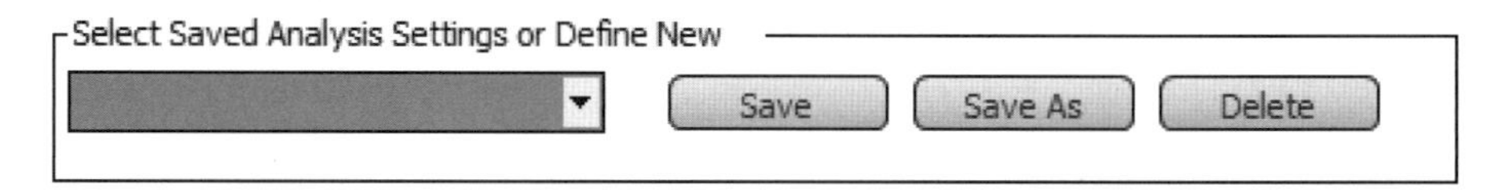

图 17-11

(11) 点击 Save 按钮保存当前设置,或者点击 Save As(另存为)按钮以不同名称保存现有设置。如果需要的话,也可以点击 Delete 按钮删除现有设置。

点击 Save 或 Save As 按钮时将打开一个对话框,可为新的检测设置定义名称。

(12) 最后一步是关闭对话框并继续工作,或通过点击 Activate and Detect Clashes(激活并检查碰撞)按钮立即使用已定义的设置,如图 17-12 所示。

图 17-12

【注】 所选择的分析设置是当前激活的设置。当点击 Detect Clashes 按钮时,该设置会被使用。

17.3 运行自动的碰撞检查

运行自动的碰撞检查的具体步骤如下。

(1) 当定义完 Clash Detection Settings,并且所需的碰撞检查设置处于激活状态时,用户可以点击 Constructability Manager 功能区的 Detect Clashes 按钮开始检测过程,如图 17-13 所示。

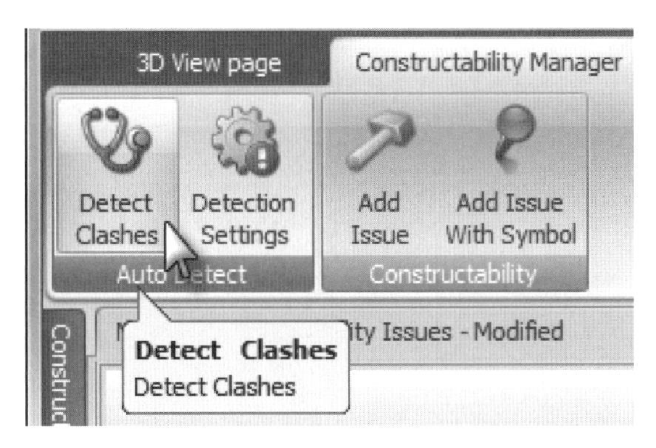

图 17-13

（2）采用先前定义的设置，如在“17.2　定义自动碰撞检查设置”中的说明，Constructability Manager 将运行碰撞检查过程。

（3）在该过程结束时，检测到的冲突将被列在 Detected Clashes 选项卡中，如图 17-14 所示。

Detected Clashes (7542)　Constructability Issues (1)

Clash #	Location	ElementType	Found
CL-129	Roof level	WALL and WALL	18/02/10 05:02
CL-126	Roof level	WALL and WALL	18/02/10 05:02
CL-12608	Level 5	WALL and SLAB	18/02/10 05:04
CL-12606	Level 5	WALL and SLAB	18/02/10 05:04
CL-12603	Level 5	WALL and SLAB	18/02/10 05:04

图 17-14

17.4　检查碰撞和可施工性问题

检查碰撞和可施工性问题的具体步骤如下。

（1）自动碰撞检查的运行结果里所有的“硬”碰撞都会在 Manage Constructability Issues（管理可施工性问题）视图集的 Detected Clashes 选项卡中列出，如图 17-15 所示。

Detected Clashes (7542)　Constructability Issues (1)

Clash #	Location	ElementType	Found
CL-129	Roof level	WALL and WALL	18/02/10 05:02
CL-126	Roof level	WALL and WALL	18/02/10 05:02
CL-12608	Level 5	WALL and SLAB	18/02/10 05:04
CL-12606	Level 5	WALL and SLAB	18/02/10 05:04
CL-12603	Level 5	WALL and SLAB	18/02/10 05:04

图 17-15

（2）查看冲突时，先在列表中选择冲突。选定的冲突将显示为灰色并有橙色的行指示器，如图 17-16 所示。

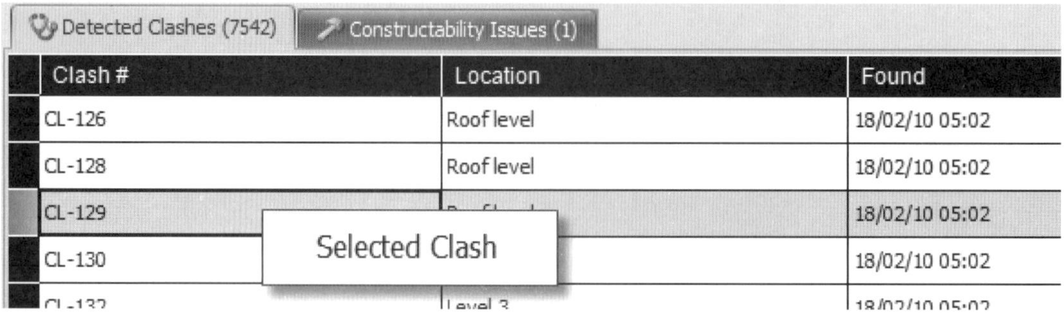

Detected Clashes (7542)
Constructability Issues (1)
Clash #
Location
Found
CL-126
Roof level
18/02/10 05:02
CL-128
Roof level
18/02/10 05:02
CL-129
18/02/10 05:02
Selected Clash
CL-130
18/02/10 05:02

图 17-16

（3）选定的冲突涉及的构件将在模型中用黄色亮显，如图 17-17 所示。

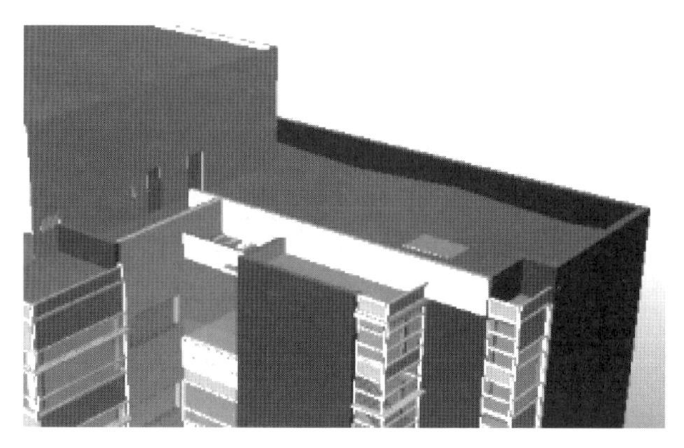

图 17-17 （见彩图十七）

（4）若只查看冲突的构件，在 Constructability Manager 视图右侧的 View Modes 中选择 Isolate Mode 选项，如图 17-18 所示。

Auto Zoom
Auto Reveal
Dim Model
Higlight Mode
Isolate Mode
Translucent Mode

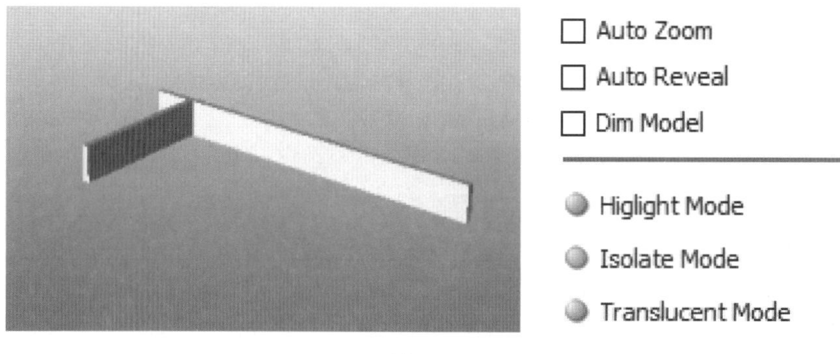

图 17-18

（5）若要恢复模型环境，可以半透明显示与所选冲突不相关的构件。选择 Translucent Mode 实现此功能，如图 17-19 所示。

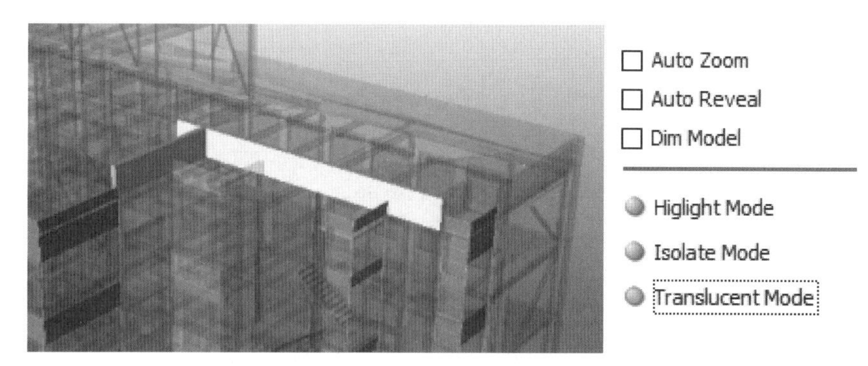

图 17-19

(6) 选择 Highlight Mode 回到默认的视图模式，如图 17-20 所示。

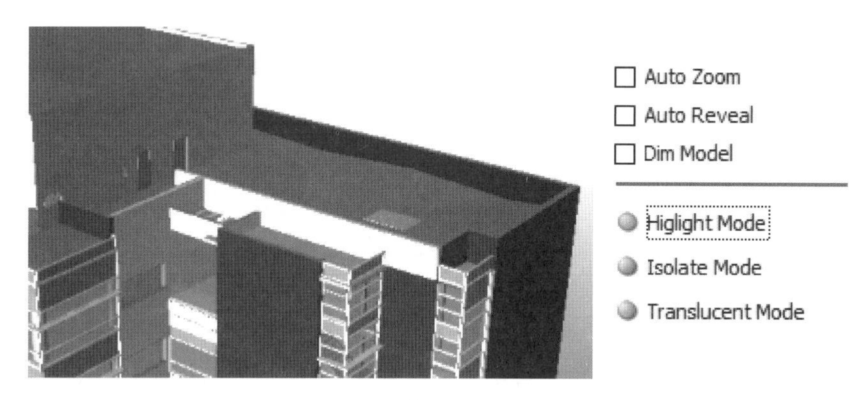

图 17-20

(7) Auto Zoom 选项会自动设置 3D 模型中相机的焦点，使冲突构件完全可见。

(8) 开启 Auto Reveal(自动显示)工具，任何遮挡冲突构件的构件都会被临时隐藏。当使用导航工具时，被隐藏的构件会动态更新。使用这个工具，很容易看到位于建筑物内侧或另一侧发生冲突的构件，如图 17-21 所示。

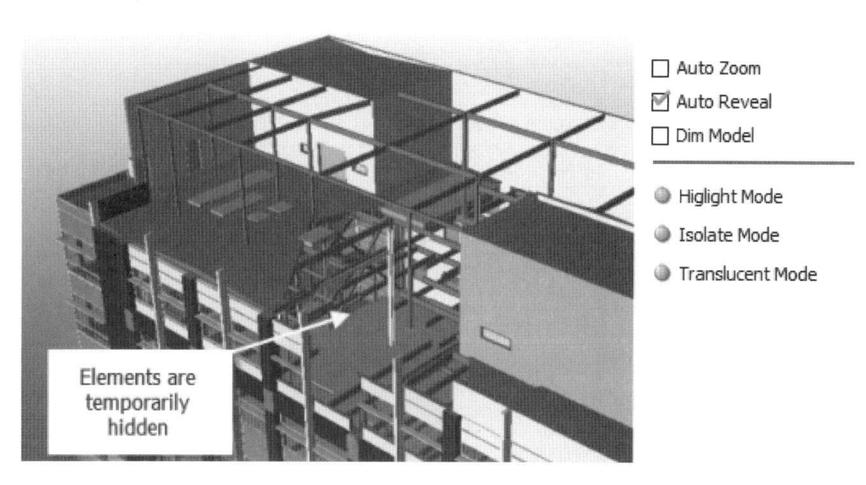

图 17-21

(9) Dim Model(暗显模型)可使其他部分呈现灰色,帮助用户轻松识别模型中发生冲突的构件,如图 17-22 所示。

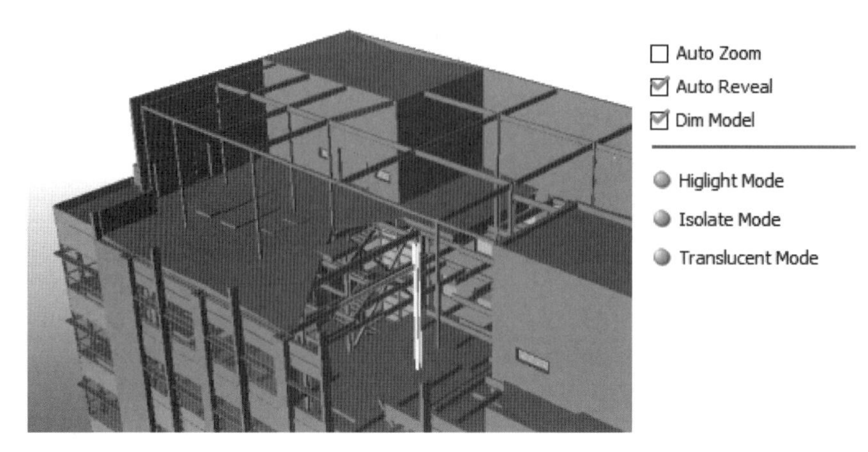

图 17-22 (见彩图十八)

17.5 整理过滤碰撞和可施工性问题

碰撞或可施工性问题的列表可能很长。因此,有时依据特定的属性过滤列表很方便,例如"构件类型"或"创建日期"。具体步骤如下。

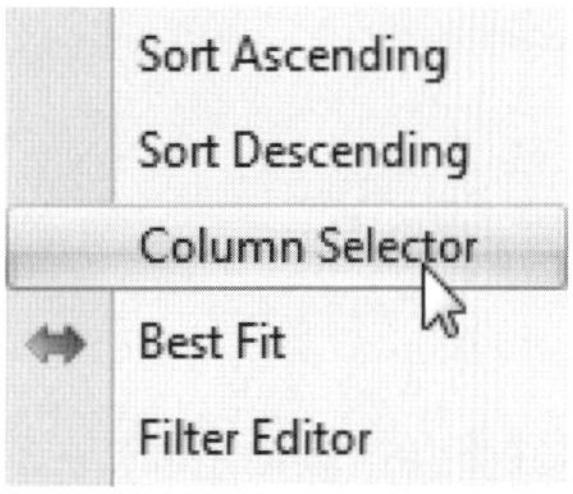

(1) 确保 Detected Clashes 或 Constructability Issues 选项卡上用户想要用于排序和/或过滤的列已被激活。右键单击任何列标题并选择 Column Selector 添加任何缺少的列,如图 17-23 所示。

Sort Ascending
Sort Descending
Column Selector
Best Fit
Filter Editor

图 17-23

(2) 拖放想要从 Column Chooser 添加到网格中的列,如图 17-24 所示。

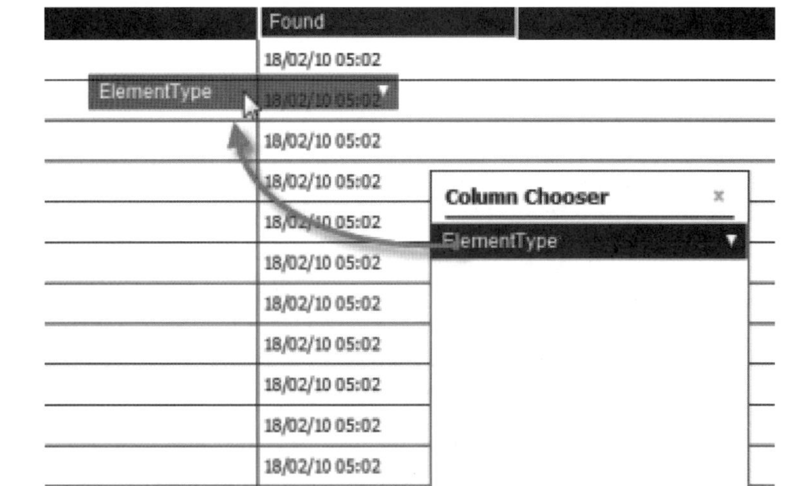

图 17-24

（3）单击列标题进行升序排序，再次单击进行降序排序，如图 17-25 所示。

	ElementType	Fou
	WINDOW and WALL	18/02
	WINDOW and WALL	18/02
	WINDOW and WALL	18/02
	WINDOW and WALL	18/02
	WINDOW and WALL	18/02
	WINDOW and WALL	18/02

图 17-25

（4）点击漏斗图标，按特定值过滤列表。将出现一个选定列和值的列表，如图 17-26 所示。

	ElementType
	WALL and WALL
	WALL and WALL
	WALL and WALL
	WALL and WALL
	WALL and WALL
	WALL and WALL
	WALL and WALL
	WALL and WALL
	WALL and WALL
	WALL and WALL
	WALL and WALL
	WALL and WALL

(Custom)
(Blanks)
(Non blanks)
BEAM_RECTANGULAR and BEAM_RECTANGULAR
BEAM_RECTANGULAR and COLUMN_RECTANGULAR
BEAM_RECTANGULAR and SLAB
BEAM_RECTANGULAR and WALL
COLUMN_RECTANGULAR and BEAM_RECTANGULAR
COLUMN_RECTANGULAR and COLUMN_RECTANGULAR
COLUMN_RECTANGULAR and SLAB
COLUMN_RECTANGULAR and WALL
DOOR and COLUMN_RECTANGULAR
DOOR and DOOR
DOOR and SLAB
DOOR and WALL
SLAB and BEAM_RECTANGULAR
SLAB and COLUMN_RECTANGULAR
SLAB and DOOR
SLAB and SLAB
SLAB and STAIR

图 17-26

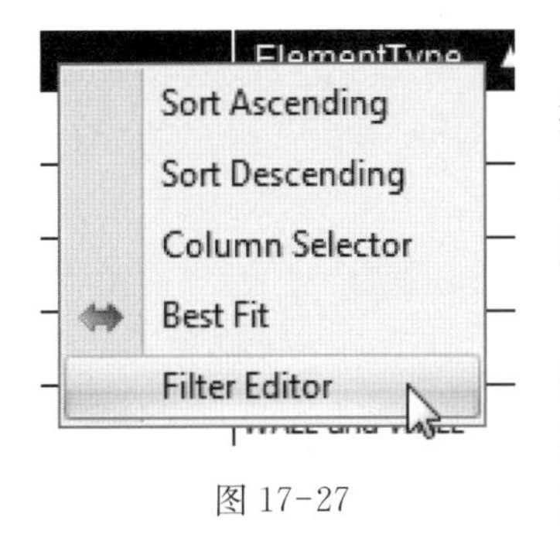

图 17-27

（5）或者，用户也可以使用自定义过滤器，它结合了多种搜索条件。自定义过滤器可以在过滤器的编辑器中定义，用户可以通过右击列标题然后选择 Filter Editor，如图 17-27 所示。

（6）在过滤器编辑器中，定义用户过滤列表想要依据的标准。使用“And”和“Or”运算符来精炼或扩展用户的过滤器。碰撞与可施工性问题的所有属性都可用于自定义过滤器，如图 17-28 所示。

（7）单击“OK”或“Apply”，使用自定义的过滤器。

（8）用户可以通过在 Filter Status Bar（过滤器状态栏）中关闭并取消过滤器，或者点击 Edit Filter（编辑过滤器）选项对过滤器进行编辑，如图 17-29 所示。之前应用的过滤器列于列表的底部，以便用户恢复之前的过滤器。

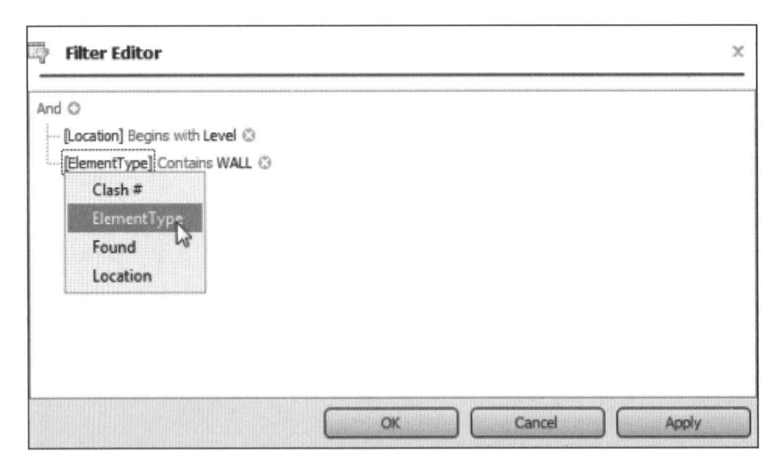

图 17-28

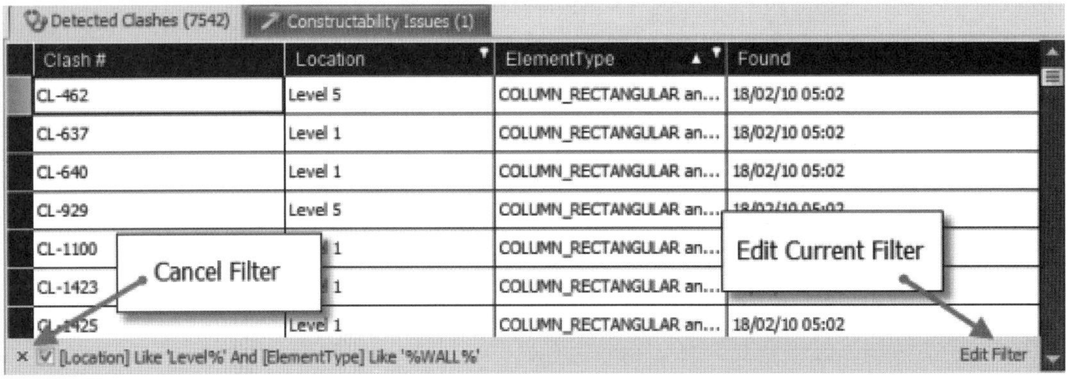

Detected Clashes (7542)　Constructability Issues (1)

Clash #	Location	ElementType	Found
CL-462	Level 5	COLUMN_RECTANGULAR an...	18/02/10 05:02
CL-637	Level 1	COLUMN_RECTANGULAR an...	18/02/10 05:02
CL-640	Level 1	COLUMN_RECTANGULAR an...	18/02/10 05:02
CL-929	Level 5	COLUMN_RECTANGULAR an...	
CL-1100		COLUMN_RECTANGULAR an...	
CL-1423		COLUMN_RECTANGULAR an...	
	Level 1	COLUMN_RECTANGULAR an...	18/02/10 05:02

Cancel Filter　Edit Current Filter

× [Location] Like 'Level%' And [ElementType] Like '%WALL%'　Edit Filter

图 17-29

17.6　删除碰撞

如果检测到的碰撞的几何尺寸是刻意规定的,那么该碰撞不需要作为问题被跟踪,并且可以不将其显示在碰撞检查结果列表中。具体步骤如下。

(1) 在 Detected Clashes 列表中选择一个碰撞。

(2) 右击选中的碰撞,出现碰撞快捷菜单。

(3) 选择 Ignore Clash(忽略碰撞),如图 17-30 所示。

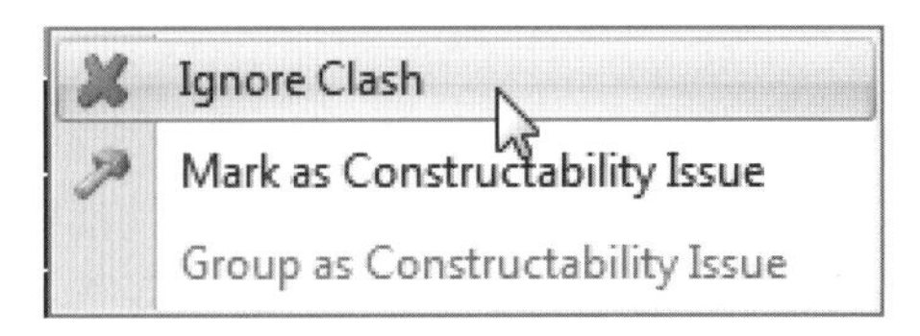

图 17-30

(4) 选择的碰撞已经从列表中删除,当用户重新检查模型时不会再出现,除非用户选择 Clash Detection Settings 中的 Reset Ignored Clash List 选项,如图 17-31 所示。

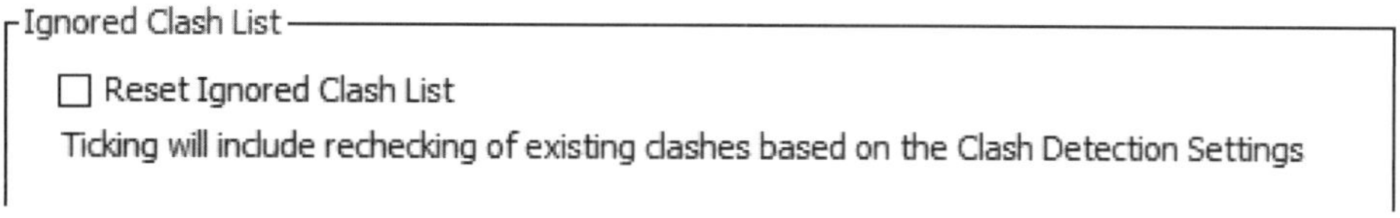

Ignored Clash List

Reset Ignored Clash List

Ticking will include rechecking of existing clashes based on the Clash Detection Settings

图 17-31

17.7　将碰撞转化为可施工性问题

Constructability Manager 允许用户查看检测到的碰撞列表、从列表中删除项目，或标记为可施工性问题，从而将它们包含在列表中。该列表包括项目可施工性报告的内容。单个碰撞和成组碰撞都可以变成可施工性问题，具体的操作步骤如下。

（1）选择用户已检查过并确定为可施工性问题的碰撞。

（2）右击并选择 Mark as Constructability Issue（标记为可施工性问题），如图 17-32 所示。

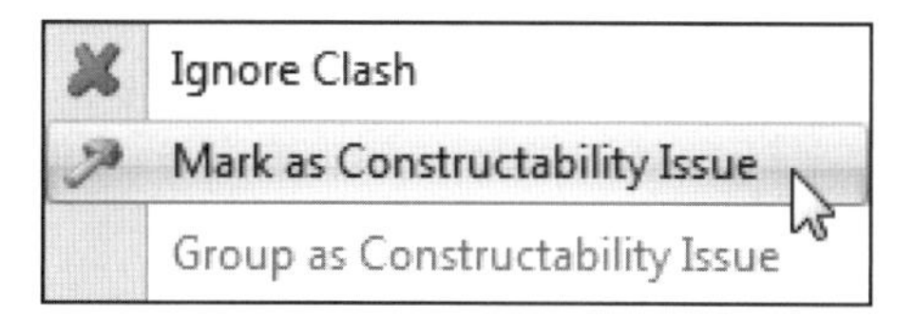

图 17-32

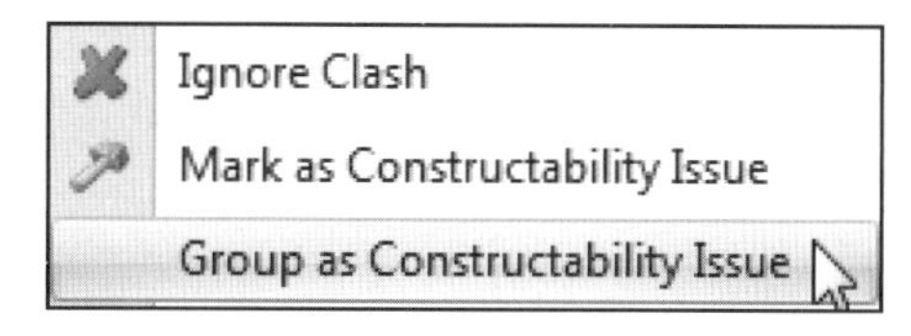

图 17-33

（3）碰撞从 Detected Clashes 列表中移除并移动到 Constructability Issue 列表。

（4）当用户查看碰撞列表时，若发现一组碰撞与设计和/或模型中的同一个问题相关，那么用户可以将一组碰撞转换成一个单一的可施工性问题。这样做首先要选择有关的碰撞，并在选择项上右击，出现碰撞的快捷菜单，如图 17-33 所示。

（5）选择 Group as Constructability Issue（作为可施工性问题组），从碰撞组中创建一个新的可施工性问题。

17.8　添加视点的可施工性问题

用户可以保存视点到可施工性问题从而存储最佳视图。保存之后，当用户再次选择可施工性问题时，将恢复已保存的视点。也可为视点添加标记，具体步骤如下。

（1）从 Constructability Issues 列表中选择一个可施工性问题。

（2）使用 3D 导航工具，为涉及的构件获取一个好的视图。

（3）从 View & Markup Tools 中选择 Add View Point（添加视点），如图 17-34 所示。

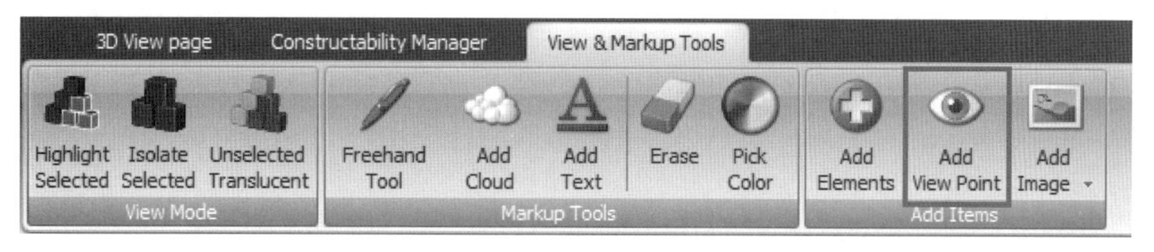

图 17-34

(4) 保存所选问题的视点。第一个保存的视点被自动设置为默认的视点，而默认的视点被包含在标准的可施工性报告中，如图 17-35 所示。

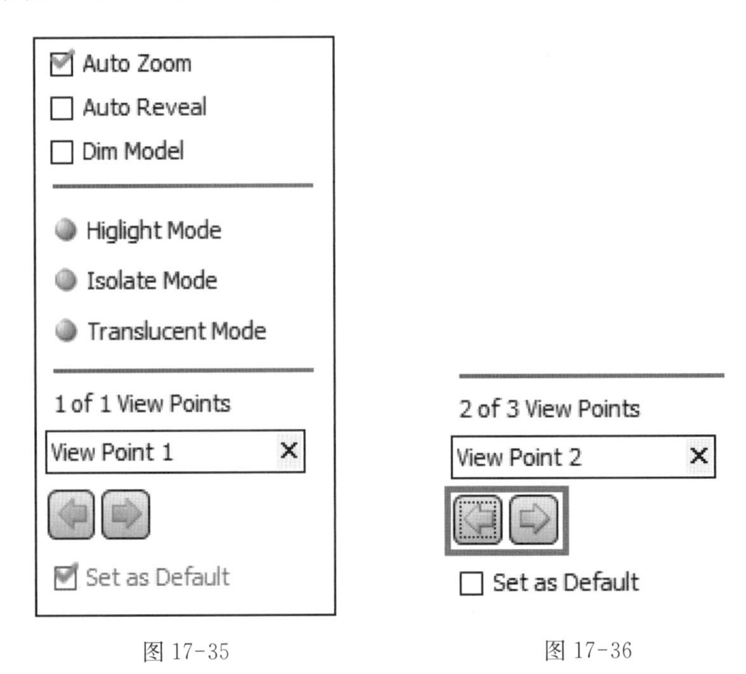

图 17-35　　图 17-36

(5) 按照需要为选定的可施工性问题添加尽可能多的视点，随后的视点可以通过箭头键循环浏览保存的视点集来恢复。使用 Set as Default 选项将当前激活的视点设置为默认视点，如图 17-36 所示。

17.9　为视点添加标记

Vico Office 允许为可施工性问题保存的视点添加标记，借助问题来进一步明确被捕获的问题。具体步骤如下。

(1) 选择一个可施工性问题和该问题的视点。

(2) 选择 View & Markup Tools 功能区选项卡。该选项卡包含的 Markup Tools(标记工具)部分，可用于注释激活的已保存视点，如图 17-37 所示。

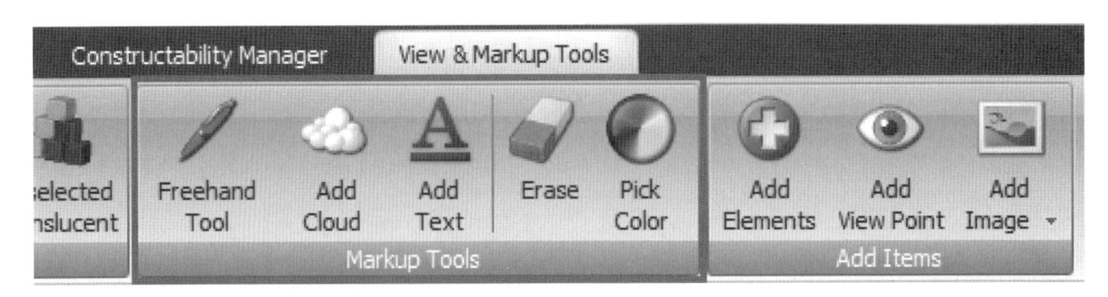

图 17-37

(3) 首先，Pick Color 选择将要添加的标记的颜色，如图 17-38 所示。

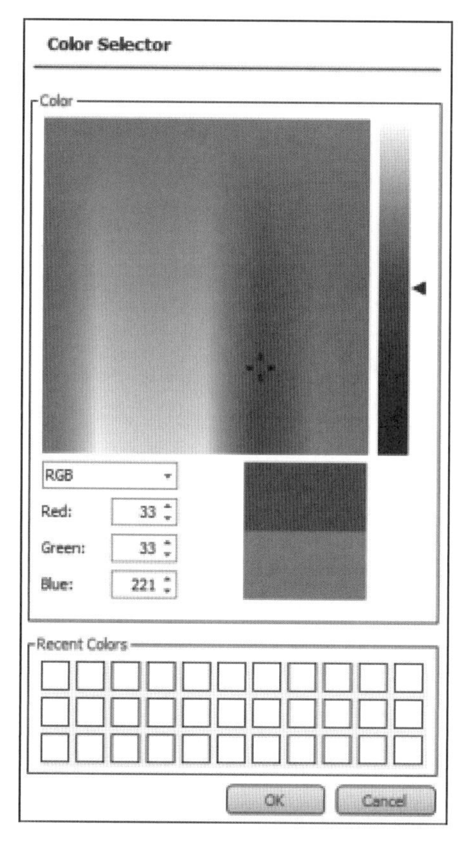

图 17-38

(4) 接着，在 Markup Tools 栏中根据需要选择可用的工具。

Freehand Tool 可以让用户添加直线，允许在 Sketch Mode(草图模式)下添加信息。

Add Cloud 可以让用户在感兴趣的区域范围内选择点；Constructability Manager 自动将选中的点转化为云状。

Add Text 将在模型空间里放置一个光标，并允许用户通过键入来输入文字。文字使用选定的颜色放置。

Erase 功能可删除任何不需要的标记。

【注】 所有标记与视点一起保存，并列入可施工性报告，报告编辑器可生成报告。

17.10 附加图片到可施工性问题

除了视点，用户还可以保存可施工性问题的图片。此功能的加入，允许用户附加设计文档的片段或实际工作的照片。具体步骤如下。

（1）选择一个可施工性问题。

（2）激活 View & Markup Tools，然后点击 Add image 按钮，如图 17-39 所示。

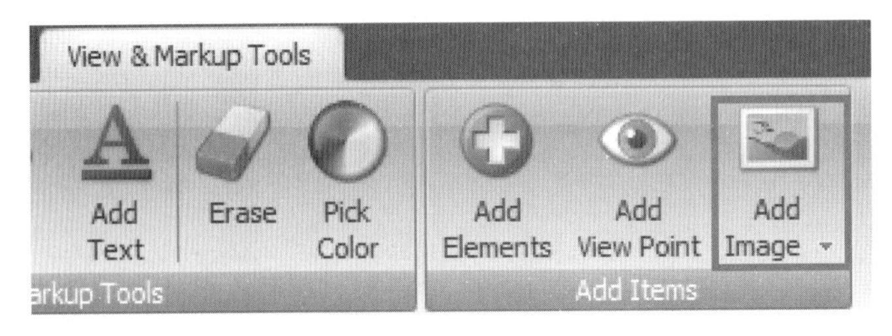

图 17-39

（3）用户会看到两个用于附加图片的选项：Paste Image form Clipboard（从剪贴板粘贴图片）和 Browse for an Image File（浏览图片文件夹）。前者可插入 Windows 剪贴板的内容，后者可以让用户从系统文件夹中选择一个图片文件，如图 17-40 所示。

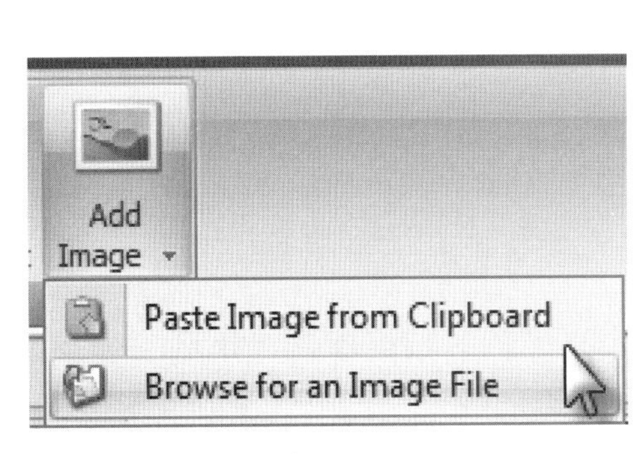

图 17-40

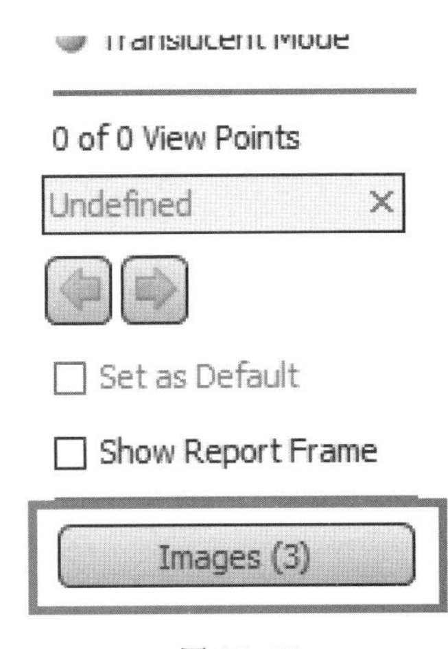

图 17-41

（4）点击 Constructability Manager 右侧的 Constructability Issue 面板中的 Images 按钮，可以查看为可施工性问题附加的图片。单击按钮查看附加的图片，如图 17-41 所示。

（5）通过双箭头键使附加图片集合中的图片循环显示。用户可以使用“+”和“-”按钮来放大/缩小图片，并切换 Set as default 选项，将图片设置为默认图片（包括可施工性报告中的图片）；选择 Remove（移除）可从可施工性问题中移除当前的图片，如图 17-42 所示。

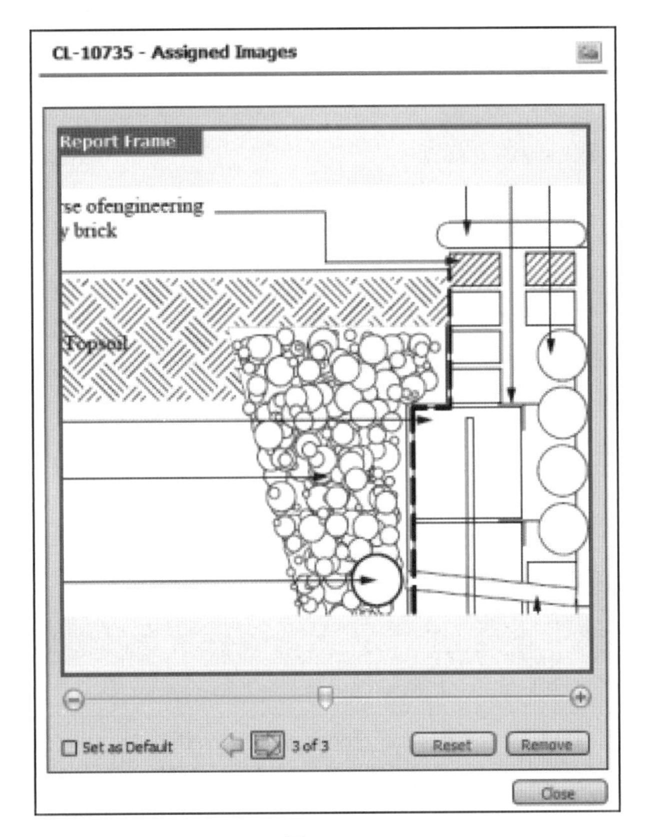

图 17-42

17.11　手动添加可施工性问题和可施工性问题对象

有时候可施工性问题并不是碰撞检查的结果，而是一个设计问题，该问题可在项目模型的探究过程中被检测到。为此，Vico Office 中的 Constructability Manager 允许用户手动添加可施工性问题，且用户还可以在模型中插入可施工性问题的对象，这使得后期查看检测的问题更加容易。

手动添加可施工性问题和可施工性问题对象的具体步骤如下。

（1）在 Manage Constructability 视图集中，选择 Constructability Issues 选项卡，如图 17-43 所示。

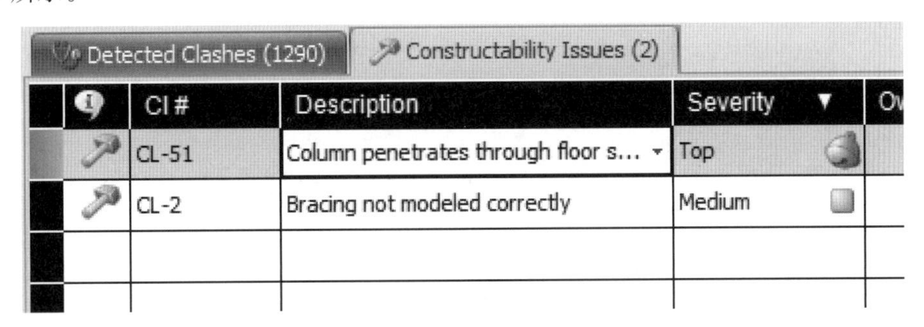

图 17-43

(2) 点击 Constructability Manager 功能区选项卡的 Add Issue 按钮，为列表添加新的项目，如图 17-44 所示。

3D View
Constructability Manager
View & Ma
Detect Clashes
Detection Settings
Add Issue
Add Issue With Symbol
Auto Detect
Constructability

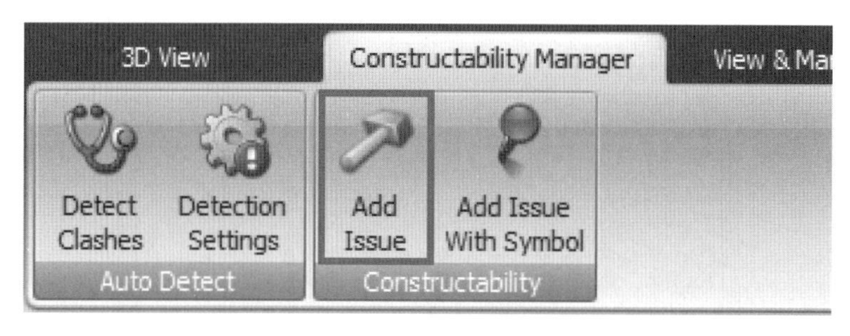

图 17-44

(3) 一个新的、空白的可施工性问题被添加到列表中。在新的可施工性问题的空白处输入信息来完成定义，如图 17-45 所示。

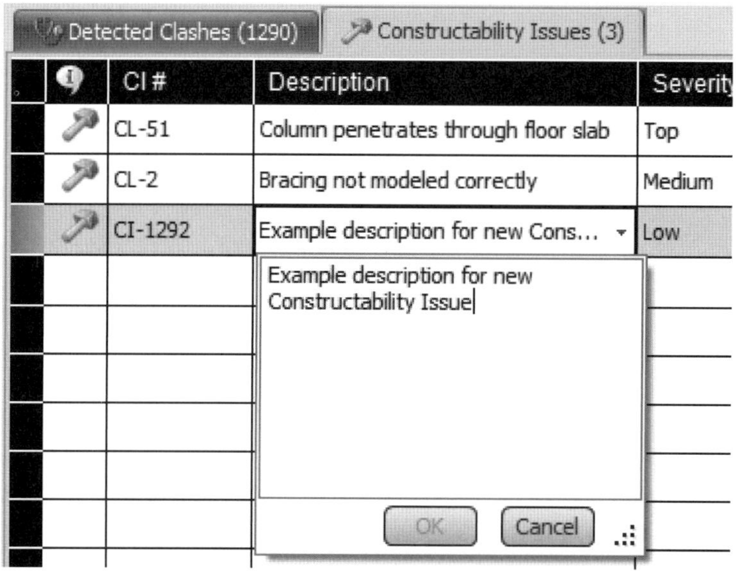

Detected Clashes (1290)
Constructability Issues (3)
CI #
Description
Severity
CL-51
Column penetrates through floor slab
Top
CL-2
Bracing not modeled correctly
Medium
CI-1292
Example description for new Cons...
Low
Example description for new Constructability Issue
OK
Cancel

图 17-45

(4) 在 3D 视图中，插入一个有标记的、新的可施工性问题，在 Constructability Manager 功能区选项卡上单击 Add Issue with Symbol 按钮，如图 17-46 所示。

3D View
Constructability Manager
View & Ma
Detect Clashes
Detection Settings
Add Issue
Add Issue With Symbol
Auto Detect
Constructability

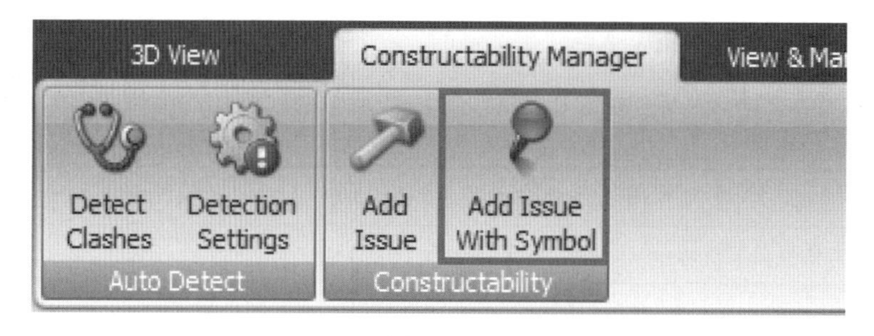

图 17-46

(5) 使用捕捉功能，用户可以在 3D 模型中指定检测到的可施工性问题的位置。单击插入可施工性问题符号，如图 17-47 所示。

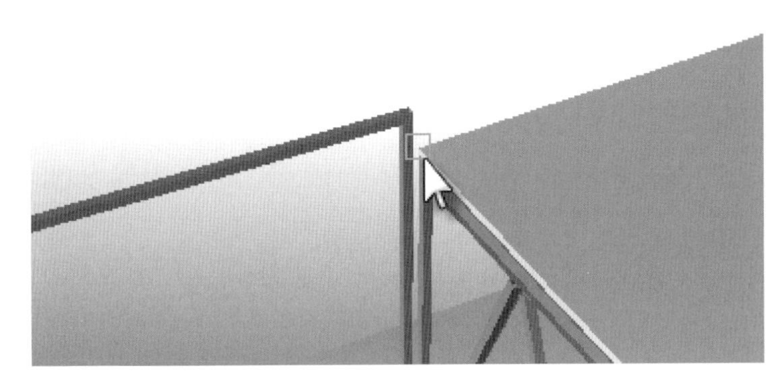

图 17-47

(6) 一个可施工性问题符号被插入到模型中，同时一个新的可施工性问题被添加到列表中。当可施工性问题列表中相关的问题被选择时，插入的符号会亮显，如图 17-48 所示。

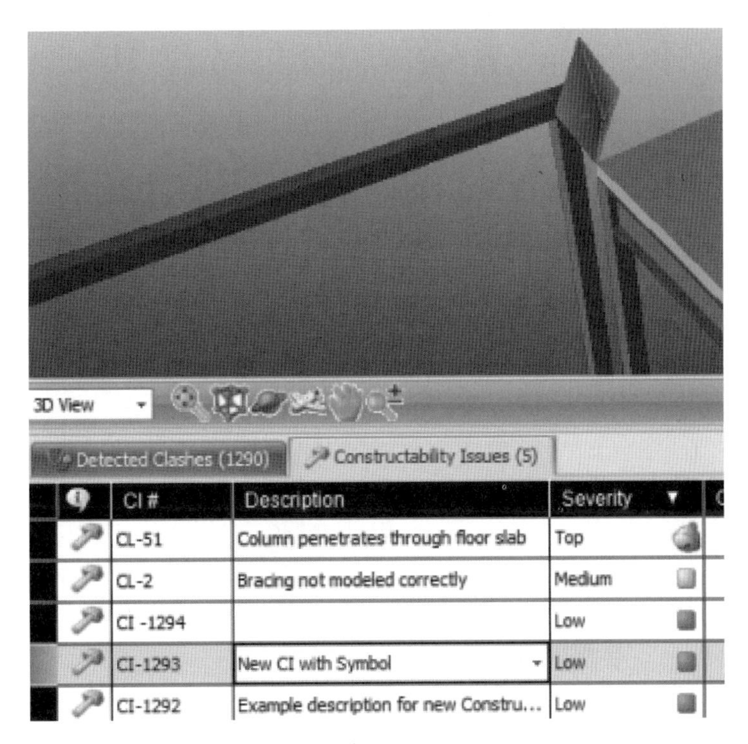

图 17-48

17.12　改变可施工性问题符号的位置

改变可施工性问题符号的位置的具体步骤如下。

(1) 在 Manage Constructability 中，通过在 3D 视图功能区选项卡中激活 Show Symbols(显示符号)，确保插入的符号处于激活状态，如图 17-49 所示。

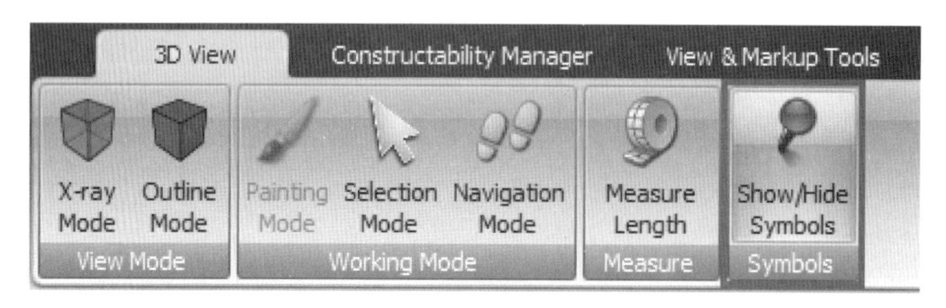

图 17-49

（2）在同一个功能区选项卡中激活 Selection Mode。

（3）缩放用户想要编辑的可施工性问题符号，右击将其选中。

（4）从出现的快捷菜单中选择 Edit Symbol（编辑符号），如图 17-50 所示。

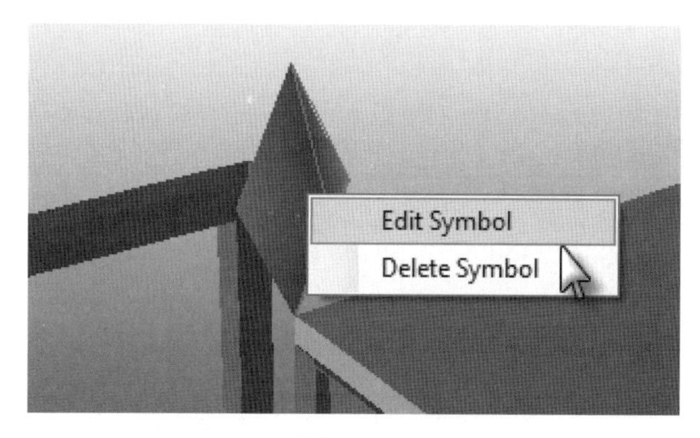

图 17-50

（5）选择 Edit Symbol 之后会出现一个圆和两条线，用来指示 CI 符号的当前位置。点击对象底部的点，同时按住按钮，拖动对象到想要的的位置，插入点和新位置之间将会自动产生一条线，如图 17-51 所示。

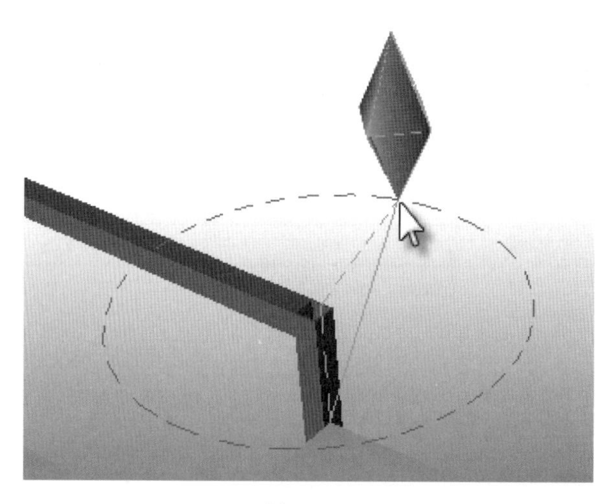

图 17-51

17.13　为可施工性问题添加构件

当用户手动添加一个可施工性问题之后，无论是通过插入可施工性问题添加，或者仅为列表添加一个可施工性问题，都可以从模型中关联构件。之后，用户可以在 Vico Office 项目中自动缩放发现问题的区域。

为可施工性问题添加构件的具体步骤如下。

(1) 在 Constructability Manager 的 Constructability Issues 列表中，选择用户想关联到 3D 模型构件的可施工性问题，如图 17-52 所示。

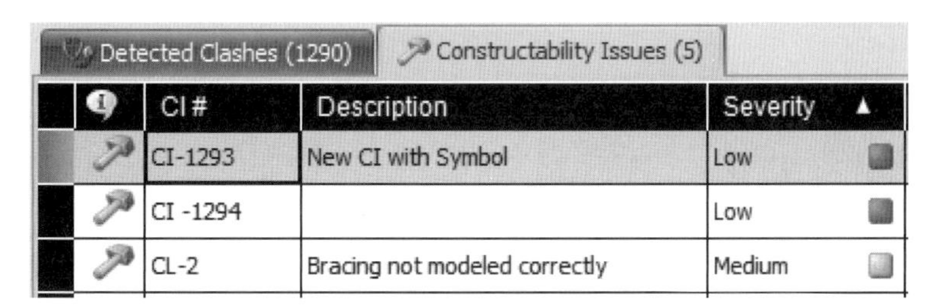

图 17-52

(2) 在 View & Markup Tools 功能区选项卡中点击 Add Elements 按钮，如图 17-53 所示。

图 17-53

(3) 将光标移动到 3D 视图——光标会变成 Paint Brush(画笔)。点击用户想关联到选中的可施工性问题中的构件，如图 17-54 所示。

图 17-54

【注】 这个过程也适用于现有的可施工性问题，即在自动碰撞检查过程中发现“碰撞”的构件上添加附加的构件。

17.14 生成可施工性报告

根据当前的可施工性问题集合生成一份报告的具体步骤如下。

（1）在工作流程面板中，选择 Create Report（创建报告）工作流程项，打开 Report Editor 视图。

（2）如果需要的话，点击 New Category（新建类别）按钮创建一个新的类别（当没有类别或者想将可施工性报告和其他所有报告区别开来时），如图 17-55 所示。

图 17-55

图 17-56

（3）Vico Office 包含了一份可以使用的可施工性报告的模板。单击 Import Template（导入模板）按钮，在项目中打开该模板，如图 17-56 所示。

（4）在 Vico Office 中打开一个文件浏览对话框。用户可以在路径为 Program Files/Vico Software/Vico Office/Report Templates 的文件夹下找到 Vico Office 报告模板。选择名为 Constructability Report Template（可施工性报告模板）的模板，如图 17-57 所示。

图 17-57

（5）在报告打开之后，右击报告并且选择 Generate（生成）。用户可根据当前的可施工性问题集合生成相应报告，报告还包括用户保存的问题有关的视点以及附加的图片，如图 17-58 所示。

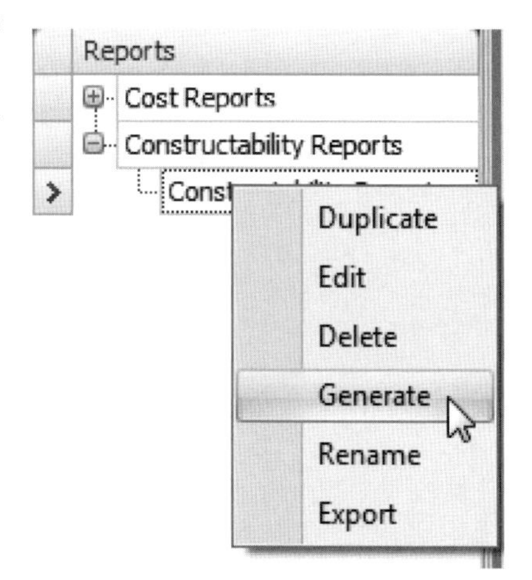

图 17-58

第 18 章 对比和更新

在 Vico Office 中，Compare & Update（对比和更新）是用户将当前项目状态和早期保存的版本及其他项目进行比较的视图，在 Vico Office 中项目状态被称作“Snapshots”（快照）。Compare & Update 视图会并排显示相比较的项目信息，并且在当前项目状态和所选参照不一致时用不同色码加以区分，如图 18-1 所示。

Compare and Update

Code1	Code2	Description1	Description2	Consumptio	Consumptio	Units1	Units2	WasteFacto	WasteFacto	UnitCost1	UnitCost2
000	000	Example 00	Example 00	1	1			1	1	30000000	30000000
A	A	SUBSTRUCT	SUBSTRUCT	1	1	-	-	1	1	28000000	28000000
A1034_004	A1034_004	Pit Wall-ID	Pit Wall-ID	1	1			1	1	120	120
03.11.00.30	03.11.00.30	Erect Forms	Erect Forms	1	1	SF/SF	SF/SF	1	1	0	0
LCON003	LCON003	Formwork C	Formwork C	0.15	0.15	HR/SF	HR/SF	1	1	45	60
03.11.00.30	03.11.00.30	Erect Forms	Erect Forms	1	1					0	0
03.11.00.30	03.11.00.30	Erect Forms	Erect Forms	1	1					0	0
LCON003	LCON003	Formwork C	Formwork C	0.15	0.15					45	60
03.11.00.30	03.11.00.30	Erect Forms	Erect Forms	1	1					0	0
03.11.00.30	03.11.00.30	Strip Forms	Strip Forms	2	2					0	0
LCON003	LCON003	Formwork C	Formwork C	0.023	0.023					45	60
03.11.00.30	03.11.00.30	Strip Forms	Strip Forms	1	1	SF/SF	SF/SF	1	1	0	0
03.21.00.30	03.21.00.30	Reinforceme	Reinforceme	0.06	0.06	TON/CY	TON/CY	1	1	0	0
LCON004	LCON004	Rodman	Rodman	16	16	HR/TON	HR/TON	1	1	50	50
03.21.00.30	03.21.00.30	Re Steel - P	Re Steel - P	1	1	TON/TON	TON/TON	1	1	0	0

图 18-1 （见彩图十八）

图 18-1 显示了当前项目状态和参照项的“成本”对比结果，单位成本从 45.00 变为 60.00。

除了检测“当前”和“参照项”的不同，Compare & Update 功能可以让用户将参照项同步到当前项目中，用户可以只选一个选择项，或者选择所有检测到的不同项。

Compare & Update 能够比较以下类型的数据：成本、带 Takeoff Item 的成本、Takeoff Item、标签、模型、可施工性问题、RFI’s。

18.1 对比和更新用户界面

Compare & Update（对比和更新）用户界面如图 18-2 所示。

① Compare To

为了建立一组对比，需要选择一个项目的快照或参照。点击 Compare To（对比设置）按钮将会打开 Compare & Update Settings（对比和更新设置）对话框，这个对话框中将会列出可用的 snapshot 和参照。

② Comparison Preset

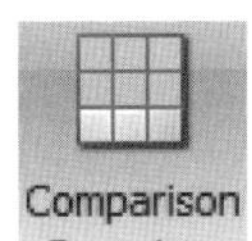

Comparison Preset（对比预设）中包含了在 Compare & Update 视图中所述的数据类型列表。选项有成本、带 Takeoff Item 的成本、Takeoff Item、标签、模型、可施工性问题和 RFI’s。

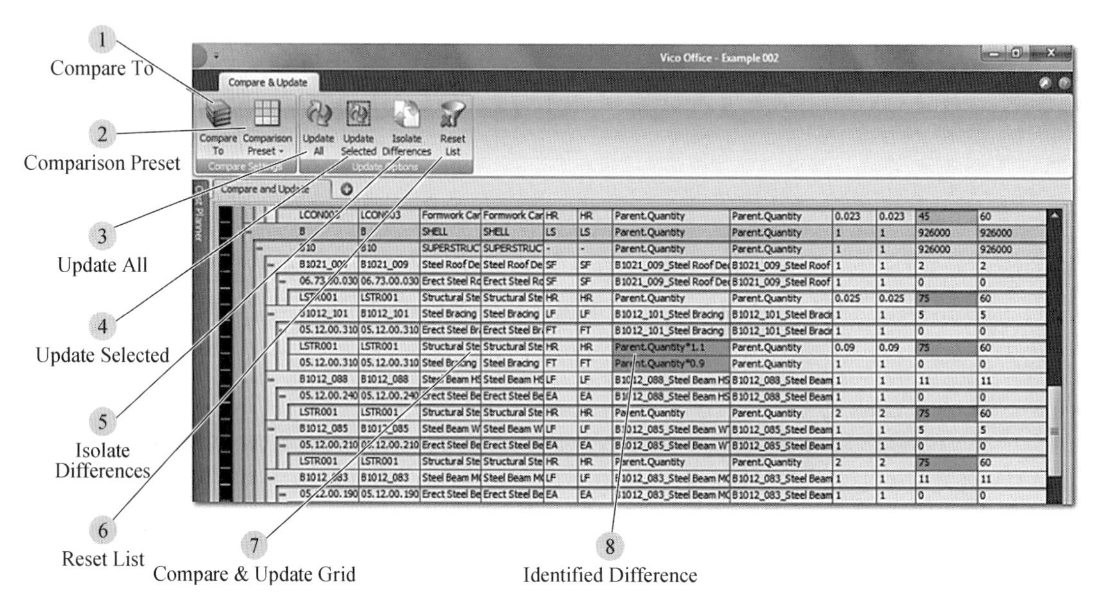

图 18-2

③ Update All

点击 Update All(更新全部)按钮,当前项目与选定的参照所有不同的内容,将同步参照项到当前项目中。

④ Update Selected

点击 Update Selected(更新选定)按钮,可以将所选项当中的不同内容复制到当前项目。

⑤ Isolate Differences

使用 Isolate Differences(隔离差异项),Compare & Update 视图中,所有当前项目和参照项一致的项目将会被隐藏,仅显示不同的项目。

⑥ Reset List

使用 Isolate Differences 后,可以使用 Reset List(重置列表)来恢复当前项目和参照项中所有的完整列表内容。

⑦ Compare & Update Grid

Compare & Update Grid(对比和更新网格)包含了从当前项目(列“1”)和参照项中所选的对比项(列“2”)的所有选定类型的内容(基于所选择的对比预设)。

⑧ Identified Difference

B1012_101_Steel Bracing	B1012_101_Steel Bracir
Parent.Quantity*1.1	Parent.Quantity
Parent.Quantity*0.9	Parent.Quantity
B1012_088_Steel Beam H!	B1012_088_Steel Beam

使用 Compare & Update 功能，识别所选的对比预设中不同的数据字段，不同的字段会被标记为红色，以便识别出当前项目数据和所选参照项的不同之处。

18.2 开始项目对比

Compare & Update 功能可用于检测当前的项目数据与早期保存的快照中的数据或参照的数据之间的变化，参照数据可以来自另一个项目，或者包含公司标准信息的数据集（如“单位成本”）具体步骤如下。

（1）从工作流程面板中选择 Compare & Update，如图 18-3 所示。

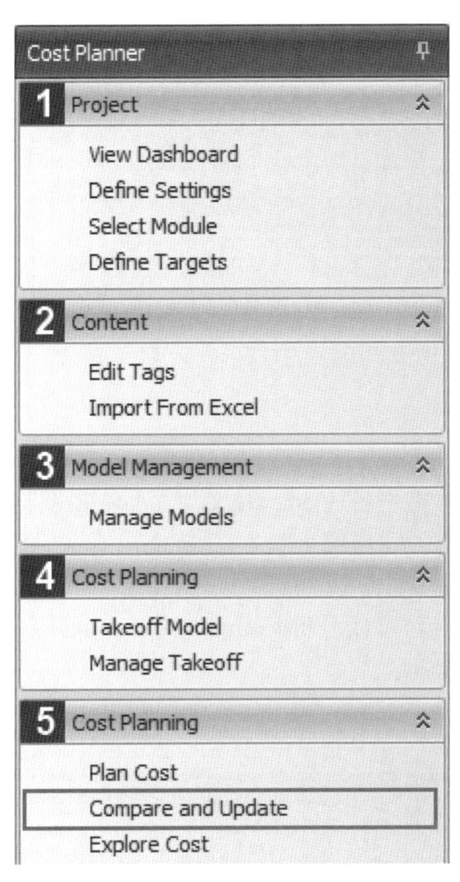

图 18-3

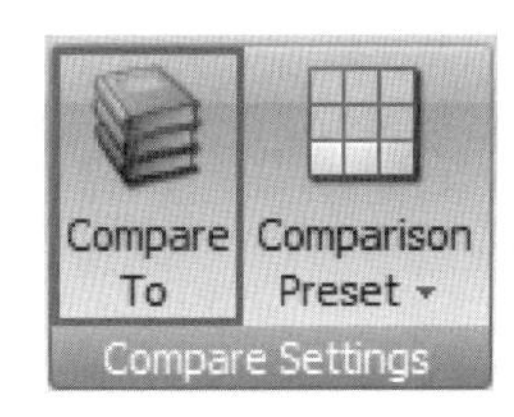

图 18-4

（2）点击 Compare To 按钮来设置一组对比，如图 18-4 所示。

（3）选择项目 Snapshot 或者 Other Project 来比较当前项目状态。单击 OK 来确认选择——用户可同时将 Snapshot 或其他项目与当前项目状态进行对比。

（4）默认情况下，Cost Comparison Preset（成本对比预设）已经加载，并且当前项目（列“1”）和所选参照（列“2”）中的成本 Assembly 及 Component 是并排显示的。为了比较不同类型的内容，单击“Comparison Preset”按钮，并选择一个可用的选项。

- Cost：是默认选项，比较 Cost Planner 的 Assembly 和 Component。
- Cost and Takeoff：比较 Assembly 和 Component，以及 Component 公式中使用的 Takeoff Items 和 Takeoff Quantities。
- Takeoff：比较 Takeoff Items 和 Takeoff Quantities，并且允许工程量变化分析。
- Tags：比较标签和标签值的集合。
- Models：比较模型和模型版本，并允许从一个项目中快速复制模型内容到另一个项目。
- Constructability Issues：比较可管理的可施工性问题的集合，包括 ID、名称、评论和创建日期。
- RFI's：提供现状和所选参照的信息请求集合的对比。

（5）选择对比预设之后，结果将会呈现在 Compare & Update 网格中。两个数据集（当前和参照）的差异将以红色单元格表示，如图 18-5 所示。

Compare and Update

Code1	Code2	Description1	Description2	Unit1	Unit2
000	000	Example 002	Example 002		
A	A	SUBSTRUCTURE	SUBSTRUCTURE	LS	LS
A1034_0(	A1034_004	Changed Description	Pit Wall-ID	LF	LF
03.11.00.	03.11.00.30(	Erect Forms to CIP Concre	Erect Forms to CIP Co	SF	SF
LCON003	LCON003	Formwork Carpenter	Formwork Carpenter	HR	HR
03.11.00.	03.11.00.30(	Erect Forms - Pit Wall - Ma	Erect Forms - Pit Wall	SF	SF

图 18-5

18.3 更新当前项目

在进行当前项目数据和所选参照的对比之后，Compare & Update 视图将会用红色填充两组数据集之间内容不同的单元格。为了同步两个版本，Compare & Update 功能允许用户自动复制与参照项中不同的内容到当前项目中。具体步骤如下。

（1）有了当前项目状态和参照的对比后，可以分析 Compare & Update Grid 以查看这两个数据集之间是否存在差异，如图 18-6 所示。

Compare and Update

Code1	Code2	Description1	Description2	Unit1	Unit2
000	000	Example 002	Example 002		
A	A	SUBSTRUCTURE	SUBSTRUCTURE	LS	LS
A1034_0(	A1034_004	Changed Description	Pit Wall-ID	LF	LF
03.11.00.	03.11.00.30(	Erect Forms to CIP Concre	Erect Forms to CIP Co	SF	SF
LCON003	LCON003	Formwork Carpenter	Formwork Carpenter	HR	HR
03.11.00.	03.11.00.30(	Erect Forms - Pit Wall - Ma	Erect Forms - Pit Wall	SF	SF

图 18-6

(2) 如果存在差异,并且用户想让当前项目中的内容同所选参照项中的内容一致,可单击功能区的 Update All 按钮,Office 将会自动从参照项中复制当前项目中所有不同或缺失的内容到当前项目中,如图 18-7 所示。

图 18-7

18.4　更新所选项目

用户可能不想从参照项中复制所有的不同之处或者缺失内容到当前项目中,而只是一部分所选定的子数据集。为了实现这个目的,用户可以使用 Update Selected 功能。具体步骤如下。

(1) 在 Compare & Update Grid 中,通过点击来选择用户想更新的项目。在点击时用户可以通过按住 Shift 和/或 Ctrl 键来实现选择多个项,如图 18-8 所示。

Compare and Update

Code1	Code2	Descripton1	Description2	Unit1	Unit2	Formula1	Formula2	Consumption1	Consumption2	UnitCost1	UnitCost2
000	000	Example Compare & U	Example Comp			1	1	1	1	650000	650000
A	A	SUBSTRUCTURE	SUBSTRUCTUR	LS	LS	1	1	1	1	100000	100000
A10	A10	Basement Constructio	Basement Con	SF	SF	Building.Squar	Building.Squar	1	1	2	2
A20	A20	Foundation	Foundation	SF	SF	Building.Squar	Building.Squar	1.2	1	1.85	1.9
	B	SHELL	SHELL	LS	LS	1	1	1	1	200000	200000
10	B10	Superstructure	Superstructure	SF	SF	Building.Squar	Building.Squar	1	1	5	5
20	B20	Exterior Enclosure	Exterior Enclos	SF	SF	15000	Building.Squar	1	1	5	3
30	B30	Roof Construction	Roofing	SF	SF	Building.Squar	Building.Squar	1	1	1.2	1.2
	C	INTERIORS	INTERIORS	LS	LS	1	1	1	1	150000	150000
	C10	Interior Construction	Interior Constr	SF	SF	Building.Squar	Building.Squar	1	1	3	3
	C30	Interior Finishes	Interior Finishe	SF	SF	Building.Squar	Building.Squar	1	1	4.8	5
	D	BUILDING SYSTEMS	BUILDING SYST	LS	LS	1	1	1	1	200000	200000
D20	D20	Plumbing	Plumbing	SF	SF	Building.Squar	Building.Squar	1	1	2	2
D30	D30	HVAC	HVAC	SF	SF	Building.Squar	Building.Squar	1	1	1.7	1.7
D40	D40	Fire Protection	Fire Protection	SF	SF	Building.Squar	Building.Squar	1	1	1.8	1.8
D50	D50	Electrical Systems	Electrical Syste	SF	SF	Building.Squar	Building.Squar	1	1	2.2	2.2

Selected items

图 18-8

(2) 完成选取后,单击 Update Selected 按钮从参照项中复制所选内容到当前项目,选择项目中那些之前用红色明显标注的单元格将会变得与参照项目一致,未选择的项目将不更改。

18.5　隔离差异

大型数据集包括所检测到的项目各个地方的所有差异。因此可使用 Compare & Update 来隔离数据集中所有的不同,以便能够快速地查看这些差异。具体步骤如下。

(1) 选择一个用作对比的参照以及一个用来检查差异的预设之后,单击 Isolate Differences 按钮,如图 18-9 所示。

(2) Vico Office 将会隐藏那些参照项中与当前项目毫无差异的内容,仅显示存在差异的内容。

图 18-9

18.6　复制模型

Compare & Update 是一款非常好的用来同步成本和其他项目数据的工具,同时也能从一个项目复制模型到另一个项目当中。运用“模型”预设,模型数据将会被轻松转移。具体步骤如下。

(1) 选择包含用户想要复制的模型的项目后,通过 Comparison Preset 按钮选择模型预设,如图 18-10 所示。

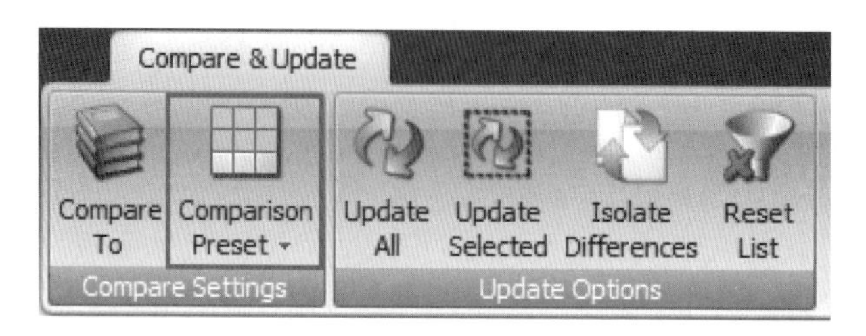

图 18-10

(2) Office 将会列出一系列模型和模型版本。那些存在于所选项目而不存在于当前项目中的模型和版本将会用红色标注。

(3) 选择用户想要复制到当前项目的模型,然后单击 Update Selected,如图 18-11 所示。

图 18-11

(4) 所选模型的所有模型数据都已被复制到当前项目中。用户需要在模型管理中激活所复制的模型,使它们在当前项目中可视。

第 19 章　从 Excel 中导入

使用 Excel 导入功能，用户可以通过在 Vico Office 环境中重复使用来充分利用现有的项目信息。Excel 导入视图允许用户打开任何一个 Excel 表格文件，并且选择列和单元格，这些列和单元格包含了用户想在 Vico Office 项目中使用的数据，如图 19-1 所示。

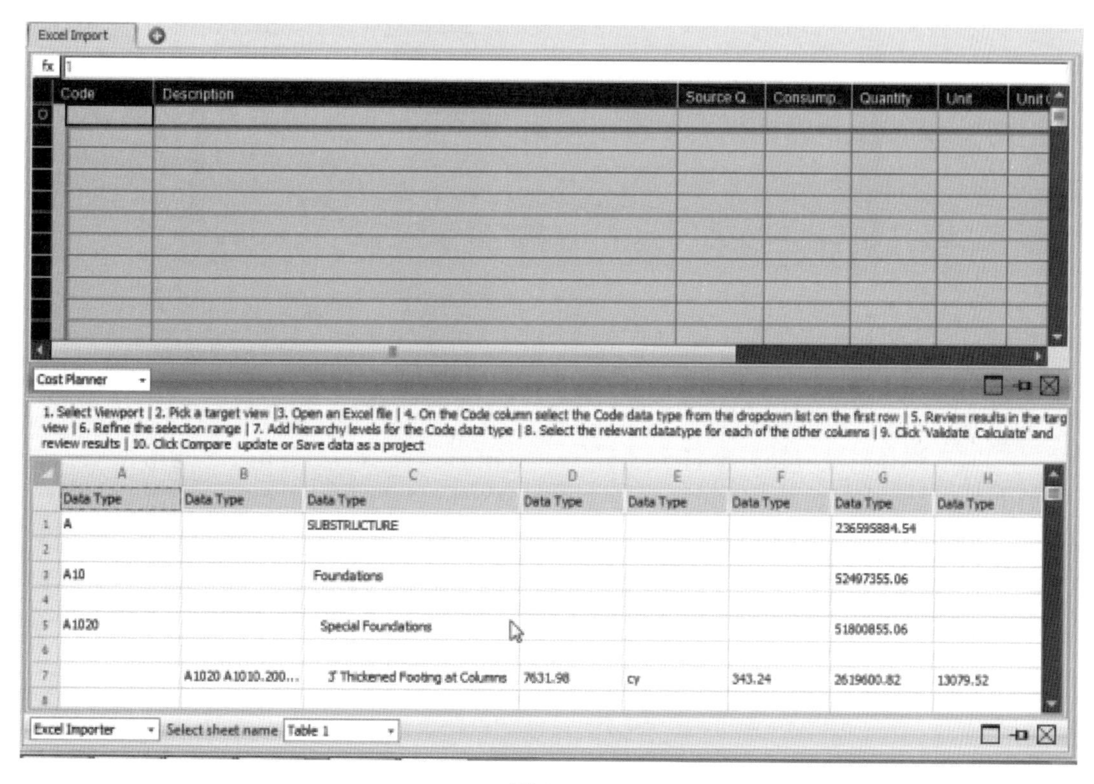

图 19-1

用户可以导入 Excel 数据到 Cost Planner，Takeoff Manager，Tag Editor，Constructability Manager，RFI Manager 视图中。

19.1　Excel 导入用户界面

Excel 导入用户界面如图 19-2 所示。

① Select Viewport

仅在使用包含超过两个视窗的自定义布局中才有效。Select Viewport（选择视窗）选项允许用户决定自定义布局中的哪一个视窗会被应用显示在内容预览中。

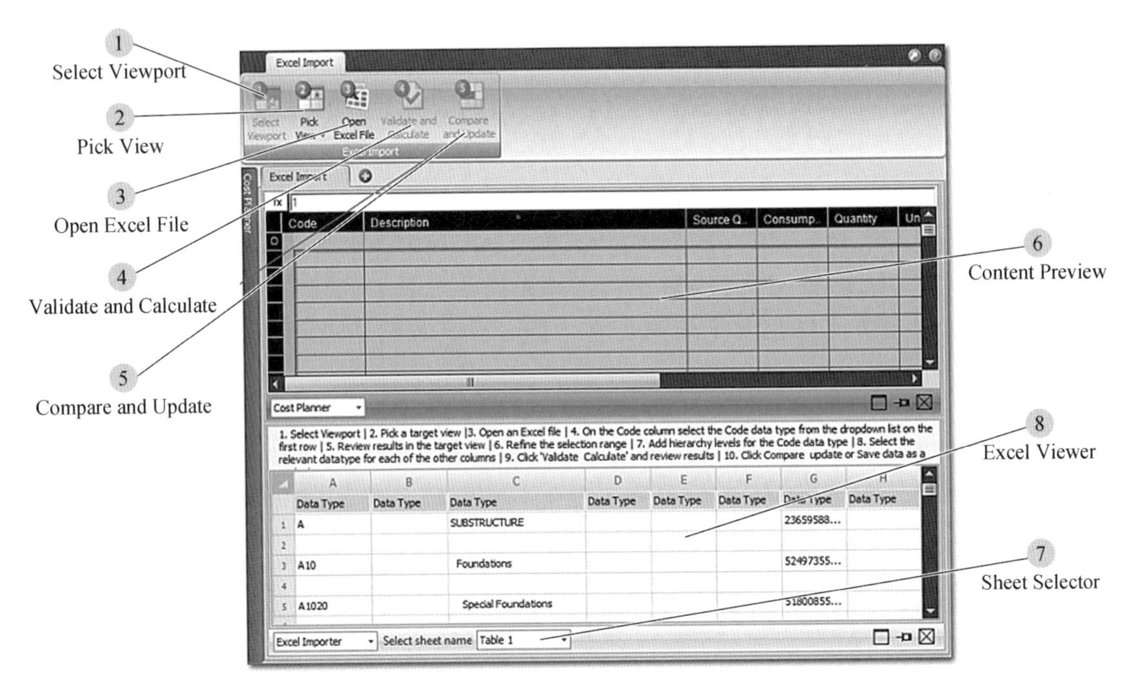

图 19-2

② Pick View

Pick View(选择视图)功能包含了一系列 Excel 导入功能所支持的内容类型。选择一种内容类型将会创造一个空白的预览，并且使相关的数据类型可在 Excel 查看器中被选择。

③ Open Excel File

Open Excel File(打开 Excel 文件)允许用户打开 Microsoft Excel 1997—2003 和 Microsoft Excel 2007 文件，并且会在 Excel 查看器中显示出文件内容。

④ Validate and Calculate

在选定应导入到当前项目的数据所属的单元格和列后，使用 Validate and Calculate(校核并计算)功能，可为给缺失的数据字段添加默认值来完善数据集。

⑤ Compare and Update

Excel 导入功能的前面四步将 Excel 数据复制到了一个临时预览中。Compare and Update(对比并更新)功能可从预览中复制这些数据到当前项目中，并允许用户比较项目现存的数据和预览中的数据。

⑥ Content Preview

Content Preview(内容预览)显示在 Excel 查看器中所选择的单元格和列所包含的

数据。

7 Sheet Selector

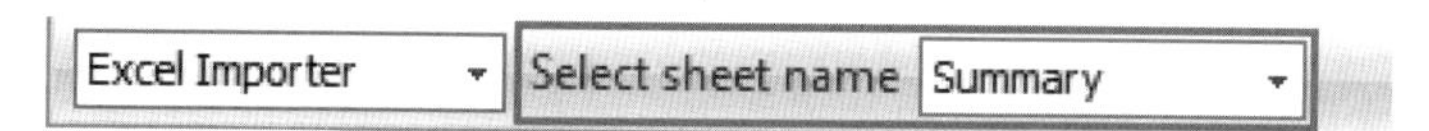

通过 View Selector(视图选择器),可以选择应导入数据所属的工作表。

8 Excel Viewer

Excel Viewer(Excel 查看器)可显示所打开的 Excel 工作薄中内容。

19.2 选择所需的内容视图

当开始导入 Excel 时,用户首先要确定想要导入项目中的数据类型。基于所选择的内容视图,在 Excel 电子表格查看器中,数据类型选择可供数据选择使用。其具体步骤如下。

(1) 从 Content 工作流程组中打开 Import from Excel(从 Excel 导入),如图 19-3 所示。

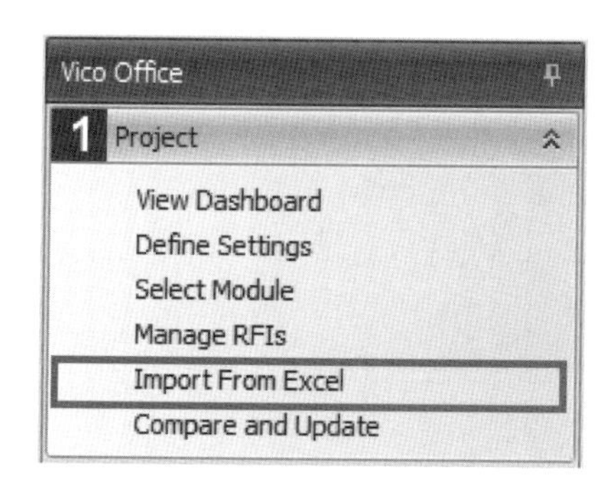

图 19-3

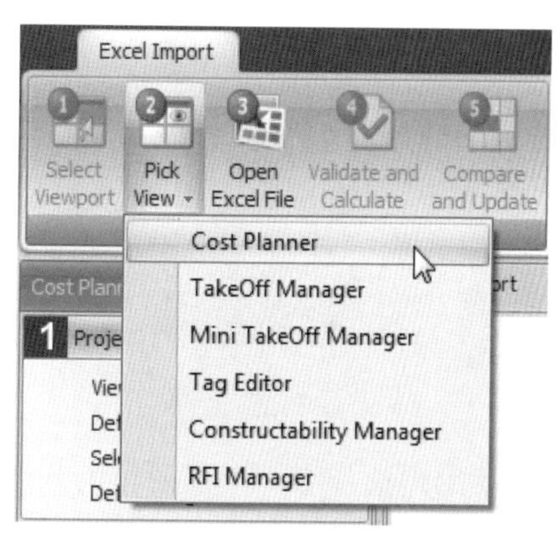

图 19-4

(2) 默认打开 Excel 导入视图设置。在视图设置中,上部分的视图是空白的——这是用户第一步需要选择相应视图的内容视图。

(3) 在 Excel Import 功能区选项卡中,单击 Pick View 按钮。从下列菜单中选择所需的内容视图,如图 19-4 所示。

(4) Vico Office 将会显示所选类型的空白内容视图。出现的视图仅包含从 Excel 工作薄中选择的数据,而不包括任何项目数据。在打开一个 Excel 文件后,用户需要从电子表格中选择数据来填充内容视图。所有选择的数据会依照第 5 步复制到项目中去,即 Compare and Update。

19.3 选择视图来导入内容

自定义布局包括了两个以上视窗,当用户使用自定义布局时(通过添加新的自定义视图设置来创建新的布局),需要在视图设置中选择 Excel 导入时需要的三(或四)视窗的其中一个,用作内容视图,以便在步骤 2 中可以选择内容视图,如图 19-5 所示。

示例视图集包含 3 个视窗;其中一个是“Excel 导入”视图,视窗 2 或者视窗 3 被选中作为“内容视图”。

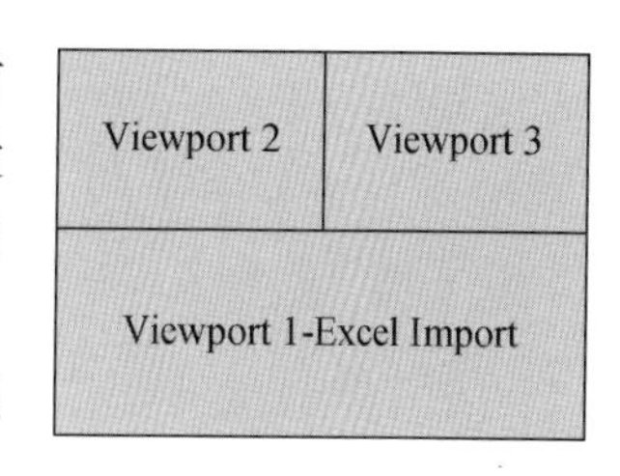

图 19-5

使用自定义布局的情况下选择视图导入内容的具体步骤如下。

（1）单击 Select Viewport（选择视窗）按钮，如图 19-6 所示。

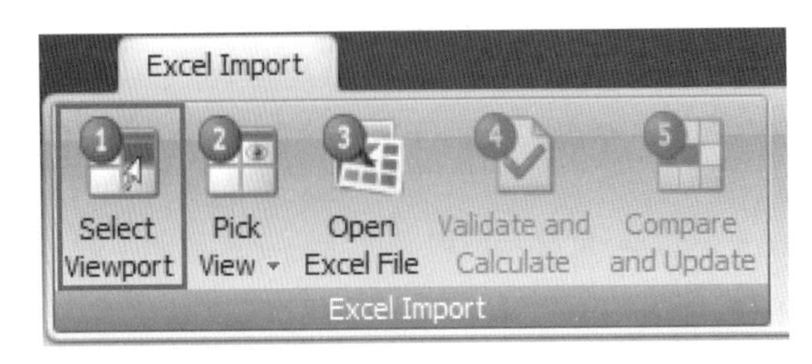

图 19-6

（2）Viewport Selection 模式被激活。用户可用鼠标点击想要作为内容视图的视窗，如图 19-7 所示。

图 19-7

（3）一旦用户选择了一个视窗作为内容视图，再通过单击 Pick View 按钮选择内容视图，如图 19-8 所示。

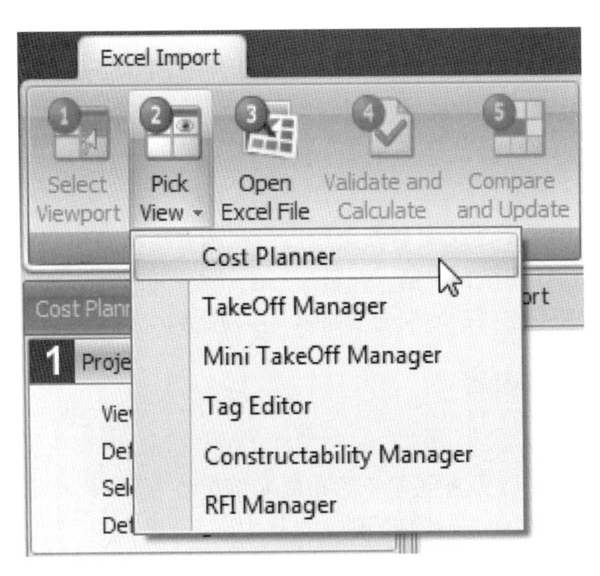

图 19-8

（4）在选定所需的内容视图后，它将出现在选中的视窗。

19.4　打开要导入的 Excel 文件

在选定一个内容视图后，用户就可以打开电子表格，该电子表格包含用户想在 Office 中使用的数据。具体步骤如下。

（1）单击 Excel Import 功能区选项卡的 Open Excel File 按钮，如图 19-9 所示。

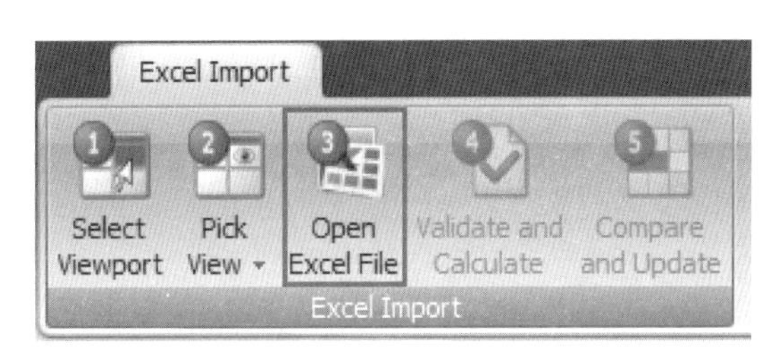

图 19-9

（2）出现一个 File Open 对话框，允许用户指定想要导入数据的 Excel 文件。Excel 导入功能可以打开 Excel 97—2003 和 Excel 2007 两种版本的工作薄文件。

（3）打开选定的文件之后，在 Excel 查看器中会出现第一个工作表，如图 19-10 所示。

1. Select Viewport | 2. Pick a target view |3. Open an Excel file | 4. On the Code column select the Code data type from the dropdown list on the first row | 5. Review results in the target view | 6. Refine the selection range | 7. Add hierarchy levels for the Code data type | 8. Select the relevant datatype for each of the other columns | 9. Click 'Validate Calculate' and review results | 10. Click Compare update or Save data as a project

	A	B	C	D	E	F	G	H	I	J
5		Superstructure								
6			B10.001	Steel Frame				254525.52	6.83289986577181	
7			B10.002	Upper floors				155255	4.16791946308725	
8			B10.003	Stairs				20455.62	0.549144161073825	
9			B20.001	Roof & Wa...				314851.01	8.45237610738255	
10			B20.002	Windows &...				222335	5.96872483221476	
11			B20.003	Internal W...				117483.34	3.15391516778523	
12			B20.004	Internal D...				79192.5	2.12597315436242	

Excel Importer　Select sheet name　Summary

图 19-10

（4）通过 Sheet Selector（表格选择器），可以在打开的工作薄中选择其他的工作表，如图 19-11 所示。

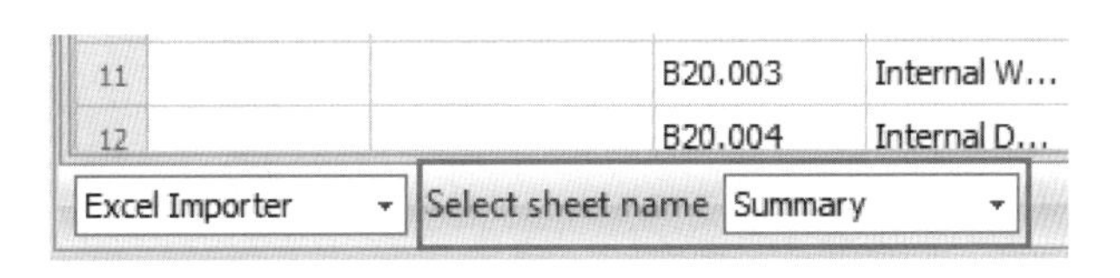

图 19-11

19.5　选择要导入的数据

选定内容视图，打开 Excel 工作薄文件后，用户可以指定哪些单元格所包含的内容是用户希望复制到 Vico Office 项目的。对于每一个被选定的单元格，用户需要选择它们在 Vico

Office 中所展现的数据类型。

【注】 为了使 Excel 工作薄中的数据更为容易地导入 Vico Office 表格中，建议用户按照电子表格中的每一列中只有一种数据类型的方式组织数据。按照这种方式准备数据将会使得 Excel 自动导入达到最优状况。

选择导入数据的具体步骤如下。

（1）双击包含用户想要导入的数据的那一列的 Data Type（数据类型）单元格，如图 19-12 所示。

	A	B	C	
	Data Type	Data Type	Data Type	Data Ty
1				Element
2				
3		Substructure		
4			A10.001	Foundat
5		Superstructure		
6			B10.001	Steel Fr
7			B10.002	Upper fl

图 19-12

（2）弹出一个 Data Type Selection（数据类型选择）对话框，用户可以选择在所选列中出现的数据类型，如图 19-13 所示。

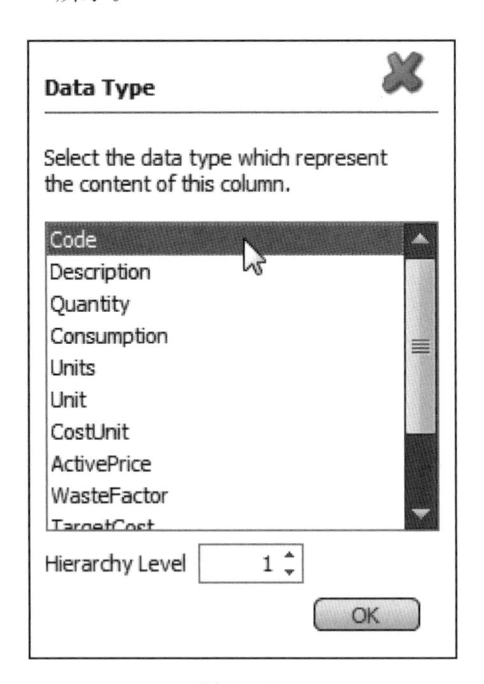

图 19-13

【注】 如果需要导入到 Cost Planner 的内容视图中，用户需要将带编码信息的列作为开始，因为编码可以让项目中的每一个成本项都唯一。

(3) 在设置完每一列的数据类型后,用户可以选择单个的单元格,或者整个列表,使其包含在内容视图中。单击一个单元格来包括它的数值,如图 19-14 所示;在选择后,数据直接包括在内容视图中,如图 19-15 所示;或者单击列标题来包含这一列中的所有数值,如图 19-16 所示;同样,在选择之后数据将直接包括在内容视图中(空白单元格将被跳过),如图 19-17 所示。

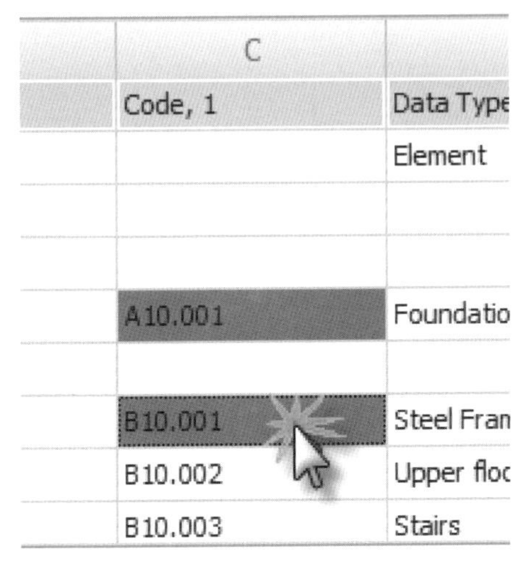

图 19-14

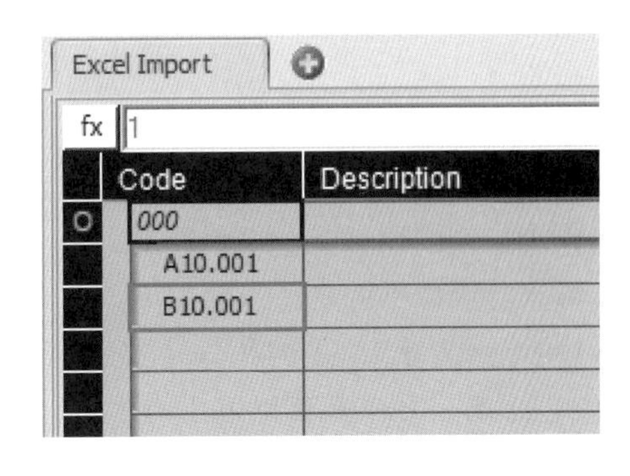

图 19-15

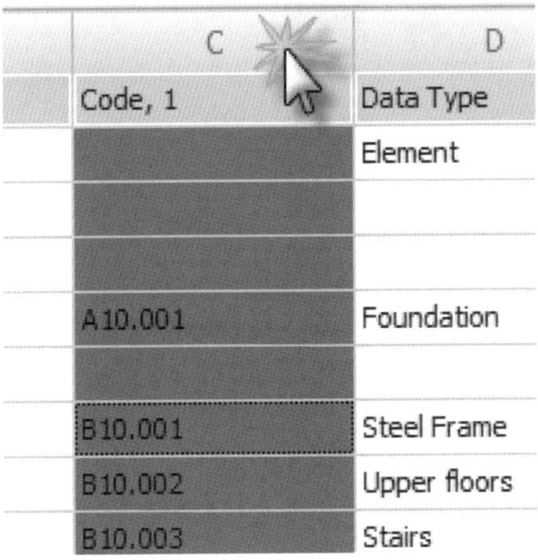

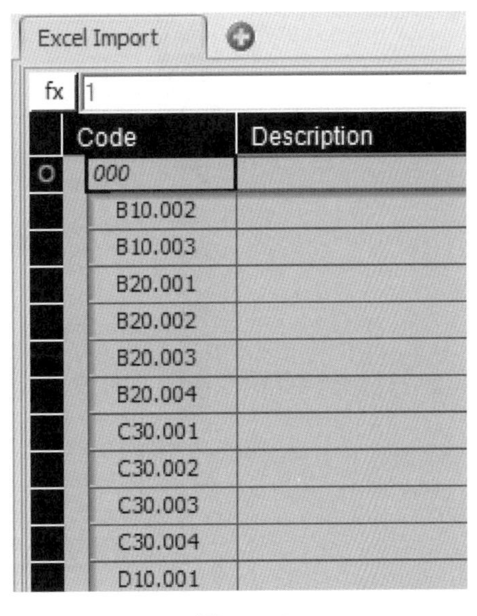

图 19-16

图 19-17

重复以上步骤直到用户能够在 Excel 电子表格中看到所有想要导入到 Vico Office 项目中的数据。在这之后,继续 Data Validation(数据校核)。

19.6　选择要导入的分级数据

有时,Excel 数据是按照公共的"父级"编码组织排列的。Vico Office 以树状图的形式展现这些数据，这样可以根据需要收起或者展开。通过 Excel 导入功能，用户能够在 Vico Office 中以保持这些结构的方式导入这些数据。

【注】 为了更为有效地导入层状结构数据集，建议用户按照在专用列中储存的特定层级的编码组织电子表格，如图 19-18 所示。

<table>
<tr><th></th><th>A</th><th>B</th><th>C</th></tr>
<tr><td>1</td><td rowspan="5">Code Level 1</td><td rowspan="5">Code Level 2</td><td rowspan="5">Code Level 3</td></tr>
<tr><td>2</td></tr>
<tr><td>3</td></tr>
<tr><td>4</td></tr>
<tr><td>5</td></tr>
</table>

图 19-18

当用户按照在专用列中储存的层级编码来组织分级数据时，那么在导入时选择所有编码值作为指定的层级就变得很容易。

导入分级数据的具体步骤如下。

(1) Excel 导入，并选择一个支持分级数据结构导入的内容视图(Cost Planner，Tag Editor)后，打开包含数据的电子表格。

(2) 在分级结构等级为一级的编码的列中，选择编码作为数据类型，并且保证分级结构等级设置仍为 1，如图 19-19 所示。

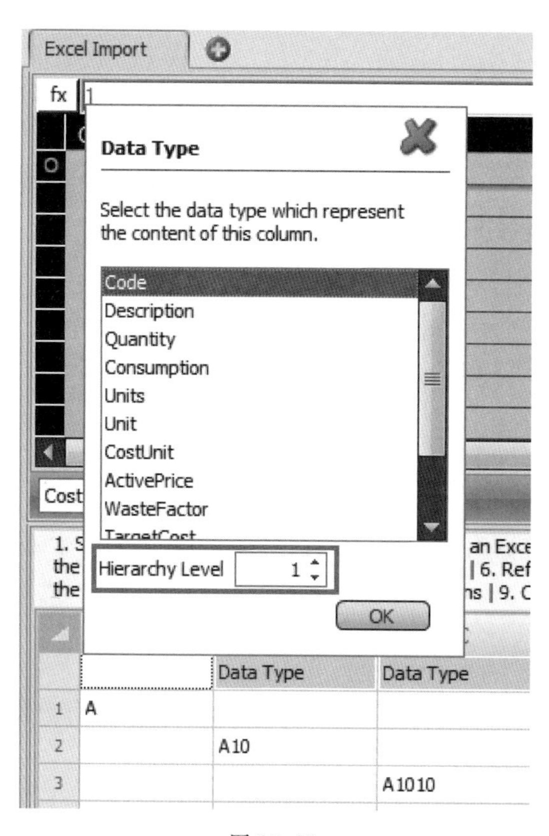

图 19-19

（3）单击列标题来选中该列的所有数值。

（4）在分级结构等级为两级的编码的列中，重复选择编码作为数据类型，并且保证分级结构级别设置为 2，如图 19-20 所示。

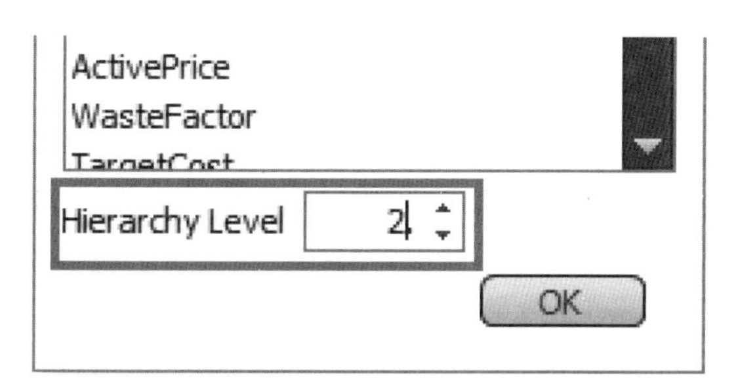

图 19-20

（5）单击列标题来选中该列的所有数值——注意在内容预览中发生的变化：第 2 级编码会自动插入到第 1 级编码下，如图 19-21 所示。

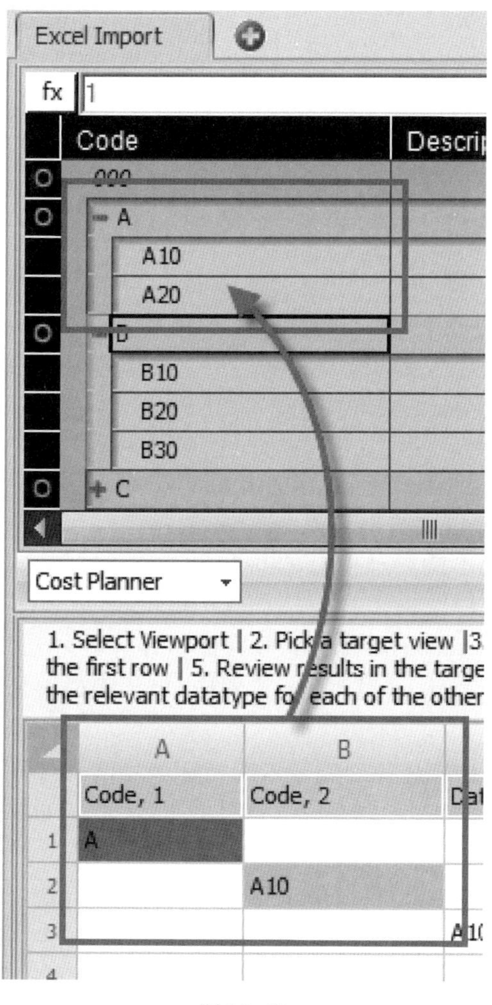

图 19-21

(6) 对于 Excel 数据集中分级的所有等级重复进行编码和分级结构等级选择。在完成编码列的选择之后，按照在选择要导入的数据中所描述的那样通过选择其他用户想要导入的数据类型继续导入。没有其他的数据类型是按照分级等级来选择或者组织的：编码自动决定数据存在于分级数据结构中的等级，如图 19-22 所示。

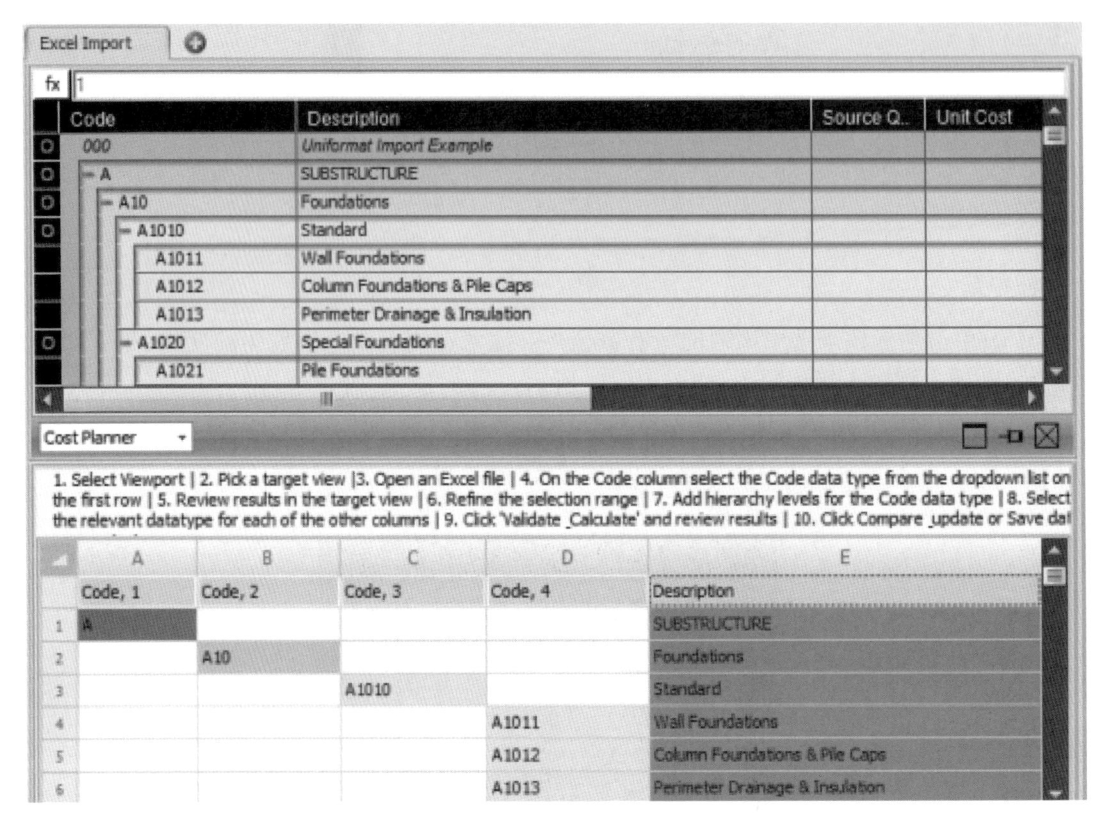

图 19-22

19.7 校核导入的数据

Excel 电子表格可能不能涵盖所有的与 Component、Assembly、Takeoff Item 或者其他类型的 Vico 数据有关的数据信息。然而 Vico Office 要求每一个数据字段的值都是可用的。Data Validation and Calculation(数据校核并计算)步骤用于完善在内容视图中可视的数据，因此在 Compare and Update 步骤中，电子表格要添加到项目中。其具体步骤如下。

(1) 当用户在电子表格中选择想要导入的列和单元格后，用户应该会在内容预览中看到所选择的内容，以及没有选择数据字段的空白单元格。所有的选择都会按照色码标记，如图 19-23 所示。

(2) 为了完善数据，单击 Excel Import 功能区中的 Validate and Calculate 按钮，如图 19-24 所示。

(3) Office 通过给缺失内容的数据字段添加默认值的方式完善数据集，如图 19-25 所示。

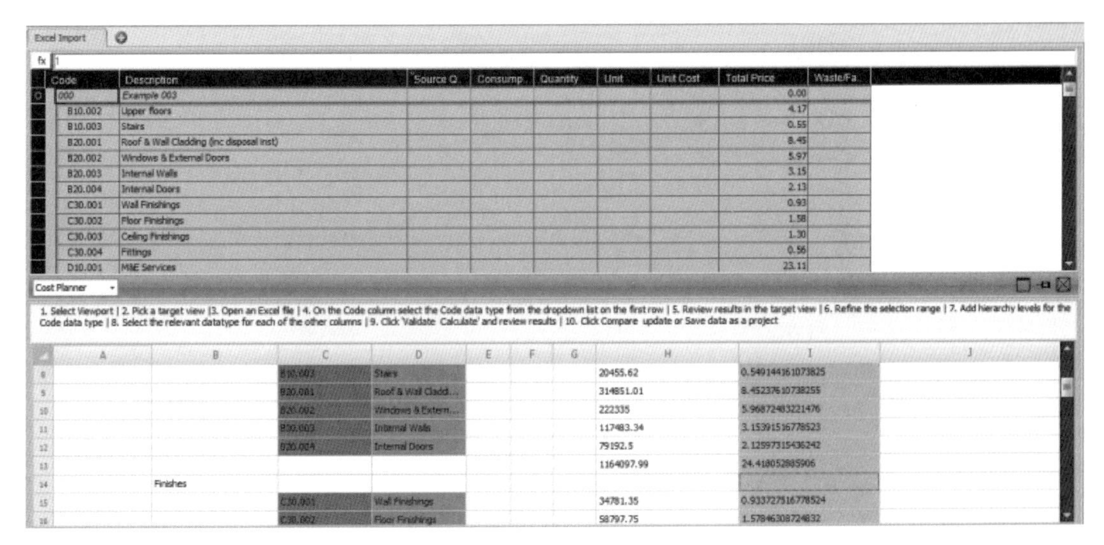

图 19-23　(见彩图二十)

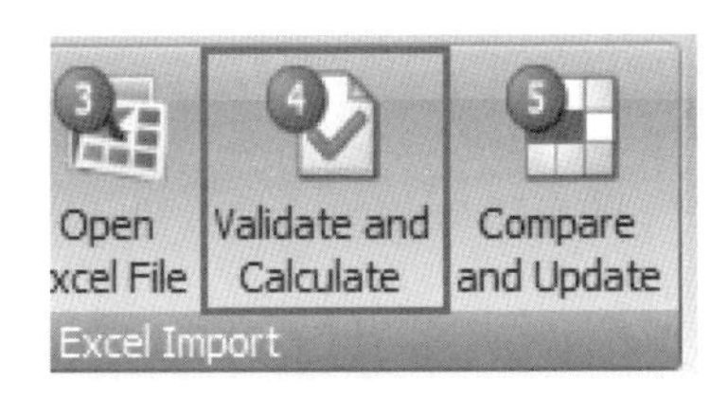

图 19-24

Code	Description	Source Q..	Consump..	Waste/Fa..	Quantity	Unit	Unit Cost	Total Price
000	Example 003	1.0	1.0	1.0	1.0		0.00	0.00
A10.001	Foundation	1.0	1.0	1.0	1.0	-	2.45	2.45
B10.001	Steel Frame	1.0	1.0	1.0	1.0	-	6.83	6.83
B10.002	Upper floors	1.0	1.0	1.0	1.0	-	4.17	4.17
B10.003	Stairs	1.0	1.0	1.0	1.0	-	0.55	0.55
B20.001	Roof & Wall Cladding (inc disposal inst)	1.0	1.0	1.0	1.0	-	8.45	8.45
B20.002	Windows & External Doors	1.0	1.0	1.0	1.0	-	5.97	5.97
B20.003	Internal Walls	1.0	1.0	1.0	1.0	-	3.15	3.15
B20.004	Internal Doors	1.0	1.0	1.0	1.0	-	2.13	2.13
C30.001	Wall Finishings	1.0	1.0	1.0	1.0	-	0.93	0.93
C30.002	Floor Finishings	1.0	1.0	1.0	1.0	-	1.58	1.58
C30.003	Ceiling Finishings	1.0	1.0	1.0	1.0	-	1.30	1.30

图 19-25

(4) 通过使用对比和更新功能来完成导入操作，该功能允许用户从内容预览中复制内容到项目中。

19.8　复制导入数据到项目中

在 Excel 导入预览功能中验证导入的数据集之后，这些数据将被包含在用户正在进行的项目中。为了做到这一点，使用 Compare and Update 功能，其具体步骤如下。

(1) 使用 Validate and Calculate 功能之后，单击 Excel Import 功能区中的 Compare and Update 按钮，如图 19-26 所示。

图 19-26

(2) Office 在预览视窗中打开 Compare and Update 视图。所有预览中的内容都会自动和项目中的内容进行对比。左列("1")代表项目中的内容,右列("2")包括从 Excel 中导入的数据,如图 19-27 所示。

Excel Import

Code1	Code2	Description1	Description2	Unit1	Unit2	Formula1	Formula2	Cons
000	000	Example 003	Example 003			1	1	1
	A10.001		Foundation		-		1	
	B10.001		Steel Frame		-		1	
	B10.002		Upper floors		-		1	
	B10.003		Stairs		-		1	
	B20.001		Roof & Wall Claddi		-		1	
	B20.002		Windows & Extern		-		1	
	B20.003		Internal Walls		-		1	
	B20.004		Internal Doors		-		1	
	C30.001		Wall Finishings		-		1	
	C30.002		Floor Finishings		-		1	
	C30.003		Ceiling Finishings		-		1	
	C30.004		Fittings		-		1	

图 19-27

【注】 当用户在一个空白项目中使用 Excel 导入功能时,在第二版中所有的单元格将变成空白,但是当用户在一个已经含有相同编码或名称项的项目中使用该功能时,它们会并排对齐,如图 19-28 所示。

Excel Import

Code1	Code2	Description1	Description2	Unit1	Unit2	Formula1	Formula2	Consumption	Consumption	Units1	Units2	WasteFactor	WasteFactor	UnitCost1	UnitCost2
000	000	Example 003	Example 003			1	1	1	1			1	1	0	0
A10.001	A10.001	Foundation	Foundation	-	-	1	1	1	1	-	-	1	1	2.45	2.45
B10.001	B10.001	Steel Frame	Steel Frame	-	-	1	1	1	1	-	-	1	1	6.83289986	6.8328998657
B10.002	B10.002	Upper floors	Upper floors	-	-	1	1	1	1	-	-	1	1	4.16791946	4.1679194630
	B10.003		Stairs		-		1		1		-		1		0.5491441610
	B20.001		Roof & Wall (		-		1		1		-		1		8.4523761073
	B20.002		Windows & E		-		1		1		-		1		5.9687248322
	B20.003		Internal Wal		-		1		1		-		1		3.1539151677
	B20.004		Internal Doo		-		1		1		-		1		2.1259731543
C30.001	C30.001	Wall Finishing	Wall Finishing	-	-	1	1	1	1	-	-	1	1	1	0.9337275167
C30.002	C30.002	Floor Finishin	Floor Finishin	-	-	1	1	1	1	-	-	1	1	2.5	1.5784630872
C30.003	C30.003	Ceiling Finish	Ceiling Finish	-	-	1	1	1	1	-	-	1	1	2.1	1.3014362416

图 19-28

(3) 在 Compare & Update 功能区中单击 Update All 按钮,从 Excel 导入部分复制所有的新数据到当前项目中,如图 19-29 所示。

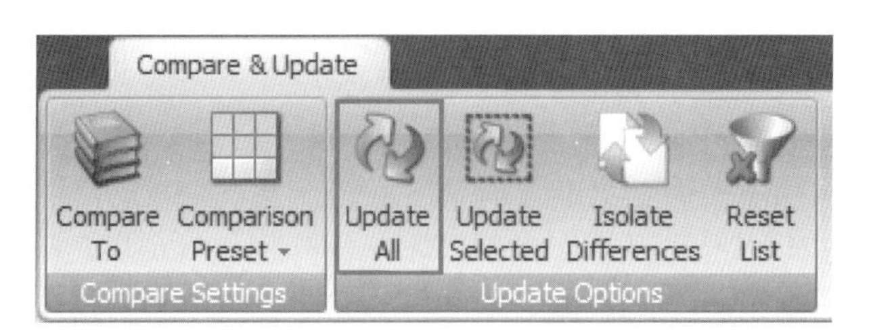

图 19-29

(4) 结果是所有的数据都会被复制到项目中,并且"预览"会和"当前项目"完全一致,如图 19-30 所示。

Excel Import

Code1	Code2	Description1	Description2	Unit1	Unit2
000	000	Example 003	Example 003		
A10.001	A10.001	Foundation	Foundation	-	-
B10.001	B10.001	Steel Frame	Steel Frame	-	-
B10.002	B10.002	Upper floors	Upper floors	-	-
B10.003	B10.003	Stairs	Stairs	-	-
B20.001	B20.001	Roof & Wall Claddir	Roof & Wall Cladding (i	-	-
B20.002	B20.002	Windows & Externa	Windows & External Dc	-	-
B20.003	B20.003	Internal Walls	Internal Walls	-	-
B20.004	B20.004	Internal Doors	Internal Doors	-	-
C30.001	C30.001	Wall Finishings	Wall Finishings	-	-
C30.002	C30.002	Floor Finishings	Floor Finishings	-	-
C30.003	C30.003	Ceiling Finishings	Ceiling Finishings	-	-

图 19-30

第 20 章　管理放样点

Layout Manager 视图提供了支持管理放样点所需要的功能。一个典型的工作流程包括创建一个文件结构来存储这些点，定义项目原点，增加 Layout Points（放样点），将这些点输出到 CSV 文件中，并把“完工”点导入到 VO 中，如图 20-1 所示。

Layout Manager 使用户能够创建 layout point，将模型点输出到现场设备中去，从而操作人员能够轻易地在现场标记这些点，将现场点返回到 Vico Office 中进行确认和检查。

能够确保高度准确的施工过程，防止施工错误并且帮助获得“As Build（构建）”文件集。

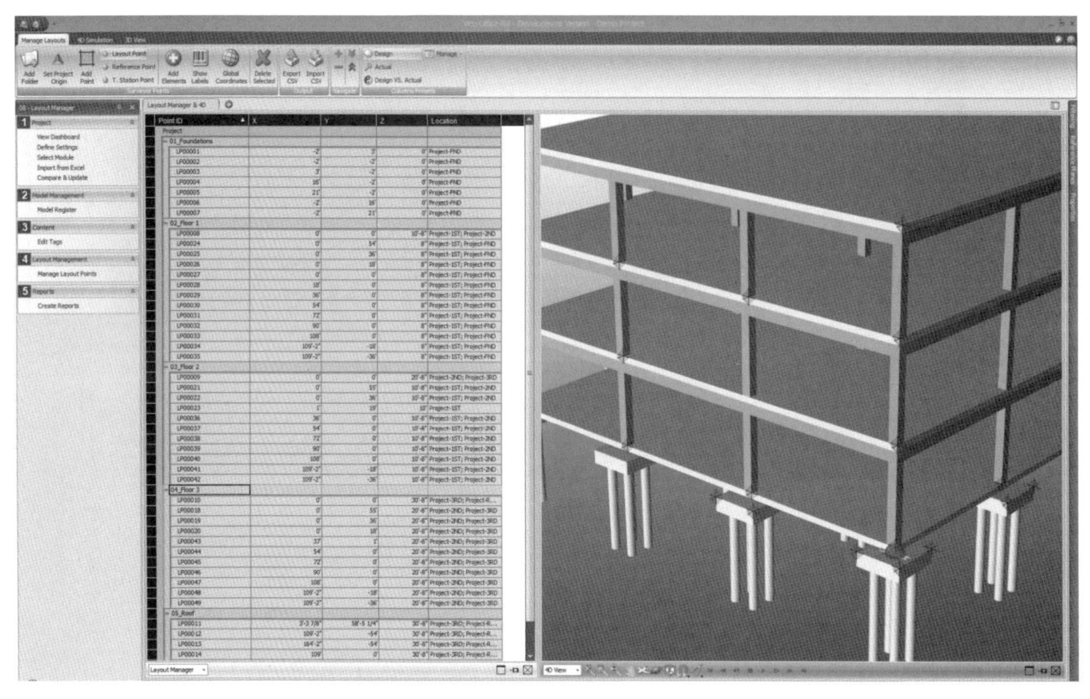

图 20-1

20.1　放样点管理用户界面

放样点管理用户界面如图 20-2 所示。

① Layout Manager Ribbon

Manage Layout Ribbon（管理放样点功能区）提供了关于创建文件，增加点，将 3D 构件与点进行关联，输出和输入点，和视图预设的所有功能。

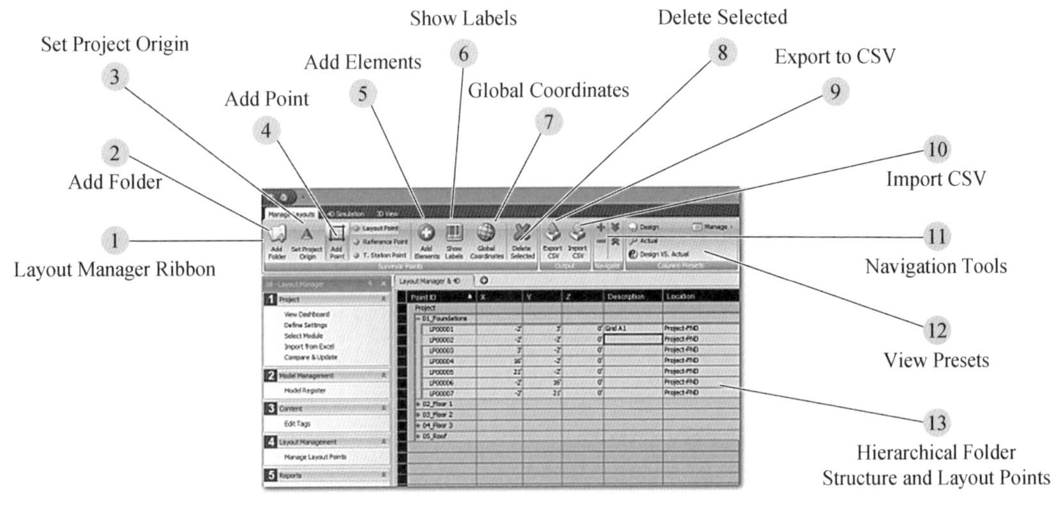

图 20-2

② Add Folder

文件夹将用于分组和管理布局点。每个文件中都指定了布局点的属性，比如前缀、后缀、偏差和图形表现。点击 Add Folder(添加文件夹)在选定的文件夹中定义一个文件夹。

③ Set Project Origin

项目原点是项目的(0,0,0)点。所有布局点的坐标的计算都与项目原点有关。点击 Set Project Origin(设置项目原点)，并且在模型中捕捉一个点作为项目原点的插入点。

④ Add Point

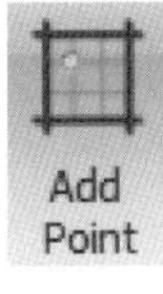

布局点、参照点或者全站仪点都被添加到选定的文件夹中。选择这三个点类型中的一种，点击 Add Point(添加点)，在 3D 视图中捕捉 3D 几何图形来增加一个点。

⑤ Add Elements

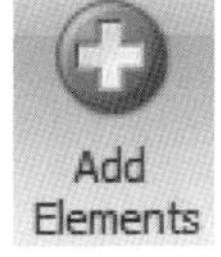

将 3D 构件与选定的布局点的组合相关联。当选择一个相关点时，相关联的构件将会被亮显/隔离。在栅格图中选择一个布局点，点击 Add Elements(添加构件)，并从 3D 视图中选择一个 3D 构件。

⑥ Show Labels

在 3D 视图中显示带有布局点名称和坐标值的文档标签。

⑦ Global Coordinates

Global Coordinates(全局坐标)切换本地坐标和全球坐标值(被定义为原点)。坐标值显示在 Layout Manager 视图和 3D 标签中。点击显示的全球坐标值，再次点击显示本地坐标值。

⑧ Delete Selected

Delete Selected 删除当前选中的文件夹或者点。

⑨ Export to CSV

输出文件内容到 CSV 文件中。

⑩ Import CSV

将 CSV 文件中的布局点导入选定的文件夹中。

⑪ Navigation Tools

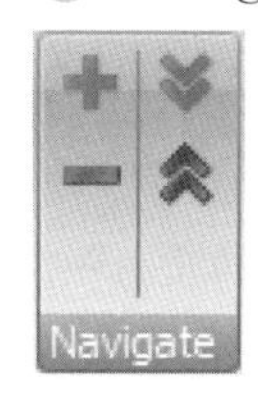

通过 Navigation Tools 按钮能够展开或收起文件夹结构，可以一级一级或者全部展开/收起(双箭头按钮)。

⑫ View Presets

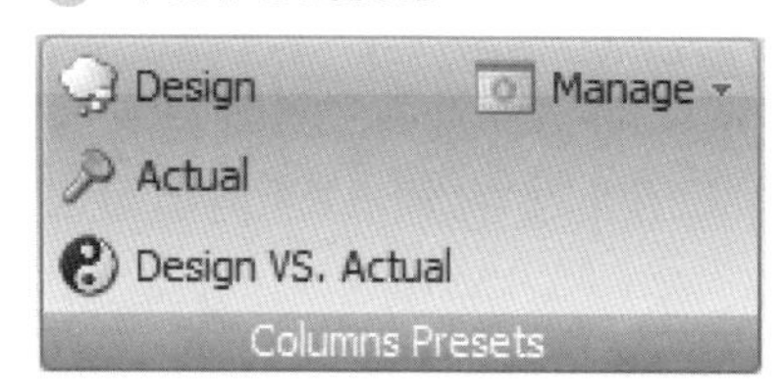

Layout Presets 允许用户为任务快速地开启或者关闭所需列的集合。

• Design(设计)：包括了点 ID、X、Y、Z、描述和位置列。

• Actual(实际)：包括了点 ID、X、Y、Z、描述和位置列。

• Design VS. Actual：包括了点 ID、X、Y、Z、X′、Y′、Z′、描述距离、超出公差和百分比列。

⑬ Hierarchical Folder Structure and Layout Points

Layout Manager 视图支持分级文件结构。布局点能够被添加到选定的文件夹，并且导出/导入功能是文件特有的。过滤和分类准则能够通过列标题来应用。

Point ID	X	Y	Z	Descrip..	Location
Project					
- 05_Roof					
LP00017	0'	55'	30'-8"		Project-3RD; Project-ROOF
LP00016	109'-2"	55'	30'-8"		Project-3RD; Project-ROOF
LP00015	164'-2"	55'	30'-8"		Project-3RD; Project-ROOF
LP00014	109'	0'	30'-8"		Project-3RD; Project-ROOF
LP00013	164'-2"	-54'	30'-8"		Project-3RD; Project-ROOF
LP00012	109'-2"	-54'	30'-8"		Project-3RD; Project-ROOF
LP00011	3'-3 7/8"	58'-5 1/4"	30'-8"		Project-3RD; Project-ROOF
+ 04_Floor 3					
+ 03_Floor 2					

20.2　添加文件夹并设置文件夹属性

Layout Manager 视图支持多层级的文件结构，允许组织和管理布局点。这些点可以从一个文件夹移到另一个文件夹。项目文件夹是根文件。

添加一个文件夹的具体步骤如下。

(1) 在 Layout Manager 视图中选择父文件夹。

(2) 点击功能区中的 Add Folder 图标或者在快捷菜单中选择 Add Folder 选项。

(3) 在选定的文件夹中，一个带有默认名称的新文件夹被创建。双击或者使用快捷菜单的选项来重命名文件夹，如图 20-3 所示。

Point ID	X
Project	
New Folder 2	
- 05_Roof	
LP00017	
LP00016	
LP00015	

图 20-3

文件夹属性包含对于新添加的点的默认的前缀和后缀，公差值(比较设计点和导入的实际点时)，以及在 3D 视图中控制被包含的点大小和颜色。

设置文件夹属性的具体步骤如下。

(1) 右击文件夹名，并且在快捷菜单中选择文件夹属性选项。

(2) 检查并改变属性，如图 20-4 所示。

Folder Properties
Prefix
Suffix
Tolerance 0'
Hide design points which are not out of tolerance
Point Color and Size
Layout Point 0, 128, 255 1'-7 11/16"
Reference Point 255, 128, 64 1'-7 11/16"
Total Station Point 0, 255, 0 1'-7 11/16"
Imported Point 255, 0, 0 1'-11 5/8"
Apply changes to child folders
Ok Cancel

图 20-4

20.3　设置和编辑项目原点

项目原点定义为项目坐标系统的原点(0,0,0)，所有布局点的坐标都以它为基准。使用全球坐标选项，可以将本地坐标原点和代表物理世界的一个已知的测量点连接起来。

设置 Project Origin(项目原点)的步骤如下。

(1) 点击 Set Project Origin 图标

。

(2) 在 3D 模型中捕捉一个点,如图 20-5 所示。

图 20-5

(3) 点击 OK 键或者编辑全球坐标值,如图 20-6 所示。

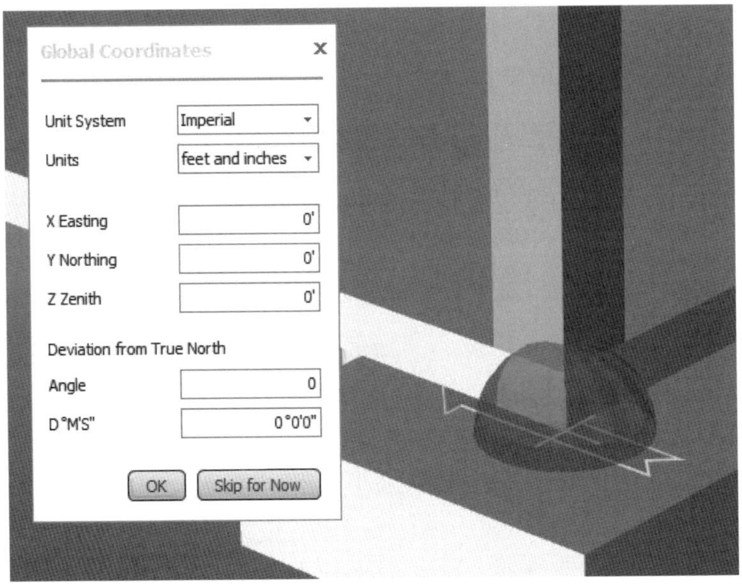

图 20-6

编辑项目原点的步骤如下。

(1) 在项目原点处右击鼠标,并且选择 Edit layout origin point(编辑放样原点)选项,如图 20-7 所示。

(2) 在 3D 模型中捕捉期望的点,重新定位项目原点。现有的布局点的坐标值会相应的改变,如图 20-8 所示。

编辑全球坐标的步骤如下。

(1) 在项目原点上右击,并且选择 Edit Global Coordinates(编辑全球坐标)选项。

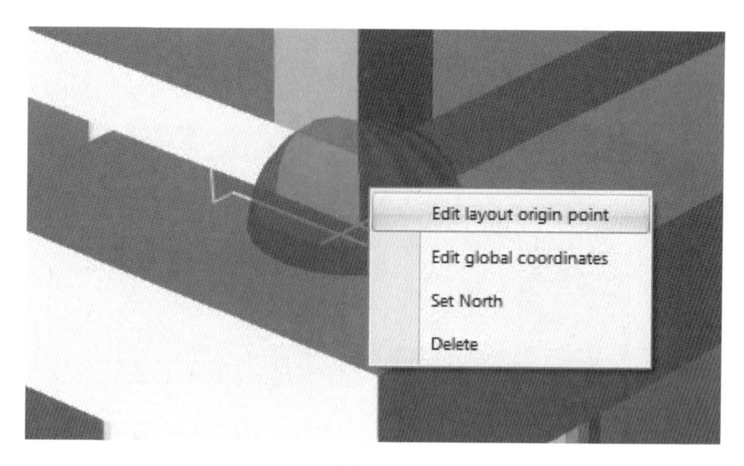

图 20-7

图 20-8

（2）在全球坐标对话框中设置单位系统和单位（可以和项目单位不同）。

（3）确定 X 东方向值、Y 北方向值、Z 天顶方向值，以及和正北方的偏差，点击 OK。

（4）所有布局点的全球坐标会被自动的计算出来。

（5）点击 Manage Layout 功能区中的 Global Coordinates 图标，在本地坐标和全球坐标之间转换。

删除项目原点：在项目原点上右击，并且选择 Delete 选项。

20.4　添加和编辑放样点

添加放样点的步骤如下。

（1）在 Layout Manager 视图中选择一个文件夹。

（2）点击 Add Point 图标或者从文件夹快捷菜单中选择 Add Point 选项，如图 20-9 所示。

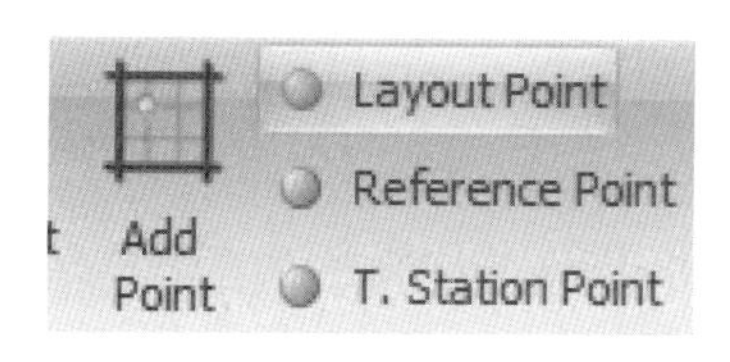

图 20-9

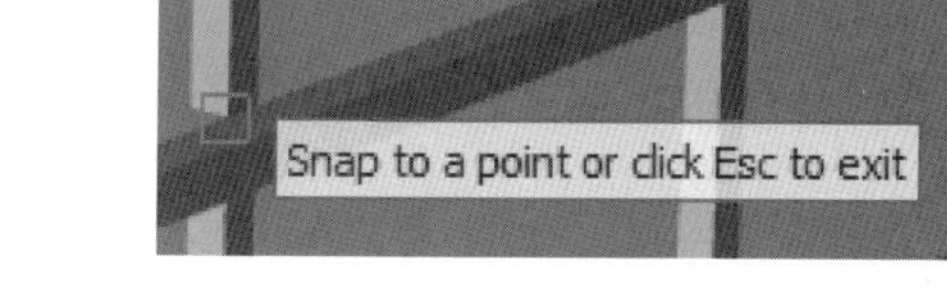

图 20-10

（3）在 3D 模型中捕捉一个点。添加一个额外的点或者点击 Esc 退出，如图 20-10 所示。

编辑布局点的步骤如下。

(1) 在三维视图中右键单击一个点，然后从菜单中选择编辑选项，如图 20-11 所示。

图 20-11

(2) 在 3D 模型中捕捉所需点。

删除布局点的步骤如下。

(1) 在 3D 视图中右击一个点，并且在右键菜单中选择 Delete 选项。

(2) 点击 OK 键确认删除这个点。

移动布局点到另一个文件夹的步骤如下。

(1) 鼠标单击并且拖拽一个布局点。

(2) 当鼠标光标在目标文件夹上方时，松开鼠标按钮，如图 20-12 所示。

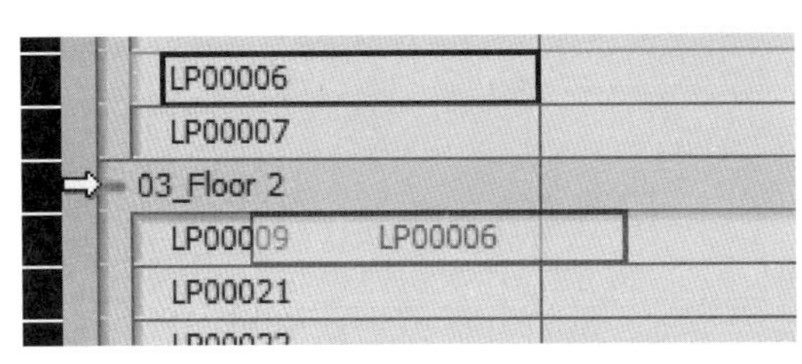

图 20-12

20.5 添加构件、亮显和隔离

3D 构件能够和布局点相联系。当一个布局点被选择时，与其联系的构件就会被高亮显。另外，还能隔离构件，以便在 3D 视图中核实特定点集的背景。

将 3D 构件关联到布局点上的步骤如下。

(1) 在 Layout Manager 视图中选择文件夹、点或者是一组点集。

(2) 点击 Add Elements 图标 

，并且在 3D 视图中选择 3D 构件。

(3) 3D 构件和选定的点关联到一起。

(4) 选择一个相关的布局点——3D 构件就会被亮显。

隔离 3D 构件的步骤如下。

(1) 在 Layout Manager 视图中，单击文件夹或者是和 3D 构件相联系的点，并从快捷菜单中选择 Isolate Points and Elements(隔离点和构件)选项。

(2) 选定的点和与之相联系的 3D 构件就在 3D 视图中被隔离，如图 20-13 所示。

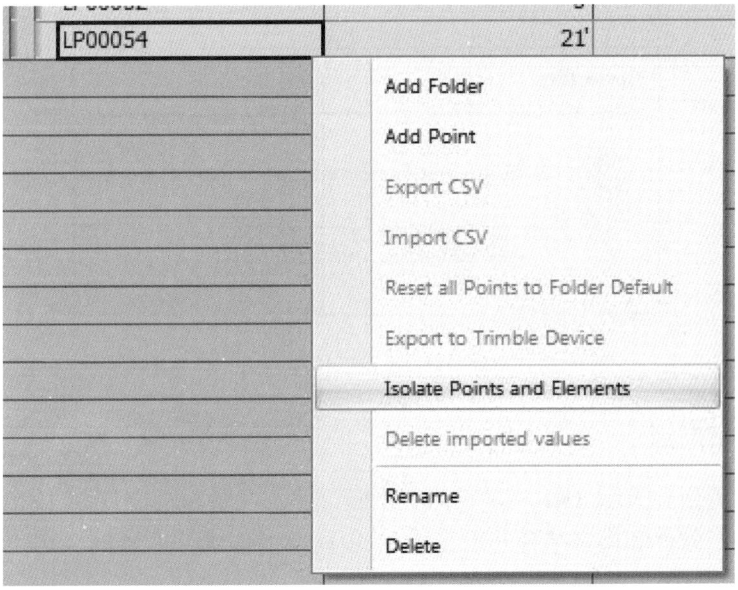

图 20-13

20.6　输出布局点

将 Vico Office 中的布局点导出到手持设备上，并且将这些点投射到施工场地中。这个过程简化了结构，建筑，机械、电气和管道(MEP)工程系统的现场布置。其具体步骤如下。

(1) 在 Layout Manager 视图中选择一个要导出的 folder。

(2) 点击 Export CSV 图标 

或者在快捷菜单中选择 Export to CSV 选项。

(3) 在 Export CSV 对话框中选择要求的坐标顺序，设置分隔符类型，指定文件名，并且勾选"Include Subfolder"复选框—包含所有在子文件夹中的点，如图 20-14 所示。

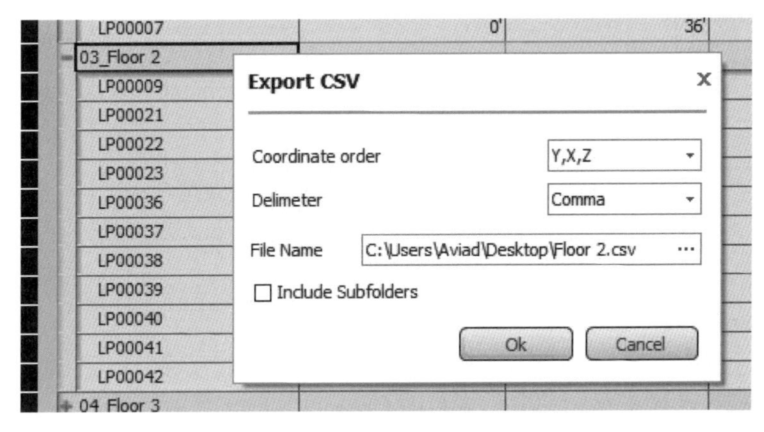

图 20-14

（4）点击“OK”键。

（5）在 Open File 对话框中点击“Yes”来查看输出的文件，如图 20-15 所示。

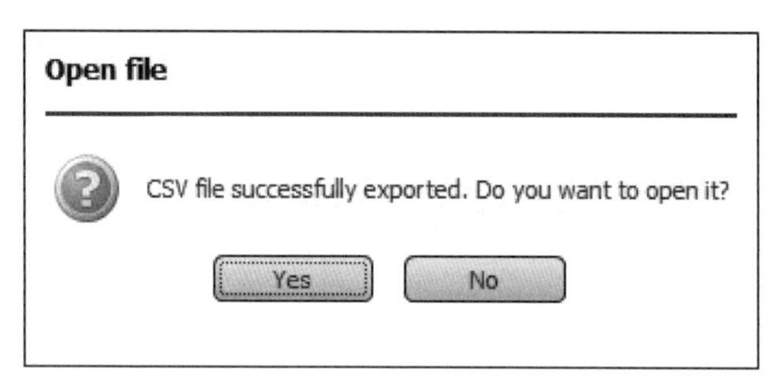

图 20-15

20.7 导入布局点

通过将点返回到 Vico Office 项目团队中验证施工质量，并且用建筑模型来检查可接受的公差。当竣工条件和模型结合并覆盖后，承包商就能够确认所有的结构是按照规范进行建造的。

1）导入布局点的具体步骤如下。

（1）在 Layout Manager 视图中选择目标文件夹。

（2）点击 Import CSV 图标  ，或者在快捷菜单中选择 Import to CSV 选项。

（3）在 Import CSV 对话框中选择需要的坐标顺序，设置分隔符类型，并且选择要导入的文件，如图 20-16 所示。

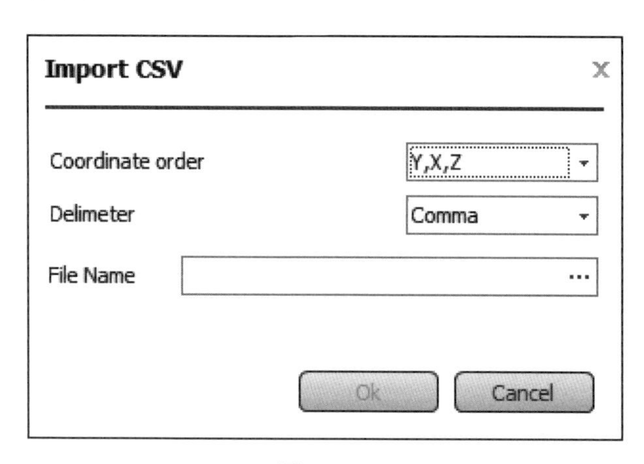

图 20-16

（4）点击“OK”键。

（5）Layout Manager 视图自动为导入的点添加 X′、Y′、Z′列。Distance（距离）、Out of Tolerance（超出公差）、和 Percent（百分比）列同样可以获得，如图 20-17 所示。

（6）通过下述的步骤分析导入的数据：

图 20-17

- 检查文件夹属性中定义的公差。
- 在文件夹名称左侧的感叹号表示文件夹中包含"超出误差"点，如图 20-18 所示。

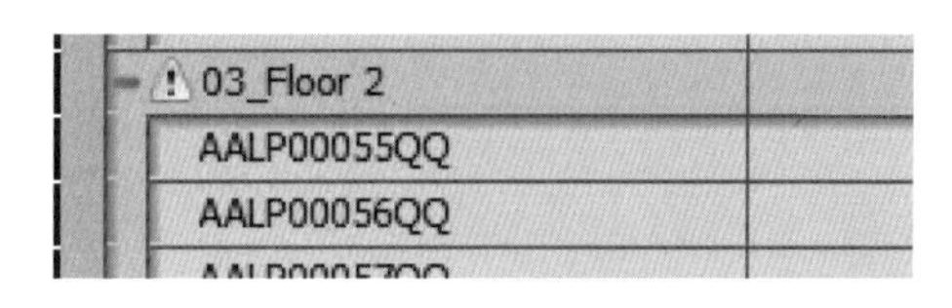

图 20-18

- 核实包含的点的属性。
  - Distance 栏表示设计点和实际点之间的距离。
    - 黑色字体：设计值＝实际值。
    - 绿色字体：设计点和实际点之间的距离在允许的公差之内。
    - 红色字体：设计点和实际点之间的距离超出了定义的公差。
  - Out of Tolerance 列规定了超出上方的距离或者是定义的公差值。
  - Percent 列规定了超出定义的公差值的百分比。
  - Delta X，Y 和 Z 列表示设计点和实际点在每个坐标轴上的增量。

2）Force match(强制匹配)

根据 Point ID，自动将导入的点匹配到设计点。假如导入点的 ID 号不等于设计点的 ID 号，在目标文件夹中就会添加一个新的行。此行只包括实际导入的值。将导入的行拖放到各自设计点的行上，可以将导入的行内容和设计点相匹配。

第21章　创 建 报 告

Vico Office 带有内置的 Report Designer(报告设计器),用户可以用它来生成基于位置的工程量报告。用户在项目中所定义的所有信息都可以用在项目报告中,包括项目的属性信息。在当前数据库中,自定义的模板在所有项目中都可以使用。

21.1　创建报告用户界面

创建报告用户界面如图 21-1 所示。

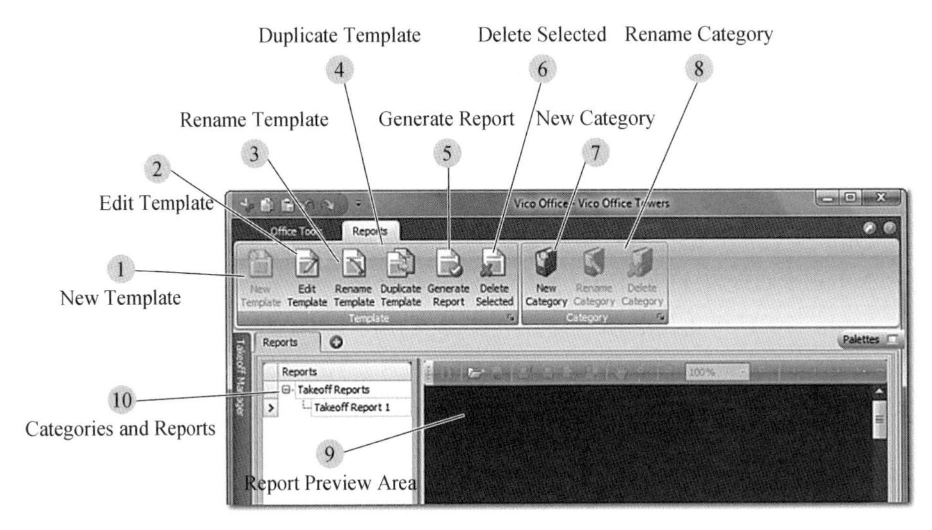

图 21-1

① New Template

New Template(新建模板)按钮可以让用户为项目添加一个新模板。在添加一个新模板之后,用户可以在 Report Editor 中定义用户所需要的模板内容。新模板只能添加到选定的类别下。如果用户的项目中没有报告类别,那么首先要创建一个。

② Edit Template

点击 Edit Template(编辑模板)打开 Report Editor(报告编辑器),用户可以选择任何可用的数据字段来填充报告。

③ Rename Template

Rename Template(重命名模板)可以让用户为现有的模板定义新名称。

④ Duplicate Template

如果用户想在一个新的报告模板中使用既有的报告模板，可以使用 Duplicate Template（复制模板）功能。然后，用户可以使用 Edit Template 功能对复制的模板进行编辑。

⑤ Generate Report

点击 Generate Report（生成报告）按钮来使用定义好的模板和用户的项目数据。用户可以在 Preview Area（预览区）中预览生成的报告。

⑥ Delete Selected

删除当前选定的模板定义。

⑦ New Category

报告模板是分门别类的。如果在用户的项目里没有已存在的类别，用户需要创建一个 New Category。

⑧ Rename Category

任何已存在的类别都能利用 Rename Category 功能进行重命名。

⑨ Report Preview Area

当用户使用模板生成一个报告时，生成的报告将会显示在 Report Preview Area（报告预览区）。在 Report Preview Area 中，用户可以打印报告，也可以将已形成报告的项目信息保存成 PDF、RTF 和 XLS 等类型文件。

⑩ Categories and Reports

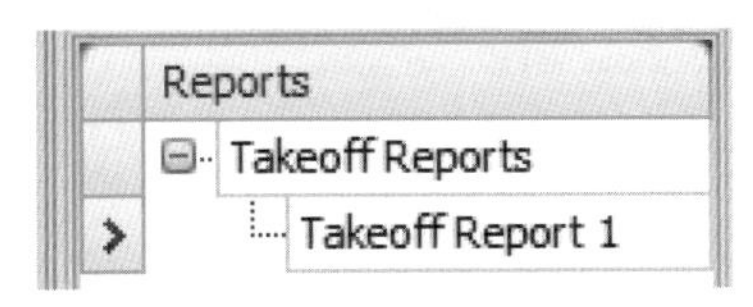

所有的类别（文件夹）和报告（模板）都储存在树状结构 Categories and Report（类别和报告）中。用户可以根据需要创建、保存报告模板，并将它们归类到自己的类别中。

21.2　查看报告

在选择 Create Reports（创建报告）工作流程项之后，用户将看到内置的报告模板清单，具体步骤如下。用户可以使用这些模板当中的任何一个来生成当前项目的工程量报告。

(1) 在一个模板上右击并选择 Generate Report，如图 21-2 所示。

(2) Vico Office 将会读取用户的项目信息，并且在 Report Preview Area 中显示所选择的报告。

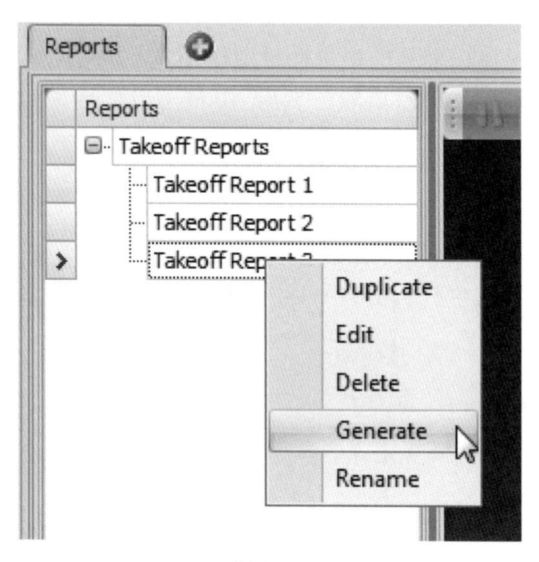

图 21-2

(3) 现在用户可以通过点击 Save 按钮将报告保存成任何能被支持的文件类型,包括 RTF、XLS 和 PDF,如图 21-3 所示。

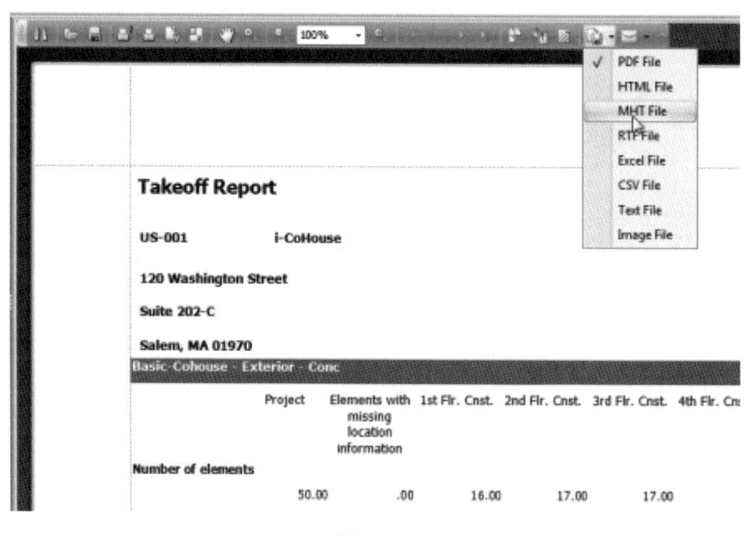

图 21-3

21.3 创建报告模板

使用 Vico Office 中的报告引擎,用户可以创建自己的报告,或者通过添加用户的公司商标、联系信息以修改既有的模板。

报告模板可以使用“Bands”(带区)来进行定义:“Bands”是指用户报告中包括的可供项目使用的信息来源的部分。有些”Bands”可作为报告页眉、报告页脚以及报告标题。报告的主要内容也可以通过 Detail Report Bands(详细报告带区)被添加。

Takeoff Manager 有两个 Detail Bands：一个用于项目属性，一个用于 Takeoff Items。这些标准报告 bands 具备正确整合项目信息的功能。

图 21-4

新建报告模版的具体步骤如下。

(1) 点击功能区上的 New Template，创建一个新的报告模板，如图 21-4 所示。输入新模板的名称。模板被包含于类别中，如果用户项目中没有任何类别，那么首先要点击 New Category 按钮。

(2) 在新模板上右击，并在右键菜单中选择 Edit，打开内置的 Report Designer，如图 21-5 所示。

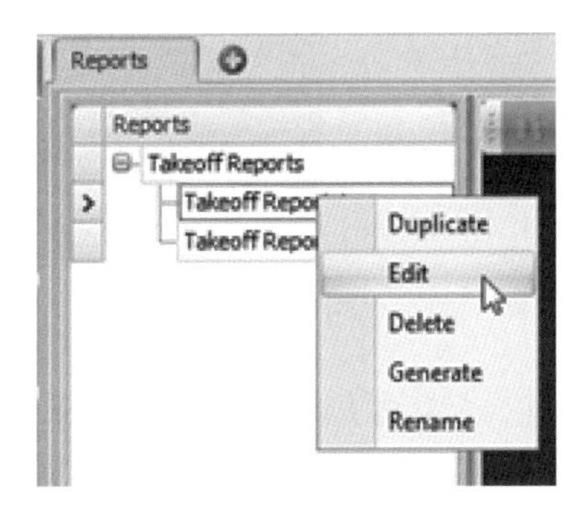

图 21-5

(3) 在报告区域右击，选择 Insert Band→Report Header(插入带区→报告标题)，可以定义报告的表头，如图 21-6 所示。

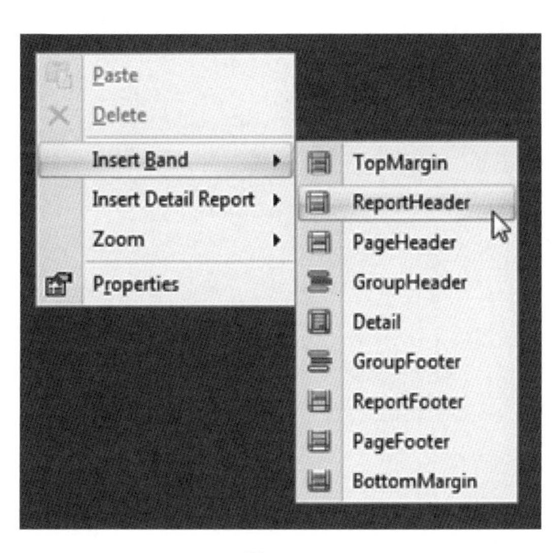

图 21-6

用户可以利用以这个方式创建的区域来输入报告第一页的信息，比如报告的标题(例如，Takeoff Report)。使用 Report Editor 左侧工具箱中的 RichText(富文本)工具来插入标题。选择 Page Header(页眉)定义报告每页应包含信息,如“日期”和“项目名称”。

(4) 在插入详细的项目信息之前,在报告中插入一个 Detail Band(详细带区),如图 21-7 所示。

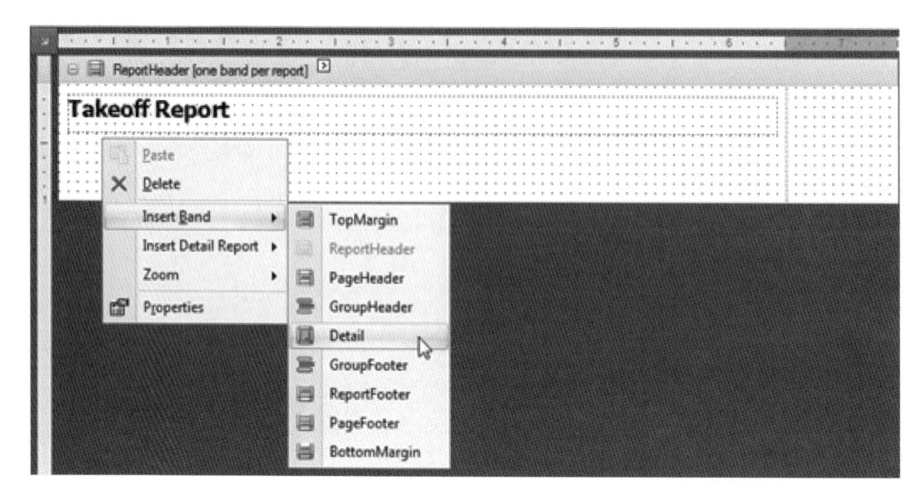

图 21-7

(5) 项目属性可以自动读取输入到 Define Settings 工作流程项的信息。在插入的 Detail Band(在报告的空白区域)下右击,并在右键菜单中选择 Insert Detail Report(插入详细报告)。两个可用的 Detail Report Bands 将会显示出来:首先选择 Project Properties(项目属性),如图 21-8 所示。

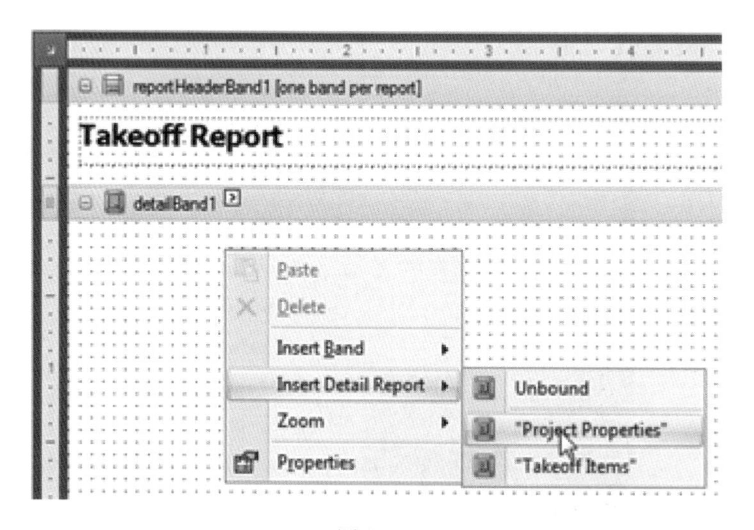

图 21-8

(6) 除了 Report Header 和 Detail Band,两种 Bands 现在可以在报告区域中显示:detailReport-‘Project Properties’和 detailBand,如图 21-9 所示。

(7) 用户现在可以开始为 Detail band 的“ Project Propertis”添加数据字段。要执行此操作,需要打开位于 Report Designer 右侧面板的 Field List(字段列表),如图 21-10 所示。

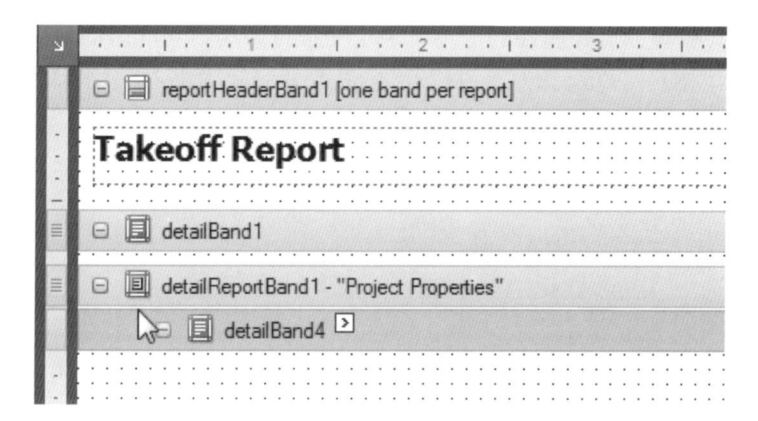

图 21-9

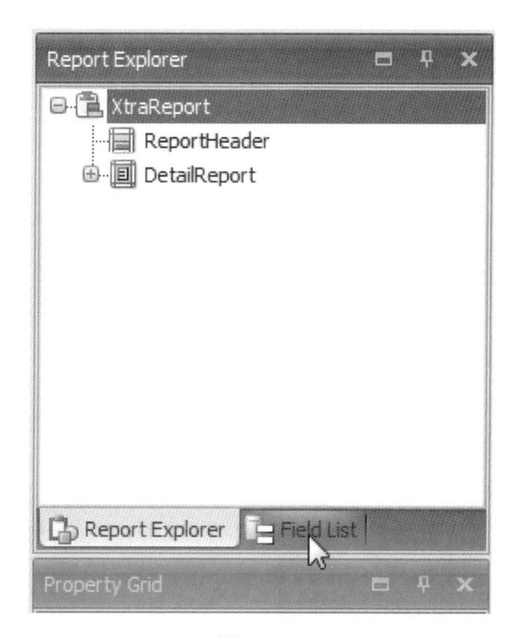

图 21-10

(8) 现在点击 Project Properties 部分的任何一个属性,并且将所需要的信息拖动到报告的 Detail band 中,如图 21-11 所示。

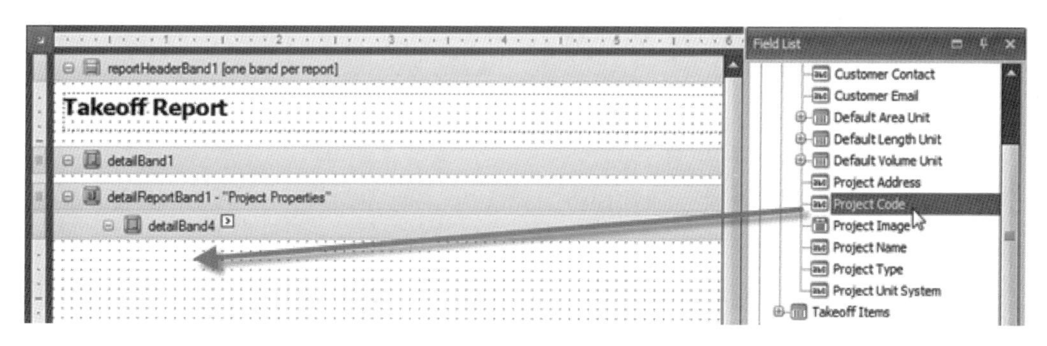

图 21-11

(9) 根据需要移动并对齐属性的占位符来定义报告布局。功能区的对齐工具将帮助用户完成这项操作。用户可以选择一个占位符，然后改变字体大小、类型来修改选定数据的外观显示，如图 21-12 所示。

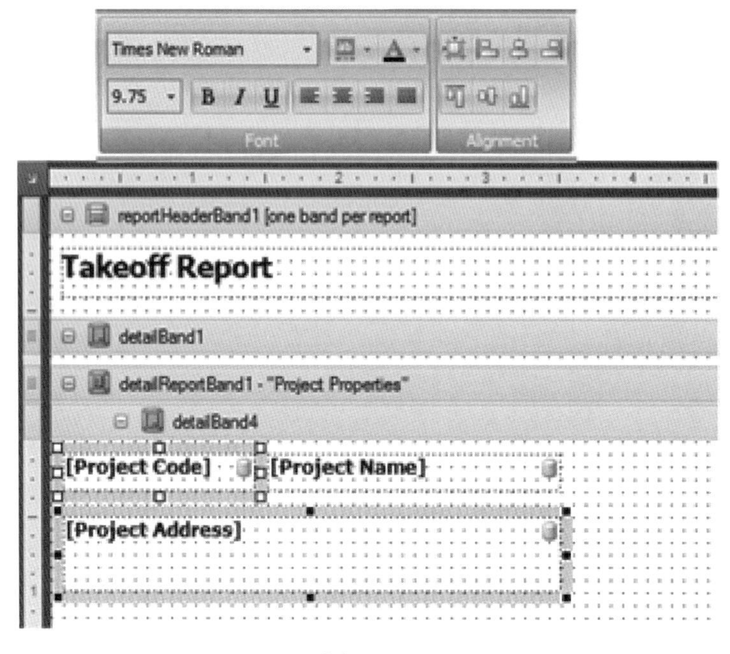

图 21-12

(10) 在完成 Project Properties 部分之后，右击报告表头 band 添加另一个 Detail Report 节。这时选择 Takeoff Items，如图 21-13 所示。

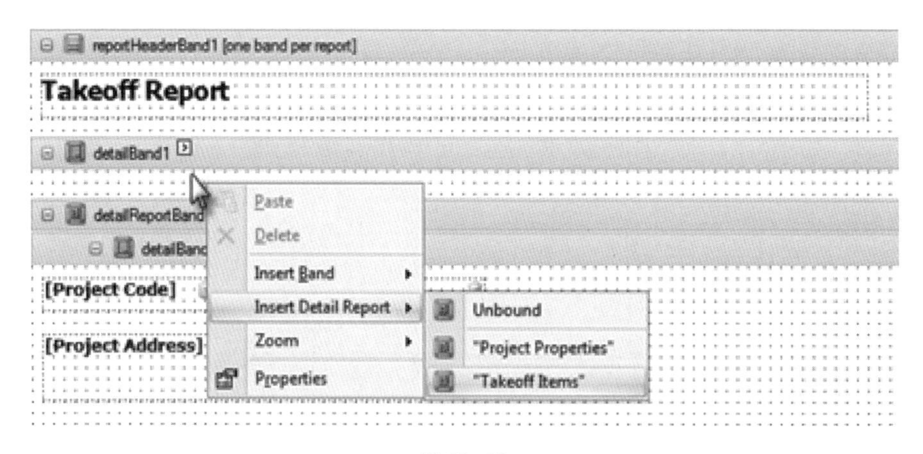

图 21-13

(11) 两种新的 Bands 会被添加到用户的报告中：Takeoff Items 和 detailBand。继续将 Name 字段添加到报告中——这将使得报告包括所有创建的 Takeoff Items 的名称。将名称字段拖动到 detailBand 之下，并根据期望定义其格式(下方的例子中应用了蓝色的填充和白色的字体)，如图 21-14 所示。

（12）选择 Location Names（位置名称）数据字段，并将其拖动到 Name 字段下方。这将包括报告中所有的项目位置。用户也可以选择将它们逐个拖动到报告的 detailBand 来添加报告中位置的子集，如图 21-15 所示。

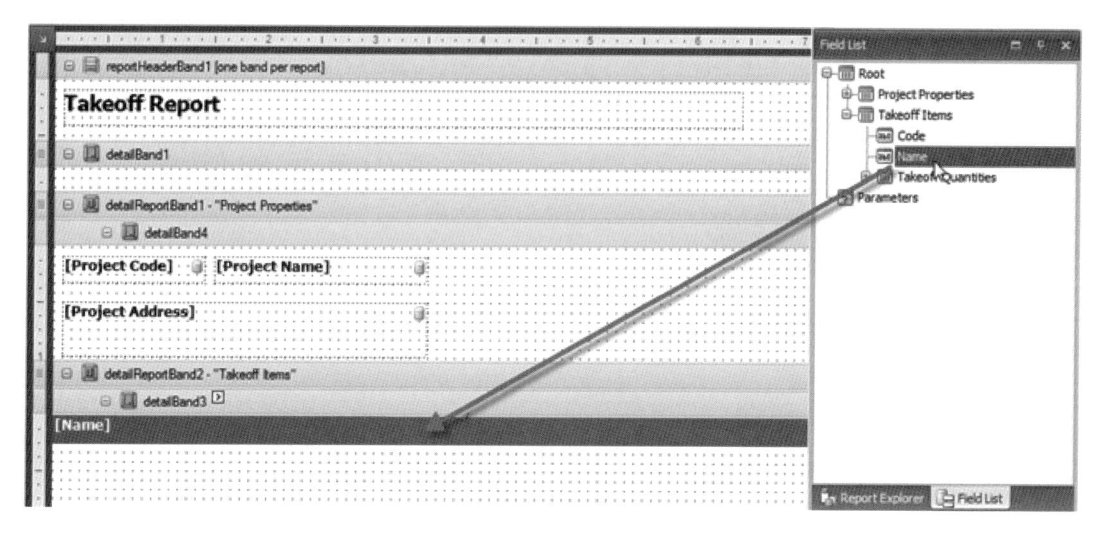

图 21-14　（见彩图二十一）

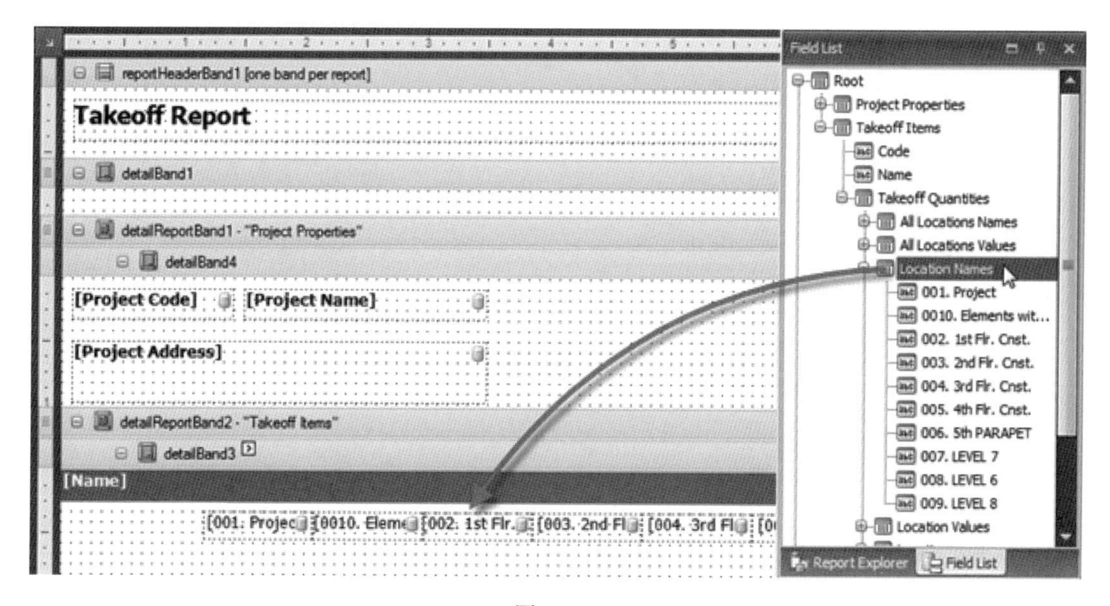

图 21-15

（13）用户可以通过点击底部边缘并向下拖动边缘来扩大报告区域，如图 21-16 所示。

（14）在 Takeoff Items band 中添加 Takeoff Quantities Band。用户可以在 Takeoff Items band 中右击，并从快捷菜单的 Insert Detail Report 项中选择 Takeoff Quantities 来完成此操作，如图 21-17 所示。

（15）用户现在可以通过将 Takeoff Quantities detailBand 中 Takeoff Quantities 组内的 Name 字段拖动到报告中，来自动添加所有的 Takeoff Quantities，如图 21-18 所示。

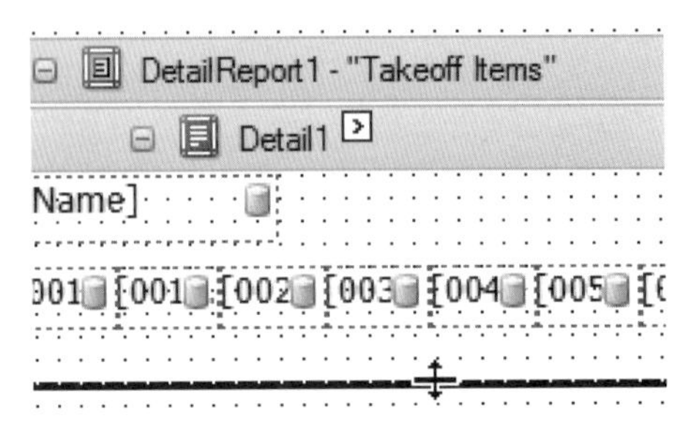

图 21-16

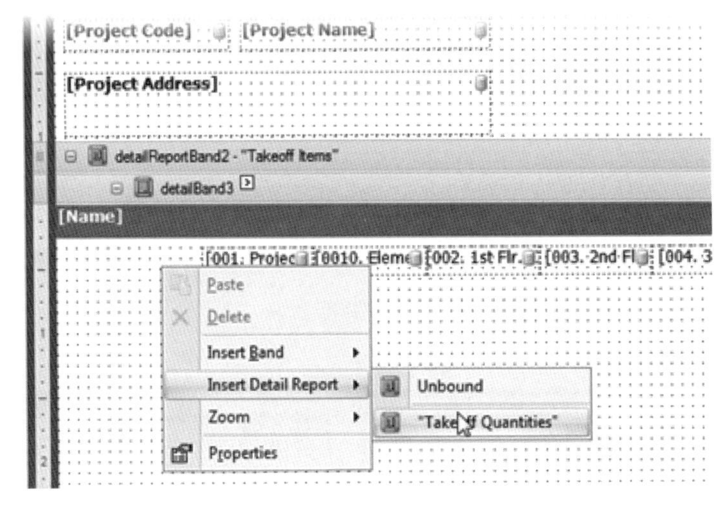

图 21-17

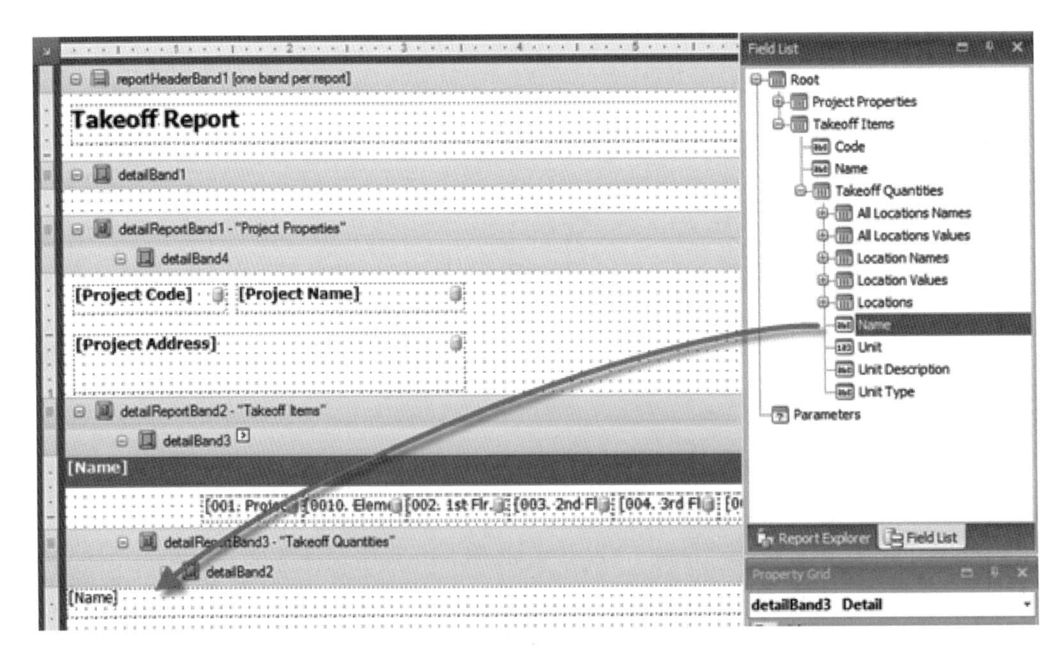

图 21-18

(16) 为报告添加 Location Values(位置值),即所有的位置和所有的 Takeoff Quantities 的工程量值。再次,将 Location Values 从 Field List 拖动到 Locations 的下方。确保 Locations 和 Location Values 正确地对齐,以保证报告的正确展示,如图 21-19 所示。

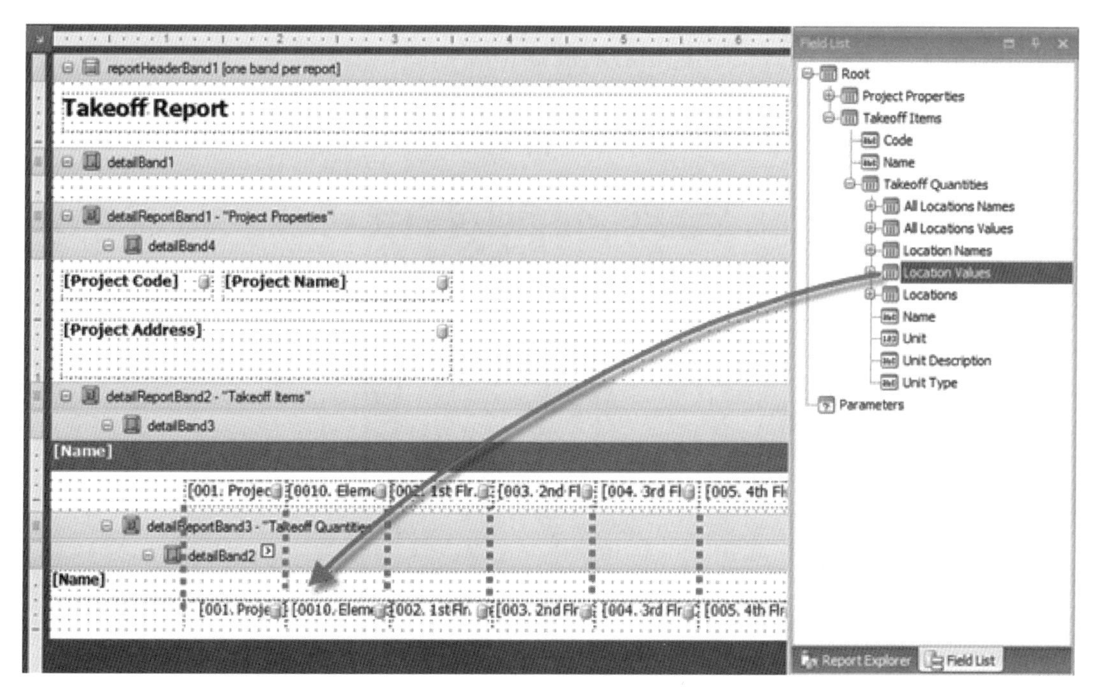

图 21-19

(17) 如果有需要,用户可以通过选择元素格并改变数字格式来调整每个位置工程量值的格式,如图 21-20 所示。

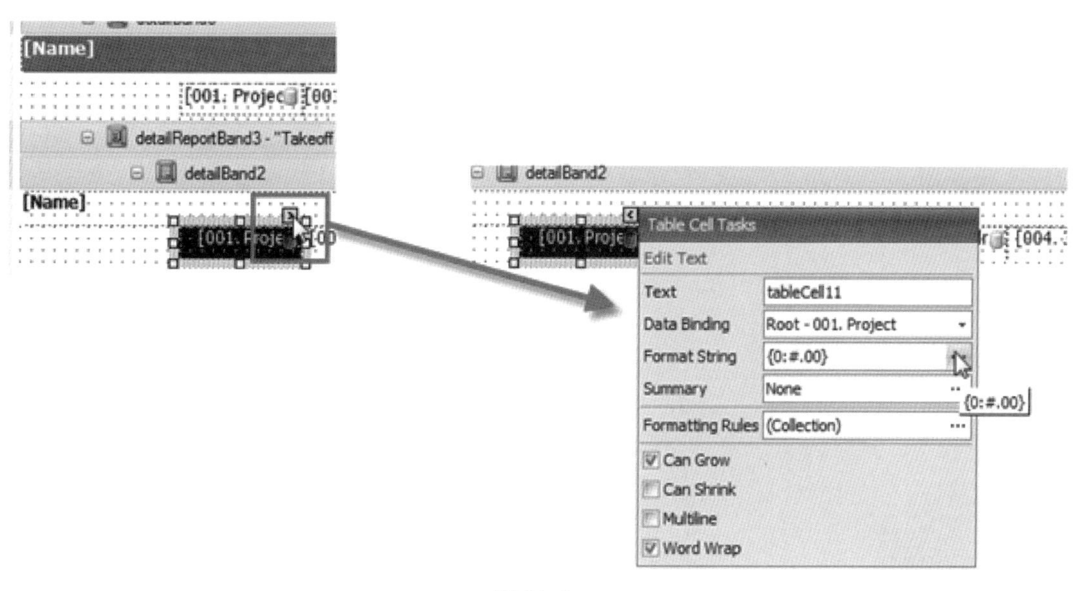

图 21-20

21.4 改变报告页面尺寸

改变用户报告模板的页面尺寸具体步骤如下。

(1) 在创建新的报告模板并打开 Report Designer 之后,选择位于 Report Designer 窗口右侧的 Report Explorer(报告浏览器)面板的 XtraReport 项。

(2) 在 Property Grid(属性栏)中找到 Page Settings(页面设置)部分。在这里用户可以将页面设置成横向或者根据需要改变页面尺寸,如图 21-21 所示。

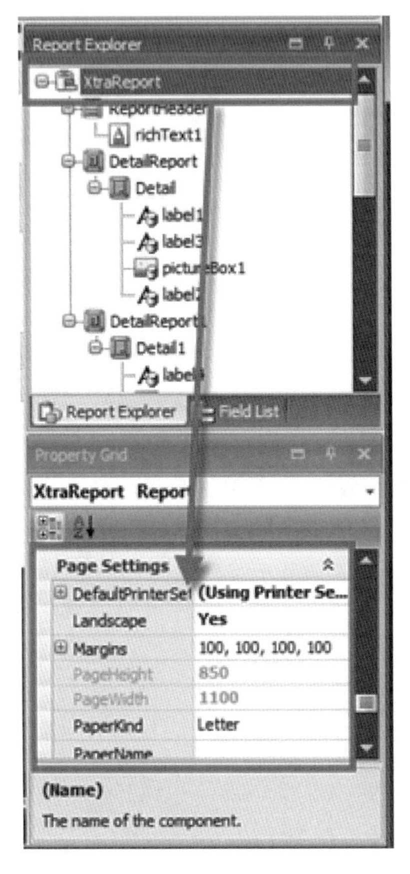

图 21-21

附录 A　Vico Office 应用案例

1. 项目介绍

唐城·壹零壹三期建设工程位于河北省唐山市凤凰新城区域，翔云道北侧，友谊路东侧地块，总建筑面积 114 600 m^2，其中地下车库 2 层，建筑面积 28 900 m^2，地上 3 栋 32 层住宅，建筑面积 85 700 m^2，结构形式为剪力墙、框架结构。本项目由南通建工集团华北事业部承担实施，天津三品天工建筑科技有限公司提供 BIM 技术支持。

2. Vico Office 使用背景

本项目为南通建工集团华北事业部首个应用 BIM 技术服务施工现场的项目，三品天工提供 BIM 技术支持，旨在通过 BIM 技术，在施工前发现设计中的问题，通过模拟建造解决问题，施工中辅助项目管理，提高工程质量，加快施工进度，降低成本，为公司在 BIM 项目上的应用提供有效的数据积累。具体应用点包括：南通建工集团 CI 库的建立，施工场地的规划与布置；全专业建模，模型审图及管线综合；重难点工程可视化交底；进度及 4D 管理；BIM 模型算量和成本管控的探索；BIM＋VR 安全体验的应用。本项目在进度与成本管理上尝试运用 Vico Office 实现基于位置的进度管理和构件级的成本管理。

3. Vico Office 具体应用

（1）模型与文档管理

Vico Office 文档控制面板可以对发布到该平台上的 3D 模型和 2D 图纸进行版本的控制和变更管理。唐城·壹零壹三期 C3 号楼的 Revit®模型通过插件直接发布到 Vico Office 中，也可通过 IFC、3D DWG 格式文件发布到 Vico Office，同时将 C3 号楼图纸通过文档版本管理功能导入。Vico Office 文档控制功能可以快速地识别出不同模型或图纸版本之间的差异。通过使用滚动轴和高亮来突出显示模式的差异，还可以使用标记工具，记录问题的部位，或者对问题项进行报告，如附图 1、附图 2 所示。

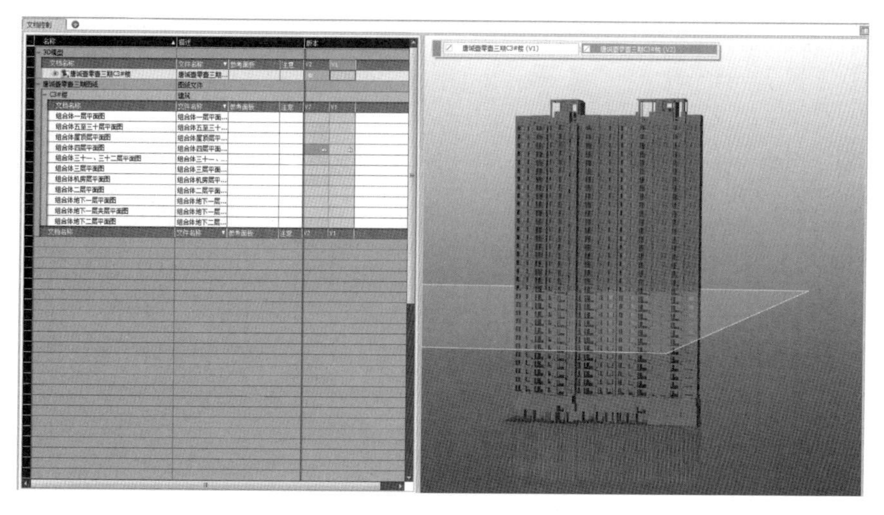

附图 1　模型版本对比

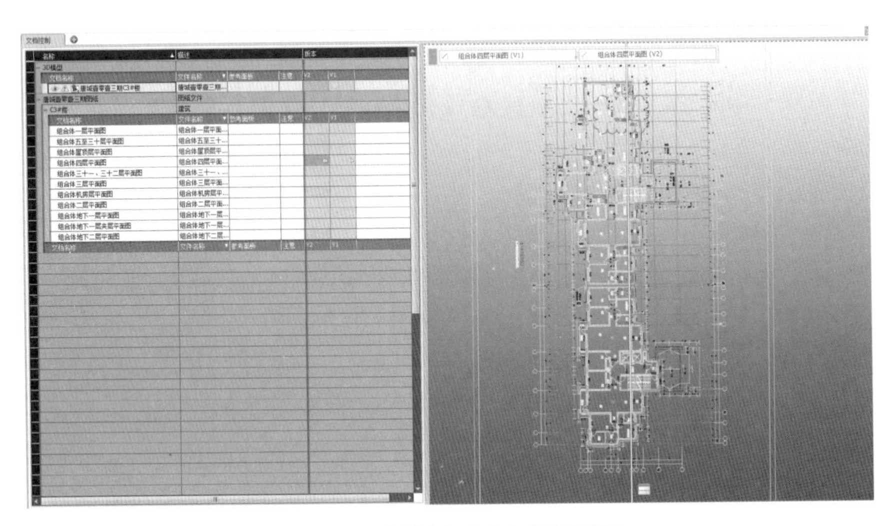

附图 2　图纸版本对比与问题标记

(2) 算量管理

Vico Office 的算量管理是将导入平台的 BIM 模型按照构件进行分解，并且提取构件多维度的工程量信息，如附图 3 所示，将模型中的混凝土矩形梁分解成数量、长度、底表面积、

算量管理 & 3D

信息	编号	名称	类型	映射到	数量
		混凝土-矩形梁：LL 2 300*400		是	26

名称	单位	映射到	项目	1F	2F	3F	4F
数量	EA	否	26.00	0.00	0.00	0.00	0.00
长度	M	否	29.90	0.00	0.00	0.00	0.00
底表面积	M2	是	8.28	0.00	0.00	0.00	0.00
顶表面积	M2	是	8.28	0.00	0.00	0.00	0.00
参考侧表面积	M2	是	11.36	0.00	0.00	0.00	0.00
相反参考侧表面积	M2	是	11.36	0.00	0.00	0.00	0.00
端表面积	M2	是	6.08	0.00	0.00	0.00	0.00
孔洞面积	M2	否	0.00	0.00	0.00	0.00	0.00
净体积	M3	是	3.31	0.00	0.00	0.00	0.00
毛体积	M3	否	3.31	0.00	0.00	0.00	0.00
位置拆分处水平面积	M2	否	0.00	0.00	0.00	0.00	0.00
位置拆分处垂直面积	M2	否	0.00	0.00	0.00	0.00	0.00
件数	EA	否	26.00	0.00	0.00	0.00	0.00
单件长	M	是	29.90	0.00	0.00	0.00	0.00
CAD_数量	EA	否	26.00	0.00	0.00	0.00	0.00
CAD_长度	M	否	29.90	0.00	0.00	0.00	0.00
CAD_体积	M3	否	3.31	0.00	0.00	0.00	0.00

信息	编号	名称	类型	映射到	数量
		混凝土-矩形梁：LL 10 300*1550		是	1

名称	单位	映射到	项目	1F	2F	3F	4F
数量	EA	否	1.00	0.00	0.00	0.00	0.00
长度	M	否	1.50	0.00	0.00	0.00	0.00
底表面积	M2	是	0.45	0.00	0.00	0.00	0.00
顶表面积	M2	是	0.45	0.00	0.00	0.00	0.00
参考侧表面积	M2	是	2.33	0.00	0.00	0.00	0.00
相反参考侧表面积	M2	是	2.33	0.00	0.00	0.00	0.00
端表面积	M2	是	0.93	0.00	0.00	0.00	0.00
孔洞面积	M2	否	0.00	0.00	0.00	0.00	0.00
净体积	M3	是	0.70	0.00	0.00	0.00	0.00
毛体积	M3	否	0.70	0.00	0.00	0.00	0.00
位置拆分处水平面积	M2	否	0.00	0.00	0.00	0.00	0.00
位置拆分处垂直面积	M2	否	0.00	0.00	0.00	0.00	0.00
件数	EA	否	1.00	0.00	0.00	0.00	0.00
单件长	M	是	1.50	0.00	0.00	0.00	0.00
CAD_数量	EA	否	1.00	0.00	0.00	0.00	0.00
CAD_长度	M	否	1.50	0.00	0.00	0.00	0.00
CAD_体积	M3	否	0.70	0.00	0.00	0.00	0.00

信息	编号	名称	类型	映射到	数量
		混凝土-矩形梁：LL6 220*400		是	6

名称	单位	映射到	项目	1F	2F	3F	4F
数量	EA	否	6.00	0.00	0.00	0.00	0.00
长度	M	否	6.30	0.00	0.00	0.00	0.00
底表面积	M2	是	1.39	0.00	0.00	0.00	0.00
顶表面积	M2	是	1.39	0.00	0.00	0.00	0.00
参考侧表面积	M2	是	2.52	0.00	0.00	0.00	0.00
相反参考侧表面积	M2	是	2.52	0.00	0.00	0.00	0.00

附图 3　算量模型界面

顶表面积、参考侧表面积、相反参考侧表面积、端表面积等工程量。在进行成本计划编制时，可以根据钢筋、混凝土、模板等清单的计算需求选取所需的工程量。

Vico Office 平台对模型工程量提取是一个自动的过程，可按照导入模型的可用参数选取工程量清单项目，计算后自动生成工程量。但模型自动生成的工程量往往会存在工程量缺失和不满足成本应用深度的情况，需要手动录入或手动修改调整工程量清单，同时该平台也提供二维算量的功能，即从图纸上添加算量构件并进行手动工程量计算，例如提取房间面积。

Vico Office 算量模型的应用对导入该平台模型的质量要求较高，模型需要在建模过程中清楚地进行构件的命名和划分，例如楼板需按照房间或流水段的位置进行分块建模，模型构件不能存在重叠绘制的情况等。为了便于模型工程量应用于成本管理，对模型构件的命名、归类，建模方式均需统一和规范。

（3）成本计划

在算量模型的基础上，预算人员可以使用 Vico Office 成本计划功能来创建 5D 预算表。Vico Office 为预算人员提供了一份空白的成本计划表，可依据各个国家、地区以及企业的计价规则进行成本计划的编制。Vico Office 提供给预算人员软件使用自由度的同时也给预算人员带来了困难，即成本数据库的建立。预算人员需要先将地方或者企业计价规则录入到 Vico Office 平台中，然后将基于构件的工程量与成本计划进行挂接，如附图 4 所示。

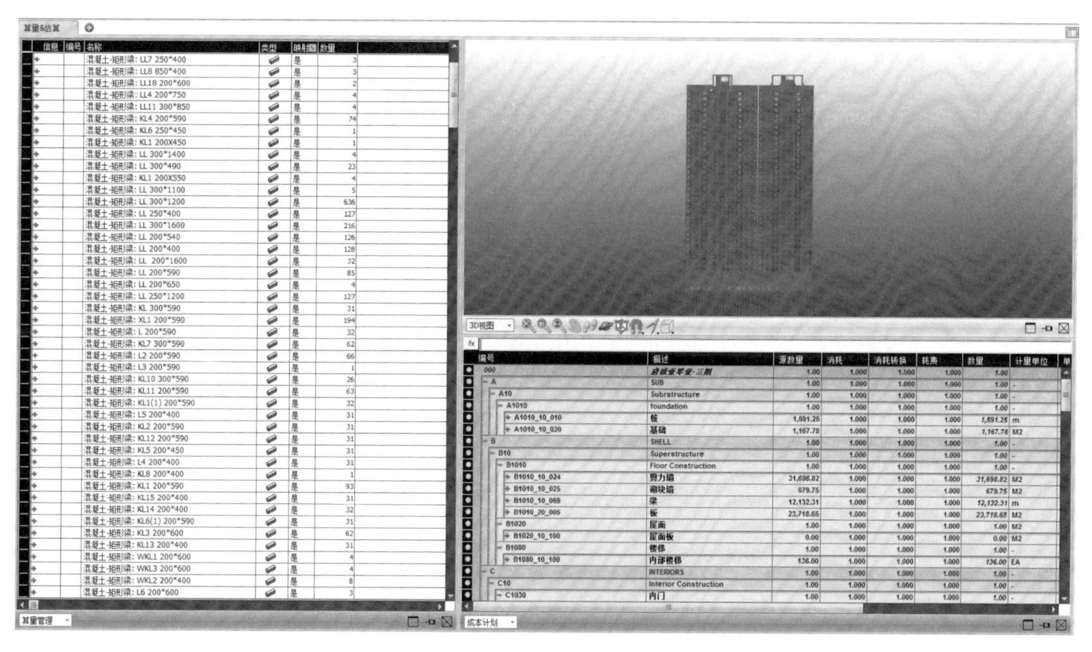

附图 4　算量与估算

在进行成本计划编制的过程中，可以利用外部电子表格的排序和公式功能对成本计划表进行初步的编辑，然后通过 Vico Office 的从 Excel 导入功能，将外部电子表格中编辑好的成本计划更新到估算中，如附图 5、附图 6、附图 7 所示。

	A	B	C	D	E	F	G	H	I	J	K	L	M
1	Code, 1	Code, 2	Code, 3	Code, 4	Code, 5	Code, 6	Description	UOM	Unit/UOM	Consumpti	Waste Fac	Unit Cost	Source Qty
2	B						SHELL	-		1	1		1
3		B10					Superstructure	-		1	1		
4			B1010				Floor Construction	-		1	1		
5				B1010_10_024			剪力墙	M2		1	1		外墙剪力墙-Q1.Net Reference Side Surface Area+外墙剪力墙
6					03.11.00.450.0		模板	M2	M2/M2	1	1		外墙剪力墙-Q1.Net Reference Side Surface Area+外墙剪力墙
7						LCON003	模板工	HR	HR/M2	0.15	1	100	Parent.Quantity
8						M03.11.00.450	模板材料	M2	M2/M2	1	1	100	Parent.Quantity
9					03.21.00.450.0		钢筋	TON	TON/M3	0.085	1		外墙剪力墙-Q1.Net Volume+外墙剪力墙-Q2.Net Volume+剪力墙-
10						LCON004	钢筋工	HR	HR/TON	16	1	100	Parent.Quantity
11						M03.21.00.450	钢筋材料	TON	TON/TON	1	1.05	500	Parent.Quantity
12					03.31.00.450.0		混凝土	M3	M3/M3	1	1		外墙剪力墙-Q1.Net Volume+外墙剪力墙-Q2.Net Volume+剪力墙-
13						LCON001	混凝土工	HR	HR/M3	0.75	1	100	Parent.Quantity
14						M03.31.00.450	混凝土材料	M3	M3/M3	1	1.025	200	Parent.Quantity
15				B1010_10_025			墙	M2		1	1		内墙 100mm.Net Reference Side Surface Area+内墙 200mm.Ne
16					03.11.00.460.0		模板	M2	M2/M2	1	1		内墙 100mm.Net Reference Side Surface Area+内墙 100mm.Ne
17						LCON003	模板工	HR	HR/M2	0.15	1	100	Parent.Quantity
18						M03.11.00.460	模板材料	M2	M2/M2	1	1	100	Parent.Quantity
19					03.21.00.460.0		钢筋	TON	TON/M3	0.085	1		内墙 100mm.Net Volume+内墙 200mm.Net Volume+内墙 300mm.N
20						LCON004	钢筋工	HR	HR/TON	16	1	100	Parent.Quantity
21						M03.21.00.460	钢筋材料	TON	TON/TON	1	1.05	500	Parent.Quantity
22					03.31.00.460.0		混凝土	M3	M3/M3	1	1		内墙 100mm.Net Volume+内墙 200mm.Net Volume+内墙 300mm.N
23						LCON001	混凝土工	HR	HR/M3	0.75	1	100	Parent.Quantity
24						M03.31.00.460	混凝土材料	M3	M3/M3	1	1.025	200	Parent.Quantity
25				B1010_10_046			柱	m		1	1		柱400x400.Height+柱400x600.Height
26					03.11.00.520.0		模板	M2	M2/M2	1	1		柱400x400.Vertical Surface Area+柱400x600.Vertical Surf
27						LCON003	模板工	HR	HR/M2	0.16	1	100	Parent.Quantity
28						M03.11.00.520	模板材料	M2	M2/M2	1	1	100	Parent.Quantity
29					03.21.00.520.0		钢筋	TON	TON/M3	0.15	1		柱400x400.Net Volume+柱400x600.Net Volume
30						LCON004	钢筋工	HR	HR/TON	16	1	100	Parent.Quantity
31						M03.21.00.520	钢筋材料	TON	TON/TON	1	1.05	500	Parent.Quantity
32					03.31.00.520.0		混凝土	M3	M3/M3	1	1		柱400x400.Net Volume+柱400x600.Net Volume
33						LCON001	混凝土工	HR	HR/M3	2.9	1	100	Parent.Quantity
34						M03.31.00.520	混凝土材料	M3	M3/M3	1	1.025	200	Parent.Quantity
35				B1010_10_069			梁	m		1	1		梁150x300.Length+梁150x400.Length+梁200x300.Length+梁20
36					03.11.00.590.0		模板	M2	M2/M2	1	1		梁150x300.Bottom Surface Area+梁150x300.Reference Side
37						LCON003	模板工	HR	HR/M2	0.18	1	100	Parent.Quantity

附图 5　外部电子表格

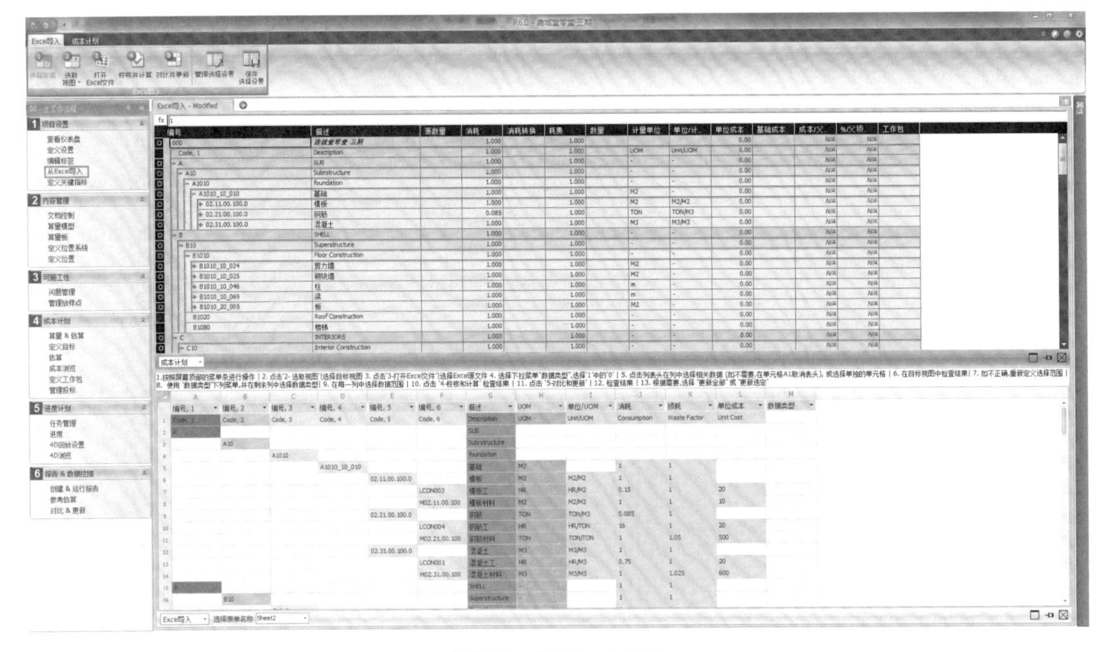

附图 6　从 Excel 导入

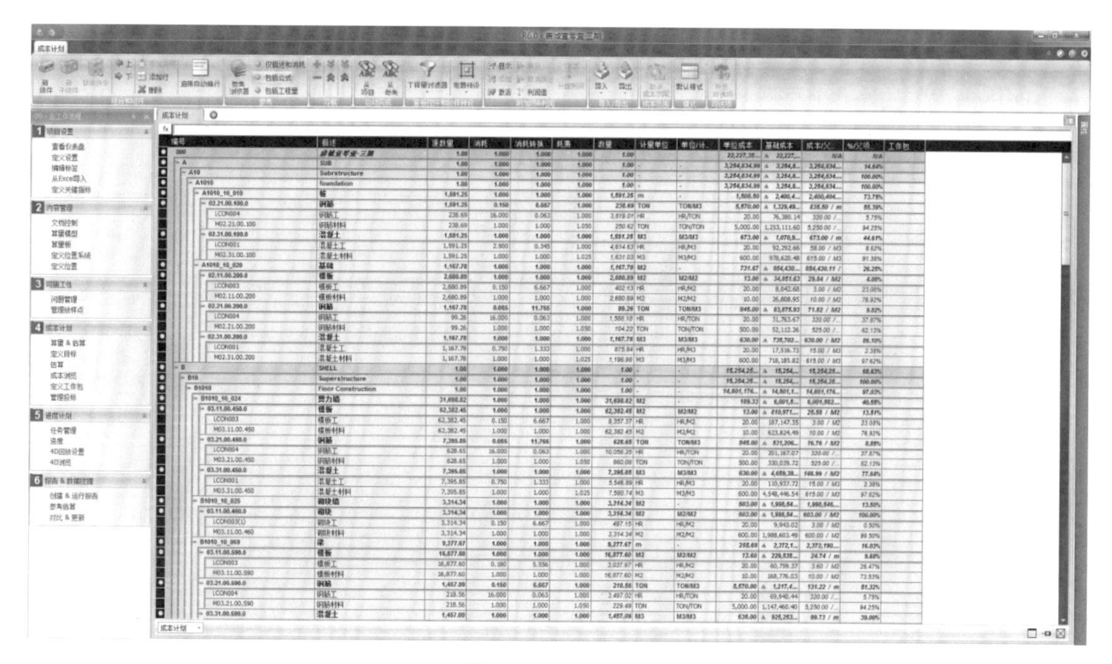

附图 7　成本计划表

使用 Vico Office 进行 5D 管理的优势在于企业数据库的积累。当一个项目建立了成本计划后，其他项目可参考此成本计划，进行简单的调整和修改即可得到本项目的成本计划。另外，当模型发生变更，或方案变化后，通过 Vico Office 的成本计划可快速的计算出变更对造价的影响，并生产成本对比视图，如附图 8 所示，此功能对成本的管控意义重大。

附图 8　成本浏览视图

（4）位置划分

Vico Office 的定义位置功能可以将模型按照施工流水段进行划分，划分流水段后，重新激活模型，模型的工程量以及成本计划可自动按照流水段进行划分。基于位置（LBS）的流水段划分是进度计划编制的重要环节之一。

唐城·壹零壹三期 C3＃楼根据现场施工组织设计中施工段的划分，对三维模型进行位置的定义，如附图 9 所示。

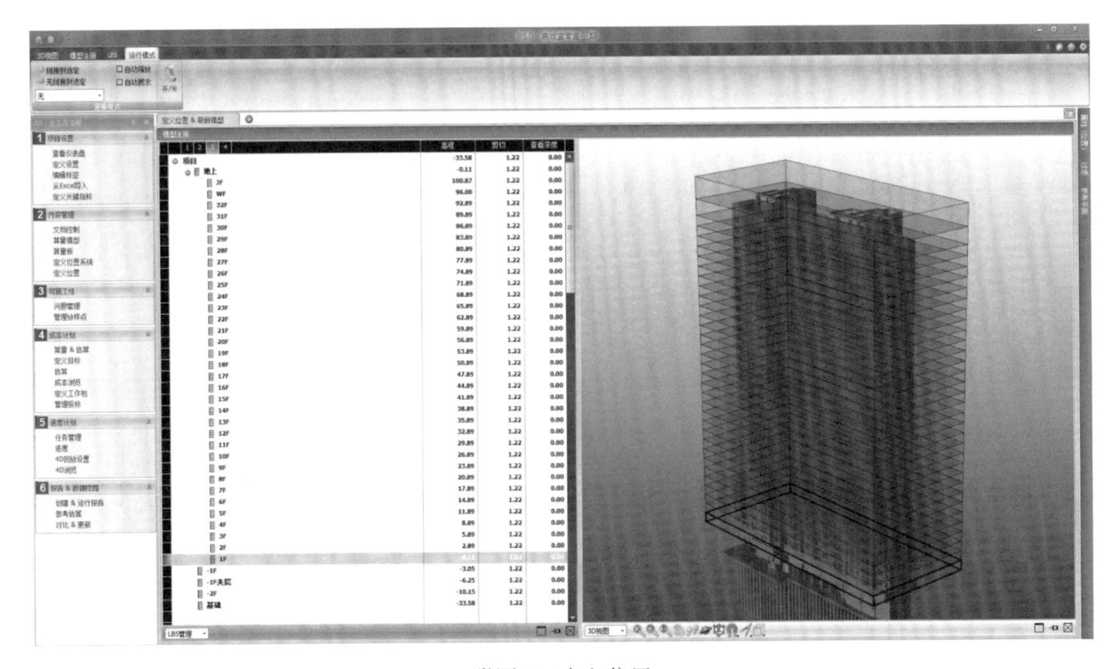

附图 9　定义位置

（5）进度管理

Vico Office 的进度管理是将模型的成本计划与 WBS 进行挂接来制定施工计划中的每项任务。任务管理中每项任务的工期是通过工程量和工效计算后得出的，即参考了现场已完成施工的效率及历史施工效率的数据，录入每项任务的班组施工效率后，根据成本计划中的工程量计算得出完成每项任务所需要的时间，如附图 10 所示，此方法更加客观和真实。

在任务管理功能下，将任务与工程量关联，并为各项任务赋予工效，若无数据参考，可先将工效设定为“1”。打开进度计划模块，在网络视图中建立各项任务之间的相关性关系，并调整资源配置，形成最优的线性计划，如附图 11、附图 12 所示。

进度计划的流线图可以直观地识别出进度的瓶颈和工效低的任务，通过减少间歇和控制节拍，优化资源和时间。

基于位置（LBS）的线性计划是 Vico Office 进度管理的核心，也是相较于其他进度管理软件的一个优势功能，特别是针对项目工序多，相关性关系复杂的项目，使用常规的甘特图无法直观地查看进度是否达到最优，是否存在窝工的情况，且进度发生变化后，不易于调整和校核。而 Vico Office 采用的基于位置的线性计划可以很好地解决这一问题，直观地识别出时间浪费所在的位置，合理地安排不同专业的施工工作面，避免冲突和浪费。在进度计划

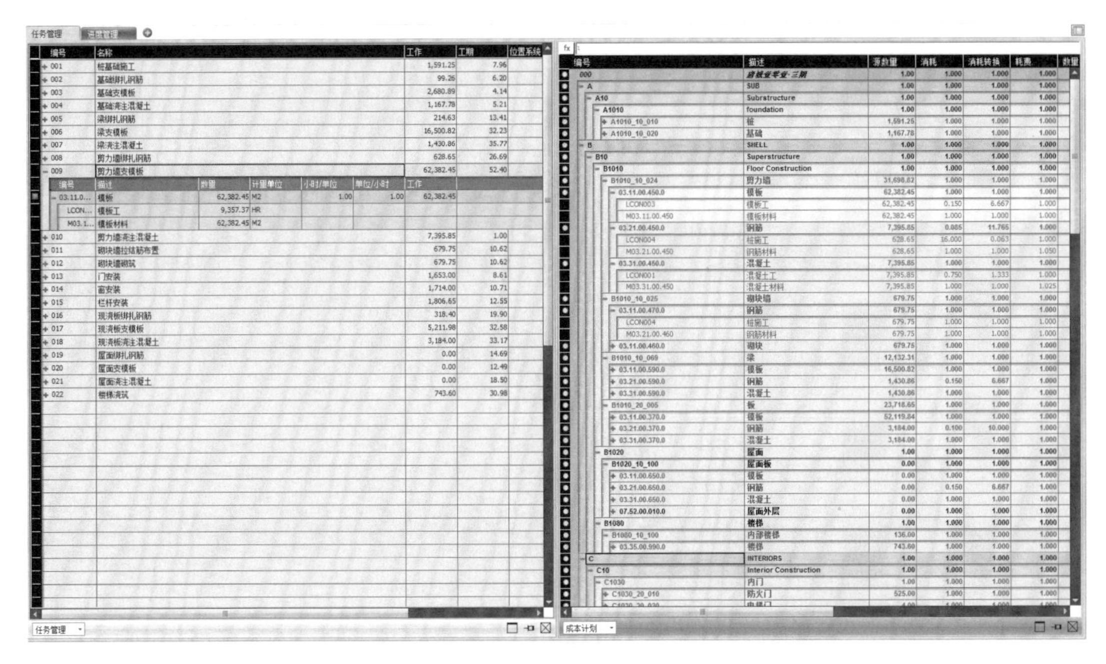

附图 10　任务管理与成本计划的映射

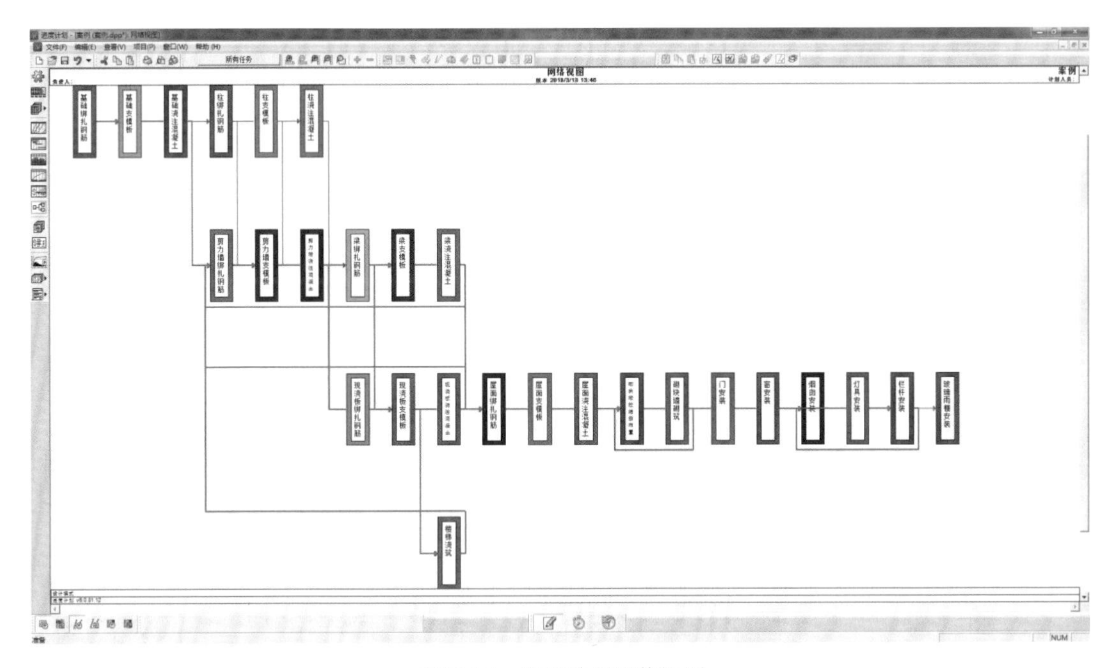

附图 11　进度计划网络视图

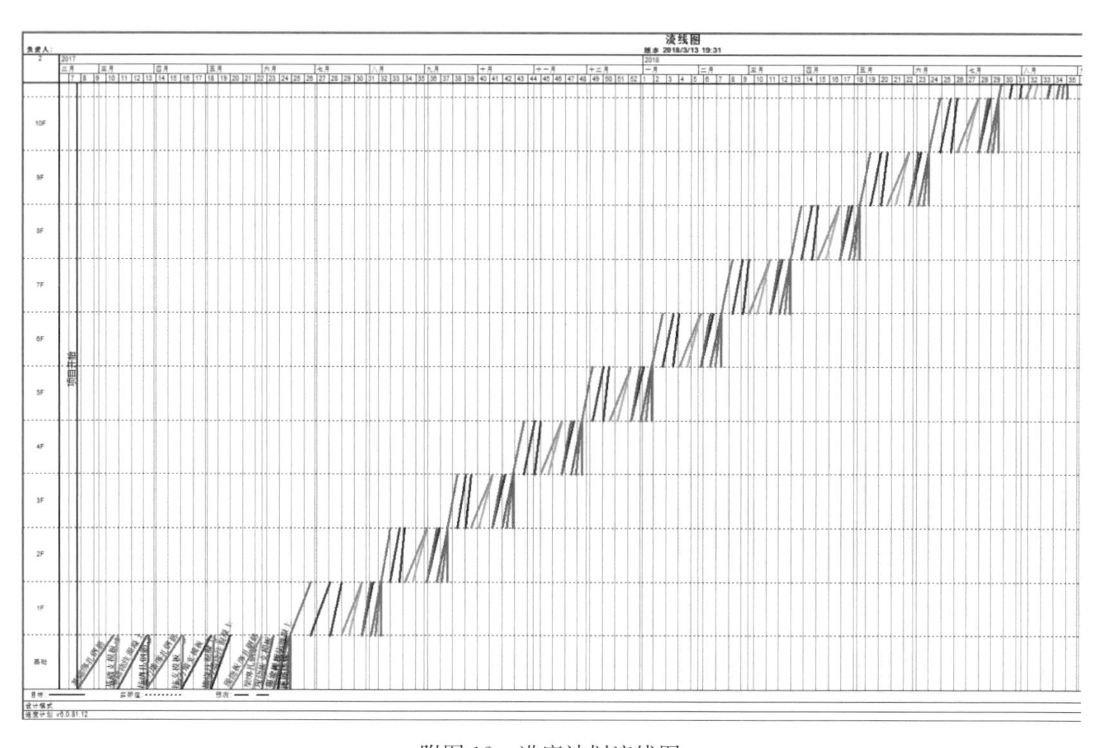

附图 12　进度计划流线图

的控制模式下,可定期录入实际的施工进度,并根据实际的施工效率预测项目的整体进度,为项目的决策提供依据。

Vico Office 平台的功能很强大,除本项目应用到的算量模型,成本管理与进度管理之外,其可施工性管理、放样管理和工作包管理等功能模块也可为项目 BIM 多方协同工作带来便利和效益。

附录 B　安装故障排除

Vico Office 采用由 Versant 公司研发的数据库。Versant 数据库是面向对象的数据库，它为 Vico Office 提供的基于模型的整合模块提供速度和灵活性支持。

在一些系统中，Versant 数据库的安装和运行会遇到问题。下表概述了用户在安装和执行 Vico Office 过程中可能会遇到的问题及常见原因。

问题	解决措施	问题的解决	注意事项
Windows 用户名太长	改变用户名	用新用户名尝试 CM	Versant 限制用户名最长 15 个字符
端口 5019 的防火墙阻止服务器和客户端	关闭端口 5019 所有的防火墙保护	itest-v <SERVER_NAME>（命令行）	一个机器可以有多个防火墙
TCP/IP 协议未正常设置（DNS 域名解析）	设置 TCP/IP 协议（要求管理员权限）	ipconfig（命令行）	TCP 被破坏，机器中没有网络适配器
注册表键的类型无效：HKEY_LOCAL_MACHINE\SYSTEM\CurrentControlSet\Services\Tcpip\Parameters\DataBasePath 类型应是：REG_EXPAND_SZ 且键值通常是 %SystemRoot%\System32\drivers\etc（*Appendix 2*）	使用注册表编辑器修改条目	使用注册表编辑器	已知 MSN 和其他病毒可以改变注册表
用户必须有 Versant 数据库目录的写入权限（通常是 c:\Versant\db）	Windows 资源管理器中为 Versant 数据库目录设置合适的权限	makedb testdb & createdb testdb（命令行）	
Versant 服务器未运行	运行 Versant 服务器	控制面板—管理工具—服务项—VersantD	
一些防护系统阻碍 versant 客户端和服务器之间的通讯（*Appendix 3*）	为 Versant 的“obe. exe”和“versantd. exe”文件创建异常处理	关闭防护系统	当创建新项目时改变管理员“hangs”

附录C 彩　　图

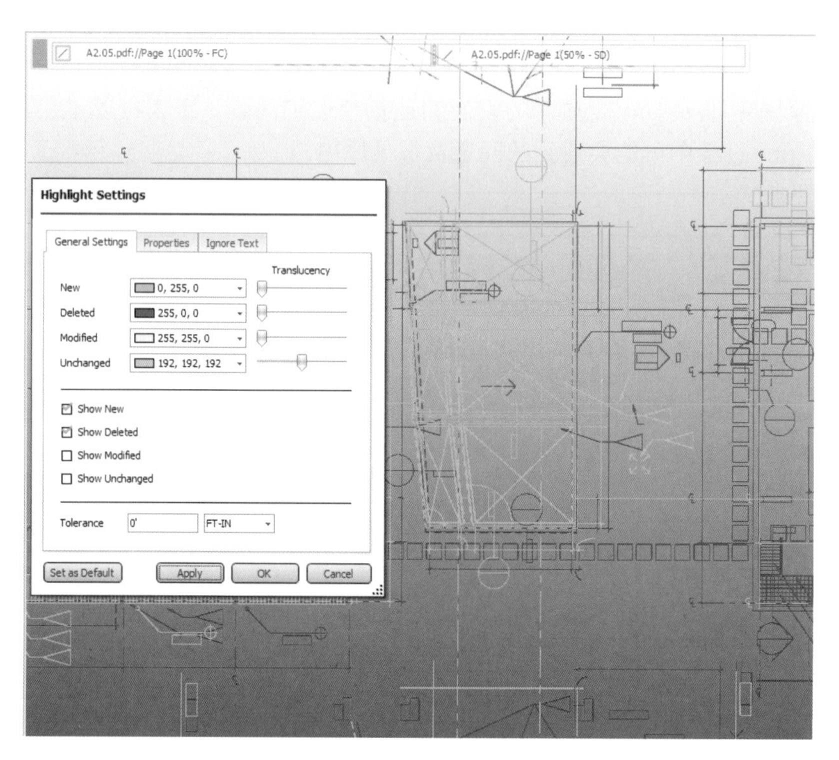

彩图一 （图 6-42）

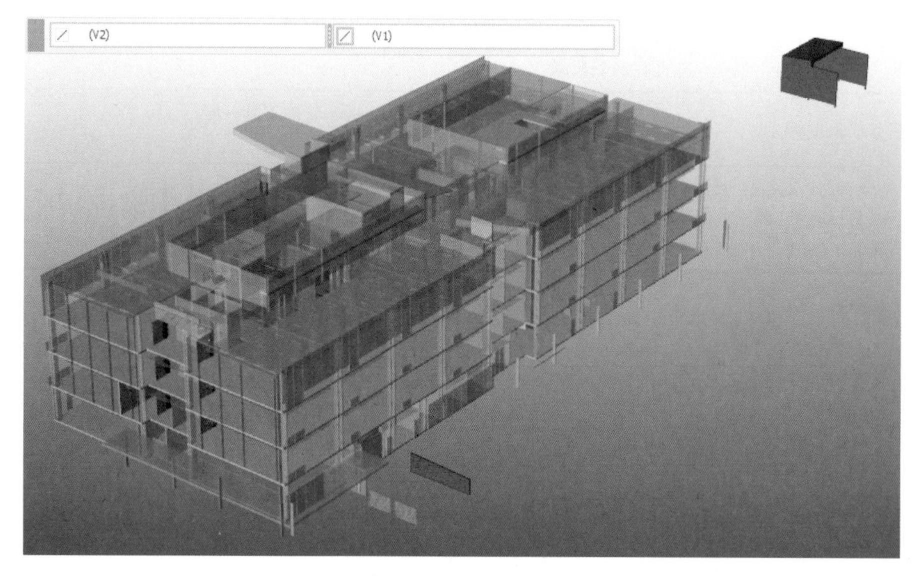

彩图二 （图 6-63）

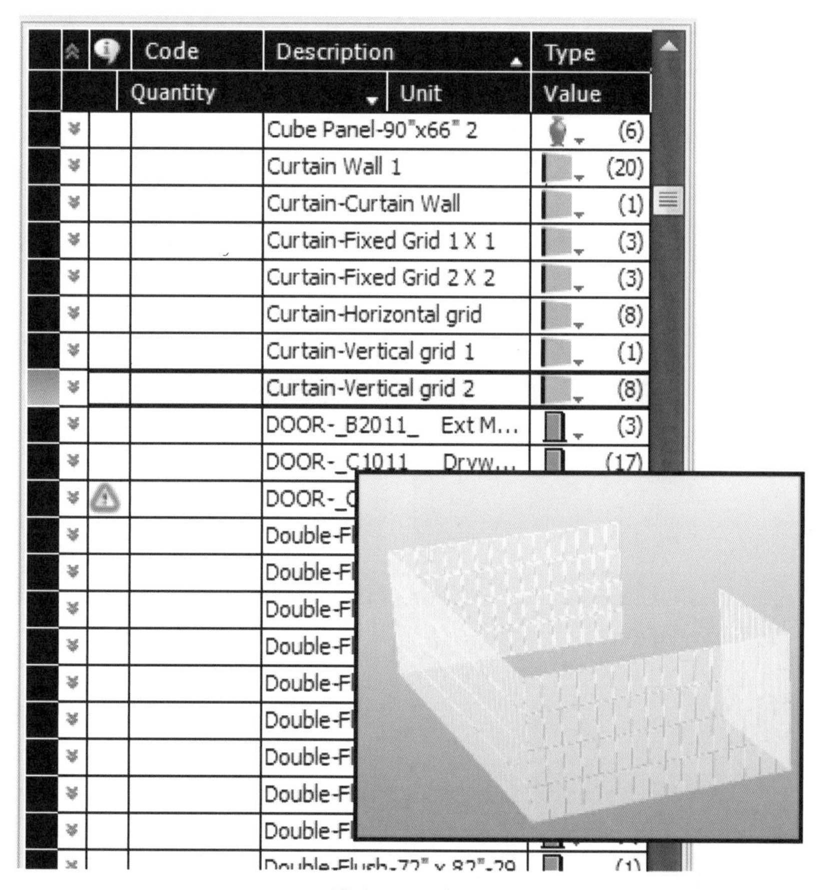

彩图三 （图 8-11）

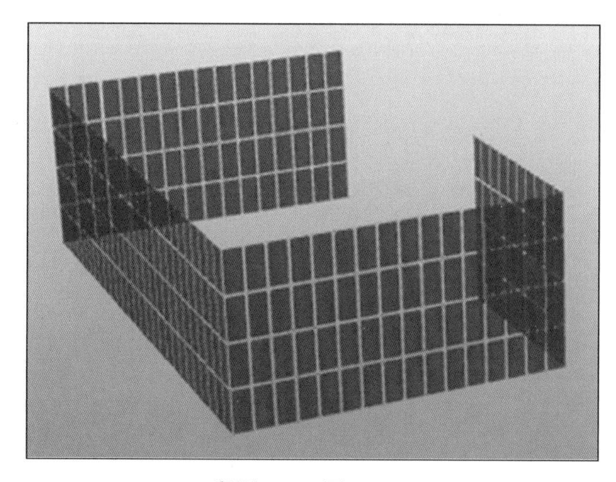

彩图四 （图 8-13）

彩图五 （图 8-16）

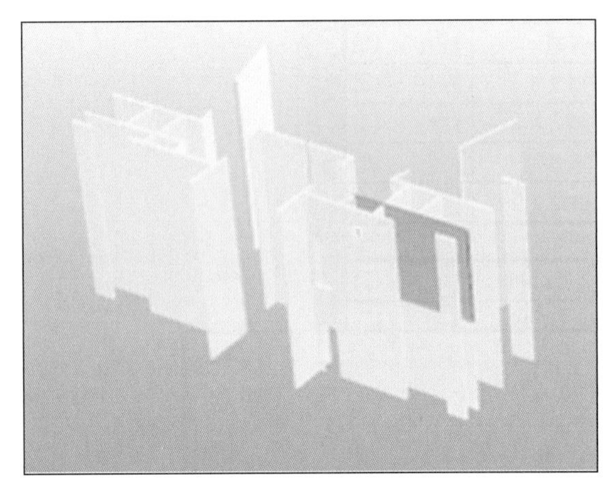

彩图六 （图 8-17）

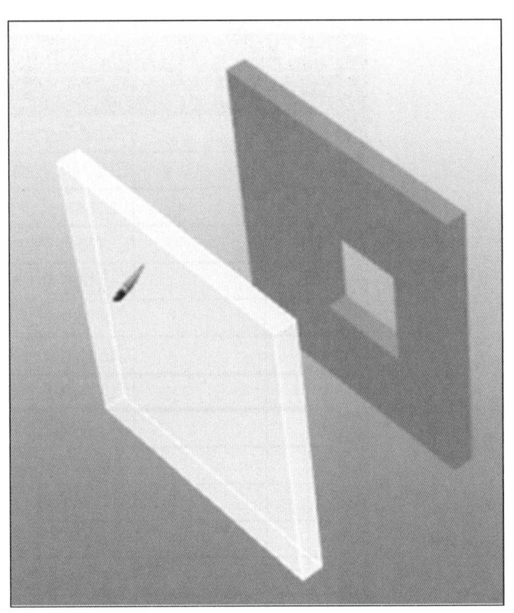

彩图七 （图 8-27）

彩图八 （图 8-29）

彩图九 （图 8-30）

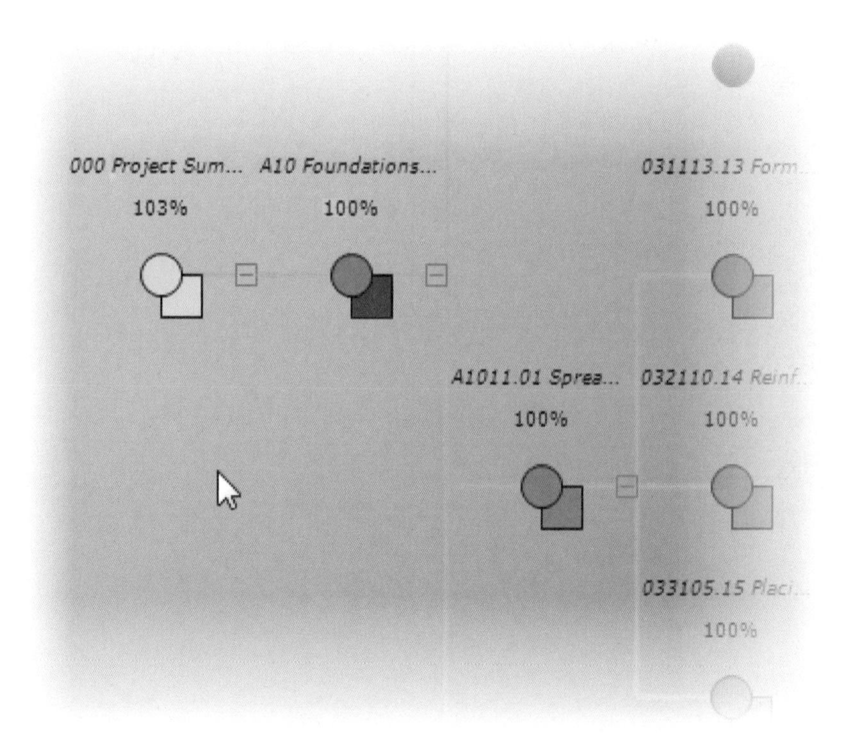

彩图十 （图 11-1）

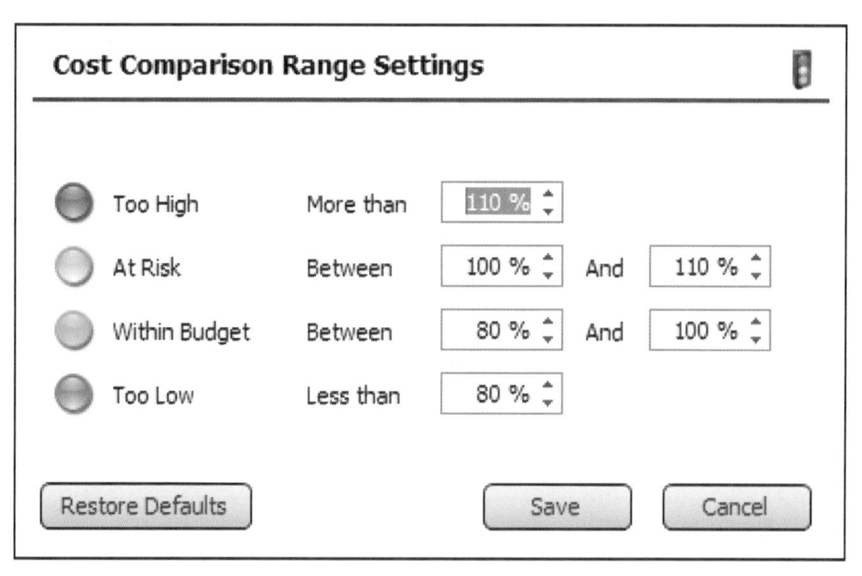

彩图十一 （图 11-17）

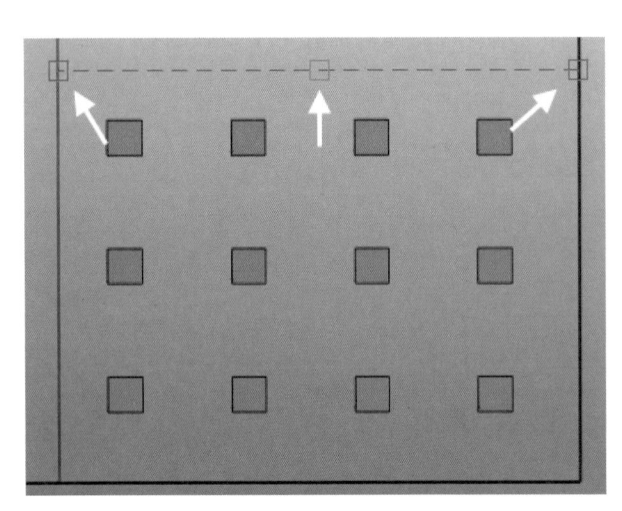

彩图十二 （图 12-27）

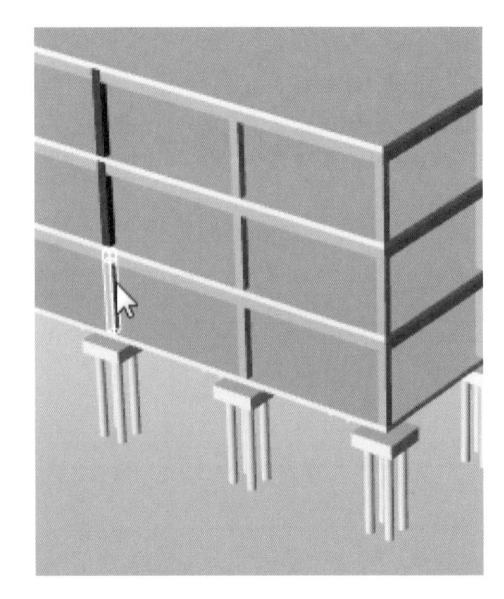

彩图十三 （图 12-37）

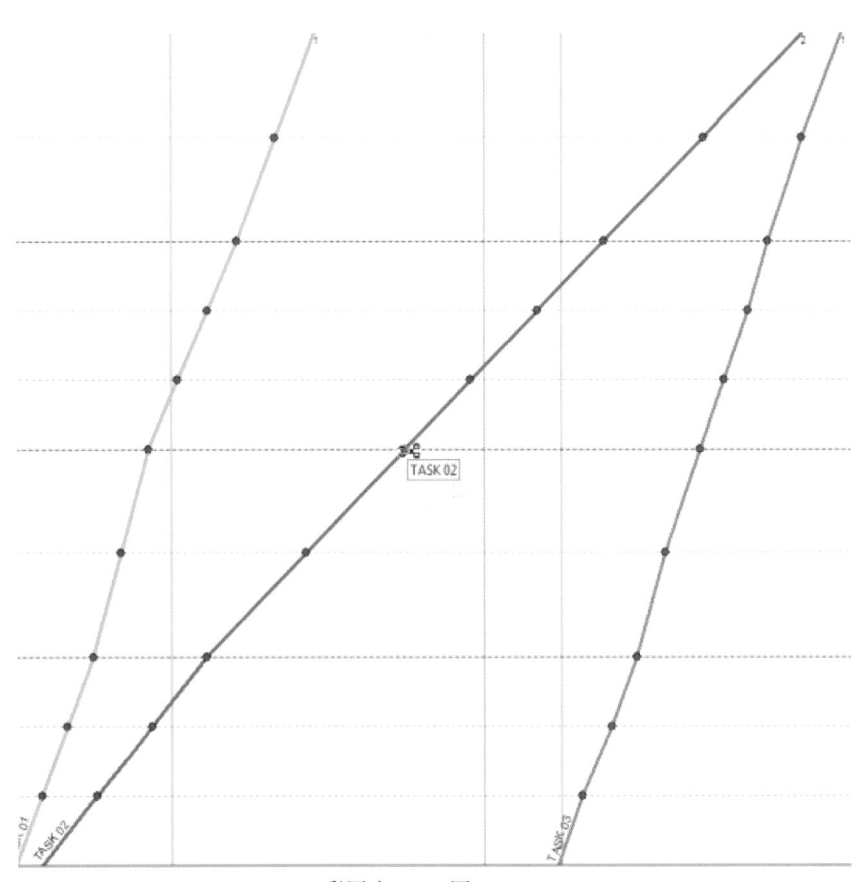

彩图十四 （图 14-46）

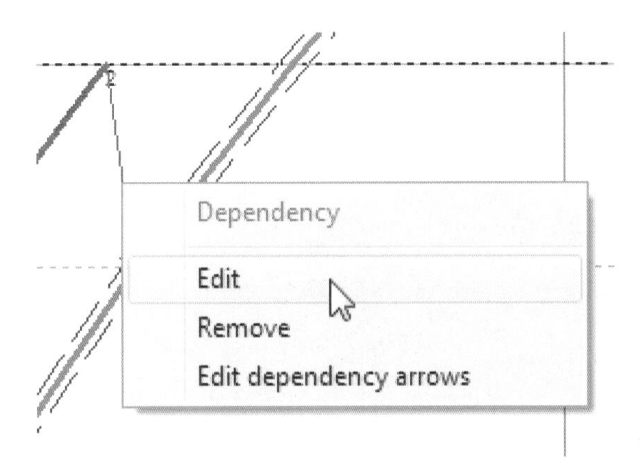

彩图十五 （图 14-49）

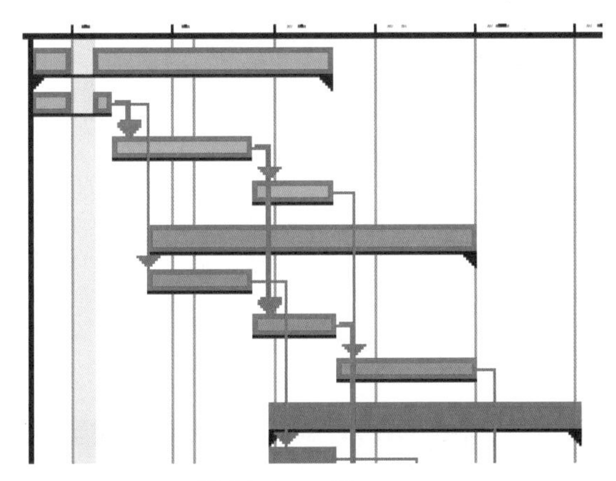

彩图十六 （图 14-61）

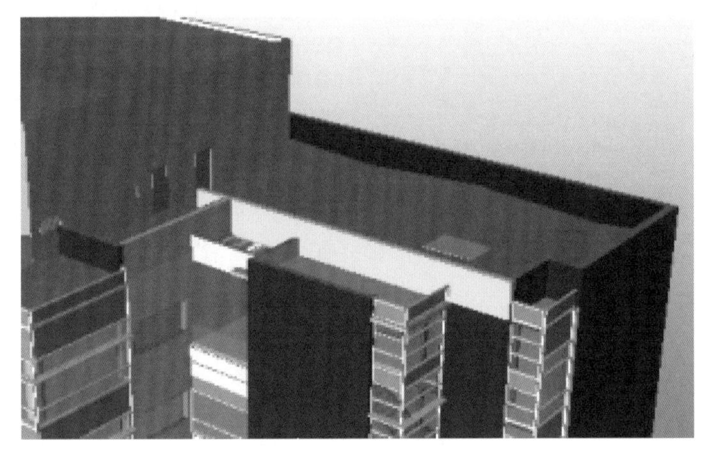

彩图十七 （图 17-17）

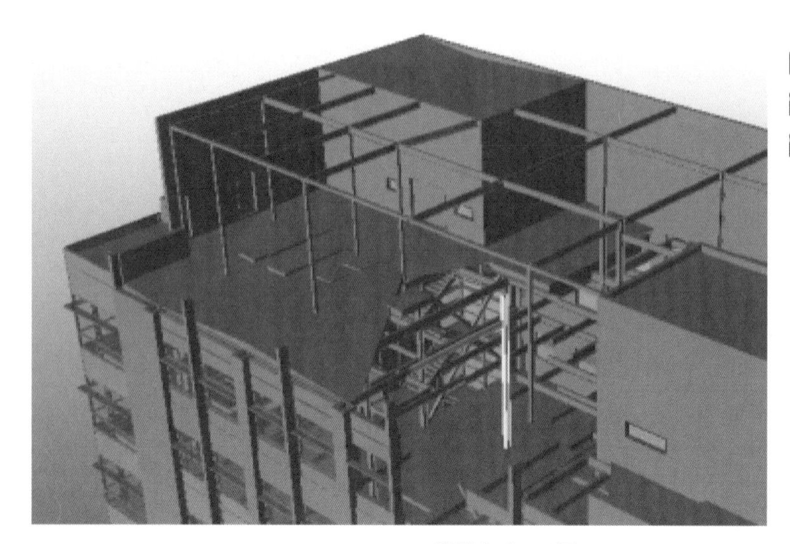

彩图十八 （图 17-22）

Compare and Update

Code1	Code2	Description1	Description2	Consumptio	Consumptio	Units1	Units2	WasteFacto	WasteFacto	UnitCost1	UnitCost2
000	000	Example 002	Example 002	1	1			1	1	30000000	30000000
A	A	SUBSTRUCT	SUBSTRUCT	1	1	-	-	1	1	28000000	28000000
A1034_004	A1034_004	Pit Wall-ID	Pit Wall-ID	1	1			1	1	120	120
03.11.00.30	03.11.00.30	Erect Forms	Erect Forms	1	1	SF/SF	SF/SF	1	1	0	0
LCON003	LCON003	Formwork C	Formwork C	0.15	0.15	HR/SF	HR/SF	1	1	45	60
03.11.00.30	03.11.00.30	Erect Forms	Erect Forms	1	1					0	0
03.11.00.30	03.11.00.30	Erect Forms	Erect Forms	1	1					0	0
LCON003	LCON003	Formwork C	Formwork C	0.15	0.15					45	60
03.11.00.30	03.11.00.30	Erect Forms	Erect Forms	1	1					0	0
03.11.00.30	03.11.00.30	Strip Forms	Strip Forms	2	2					0	0
LCON003	LCON003	Formwork C	Formwork C	0.023	0.023					45	60
03.11.00.30	03.11.00.30	Strip Forms	Strip Forms	1	1	SF/SF	SF/SF	1	1	0	0
03.21.00.30	03.21.00.30	Reinforceme	Reinforceme	0.06	0.06	TON/CY	TON/CY	1	1	0	0
LCON004	LCON004	Rodman	Rodman	16	16	HR/TON	HR/TON	1	1	50	50
03.21.00.30	03.21.00.30	Re Steel - Pi	Re Steel - Pi	1	1	TON/TON	TON/TON	1	1	0	0

Detected differences between **current** ('1') and **reference** ('2')

彩图十九 （图 18-1）

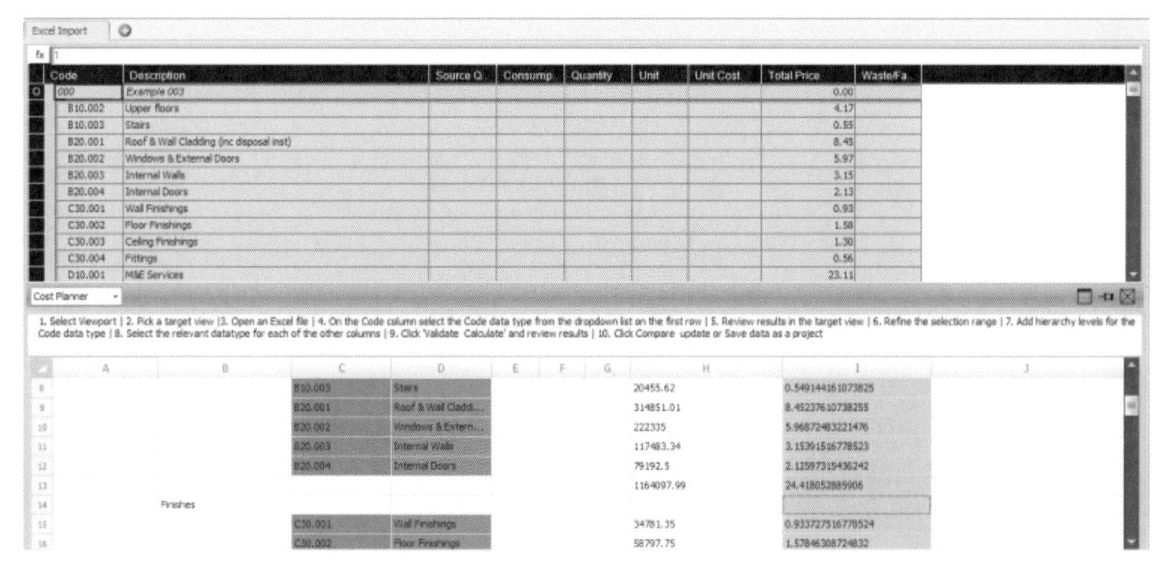

彩图二十 （图 19-23）

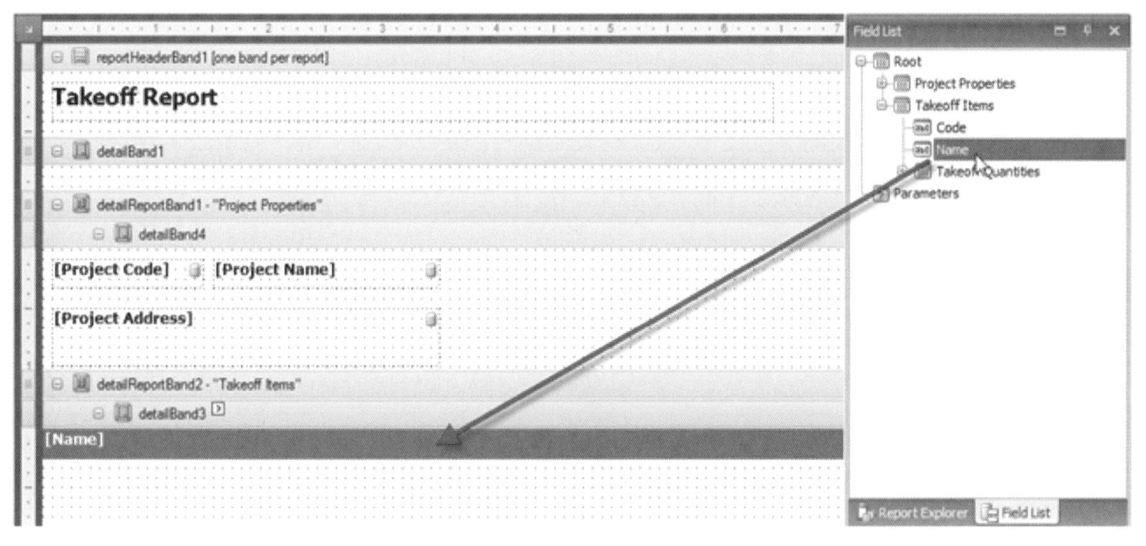

彩图二十一 （图 21-14）